Kohlhammer

Marianne Rodenstein (Hrsg.)

Hochhäuser in Deutschland

Zukunft oder Ruin der Städte?

Mit Beiträgen von

Harald Bodenschatz, Stefan Böhm-Ott, Lutz Hoffmann, Ulf Jonak, Dieter von Lüpke, Barbara Precht von Taboritzki, Wolf Reuter, Iris Reuther, Kurt Schmidt, Dirk Schubert, Uwe Wahl und Wilfried Wang

Verlag W. Kohlhammer

Die Deutsche Bibiliothek – CIP-Einheitsaufnahme

Hochhäuser in Deutschland : Zukunft oder Ruin ? / Hrsg.: Marianne Rodenstein. -
Stuttgart ; Berlin ; Köln : Kohlhammer, 2000

ISBN 978-3-8348-1636-8 ISBN 978-3-322-99951-1 (eBook)
DOI 10.1007/978-3-322-99951-1

Umschlagbild: Lyonal Feininger, Manhattan Night, 1940, Öl auf Leinwand

Stuttgart Berlin Köln
Verlagsort: Stuttgart
Umschlag: Data Images GmbH
Gesamtherstellung:
W. Kohlhammer Druckerei GmbH + Co. Stuttgart

Inhaltsverzeichnis

Vorwort

Hochhäuser in Deutschland

Wozu sind Hochhäuser sinnvoll? Hochhäuser sind wirtschaftliche Multiplikatoren: Sie bieten eine Rendite für Investoren. Hochhäuser stellen sich, stellen ihre Bauherren, Architekten und ihre Nutzer dar. Hochhäuser bilden einzeln und im Konzert eine Stadtsilhouette. Hochhäuser vermitteln Gefühle der Überlegenheit, der Bewunderung, der Unbeholfenheit, ja auch der Unterdrückung. Hochhäuser sind gleichzeitig Metapher für Fortschrittlichkeit, für technische und gestalterische Glanzleistungen, für einen nordamerikanischen Lebensstil. Berechtigterweise wird aber oft schon auf die Vorläufer der Hochhäuser, jene italienische Patriziergeschlechtertürme oder auch die Kirchtürme der voraufklärerischen Zeit, hingewiesen. Wirtschaftliche Effizienz spielte hier keine unmittelbare Rolle, dennoch trug der Wettbewerb zwischen den Geschlechtern und den Glaubensgemeinschaften zur gesellschaftlichen Bedeutung der jeweiligen auftrumpfenden Bauherrenschaft bei. Hochhäuser nehmen eine ähnliche Stellung in der heutigen Zeit ein. Wirtschaftlich gesehen zählen sie nicht zu den effizientesten Bautypen, bedenkt man Investition, Rendite, Lebenserwartung (eventuell nur 30 Jahre), Wartungskosten, Ressourcenverbrauch und letztlich die Abrisskosten sowie Entsorgung inklusive Trennung des Sondermülls. Werden dazu die infrastrukturellen Belastungen von Hochhäusern hinzugerechnet (zusätzlicher Verkehr durch Nutzer und Besucher über öffentliche und private Modi) als auch die Verdrängungsmechanismen (Mietsteigerung im Umfeld, Veränderung einer Stadtstruktur hinsichtlich Wohnqualität aus Sicht von Familien, Schließung von kleineren Einzelhandelseinheiten) und wertet man darüber hinaus die Belastung des Ressourcenverbrauchs auf die zum Erhalt des einzelnen Hochhauses notwendigen Fläche aus, wird deutlich, welche Gesamtbelastung eine extrem verdichtete Bauweise, die ein Hochhaus darstellt, auf eine Stadtstruktur ausübt.
Der Stadtplanung sind all diese Sinnkriterien geläufig. Auf Grund dieser Erkenntnisse bilden sich die einzelnen Bauherrenschaften und Stadtplanungsämter ihre Entwicklungsgrundsätze. Im bundesdeutschen Vergleich wird deutlich, dass Frankfurt am Main über die umfangreichsten Erfahrungen auf diesem Gebiet verfügt, dass sowohl die Frankfurter Bevölkerung als auch die Politiker einen entsprechenden Leidensweg durchschritten haben, der gleichsam Pionierarbeit für die ganze Bundesrepublik geleistet hat. Aber ähnlich den Familien, in denen das älteste Kind die ersten Erfahrungen sammelt, müssen die jüngeren nicht unweigerlich die gleiche Entwicklung verfolgen.

Auch der internationale Vergleich macht deutlich, dass die Hochhausentwicklung in der einen Stadt nicht vergleichbar ist mit jener in einer anderen. Den Andeutungen des Namens „Mainhattan" wird Frankfurt am Main wohl nie entsprechen können, da New Yorks Rolle innerhalb der USA als bevölkerungsdichte *De-facto*-Hauptstadt in wirtschaftlicher und kultureller Hinsicht eine derart großformatige kritische Masse besitzt, die Mainhattan auch bei forciertem Bevölkerungszuwachs, aber nur mit einer umfassenden Gebietskörperreform, erst in einigen Jahrhunderten erreichen würde. Fraglich wird aber schon in den nächsten ein oder zwei Jahren sein, welche Relevanz Hochhäuser noch für die sich ständig konsolidierenden Dienstleistungsunternehmen haben. Der Umbau fusionierter Dienstleister geht schneller voran (wenige Monate) als der Bau eines Hochhauses (vom Entwurf bis zum Bezug etwa vier bis fünf Jahre). Auch die Zahl der Mitarbeiter in den einzelnen noch benötigten Unternehmen wird dank der elektronischen Medien zurückgehen.

Problematisch ist das Wachstum und die Bauaktivität der Immobilienfonds. Diese stellen die heutigen Bauherrenschaften dar. Einzelne Unternehmen lassen sich zunehmend durch diese (auch eventuell hundertprozentigen Tochtergesellschaften) ihre baulichen Bedürfnisse abdecken. Steuerliche Bedingungen drängen Immobilienfonds zu ständig neuen Investitionen beim Neubau wie auch bei der Akquisition von Bestand. Durch die auch im Sinne der wirtschaftlichen Effizienz fortschreitende Konsolidierung und Rationalisierung im Baugewerbe, im Arbeitsmarkt, in der Wirtschaft schlechthin, sind Neubauten ohne gebundene Mieter, besonders auf dem Bereich der spekulativ zu errichtenden Hochhäuser, risikoreiche Investitionen. Betrachtet man besonders den lang anhaltenden Leerstand von neu errichteten Büroflächen in den neuen Bundesländern (zum Beispiel Leipzig, aber auch Berlin), sind Hochhausprojekte gerade in diesen Gebieten besonders erfolgsgefährdet.

Ein eventueller langfristiger Leerstand von Bürohochhäusern könnte aber in jenen deutschen Städten zu den Umbaumaßnahmen in Richtung Wohnnutzungen führen, die bereits in angelsächsischen Städten erprobt wurden und könnte zu einer Wiederbelebung der eher werktags belebten innerstädtischen Quartiere beitragen.

Wie viele Hochhäuser werden demnach noch in Deutschland gebaut und nach welchen Kriterien sollten sie errichtet werden? Betrachtet man die städtebaulichen, betriebswirtschaftlichen, bauherrschaftlichen und ökologischen Kriterien, die bereits angesprochen wurden, wird deutlich, dass das Risiko der Errichtung in den meisten deutschen Städten derart hoch ist, dass einige Vorhaben noch verwirklicht werden, ihre wohl schwierige Vermarktung aber weitere verhindern könnte. Kaum aber wird in deutschen Städten die dichte Ansammlung von Hochhausbauten nordamerikanischer Metropolen erreicht werden. Im Standortwettbewerb der Städte werden Solitäre als Stadtmarken eingesetzt, diese aber als Boten einer generellen Hochhausschwemme anzusehen wäre verfehlt.

In Bezug auf die Kriterien, die die nächste Generation von Hochhäusern beeinflussen werden, zeigt die Entwicklung des Hochhausbaus in Frankfurt am Main wiederum den Weg. Hier kann von drei Generationen ge-

sprochen werden: Es sind zunächst jene Hochhäuser der Zwischenkriegszeit, wie das I.G.-Farben Haus von Hans Poelzig, welches aus heutiger Sicht wohl eher nicht mehr als ein Hochhaus angesehen werden würde, aber welches rein baupolizeilich (mit Geschossen über jener Höhe, die mit Feuerwehrleitern erreicht werden kann) als ein solches definiert ist; zweitens jene der späten Nachkriegszeit wie das Hochhaus für die Bank für Gemeinwirtschaft (der heutigen Europäischen Zentralbank) von Richard Heil und jene der Ressourcen schonenderen Bauten wie die Commerzbank von Foster & Partner. Die ersten beiden Generationen werden ohne ökologische Bedenken geplant, das Hochhaus für die Commerzbank hat, auch im Kontext der damals noch ausgeprägteren Rolle der Bündnisgrünen in der Stadtpolitik, die ambitioniertesten Intentionen hinsichtlich Ressourcen schonenderen Errichtung und Betreibung von Hochhäusern.
In wie weit sich aber bei dem ständig zunehmenden Investitionsdruck, der auf kurzfristige Abschreibungszeiten drängt, gerade langfristig angelegte Kriterien der Ressourcen schonenderen Bauweise, nicht nur bei Hochhäusern, noch durchsetzen lassen, muss hier unbeantwortet und den gewählten Vertretern der Öffentlichkeit überlassen bleiben.

Wilfried Wang, März 2000

Hochhäuser in deutschen Städten – Zukunft für die einen, Ruin für die anderen?

Marianne Rodenstein

Werden neben Frankfurt am Main auch andere deutsche Großstädte nach amerikanischem oder asiatischem Vorbild in die Höhe wachsen und ihr europäisches Gesicht verlieren, das noch überwiegend von Kirch- und Fernsehtürmen über einem Häusermeer geprägt ist? Droht das viel beschworene Ende der „europäischen Stadt", das viele mit dem Funktionsverlust der Innenstädte und der Ausbreitung von Bürohochhäusern auf Innenstadtstandorten kommen sehen? Und welche Konsequenzen hätte dies für das heute allgemein akzeptierte Ziel einer die natürlichen Ressourcen schonenden Stadtentwicklung mit einer lebendigen, vielfältigen Stadtmitte?
Solche Fragen drängen sich nicht nur anhand der rasanten internationalen Entwicklung auf, sondern auch angesichts aktueller Hochhausdebatten und Hochhausgenehmigungen in Deutschland.
Ein neuer Hochhausrahmenplan in Frankfurt am Main, der Wunsch in Berlin, der neuen Hauptstadtrolle entsprechend, vermehrt Hochhäuser zu bauen, Hochhausgutachten in München und Stuttgart – dies alles sind Hinweise darauf, dass Bürohochhaus-Investoren vorhanden sind oder gesucht werden und Kommunalpolitiker unter Entscheidungsdruck stehen. Bürohochhäuser sind in deutschen Städten noch eine Besonderheit und keineswegs zu einer kulturellen Selbstverständlichkeit geworden. Sie bedürfen immer noch der Legitimation, auch wenn diese Bauform schon mehr als einhundert Jahre alt ist.
Das Hochhaus wurde in Chicago[1] und New York[2] in den siebziger und achtziger Jahren des 19. Jahrhunderts „erfunden". Die feuerfeste Ummantelung des Stahlskelettbaus und der Fahrstuhl schufen die Voraussetzungen, Häuser zunehmend höher zu bauen und Stockwerke übereinander zu stapeln. In Deutschland beobachtete man diese Entwicklung in Chicago und New York aufmerksam. Nach 1900 gab es zwar etliche kühne Entwürfe, doch wurden nur wenige realisiert, die deutschen Städte waren zurückhaltend. Sie lehnten vor allem den „Amerikanismus" ab, worunter man die räumliche Konzentration der Hochhäuser verstand, weil sie sich mit der europäischen Stadtentwicklung nicht zu vertragen schien. Vehement hatten Städtebauer gegen die Mietskaser-

---

1 Vgl. John Zukowsky (Hg.): Chicago Architektur 1872–1922. Die Entstehung der kosmopolitischen Architektur des 20. Jahrhunderts. München: Prestel 1987

2 Robert A.M. Stern: Die Erbauung der Welthauptstadt. In: Heinrich Klotz (Hg.): New York Architektur 1970 – 1980. Austellungskatalog München: Prestel 1989

nenstadt der Gründerzeit und für mehr Licht und Luft[3] gekämpft, als dass sie Cluster von Hochhäusern, eng beieinander stehende, lange Schatten werfende Türme, gutheißen konnten. Als „Dominanten“ jedoch, die städtebauliche Akzente setzen sollten, hielten Hochhäuser in den zwanziger Jahren Einzug in einige deutsche Großstädte.[4] Seit 1921 war die Errichtung von Hochhäusern durch „Befreiung“ von den Normen der Bauordnung möglich. Die Nationalsozialisten hoben diese Regelung 1934 zunächst auf, weil sie Hochhäuser als der Moderne zugehörige Symbole einer liberalistischen Weltanschauung ansahen. Diese Haltung lockerte sich jedoch mit dem Gesetz zur Neugestaltung deutscher Städte von 1937. In diesem Rahmen wurden eine Reihe monumentaler Groß-Projekte geplant. Die von Albert Speer entworfene Politarchitektur der künftigen Hauptstadt Germania (Berlin) sprengte alle bisherigen Maßstäbe. Auch für München und Hamburg sahen Hitlers Planer als Repräsentationsbauten des nationalsozialistischen Systems Hochhäuser vor. Nach dem Zweiten Weltkrieg wurde in deutschen Großstädten neu – und mit unterschiedlichem Ausgang – über Hochhäuser entschieden.

In den USA begann in den zwanziger Jahren der städtebauliche Wettlauf in die Höhe. Lange war das 1931 gebaute Empire State Building mit 381 Meter das höchste Gebäude der Welt. Übertroffen wurde es erst in der Boomzeit der sechziger und siebziger Jahre vom 1972 fertig gestellten, 417 Meter hohen World Trade Center, das wiederum zwei Jahre später vom Sears Tower in Chicago mit 443 Meter von seinem Spitzenplatz des höchsten Gebäudes der Welt abgelöst wurde.

War diese Höhenkonkurrenz noch inneramerikanisch, so werden die nordamerikanischen Wolkenkratzer in den neunziger Jahren von denen im süd/ostasiatischen Raum hinsichtlich der Höhe deutlich geschlagen. Der Petronas Tower in Kuala Lumpur, Malaisia, wurde 1997 fertig und schob sich mit 450 Metern Höhe an die Weltspitze. Vom ersten Platz wird er aber in absehbarer Zeit (Fertigstellung voraussichtlich 2003) vom Shanghai World Financial Center mit 460 Meter Höhe verdrängt werden. Shanghai hatte schon 1991 mit einem Fernsehturm, dem Pearl Tower, einen neuen Höhenrekord (468 Meter) aufgestellt. Noch höhere Türme werden bereits in Tokio und Australien geplant. Und diese Türme sind keine Solitäre. In Shanghai z.B. wurden zwischen 1992 und 1996 1484 Hochhäuser fertig gestellt. Bis Ende 1997 waren es bereits 2437 Häuser mit mehr als acht Geschossen, davon 966 mit mehr als 20 Geschossen.[5]

Es blieb nicht unbeobachtet, dass gerade den höchsten und teuersten Hochhausobjekten als Symbolen einer überhitzten Konjunktur ökono-

3 Vgl. Marianne Rodenstein: „Mehr Licht, mehr Luft!“ – Gesundheitskonzepte im Städtebau seit 1750. Frankfurt/New York: Campus 1988

4 Eine ausführliche, umfassende Darstellung des Hochhausbaus in Deutschland bis 1945 geben Rainer Stommer, Dieter Mayer-Gürr: Hochhaus. Der Beginn in Deutschland. Marburg: Jonas 1990

5 Vgl. Volker Martin: Shanghai bis zur Jahrtausendwende. In: Stadtbauwelt 24 vom 25. 6. 1999 90. Jg. zum Thema „Shanghai“ S. 1342–1343

mische Krisenzeiten folgten. Dies könnte bei den Investoren zu einer gewissen „Höhenangst“ und einer genaueren Kalkulation der Vermietungschancen geführt haben. Auch wenn immer noch höhere Höhen technisch machbar sind, so wird doch in den USA inzwischen vom Down Sizing der Hochhäuser aus Gründen der ökonomischen Verwertbarkeit gesprochen. Die Rentabilität setzt dem Höhenrausch zwar immer wieder Grenzen, dennoch scheint der Siegeszug des Hochhauses in aller Welt kaum aufzuhalten zu sein. Eine seiner Konsequenzen ist die Einebnung kultureller Differenzen im Stadtbild. An die Stelle einheimischer Baustile treten Orginale und Kopien aus den großen Hochhauswerkstätten der Welt.

Steht nun auch deutschen Großstädte die Stadtentwicklung in die Höhe bevor? Holt uns nun die einst abgelehnte „Amerikanisierung“ der Städte mit der „Globalisierung“ ein? Fehlt vielleicht nur der entscheidende Investitionsschub, so dass es nicht nur wie bereits in Frankfurt, sondern auch anderswo zu einer Skyline kommt?

Der Beantwortung dieser Fragen möchten sich die Autorinnen und Autoren dieses Buches nähern, indem sie die Traditionen des Bürohochhausbau und dessen Legitimation in verschiedenen deutschen Städten nach dem Zweiten Weltkrieg untersuchen.

Wie sind die Bürohochhäuser in das Stadtbild eingegliedert worden, welche Kriterien spielten dabei eine Rolle, welche „Karrieren“ haben die Hochhäuser in den verschiedenen deutschen Großstädten gemacht und welche Rolle räumt man ihnen für die Zukunft ein? Warum hat Frankfurt eine Skyline und andere deutsche Städte nicht? Ist Frankfurt nur Vorreiter einer Situation, die bald alle treffen wird, oder gibt es tatsächlich Alternativen zur Hochhausstadt?

Diese Fragen bezeichnen gleichzeitig auch ein Defizit der bisherigen Literatur zu Hochhäusern, denn das Bürohochhaus ist vor allem als Einzelobjekt – als ingenieurwissenschaftliche Leistung oder als Architektur – betrachtet worden. Auch architekturhistorisch orientierte Synopsen zum Hochhausthema gehen nur wenig über eine technische oder ästhetische Betrachtung hinaus.[6] Dabei ist der Bau eines Hochhauses sehr viel mehr. Um dieses „Mehr“ zu erkennen, um über die Gebrauchs- und Tauschwertdimension, über ihren wandelbaren Symbolwert, um über die ökonomische Bedeutung für die Stadt, ihre städtebauliche Einbindung und ihre politischen Voraussetzungen und sozialen Folgen, die über die Bodenwertsteigerungen vermittelt sind, sowie über die ökologische Bedeutung von Hochhäusern urteilen zu können, müsste man an einer Soziologie des Hochhauses arbeiten. Wenigstens der Anfang dazu sollte mit diesem Buch gemacht werden. Sein Anspruch ist es, Kriterien für die Beurteilung des Hochhausbau in deutschen Städten zu liefern, die mehr ins Auge fassen als die Architektur des Einzelgebäudes, auf die sich bisher die Literatur über Hochhäuser konzentrierte. Dabei bleiben noch viele

---

6 So Paul Goldberger: Wolkenkratzer. Hochhaus in Geschichte und Gegenwart. Stuttgart 1981; Ada Louise Huxtable: Zeit für Wolkenkratzer oder die Kunst, Hochhäuser zu bauen. Berlin: Archibook 1986; Johann N. Schmidt: Wolken-Kratzer. Ästhetik und Konstruktion. Köln: Dumont 1991

Fragen offen. Die Beiträge in diesem Buch sind auf eine Auseinandersetzung mit der – der baulichen vorgelagerten – gesellschaftlichen Konstruktion des Hochhauses zugespitzt. Sie leuchten das Kräftefeld aus, in dem die Debatte über die Zukunft der Hochhäuser in unseren Städten entschieden wird.

Der methodische Ausgangspunkt für die gesellschaftliche Konstruktion des Hochhauses ist die Planungsgeschichte der Bürohochhäuser nach 1945. Es wurden verschiedene deutsche Großstädten ausgesucht, die jeweils typische „Fälle" darstellen: so Frankfurt als die deutsche Hochhausstadt; Berlin, Düsseldorf, Köln und Leipzig als Städte, in denen der Hochhausbau forciert verfolgt wurde oder wird, letztlich aber die Investoren (noch) fehlen. Als dritter Typus kristallisieren sich München, Hamburg und Stuttgart heraus, die ihr traditionelles Stadtbild vor (weiteren) Hochhäusern bewahren möchten.

Die Idee zu diesem Buch kam aus Frankfurt, wo sich seit 1949 – obgleich man damals den „Amerikanismus" ablehnte – eine konzentrierte Hochhausstadt innerhalb der Innenstadt ausgebildet hat, derzeit ca. zwanzig neue Hochhäuser in Planung sind und nun die Folgen solcher Hochhauscluster für das städtische Leben analysiert und bewertet werden können.

Warum hat sich hier eine Skyline ausgebildet, in anderen Städten aber nicht? Nicht selten werden einfache und scheinbar einleuchtende Erklärungen dafür bemüht wie die: die Stadt sei zu klein, deshalb habe man in die Höhe bauen müssen, oder Frankfurt sei ein Finanzplatz und diese seien nun mal durch Hochhausbauten gekennzeichnet. Dass beide Gründe nicht stichhaltig sind, zeigt die Geschichte des Hochhausbaus in Frankfurt.

„Learning from Frankfurt": aber was? Von Frankfurt kann man lernen, was es kostet, wenn dem Geld zuliebe fünfzig Jahre lang Hochhäuser gebaut werden. Nun scheint nichts anderes mehr möglich zu sein, als dem einmal eingeschlagene Weg weiter zu folgen, d. h. immer neue Hochhäuser zu bauen, solange sich nicht auf der Seite der Investoren andere Präferenzen entwickeln. Was bedeuten die Hochhäuser innerhalb der Stadt für die Bodenwerte, für Urbanität, Klima und nicht zuletzt für die Bevölkerung? Was sollten Städte, die Hochhäuser bauen wollen, vermeiden? Aber auch die Fragestellung in die entgegengesetzte Richtung muss gestattet sein: kann man nicht auch in Frankfurt aus den Beispielen anderer deutscher Städte lernen?

Mit der stadtsoziologischen und planungswissenschaftlichen Sicht der Hochhäuser betreten die Autorinnen und Autoren dieses Bandes, die entweder der Stadtplanungspraxis verbunden sind oder wissenschaftlich darüber arbeiten, Neuland, denn die wissenschaftliche Reflexion des Bürohochhausbaus fiel bisher in die Domäne von Ingenieuren, Architekten und Kunsthistorikern. Diese Ausweitung des Horizonts, unter dem sich Hochhäuser kritisch betrachten lassen müssen, ist angesichts der offensiven Haltung von Hochhausinvestoren einerseits und der Folgeprobleme, die Hochhäuser in Städten verursachen, andererseits dringend notwendig.

Allerdings gibt es grundsätzliche Schwierigkeiten, die Argumente für und gegen Hochhäuser abzuwägen. Denn diese müssen zunächst ihres

Nimbus' entkleidet werden, den sie sich allein durch ihre Existenz schaffen. So verbinden sich mit den auch in Deutschland immer höher werdenden Hochhäusern vorwiegend emotionale Urteile positiver oder negativer Art: starke Ablehnung oder begeisterte Zustimmung. Das hat damit zu tun, dass Hochhäuser als spezifische Bauform als erstes – jenseits der Rationalität ihres Gebrauchs- und Tauschwertes – wie alles physisch Hohe und Große den Anspruch erheben zu beeindrucken. Höhe ist Größe, das ist die einfache Botschaft der Hochhäuser, was immer sie durch ihre Architektur, ihren Nutzen für die Stadt sonst noch zum Ausdruck bringen wollen. Insofern ist es ihr vordergründiger Symbolwert, der ins Auge sticht und eine Reaktion darauf erfordert, dass der Mensch in der Relation zum Hochhaus als klein vorgeführt wird. In dieser Situation rettet man sich je nach sozialer Situation in die Identifikation und Zustimmung mit dem Hohen oder in die Ablehnung. Dies könnte der Grund sein, dass eine Debatte über Sinn oder Unsinn von Hochhäusern und über damit verbundene Chancen und Gefahren für unsere Städte bisher so schwer zu führen war.

Unser Buch möchte dazu beitragen, diese Schwelle aus Emotionen zu überwinden und den Sachargumenten für und wider Hochhäuser mehr Geltung zu verschaffen. Dazu wird auch neues, noch nicht vergleichend veröffentlichtes Material dienen. Von der Stadtplanungsliteratur noch nicht beachtet, gibt es in einigen Großstädten seit Jahrzehnten Hochhauspläne und Auseinandersetzungen um die „Hochhausfrage", die die Autorinnen und Autoren an das Licht der Öffentlichkeit bringen und die gerade im Vergleich die Vielfalt großstädtischer Planungskulturen in bezug auf den Bürohochhausbau deutlich werden lassen.

Nur wenn bekannt ist, mit welchen Begründungen Hochhäuser in unseren Städten gebaut werden, kann sich auch die städtische Bevölkerung, die in der Regel – gerade in solch heiklen Fragen – von Politikern und Investoren vor vollendete Tatsachen gestellt wird, eine Meinung für oder gegen Hochhäuser bilden und die so häufig behauptete ökonomische Zwangläufigkeit der Stadtentwicklung „in die dritte Dimension" durchschauen und – differenzierter als bisher – ablehnen oder gutheißen. Gleichzeitig bietet der systematische Vergleich unterschiedlicher städtischer Praxen des Umgang mit Hochhausinvestoren die Möglichkeit, heute erkennbare Planungsfehler zukünftig zu vermeiden.

Der Ludwig-Landmann-Stiftung der Nassauischen Heimstätte in Frankfurt ist dafür zu danken, dass sie die notwendige Diskussion unter den Autorinnen und Autoren auf zwei Tagungen finanziell gefördert hat.

I Die Hochhausstadt

Von der „Hochhausseuche" zur „Skyline als Markenzeichen" – die steile Karriere der Hochhäuser in Frankfurt am Main

Marianne Rodenstein

In Frankfurt entstanden die ersten Hochhäuser nach dem Zweiten Weltkrieg 1949 noch zwischen Trümmern. Der Dezernent für Hochbau und Stadtplanung, Moritz Wolf, sprach damals von einer „Hochhausseuche". Im Gegensatz zu allen anderen deutschen Städten hat sich in Frankfurt die Hochhausentwicklung in immer neue Höhen bis heute fortgesetzt, so dass der Planungsdezernent, Martin Wentz, 1999 die „Skyline als Markenzeichen" Frankfurts apostrophieren konnte. In den dazwischen liegenden fünfzig Jahren war die Entwicklung des Hochhausbaus jedoch nicht kontinuierlich verlaufen, vielmehr hat es vier deutlich erkennbare Abschnitte im Hochhausbau mit jeweils neuer Höhenstaffelung gegeben. Auch der stadtpolitische und ökonomische Hintergrund, vor dem die Bürohochhäuser entstanden, wechselte. Konstant blieb hingegen die Planungspolitik, die sich in den vergangenen fünfzig Jahren immer für Hochhäuser und für die Konzentration von Büroarbeitsplätzen in der Frankfurter Innenstadt entschied.
Was hat diesen Prozess des Hochhausbaus in Gang gesetzt, was trieb ihn an, und könnte Frankfurt heute aus dem Hochhausbau aussteigen? Diese Fragen stellen sich angesichts der imposanter werdenden Skyline, die zum Sinnbild einer neuen Identität der Stadt wurde, aber mit der Verschärfung der Gegensätze zwischen Wohn- und Arbeitsbevölkerung und der räumlichen Abschottung des Finanzplatzes von der übrigen Stadt erkauft wurde.

„Man könne geradezu von einer Hochhausseuche sprechen ..." (1949–1956)

Vorgeschichte

In Frankfurt wurden vor dem Zweiten Weltkrieg zwei Bürohochhausbauten, das IG-Farben-Hochhaus (33 Meter) und das Haus des Allgemeinen Deutschen Gewerkschaftsbundes (31 Meter), gebaut.[1] Damit

1 Die IG-Farben entschieden sich nach einem beschränkten Wettbewerb für ein technisch modernes, in der Gestalt und der Art der Einbettung in die Umgebung jedoch repräsentatives, schlossartiges Gebäude von Hans Poelzig und nicht für einen Entwurf von Martin Elsässer und Ernst May im Stil der Moderne. Der Allgemeine Deutsche Gewerkschaftsbund dagegen baute ein von Max Taut und Franz Hoffmann ausgeführtes Hochhaus im Stil der Moderne.

hatte es eher weniger Hochhausbauten aufzuweisen als Hamburg oder Köln. Rainer Stommer und Dieter Mayer-Gürr bezeichnen diese Frankfurter Hochhäuser wegen ihrer geringen Höhe in Anlehnung an Carson Webster eher als Proto-Hochhäuser.[2] Das Hamburger Chilehaus von Fritz Höger (1922–24) hatte mit zehn/elf Geschossen eine Höhe von 42 Meter. Das Kölner Hochhaus am Hansaring von Jacob Koerfer (1924–25) war mit 17 Geschossen 65 Meter hoch. Der Turm des Stuttgarter Tagblatts von Ernst Otto Osswald (1927–28) erreichte mit 18 Geschossen 61 Meter. Bezüglich der Höhenentwicklung wie auch der Anzahl der Hochhäuser war man in Frankfurt in dieser Zeit zurückhaltend.
Obgleich nach der Machtübernahme der Nationalsozialisten das Hochhaus als Ausdruck des „Weimarer Systems" diskreditiert wurde,[3] fanden sich in den von Hitler forcierten Plänen zur Neugestaltung deutscher Städte für öffentliche Institutionen und die Partei vereinzelt Hochhäuser. Ein solches Hochhaus gab es auch in dem einzigen für Frankfurt überlieferten Plan. Am Mainufer zwischen Untermain- und Friedensbrücke sollte die Bebauung, zu der das Hochhaus des Deutschen Gewerkschaftsbundes gehörte, abgerissen und in der monumentalen Manier des Nationalsozialismus dafür ein Haus der Deutschen Arbeitsfront, ein Haus des Deutschen Handwerks und ein Haus der NSDAP ge-

Abb. 1: Die im Zweiten Weltkrieg zerstörte und wiederhergestellte Mainfront, Foto von ca. 1958

Die unterschiedliche architektonische Gestaltung der beiden Bürohochhäuser auch als symbolische Auseinandersetzung der beiden die Weimarer Gesellschaft gestaltenden Kräfte, des Kapitals und des Proletariats, zu begreifen, lag damals auf der Hand.
Im Bereich des Wohnungsbaus hatte sich die Architektur der Moderne, die neue Sachlichkeit, im Frankfurt der zwanziger Jahre fest etablieren können. Zwischen 1924 und 1930 dominierten in Frankfurt die Architekten dieser Richtung, die unter dem Stadtrat Ernst May den Wohnungsbau in den Trabantensiedlungen in einzigartiger Weise vorangetrieben hatten.

2 Stommer, Mayer-Gürr 1990, S. 15

3 Ebd. S. 33

Abb. 2: Die Mainfront mit Skyline heute

baut werden.[4] Zur Ausführung dieser Pläne kam es – wie in vielen anderen Städten – jedoch nicht.[5] Frankfurt wurde durch Bombenangriffe zwischen 1940 und 45, wobei die Bombardierung am 22. März 1944 den Höhepunkt darstellte, so weit zerstört, dass 200.000 Menschen obdachlos und ca. 80.000 Wohnungen vernichtet wurden. Von 44 559 Gebäuden im Stadtgebiet blieben 8 683 unbeschädigt.[6] Die mittelalterliche Altstadt wurde fast völlig zerstört.[7]

4 Vgl. Durth, Gutschow 1988, S. 470, Müller-Raemisch 1996, S. 78

5 Durth, Gutschow 1988, S. 515 Fußnote 21

6 Blaum, Jordan 1946, S. 6

7 Die Frankfurter Altstadt war einer der „größten zusammenhängenden Altstadtkerne in Deutschland", der „mit dem Einsetzen moderner Stadtplanung etwa ab 1890 in Erkenntnis der überregionalen Bedeutung des Gesamtkunstwerks Gegenstand denkmalpflegerisch-restauratorischer Bemühens" wurde. „Gleichzeitig wurde er jedoch auch als Hindernis für eine zeitgemäße Stadtentwicklung, als Hort der Kriminalität und sozialistischer Ideen sowie als unhygienischer Nährboden für Krankheiten ausgemacht. (...) Die Mißstände im Kern der Altstadt mit der Enge und Überbelegung und den sanitären Mängeln waren für die Avantgarde des Städtebaus damals auch ein Argument, antithetisch neuen Wohnraum unbehindert auf der grünen Wiese zu erstellen." (Mohr, 1994 S. 27)

Wie sich in den Diskussionen nach Kriegsende zeigte, war die Altstadt jedoch sehr viel mehr. Sie war nicht nur ein enges Gewirr von mittelalterlichen Gassen mit schmalen Fachwerkbauten, wo im wesentlichen arme Leute wohnten; sie war vielmehr der Ort des kulturellen Gedächtnisses der Stadt, der Ort des positiven Selbstbezugs der Frankfurter – auch, so hofften die Frankfurter, der Deutschen insgesamt, was sich sehr bald im raschen Wiederaufbau der Paulskirche und des Goethehauses sowie des Römers (Rathaus des Stadt) und des Kaiserdomes zeigte, die in der Altstadt lagen. Sie waren Symbole, die für die bessere, demokratische und humanistische Vergangenheit nicht nur Frankfurts, sondern aller Deutschen standen.

Die „Hochhausfrage“

Frankfurt gehörte zwar zu den Städten, deren Wiederaufbau noch während des Krieges im Führererlass vom 19. September 1944 beschlossen wurde, für eine nennenswerte Planungstätigkeit fanden Durth und Gutschow in ihren Forschungen jedoch keine Belege, so dass sie von einem „planlosen Übergang in die Nachkriegszeit“ sprechen.[8]

Im Hinblick auf die Architektur bezeichnete Dieter Bartetzko dagegen die fünfziger Jahre in Frankfurt als einen „Sprung in die Moderne“.[9] Beide Etikettierungen bringen nicht ausreichend zum Ausdruck, wie sehr die Stadt planerisch und baulich an die Tradition des modernen demokratischen Bauens der Weimarer Zeit anknüpfte. Architekten, die schon vor 1930 unter Ernst May in Frankfurt beschäftigt waren, fassten hier 1945 wieder Fuß und besetzten wichtige Positionen, so dass sie nun Ideen aus den zwanziger Jahren wie die der „aufgelockerten Bebauung“ mit Wohn- und Geschäftshochhäusern in die Stadtplanung einbrachten. Seit 1945/46 waren sie an entscheidenden Stellen im Tiefbau, Hochbau und in der Stadtentwicklung tätig: so Adolf Miersch im Tiefbau, Theodor Derlam im Hochbau, Eugen Blanck als Hochbaudezernent, Werner Hebebrand als Leiter der Stadtplanung bis 1948 und Herbert Boehm als dessen Nachfolger (1949–54).[10]

Damit hatte die Richtung des modernen Bauens, die in der Weimarer Zeit Frankfurt zu einer Pilgerstätte für modernen Wohnungsbau machte, wieder – wenn auch nicht unwidersprochen[11] – das Sagen. Dass diese Fachleute auch das Hochhaus als Gestaltungsmittel der Stadt, das städtebauliche Akzente setzen konnte, nicht vergessen hatten, zeigte sich schon bald.

---

8 Durth, Gutschow 1988, S. 471. Allerdings hatte sich bereits im Winter 44/45 inoffiziell ein wissenschaftlicher Arbeitskreis um den Sozialwissenschaftler Ludwig Neundörfer gebildet, der sich Gedanken über den Wiederaufbau der Stadt machte. Neudörfer veröffentlicht seine Gedanken dazu 1947. Er schreibt u.a.: „Moderne Stadt bedeutet nicht unbedingt Hochhäuser, Schnellbahnen, äußerste Technisierung. Wir müssen uns freimachen von Amerikanismen, die wir wahrscheinlich dazu noch falsch verstehen.“ (Neundörfer 1947, S. 22 f.)

9 Bartetzko (Hg.) 1994

10 Augenscheinlich sind auch Kontakte zu alten Kollegen hergestellt worden, die in die USA emigriert waren, denn im November 47 berichtet Werner Hebebrand von einem Brief Martin Wagners zur Frankfurter Situation. (Durth, Gutschow, 1988, S. 524) Etwas später teilt Stadtrat Blanck mit, „daß im Auftrag der Militärregierung Professor Gropius vor 4 Monaten in Frankfurt gewesen sei. Inzwischen soll er einen Wiederaufbauplan für Frankfurt ausgearbeitet haben, der der Militärregierung vorliege. Zur Durchführung des Plans habe er eine Reihe von Architekten darunter auch Baurat May vorgeschlagen. Er wisse nicht mehr, sei damit auch amtlich nicht befaßt.“ (Protokoll der Magistratssitzung vom 22. 12. 47, S. 4)

11 Dies wird kaum deutlicher als in den Angriffen Fried Lübbeckes, des Vorsitzenden der „tätigen Freunde der Altstadt“, der im Sommer 1948 die Frankfurter Stadtplanung als diktatorische Verlängerung der Ära May diffamiert. Gegen die Diktatoren im Bauamt sei die Altstadt als das „Herz“ Frankfurts zu retten. (Durth, Gutschow 1988, S. 495)

Am 29. Mai 1947 sprach Baudirektor Werner Hebebrand im Magistrat über den Stand der Stadtplanung und ging dabei am Ende auch auf die „Hochhausfrage" ein.
Dazu sei zu sagen, „daß an einigen Punkten des Geschäftszentrums Hochhäuser errichtet werden müßten. Es sei vorgesehen, daß an stark zerstörten Stellen der Zeil und der Kaiserstraße Hochhäuser erbaut würden. Man werde sie jedoch nicht so massieren wie Amerika, sondern dafür sorgen, daß Licht und Luft nicht versperrt würden. Hier ergäben sich schwierige rechtliche Probleme. Um diese Entwicklung zu lenken, bedürfe es neuer städtebaulicher Gesetze."[12]
Damit meinte er die gesetzliche Erleichterung der Umlegung von Grundstücken mit vom Krieg zerstörten Bauten. Ein Gesetzentwurf des ehemaligen Oberbürgermeisters von Frankfurt, Kurt Blaum, forderte, dass von wiederbebauten Grundstücken eine Wertzuwachssteuer an die Gemeinde gezahlt werden sollte.[13] Dieser Entwurf eines Wiederaufbaugesetzes für Frankfurt scheiterte jedoch am Land Hessen. Dies erließ 1948 ein Aufbaugesetz, das den Wiederaufbau in die Hand der Selbstverwaltung legte, jedoch nicht die Abschöpfungen des Zuwachses von Bodenwerten vorsah. Solche Möglichkeiten, die durch Planungsrecht privat erzielten Zuwächse der Bodenwerte für die Allgemeinheit zurückzugewinnen, „waren auch Jahrzehnte später in Westdeutschland noch nicht konsensfähig, obwohl inzwischen eine beispiellose Bodenspekulation die schlimmsten Befürchtungen weitblickender Planer von 1946 hatte Wirklichkeit werden lassen."[14]
Das Hauptinteresse galt in der frühen Nachkriegszeit verständlicherweise dem Wohnungsbau, der Verkehrsplanung und den Fragen des Wiederaufbaus der historischen Monumente und der Altstadt. Hochhäuser waren kein Thema, dem die Frankfurter Bevölkerung und die Stadtplanung besondere Aufmerksamkeit widmeten. Noch sprach man im Magistrat nur im Singular von dem „Hochhaus" und meinte damit das IG-Farben-Hochhaus. Das Hochhaus des DGB wird schlicht als „Gewerkschaftshaus" bezeichnet.[15] Die Ausführungen von Hebebrand von 1947 über die Plazierung von Hochhäusern sind jedoch – wie sich bald zeigte – bei den Architekten nicht ungehört verhallt. Die erste größere Diskussion über Hochhäuser nach dem Krieg fand im Magistrat Ende 1949 statt, in dem Augenblick, als die entscheidende Weiche für Frankfurts Zukunft gestellt wurde.
Gleich in der ersten Nachkriegszeit hatte sich Frankfurt auf seine demokratische Tradition von 1848 besonnen. Dies zeigten nicht nur die Bemühungen um den Wiederaufbau der Paulskirche[16] zur Hundertjahrfeier der deutschen Nationalversammlung. Als 1947 die Entscheidung der amerikanischen und britischen Besatzungsmächte fiel, Frankfurt

12 Protokoll der Magistratssitzung vom 29. Mai 1947, S. 5
13 Blaum 1946, S. 33
14 Klaus von Beyme 1987, S. 131
15 So im Magistratsprotokoll vom 19. 4. 47.
16 Der Beschluß wird am 11. April 1946 öffentlich mitgeteilt. Vgl.Schwarz 1994, S. 41

zum Sitz der bizonalen Verwaltung zu wählen, machte man sich auch weiterreichende Hoffnungen, zur provisorischen Hauptstadt des neuen demokratrischen Bundesstaates zu werden, worauf die Stadt durch ihre Geschichte ein Anrecht zu haben glaubte. Der aus Düsseldorf kommende Oberbürgermeister Dr. Walter Kolb berichtet 1947 dem Magistrat, dass „Frankfurt nun mehr auch zum Sitz des Zweizonen Wirtschaftsrates, den man als Vorparlament eines kommenden Deutschen Reichstages sehen könne, geworden sei. Was das für die Stadt bedeute, lasse sich heute noch nicht absehen. Ohne einen allzu großen Optimismus huldigen zu wollen, dürfe wohl gesagt werden, daß damit in einmaliger Hinsicht die Bedeutung Frankfurts für Deutschland unterstrichen werde. Wenn aus diesem Wirtschaftsrat für die beiden Zonen und künftig wohl für die drei Westzonen die parlamentarische Vertretung unseres Volkes entstehe, dann dürfte Frankfurt das bekommen, was ihm schon vor 100 Jahren zugedacht war und seit 1866 mit Gewalt vorenthalten worden sei.“ [17]
Der Abschnitt der Geschichte Frankfurts, in dem sich demokratische Ideen verwirklichen konnten, schien anderen Aspekten der Frankfurter Geschichte aus zwei Gründen überlegen. Zum einen ließ sich damit die jüngste, nationalsozialistische Geschichte ausblenden, zum anderen bildete die demokratische Vergangenheit den Anknüpfungspunkt für die Zukunft als deutsche Hauptstadt. Es lag nahe, sich auch beim Wiederaufbau auf die in der Nazizeit verfemte Tradition der Moderne im Bauen zu erinnern, zu der eben auch Hochhäuser in den Geschäftszentren gehörten, die Hebebrand in seiner Rede 1947 ansprach.
Sicher war es bei den hochfliegenden Erwartungen ein Schock, als der Frankfurter Magistrat, der sich entsprechend der Mehrheiten bei der Wahl von 1948 (SPD 31, CDU 21, LDP 19, KPD 9 Sitze) aus SPD und CDU unter Führung des Oberbürgermeisters Kolb (SPD) zusammensetzte, am 3. 11. 1949 erfuhr, dass aus der erhofften Zukunft als Hauptstadt eines neuen demokratischen Staates nichts werden würde. Wie schnell man sich nun allerdings auf einen anderen Aspekt der Frankfurter Geschichte besann und nun darauf die Zukunft baute, war dennoch erstaunlich.
Man wechselte buchstäblich von einem Tag zum anderen die Zukunftsperspektive. Eine Woche nach dem Beschluss, Bonn zur Hauptstadt zu machen, hielt Oberbürgermeister Kolb eine programmatische Rede, in der er den Startschuss für „die Rückkehr der Stadt zu ihrem ureigentlichen Wesen als Handels-, Banken- und Industrieplatz“ gab, berichten die Tageszeitungen.[18] „Frankfurt wollte nicht in der Besinnlichkeit seiner traditionsreichen Vergangenheit verharren. Frankfurt vollzog vielmehr in seiner Politik bewußt eine klare Drehung um 180° (...). Frankfurt erhob die Wirtschaftsförderung zum obersten Programmpunkt seiner Kommunalpolitik“, schrieb Bürgermeister Walter Leiske (CDU).[19]

---

17 Magistratsprotokoll vom 16. 6. 47, S. 1
18 Vgl. Müller-Raemisch 1996, S. 39 sowie ausführlich: Balser 1995, S. 130–133
19 In: Dauer, Maury 1953, S. IX

Für diese Rückbesinnung der Stadt auf ihre Tradition als Handels- und Messestadt gab es gute Gründe. Dazu gehörte der bizonale Wirtschaftsrat, der erstmals 1947 im Sitzungssaal der Frankfurter Börse tagte, das bizonale Bauprogramm, für das 4000 deutsche Arbeiter, viele von auswärts, und 1000 Internierte beschäftigt wurden; die folgenreiche Gründung der Bank deutscher Länder im März 1948,[20] der zeitlich bereits die Gründung der Landeszentralbank von Hessen mit Sitz in Frankfurt vorangegangen war. Im November 1948 erfolgte die Gründung der Kreditanstalt für Wiederaufbau, weitere öffentlich-rechtliche Geldinstitute folgten wie die Landwirtschaftliche Rentenbank, die Deutsche Genossenschaftskasse, die Deutsche Bau- und Bodenbank AG, aber auch private Banken verlegten ihren Sitz von Berlin nach Frankfurt wie 1949 die Berliner Handelsgesellschaft u.a. Die Börse begann bald nach der Währungsreform den Handel mit Wertpapieren. Aber noch 1950 lag Frankfurt bei den Beschäftigten von Banken und Börse nur an dritter Stelle hinter München und Hamburg.[21] Von erheblicher Bedeutung für die weitere Entwicklung war auch, dass der Flughafen für die Zwecke der Besatzungsmächte ausgebaut wurde.
Gezielt bemühte sich die Wirtschaftsförderung[22] nun, in Frankfurt ein wirtschaftsfreundliches Klima herzustellen, die ortsansässige Wirtschaft zu fördern und „wirtschaftliche Kräfteströme von draußen" für Frankfurt zu interessieren und zu binden. Bürgermeister Leiske weist dabei auf die Bedeutung der Geheimhaltung und die auch eingehaltene Diskretion der Beteiligten bei diesem Geschäft hin. Daher können wir wohl vermuten, dass man in den konkreten Verhandlungen den Bauwünschen der Wirtschaft (es ging vor allem um neue Betriebe aus Berlin und Ostdeutschland) so weit als möglich entgegenkam.[23] Mit der Wirtschaftsförderung als oberstem Programmpunkt der Kommunalpolitik war die Investorenfreundlichkeit zur Leitlinie der Frankfurter Stadtpolitik geworden. Damit war aber zugleich auch der Grundstein für Zielkonflikte mit der Stadtplanung gelegt, deren Aufgabe die Steuerung der baulichen Investionen im Gesamtinteresse der Stadt ist.

---

20 Diese Gründung in Frankfurt erfolgte gegen die Ansichten der britischen Militärregierung sowie der von einflussreichen deutschen Notenbankern, die Hamburg präferierten, wo die Banken damals am stärksten vertreten waren, wo die größten Börsenumsätze stattfanden und der meiste Zahlungsverkehr mit dem Ausland abgewickelt werde. In den Verhandlungen mit der amerikanischen Militärregierung, die von Anfang an Frankfurt als Sitz der Bank deutscher Länder den Vorzug gaben, wohl weil sie Frankfurt für die neue Hauptstadt hielt, konnten sich die Briten mit dem Agument, eine Notenbank sei besser nicht am künftigen Regierungssitz zu gründen, weil sie dann unabhängiger von der Politik sei, sondern in einer bedeutenden Handelsstadt, nicht durchsetzen. Ausführlich dazu Holtfrerich 1999, S. 230–243

21 Holtfrerich 1999, S. 261 Tabelle 2

22 Nach der Entscheidung gegen Frankfurt als Bundeshauptstadt wurde sofort eine kleine Abteilung für Wirtschaftsförderung eingerichtet, die an die von dem Oberbürgermeister Ludwig Landmann in der Weimarer Zeit begründete städtische Tradition anschloss.

23 Leiske 1958, S. 18

... und die Frankfurter Antwort: die „maßvollen" Hochhäuser

Wie sich zeigte, war die Frankfurter Wirtschaftsförderung bereits vor Einrichtung einer speziellen Abteilung – und das heißt auch vor der endgültigen Entscheidung für Bonn als Bundeshauptstadt – aktiv und erfolgreich gewesen. Das erste Hochhaus, das nach dem Krieg gebaut wurde, das Hochhaus Süd (40 Meter), 1949 als Neubau eines Arbeitsamtes neben der heutigen Friedensbrücke (damals Wilhelmsbrücke) von der Landesarbeitszentrale errichtet, konnte drei Geschosse an die Zentralverwaltung der AEG vermieten, die zum 1. April des folgenden Jahres nach Frankfurt übersiedelte. In zwei Jahren werde sich das für die städtischen Finanzen günstig auswirken, verkündete Oberbürgermeister Kolb in der Magistratssitzung vom 17. 10. 49.[24] Die AEG habe lange geschwankt zwischen Essen und Frankfurt. Man sei von Frankfurter Seite an diesen Verhandlungen nicht unbeteiligt gewesen, fügt Bürgermeister Leiske in dieser Sitzung hinzu. Die AEG, die in Berlin mit Hauptsitz niedergelassen blieb, benutzte das elfgeschossige Hochhaus an der wiedererrichteten Friedensbrücke für Büros. Im niedriggehaltenen Bautrakt, der das Hochhaus mit dem Baukörper der AOK verband, wurde zunächst das Arbeitsamt untergebracht.[25] Auch die AOK baute auf ihrem Gelände noch Büros für die AEG, wie aus deren Geschäftsberichten für 1950 und 1951 zu entnehmen ist. 1957 erwarb die AEG das Hochhaus und das daneben liegende Grundstück der AOK und baute die Gebäude um, nachdem die AOK in ein neues Hochhaus an der Batonnstraße umgezogen war.[26]

Abb. 3: AEG-Hochhaus

1949 wurden noch zahlreiche weitere Hochhausprojekte zur Genehmigung eingereicht. Dass sich aber auch der Magistrat Ende November 1949 grundsätzlich mit der Hochhausfrage befasste, ist einem speziellen Antrag auf Genehmigung eines Hochhauses „im amerikanischen Stil" geschuldet. Der Stadtbaurat Dr. Moritz Wolf erklärte dazu zunächst grundsätzlich: Im Bereich der Zeil und Hauptwache „sei man von einer Zulassung von 5 Stockwerken mit Mansardenausbau bereits zu 6 Stockwerken übergegangen, wo die Breite der Straße das zulasse. Man habe weiter bestimmte Zonen festgelegt in den Baugebietsplänen, in denen die Höhe der Bauten festgelegt sei. Man sei sich dabei klar gewesen, dass man in der heutigen Zeit elastisch vorgehen müsse und gewisse

24 Protokoll der Magistratssitzung vom 17. 10. 1949, S. 1

25 Lerner 1958, S. 284

26 Im Frühjahr 1999 wurde das AEG Hochhaus abgerissen.

Lockerungen nach oben zulassen müsse, wenn das Stadtbild dadurch nicht leide.
Je mehr man im wirtschaftlichen Interesse entgegengekommen sei, umso mehr werde von der Architektenschaft versucht, eine Ausnahmegenehmigung zu bekommen. Es würden immer wieder Projekte von 8, 10 und 12 Stockwerken eingereicht. Man könne geradezu von einer Hochhausseuche sprechen. (Herv. d. Verf.) Es wurden kaum noch Vorschläge eingereicht, bei denen nicht über 3–6 Stockwerke hinausgehend eine stärkere Ausnutzung zu gewinnen versucht werde. Das habe man in Kauf genommen und diese Gedanken in der Weise weiterentwickelt, daß man im ganzen Stadtgebiet sogenannte Punkthäuser festgelegt habe, die höher gebaut werden könnten. Ähnlich wie die Parkplätze habe man diese verteilt auf Stellen, wo Hochhäuser möglich, wo sie tragbar und wo sie erwünscht seien. So habe man z.B. am Roßmarkt zur Abtrennung von Roßmarkt und Goetheplatz ein solches Hochhaus vorgesehen.
Nun komme immer wieder der Vorstoß, amerikanisch zu bauen. Man springe von der üblichen deutschen Bauweise mit einer gewissen Zügelung und Konzentrierung auf Punkthäuser von 10–12 Geschossen auf diesen amerikanischen Stil. Es ergebe sich nun die Frage, wie weit man von dieser gezügelten Bauweise abgehe und sich der ganzen Hemmungslosigkeit des amerikanischen Hochhausstils öffnen solle oder müsse. (...) Zu der Haltung anderer Großstädte sei zu sagen, daß München überhaupt keine Hochhäuser zulasse, ausgenommen das am Viktualienmarkt. Andere Städte seien ähnlich eingestellt. Keine einzige Stadt der Westzone sei bis jetzt auf den Gedanken gekommen, etwas ähnliches zuzulassen wie das vorgetragene Projekt, und sie seien auch nicht so weit gegangen wie Frankfurt."[27] Schließlich weist Wolf noch darauf hin, dass die Frankfurter Stadtsilhouette, „wenn man von den Brücken aus sehe, immer wieder von dem Domturm gekrönt" werde, und er betont, „daß es die Pflicht des praktischen Städtebaus sein müsse, nicht an einer Stelle alles in einem Einzelhaus anzuhäufen, wozu eigentlich die innere Stadt prädestiniert sei".[28]
In der darauf folgenden Aussprache heißt es u.a.: „man könne Frankfurt nicht zu einem New York machen."[29] Es wird beschlossen, das Projekt „im amerikanischen Stil" abzulehnen. „Im übrigen vertritt der Magistrat die grundsätzliche Auffassung, daß an einigen wenigen sorgfältig ausgewählten Punkten Hochhäuser zugelassen werden können, wenn sie sich organisch in den Generalfluchtlinienplan einfügen."[30]
Diesem Generalfluchtlinienplan der Innenstadt, in dem neue, den erwarteten wachsenden Verkehrsbedürfnissen entsprechende Straßenverläufe und -breiten festgelegt wurden, hatten die städtischen Körperschaften am 18. November 1948 zugestimmt. Gleichwohl war er in der Bürgerschaft wegen seiner Aussagen über die Altstadt umstritten. „Die Planung im Einzelnen erfolgt bei der Ausarbeitung der Fluchtlinienpläne durch zusätz-

27 Stadtrat Dr. Wolf, Protokoll der Magistratssitzung vom 30.11.1949, S. 3f
28 Ebd. S. 4
29 Ebd. S. 13
30 Anlage 2 zum Magistratsbeschluß vom 30. 11. 49

liche Bebauungspläne und ortsstatuarische Sicherungen. Hier handelt es sich in der Hauptsache um die Festlegung wirtschaftlich gut geschnittener Baublöcke unter Vermeidung unhygienischer Hinterhausbebauung, Ausweitung und Neuschaffung öffentlicher und privater Grünflächen, ferner um die Ausweisung gut proportionierter Straßen- und Platzräume und ihre Betonung durch planmäßig plazierte und wohlabgewogene Dominanten (insbesondere durch maßvolle Hochhäuser)..."[31]
Der Magistratsbeschluss von 1949 zeigt deutlich, dass der Magistrat im Zielkonflikt zwischen Bauwilligen, die ihre Grundstücke so weit als möglich wirtschaftlich ausnutzen wollen, und dem von der Stadtplanung vertretenen Interesse an einem intakten Stadtbild, das „die Kirche im Dorf läßt", glaubt, mit dem Beharren auf dem Generalfluchtlinienplan ein Gegenmittel gegen die „Hochhausseuche" zu haben, um damit die Hochhausentwicklung steuern zu können, zu der man sich nun doch eindeutig aufgrund der Nachfrage entschlossen hat.
Das spektakuläre Projekt, um das es ging, wird als Hochhaus-Dreieck bezeichnet und sollte am Wiesenhüttenplatz/Baselerstraße entstehen. Es war als eine Mischung von Büro-, Vergnügungs- und Parkhaus geplant. Im obersten 25. Stockwerk sollte ein Kuppelbau für astronomische Zwecke errichtet werden. Im siebten, achten und neunten Stock waren Parkplätze für 600 Autos vorgesehen, auch eine Tankstelle und Büros einer internationalen Benzinfirma sollten neben Lichtspieltheater und Kabarett darin unterkommen. Die Argumente, mit denen das Projekt abgelehnt wurde, werfen auch ein Licht auf die grundsätzliche Haltung des Magistrats gegenüber den Hochhausbauten. Oberbürgermeister Kolb schreibt nach der Magistratssitzung als Antwort auf den Brief des Architekten am 13. 12. 49:

Abb. 4: Das 1949 abgelehnte Hochhausprojekt des Architekten Jung

„... ich begrüße natürlich die Absicht der beteiligten Finanzkreise durchaus, durch Investierung erheblicher Mittel in Frankfurt ein weiteres leistungsfähiges Bürohaus zu errichten. Auch die Errichtung eines neuen großen Hotels wäre sicherlich durchaus unterstützungswürdig. Der Magistrat hat sich aber nach eingehender Prüfung und in sachlicher Abwägung der Vor- und Nachteile doch nicht entschließen können, einer derartigen Konzentration von Büros nebst Großvergnügungsstätten usw. und damit einer so weitgehenden Abweichung von den geltenden baupolizeilichen Vorschriften zuzustimmen. Hierbei war einmal Rücksicht auf die überkommene Stadtsilhouette und eine planvollmäßige Verteilung der für die Entwicklung der Innenstadt vorgesehenen

31 Anlage 2 zum Magistratsbeschluß vom 30. 11. 49

baulichen Akzente maßgebend, zum anderen hat die begründete Besorgnis mitgesprochen, daß eine derartige Massierung der Büros an einer Stelle den zunächst vordringlichen Wiederaufbau der traditionellen City ungünstig beeinflussen könnte, und zum dritten – und dies war der wesentlichste Gesichtspunkt – waren die Folgewirkungen einer solch ungewöhnlichen Menschenaufhäufung (ständig Beschäftigte und Besucher) an einem Punkte zu bedenken. Sowohl auf den fließenden wie auf den ruhenden Verkehr muß eine Zusammenfassung von mindestens 10.000 Menschen in einem Gebäude sich ungünstig auswirken, zumal die Aufnahmefähigkeit der vorgesehenen Höfe für den ruhenden Autoverkehr unverhältnismäßig gering ist.
Eine Inanspruchnahme des Mainufers, also des in Bälde nach Westen zu weiter auszubauenden Nizzas (einer Badeanstalt am Main, d. Verf.) als Parkplatz kann grundsätzlich nicht in Frage kommen, und von den auf dem Grundstück selbst vorgesehenen Garagen kann nicht erwartet werden, daß sie von den Insassen und Besuchern des Gebäudekomplexes in nennenswertem Umfang benutzt werden dürften. Da aber gerade in der Bahnhofsgegend das Parkplatzproblem heute schon äußerst brennend ist und die Stadt angesichts der in dieser Gegend nur geringen Zerstörung keinerlei Möglichkeit sieht, größere Parkplatzflächen bereitzustellen, mußte die Verwirklichung des Projektes schon an diesem entscheidenden Mangel scheitern. Die Überspannung der Ansprüche an das fragliche Grundstück geht am klarsten aus der Feststellung hervor, daß die Bebauung Ihrerseits nach der Ausnutzungsziffer von rd. 9,8 vorgeschlagen wird, während nach der Bauordnung bei 5 Geschossen und 50 % Überbauung eine Ausnutzungsziffer von 2,5 zulässig ist, somit eine auf das vierfache gesteigerte Ausnutzung beantragt wird. Eine Genehmigung, die sich natürlich alsbald, als Präzedenzfall Schule machend, auswirken würde, wäre somit dazu angetan, die ganzen Ausnutzungsbestimmungen als Basis aller planerischen, versorgungsmäßigen, verkehrstechnischen und sonstigen Überlegungen ins Gleiten zu bringen, was keinesfalls tragbar erscheint. Ihre Auffassung, daß eine solche Entwicklung (Hochhausentwicklung d.V.) ‚nicht aufzuhalten sei und der Entwicklung des neuzeitlichen Städtebaus entspreche', konnte der Magistrat in einmütiger Beschlußfassung keineswegs beipflichten."[32]
In einem Briefentwurf vom 7. 1. 1950 an einen Frankfurter Architekten, der sich ebenfalls für Hochhausprojekte einsetzt, schrieb Kolb: „Wir sind weder allgemein gegen Hochhausbauten, noch fehlt es uns an Mut, weit in die Zukunft reichende Pläne in Angriff zu nehmen. Die uns obliegende Verantwortung zwingt uns aber, Entwicklungen nicht zuzulassen, wenn diese dem Gemeinwohl nicht förderlich sein können."[33]
Die dabei für die Genehmigung anzulegenden und abzuwägenden Kriterien an den Hochhausbau sind nach Kolbs Ausführungen:

32 Brief des Oberbürgermeisters Kolb an den Architekten Karl Jung, Aschaffenburg, das Hochhaus-Dreieck Baseler-Gutleutstraße-Wiesenhüttenplatz betreffend vom 13. 12. 49. In: Magistratsakten 3006 Bd. 1, Hochhausschriftwechsel

33 Briefentwurf des Oberbürgermeisters Kolb an Herrn Fritz Mansfeld, Frankfurt, als Antwort auf einen Brief vom 14. 12. 49. In: Magistratsakten 3006 Bd. 1, Hochhausschriftwechsel

- die Einpassung in das Stadtbild, wobei die Maßstäblichkeit der Hochhausbauten im Verhältnis zur Umgebung wie auch zum Dom Beachtung findet,
- die Bodenwertproblematik, die sowohl in einer schwer zu rechtfertigenden Bevorzugung des Hochhauserbauers besteht, der sein Grundstück höher ausnutzen darf als andere Bauwillige (Ungleichbehandlung), als auch darin, dass solche profitablen Genehmigungen vermehrt Bauwillige auf den Plan rufen, die die weiteren Planungsabsichten der Stadt konterkarieren können, und schließlich in den dadurch induzierten Bodenwertsteigerungen, die nicht der öffentlichen Hand, die diese mit ihrer Genehmigung geschaffen hat, sondern Privaten zugute kommt,
- die Verkehrsproblematik, die sich durch die Vielzahl von in Hochhäusern Beschäftigten und durch deren besondere Funktionen (Vergnügungsstätten) angezogene Menschen stellt,
- die städtebauliche Einbindung und funktionale Konzentration, die nicht so weit gehen darf, dass die Hochhäuser alle Bedürfnisse zentrieren und für den übrigen, damals noch aufzufüllenden Innenstadtraum so wenig Investoreninteresse bleibt, dass dieser nicht aufgebaut werde. Die Einstellung der Öffentlichkeit zu den Hochhäusern oder die Beeinflussung des Stadtklimas durch Großbauten sind noch keine Kriterien, die bei der Beurteilung der Stadt, ob Hochhäuser genehmigt werden sollen, eine Rolle spielen.

Noch 1950 wurden sechs „maßvolle" Hochhäuser konzipiert und wohl auch genehmigt, darunter das 1954 fertiggestellte Postfernmeldehochhaus (70 Meter, zwölf Geschosse). 1951 wurde das erste Hochhaus im späteren Bankenviertel fertig, 1952 das Bayer Hochhaus am Anlagenring und 1951 das Junior Hochhaus (35 Meter, neun Geschosse) am Kaiserplatz.[34] Allerdings zeigte sich bald, dass die Investoren die hochhausfreundliche Haltung der Stadt ausnutzen konnten. Die Neue Zeitung schrieb dazu am 6. 12. 1951:
„Frankfurt schießt in die Höhe. Zu hoch, sagt das Stadtplanungsamt, schaut böse auf manches Hochhaus und muß bekennen: Wir sind einfach überfahren worden. Laut baupolizeilichen Vorschriften darf in der Innenstadt nämlich nur bis zu sechs Stockwerken hoch gebaut werden. Die finanzkräftige Wirtschaft aber konnte sich ein Ultimatum leisten: entweder wir dürfen höher hinauf oder wir ziehen in eine andere Stadt um. Nach Rücksprache mit der Stadtverwaltung wählte das Planungsamt dann das kleinere Übel. Es gab nach. Die Post hatte ein derartiges Ultimatum gar nicht nötig. Sie baut ganz einfach. Ihre Pläne sind tabu für die Baupolizei Frankfurts, da sie lediglich der Kontrolle der staatlichen Postverwaltung unterliegen. Und so errichtete man denn dort, wo andere sich nur sechsstöckig betätigen dürfen, (...) den mit 65 m bisher höchsten Bau der Frankfurter City."[35]

---

34 Alle in diesem Artikel angegebenen Höhen und Stockwerkszahlen stammen aus Detlev Janik (Hg.): Hochhäuser in Frankfurt. Wettlauf zu den Wolken. Frankfurt am Main: Societätsdruckerei 1995

35 Die Neue Zeitung vom 6. 12. 1951, S. 8

Die Post wollte zur Zentralisierung des Kabelnetzes das Fernmeldehochhaus errichten und kaufte zum Zweck der Erweiterung ihres Grundstücks an der Zeil das angrenzende, stark kriegsbeschädigte Thurn- und Taxis-Palais von der Stadt mit der Auflage, „daß der Kopfbau an der Großen Eschenheimer Straße von der Post in historischer Form unter Verwendung der noch brauchbaren Werksteine wiederaufgebaut wird.“[36] Daraus wurde jedoch nichts, denn bald stellte die Post fest, dass eine erhebliche Verteuerung durch Kabelstränge, die um das Palais herumgelegt werden müssten, eintreten würde. „Vor die Entscheidung gestellt, entweder dem Abriß der Ruine zuzustimmen oder auf den Fernmeldeturm zu verzichten, stimmte die Stadt dem Abbruch zu. Ein Kompromiß milderte die Bedenken: Die beiden Torhäuser und das Portal sollten restauriert werden.“[37]
In die baupolizeiliche Zuständigkeit Frankfurts fiel hingegen ein anderer Fall, der bestätigte, dass wirtschaftliche Interessen baupolizeiliche Vorschriften überholten.[38] Als 1953 das Degussa-Hochhaus fertig wurde, war es weit höher, als es ursprünglich einmal genehmigt worden war. Weil es einen Teil der Gründstücksfläche für den Verkehr abgeben musste, hatte sich das Unternehmen gleich selbst dadurch entschädigt, dass es eben höher baute als genehmigt.
„Die Stadtplanung hatte noch auf die fragwürdige Konkurrenz dieses nun allzu mächtigen Turmes gegenüber dem benachbarten und gerade wieder aufgebauten Schauspielhaus hingewiesen. Auch waren nun die Proportionen des neuen Hochhauses zu der bestehenden Bebauung nicht mehr gerade glücklich zu nennen. Aber in der Abwägung der städtebaulichen Argumente gegenüber denen der Kosteneinsparung und des guten Einvernehmens mit einem wichtigen Wirtschaftsbetrieb entschloß sich der Magistrat, den letzteren den Vorzug zu geben.“[39]
Die neue ökonomische Dynamik der Stadt führte zum schnellen Wiederaufbau der Innenstadt. Nach den ersten Vorbildern und der Erfahrung mit einer Genehmigungspraxis, die die für den damaligen modernen Städtebau verbindliche Leitidee, städtebauliche Dominanten zu schaffen, vertrat, schien es kaum Hindernisse für die Beantragung von Hochhäusern zu geben, wenn sie sich in die moderaten Vorstellungen der Planer und Politiker einpassten.
Die hohe bzw. überdurchschnittliche Ausnutzung des Grundstücks war in dieser Zeit der wesentliche Anreiz für die Unternehmen, Hochhäuser zu bauen, die überwiegend selbst genutzt wurden. In der Frankfurter Allgemeinen Zeitung wurde gewarnt: „Frankfurt soll kein Manhatten werden“ und weiter wurde gefragt: „Ist Frankfurt seinem Ruf als Großstadt es schuldig, in die Höhe zu bauen? Nein. Aber die Anträge zum Bau von Hochhäusern mehren sich. Grund: Wirtschaftliche Erwägungen. Hochhäuser sind rentabler als Gebäude, die sich in die Breite ziehen. Man kann die teuren Grundstücke besser nutzen.“[40]. An der städti-

36 Dauer, Maury 1953, S. 6
37 Bartetzko, 1995, S. 30
38 Die Neue Zeitung vom 6. 12. 1951, S. 8
39 Müller-Raemisch 1996, S. 49
40 Frankfurter Allgemeine Zeitung vom 28. 2. 1953, zitiert nach Müller-Raemisch 1996, S. 47

schen Genehmigungspraxis blieb jedoch manches unklar. Wo konnten Hochhäuser entstehen? War es nur der privaten Initiative der Bauherren überlassen, die dadurch den Wert des städtischen Bodens steigerten und die Stadtsilhouette beeinflussten? Die Stadtplanung entschied die Einzelfälle als Sondergenehmigungen, das heißt als Befreiungen vom Bebauungsplan. Die Gesichtspunkte dieser Befreiung waren der Öffentlichkeit jedoch nicht deutlich, weshalb die Stadtplanung in Zugzwang geriet, ihre Vorstellungen zu erläutern.

Gestaltungsprinzipien

Wie die stadtgestalterischen Prinzipien für den Hochhausbau in Frankfurt aussahen, zeigte bereits eine 1952 veröffentlichte geographische Dissertation, in der es heißt: Es sei „beabsichtigt, die Funktion des die Innenstadt umgebenden Anlagenrings zu steigern, indem man die Grünflächen bis zu den Wallstraßen heranzieht und in großzügigen Abständen 8–9 stöckige Großbauten errichtet. Hiermit würde Frankfurt von einem Hochhausgürtel umschlossen werden, der im Gegensatz zur zentral gelagerten Hochhauszone amerikanischer Städte, die Peripherie der City umschließen würde“.[41]

Die gewünschten Hochhausstandorte waren demnach bereits bekannt, als sich der damalige Leiter der Stadtplanung, Herbert Boehm, der Nachfolger Werner Hebebrands und ein enger Mitarbeiter Ernst Mays, der mit ihm schon 1930 den Flächenverteilungsplan für die Stadt erarbeitet hatte, entschloss, den ersten Hochhausplan 1953 zu veröffentlichen, wohl wissend, dass dies weitere Hochhausgenehmigungen nach sich ziehen würde. Er schrieb in der Frankfurter Neuen Presse vom 31. 1. 1953 über die Konsequenzen: „Wenn ein (…) Hochhaus und ein zweigeschossiges Haus im Gesamtbebauungsplan der Innenstadt nebeneinander zu stehen kommen, können die Bodenwerte nicht gleich sein oder bleiben.“[42] Für dieses durch die Sondergenehmigungen für Hochhäuser entstandene Problem der Bodenordnung, sah er zwei Lösungsmöglichkeiten: „Zwei Wege, die ohne Ungerechtigkeiten zu diesen Zielen führen, entweder die Vergrößerung des Eigentums durch Zusammenlegung und Bildung von Gemeineigentum, oder die Durchschleusung der Bodenwerte durch ein Clearing, das die öffentliche Hand zu bewerkstelligen hätte.“[43] Ebenso wenig jedoch, wie sich eine Antwort auf das Problem der Bodenwertsteigerungen durch solche Sondergenehmigungen für Hochhäuser fand, wurde die Frage des Ausgleichs der dadurch geschaffenen ökonomischen Vorteile für die Eigentümer gelöst. Als man schließlich bei der Westendbebauung in den sechziger Jahren für die Bodenwertsteigerung eine Lösung gefunden zu haben glaubte, erwies sich diese als Katastrophe für die Villenbebauung in dem innerstädtischen Wohngebiet.

Die Gestaltungsvorstellungen, die in dem Hochhausplan zum Ausdruck kamen, waren die gleichen, die für den modernen funktionalen

41 Büker 1952, S. 128

42 Frankfurter Neue Presse vom 31. 1. 1953, zitiert nach Müller-Raemisch 1996, S. 50

43 Ebd.

Städtebau überall galten: die Akzentsetzung durch sog. städtebauliche Dominanten oder Punkthochhäuser, wie Wolf sie 1949 bereits im Fluchtlinienplan vorgesehen hatte. In Frankfurt sah man als solche Dominanten die „freistehende(n) Hochhäuser an einigen wenigen wichtigen Punkten der Stadt" an, so Boehm in der Frankfurter Neuen Presse. Die Überzeugung war: „die Monotonie der gleich hohen Straßenwände wird nicht wiederkommen, und die Geschlossenheit der Straßen und Platzräume im Sinne des aus dem lateinischen Barock stammenden Stilerbes wird sich lockern zugunsten freier raumkörperlicher Beziehungen der Baukuben".[44] In dem 1953 veröffentlichten Plan konnte man nun ablesen, wo noch Hochhausstandorte genehmigt werden würden.

Abb. 5: Der erste veröffentlichte Hochhausplan von 1953

Neben Standorten in der Innenstadt sind vor allem die Standorte entlang des Anlagenrings, der alten Stadtmauer, deutlich. Boehm erläutert dazu in dem Artikel: „Die ‚Hochhäuser' in ihrem bescheidenen Rahmen von acht bis vierzehn Geschossen – nur der Postturm darf eine Ausnahme machen – werden also sparsam und planmäßig in den neuen Stadtplan eingefügt, und zwar nur an den Stellen, die nach ihrer Lage an Gelenk- und Akzentpunkten des raumkörperlichen Gefüges gleichsam dazu vorbestimmt erscheinen. (...). Aber damit soll es auch sein Bewenden haben, und niemand soll sich an die Fiktion des ‚gleichen Rechts für alle' klammern wollen, wo es um das Schicksal einer ganzen Stadt geht."[45]

44 Ebd.
45 Ebd. S. 51 f.

Diese Hoffnung Boehms hat sich nicht erfüllt. Müller-Raemisch spricht von einem Hochhausboom zwischen 1952 und 56. Schon ein halbes Jahr nach der Veröffentlichung des Hochhausplanes, im Juli 1953, kam es zu einem weiteren Steuerungsversuch der politischen Gremien. Es wurde ein Gestaltungsplan verabschiedet, der den Bau von weiteren Hochhäusern im Bahnhofsbereich untersagen sollte, da die Dominante der Rhein-Main-Bank (Dresdner Bank) an der Ecke Kaiserstraße, Gallusanlage nicht durch neue Hochhäuser in ihrer Wirkung beeinträchtigt werden sollte.[46]

Erkennbar ist hier der deutliche Versuch, das Stadtbild zu retten und die Investitionen zu lenken. Die Steuerung der Stadtplanung gelang nur insofern, als an den im ersten Hochhausplan vorgegebenen Standorten größtenteils auch gebaut wurde. Außerdem genehmigte man jedoch zahlreiche Standorte, die nicht im Plan enthalten waren. Allerdings wurden auch viele Hochhausgesuche abgelehnt, berichtet Hans-Reiner Müller-Raemisch.[47]

Die Hochhäuser der fünfziger Jahren waren in der Mehrzahl Stahlskelettbauten (oder wie die Oberfinanzdirektion Stahlbetonbauten) mit Höhen zwischen 30 und 50 Meter. Das Stahlskelett ermöglichte erst das Bauen in größeren Höhen. Beim gewöhnlichen Mauerwerk, bei dem Stütze und Last im Verhältnis zueinander kalkuliert werden müssen, würde ab einer gewissen Höhe eine Mauerstärke erreicht, die in keinem Verhältnis zur Geschoßfläche stünde. Das Stahlskelett macht hingegen die Konstruktion von der Fassade unabhängig und deshalb größere Höhen möglich. In Frankfurt blieben die Hochhäuser aber nach Maßgabe der Stadtplanung unter der Domhöhe von 95 Meter. Sie seien, schreibt Müller-Raemisch, „vom Grundriß und vom Baukörper her eigentlich nichts anderes als aufeinandergestapelte Bürohäuser, wie sie allgemein in dieser Zeit zwischen 1948 und 1960 auch sonst gebaut wurden: ein langer Flur, zu beiden Seiten gesäumt von ca. vier bis fünf Meter tiefen Büros, ein oder mehrere Treppenhäuser an den Fluren, wie es die Fluchtdistanzen der Baupolizeiordnung eben forderten. Das Ergebnis war ein langer, schmaler, meist nicht wesentlich über acht Geschosse hoher Baukörper, der sich in der Regel noch gut in das Stadtbild einfügen ließ und in der vorgesehenen Reihung die allgemeine drei- bis viergeschossige Baustruktur gut zu gliedern vermochte.“[48]

Die Baukörper der Frankfurter Hochhäuser folgen in der Regel den in den zwanziger Jahren in Deutschland entwickelten Vorstellungen. Die von Sullivan im Chicago des 19. Jahrhunderts erkannte Strukturähnlichkeit zwischen Hochhaus und Säule führte auch in der Moderne der zwanziger Jahre häufig dazu, dass das Hochhaus einen Sockel (Fuß), einen Schaft (Körper) und ein Kapitell (Kopf) bekam. Diese Säulenelemente waren an zahlreichen Frankfurter Hochhäusern der fünfziger Jahre zu erkennen. Auch die Anleihe bei frühen Vorbildern wurde nicht

---

46 Frankfurter Allgemeine Zeitung vom 11.7.1953, zitiert nach Müller-Raemisch 1996, S. 52

47 Müller-Raemisch 1996, S. 53

48 Müller-Raemisch 1996, S. 185

gescheut. Der Entwurf des Bayer Hauses (1952) orientierte sich deutlich am Columbushaus von Erich Mendelsohn in Berlin (1931). Das von dem Architekten Berentzen entworfene Verlagshaus der Frankfurter Rundschau hatte das von Sullivan erbaute Schlesinger und Mayer Store (1899–1904) in Chicago zum Vorbild.[49]
Den ersten modernen Bezug auf die amerikanischen Hochhäuser nahm der Architekt Krahn, der das „Bienenkorb"-Hochhaus, das 1954 fertig wurde, an der Konstablerwache gestaltete, bei dem – anders als bisher – eine innenliegende Erschließung ein ausgewogenes Verhältnis von Breite zu Länge und damit eine neue „Körperlichkeit" ermöglichte.[50] Der Bienenkorb, den die Frankfurter Sparkasse von 1822 bauen ließ, war nach dem 1952 gebauten Lever House in New York gestaltet. Dieses Hochhaus war jedoch angepasst an die moderaten Höhen, die die Stadt erlaubte, nur 43 Meter hoch.
Zwischen 1956 und 60 wurden kaum noch Hochhäuser gebaut. Was könnte die Entwicklung gehemmt haben? War dem Eigenbedarf zunächst einmal Genüge getan? Waren es die Hochhaus-Richtlinien von 1955, in denen Sicherheitsvorschriften für alle Häuser über 22 Meter oder acht Geschossen festgelegt wurden? Oder ließ das Interesse nach, als die Stadt den Grundsatz verlauten ließ, dass die Erlaubnis zum Hochhausbau nicht dazu dienen dürfe, das Grundstück wirtschaftlicher zu nutzen? Nur wer über ein genügend großes Gelände verfügte, durfte nun in die Höhe bauen.

Reaktionen der Bevölkerung auf die Hochhäuser
Die Haltung der Bevölkerung zu den „maßvollen" Hochhäusern schien in der Regel positiv zu sein. Die ersten Hochhäuser wurden zum Ziel von Sonntagsnachmittagsausflügen der Familien. Neben der Befriedigung der Neugier über das Besondere, das die hohen Häuser manchmal noch inmitten von Trümmerbergen darstellten, waren sie für ihre Betrachter in den frühen Fünfzigern auch ein Sinnbild einer besseren Zukunft.[51]
Allerdings bedurften die ersten Hochhäuser anscheinend noch einer besonderen Legitimation. Denn es wurde in Festtagsreden und Schriften viel Mühe darauf verwendet, die neuen Hochhäuser in eine Verbindung zur Stadtgeschichte zu bringen.[52] Es gab in den Zeitungen auch Kritik, aber überwiegend doch Bewunderung für die moderne Architektur. Die Hochhäuser verweisen auf die überdurchschnittliche Leistungskraft der Frankfurter, meinte die Industrie- und Handelskammer. 1951 fand sich in deren Mitteilungen folgende Beobachtung:

49 Santifaller 1994, S. 93, Abbildung bei Jonak 1997, S. 48
50 Müller-Raemisch 1996, S. 185
51 Das „Wirtschaftswunder" war in Frankfurt besonders auffällig. Schon 1951 konnte der Bevölkerungsstand von 1939 mit 550.000 Einwohnern wieder erreicht werden, nachdem er 1945 bei 270.000 Einwohnern gelegen hatte. 1950 gab es im Frankfurter Raum nur noch 3,6 % Arbeitslose, während die Arbeitslosenquote in Hessen und im ganzen Bundesgebiet noch über 8 % lag (Lerner 1958, S. 146).
Die Zuwachsraten des Bruttosozialprodukts und die Produktionsziffern waren in diesen Jahren in Frankfurt höher als in anderen Städten.
52 Santifaller 1994, S. 90 ff.

„(…) aus den veränderten Straßenführungen und Platzbildungen, die meist von den in Frankfurt bevorzugten maßvollen Hochhäusern bestimmt werden, gewinnt man den überzeugenden Eindruck, daß von der Bevölkerung unserer Vaterstadt, wie es vor kurzem eine Denkschrift des Magistrats ausdrückte, ‚auf allen Gebieten des wirtschaftlichen und sozialen Lebens Überdurchschnittliches vollbracht wird.'" [53]
Die Hochhäuser waren Signale für die Wirtschaftskraft der Stadt und wirkten damit auf das Selbstverständnis der Frankfurter zurück, sie trugen die Botschaft vom Wirtschaftswunder in Frankfurt auch in die Fremde. „In Frankfurt wachsen die Hochhäuser wie Pilze aus der Erde", schrieb die Westdeutsche Allgemeine am 29. 12. 51. Weiter hieß es: „Das Glück fällt dieser Stadt in den Schoß (…).Der Magnetismus dieser geographisch begünstigten Stadt ist noch immer ohnegleichen. Er ließ im letzten Jahr Hochhäuser aus der Erde wachsen, die der Silhouette der Stadt eine neue eigene Note gaben."[54]
Im Wesentlichen wurden die Hochhäuser von der Industrie und den Behörden, aber auch von drei Banken für den Eigenbedarf konzipiert. Wie reagierten nun die Mitarbeiter und Angestellten auf diese hohen Bürohäuser? Offenbar zunächst auch mit Befremden, wie es der damalige Präsident des Bundesrechnungshofes bei der Einweihung des acht Geschosse und 26,50 Meter hohen Dienstgebäudes 1953 den Architekten gegenüber zum Ausdruck brachte: „Sie wissen, daß es mir – und ich glaube auch der Mehrzahl meiner Mitarbeiter – nicht gerade leicht gefallen ist, uns mit dem von Ihnen geschaffenen Bau zu befreunden. Es schien uns, zumal in der ehrwürdigen historischen Umgebung zunächst ungewohnt modern. Es ist Ihnen aber gelungen – und das spricht für Ihr Werk – uns zu ihm zu bekehren, und heute bejahen wir es in der Mehrheit aus Überzeugung (…). Wir wollen uns auch Mühe geben, auf dem Wege der Bekehrung fortzuschreiten."[55]
In den 13 Jahren, die zwischen dem Hochhaus Süd (später AEG Hochhaus) und dem Zürich-Haus liegen, hatte sich die Auffassung der Stadt, die Anträge auf den Bau von Hochhäusern seien mit den Fluchtlinien-

Abb. 6: Der Bundesrechnungshof von 1953

53 Mitteilungen der Industrie und Handelskammer Nr. 23 v. 1. 12. 51
54 Nach Müller-Raemisch 1996, S. 53
55 Nach Santifaller 1994, S. 91

planungen und festgesetzten Bauhöhen nicht vereinbar, ja es handele sich um eine Hochhausseuche, sei also in diesem Umfang unerwünscht, deutlich gewandelt.
Zunächst wollte die Stadt beim Hochhausbau Stadtbildpflege und Wirtschaftsförderung vereinbaren. Schon in dieser ersten Phase zeigte sich jedoch, dass Bauherrn wie die Post oder Degussa die städtischen Vorgaben umgingen. Das traditionelle Stadtbild mit dem wiedererrichteten Kaiserdom, der modern rekonstruierten Paulskirche und der wiederaufgebauten Nikolaikirche, der Kirche des Frankfurter Rates, geriet zusehends ins Hintertreffen. Zwar versuchte man noch mit Hilfe des Hochhausringkonzepts die Altstadt und City auszuklammern, wollte gleichzeitig aber auch, dass sich die Wirtschaftskraft der Firmen und die Selbstdarstellung von Behörden durch Hochhäuser in maßvollen Rahmen entfalten konnte. Diese Politik ging solange gut, bis die Stadtplanung selbst auch Wohngebiete für Hochhäuser öffnete, um dem Expansionsdrang der Wirtschaft und Behörden den Weg zu weisen.

Radikale Modernisierung und weitere Zerstörung der Stadt – Hochhäuser als Symbole rücksichtslosen Kapitalismus (1960–1977)[56]

Das ökonomische Wachstum der fünfziger Jahren hatte sich zu einem Teil in den Innenstädten der Großstädte durch Expansion von Handel und Dienstleistungen vollzogen. Der ökonomische Keim für die spezifische Entwicklung der Stadt Frankfurt als Finanzdienstleistungszentrum wurde 1956 mit dem Gesetz zur Aufhebung der Beschränkung des Niederlassungsbereichs von Kreditinstituten gelegt, das den drei Großbanken nach ihrer Auflösung 1945 nun ermöglichte, sich neu zu konstituieren.[57] Zwei der damals wiedergegründeten Großbanken, die Deutsche Bank und die Dresdner Bank, entschieden sich für Frankfurt als Sitz ihrer Zentrale. Die Commerzbank hatte in Düsseldorf ihren Hauptsitz; erst ab 1970 zentralisierte sie ihre Aktivitäten in Frankfurt, wo sie seit 1990 auch juristisch ihren Hauptsitz hat. 1957 wurde das Gesetz über die Errichtung einer Bundesbank in Frankfurt erlassen. In der deutschen Bundesbank verschmolzen damals die Landeszentralbanken und die Berliner Zentralbank mit der Bank deutscher Länder. Die Deutsche Bundesbank hat „ihren Sitz am Sitz der Bundesregierung; solange dieser sich nicht in Berlin befindet, ist Sitz der Bank Frankfurt am Main."[58]

56 Dieses Kapitel wurde zusammen mit Stefan Böhm-Ott geschrieben.
57 Vor dem Krieg waren alle drei Großbanken in Berlin mit ihren Zentralen ansässig gewesen. Die Alliierten verfolgten eine Dezentralisierungspolitik der Großbanken auf Landesebene. Mit dem Gesetz über den Niederlassungsbereich von Kreditinstituten von 1952 wurden die drei einstigen Großbanken verpflichtet, aus der Altbank je drei regionale Nachfolgebanken auszugründen. Erst im Dezember 1956 wurde durch Bundesgesetz die Wiedervereinigung dieser Nachfolgeinstitute möglich.
58 Lerner 1958, S. 452

Diese bundespolitischen Entscheidungen, in denen Frankfurt der Vorzug vor dem ebenfalls zur Diskussion stehenden Köln-Bonner Raum gegeben wurde,[59] waren Voraussetzungen für die weitere räumliche Konzentration der Zentralen der deutschen Banken in Frankfurt. Gleichzeitig wurde die Frankfurter Börse auch die Leitbörse der Bundesrepublik,[60] während die Düsseldorfer Börse zurückfiel.
Die räumliche Expansion von Unternehmen des tertiären Bereichs – angeführt von Versicherungen – schien nach der Wachstumsphase der fünfziger Jahre in verschiedenen deutschen Großstädten in den sechziger Jahren auf Kosten der Wohnnutzung in den bürgerlichen Wohnvierteln der Innenstadtrandbereiche zu gehen, in die die Büronutzung immer weiter eindrang. Erste Bürgerinitiativen entwickelten sich Ende der sechziger Jahre gegen diese Bedrohung in München und Frankfurt. Nur in Frankfurt radikalisierte sich dieser Konflikt jedoch zum mehrjährigen Häuserkampf, bei dem Palais', großbürgerliche Villen und Wohnhäuser aus der Zeit vor dem ersten Weltkrieg, die von Spekulanten im Westend, einem bürgerlichen Wohnviertel aus dem 19. Jahrhundert, aufgekauft wurden, mit Absicht verwohnt oder durch Leerstand heruntergewirtschaftet wurden, bis sich der Abriß lohnte. Neben der Tatsache, dass Büroraum einträglicher war als Wohnraum, zahlte sich vor allem die Spekulation bezüglich des Bürohochhauses aus, zu der die Frankfurter Stadtplanung praktisch einzuladen schien.
Für die wachsende Nachfrage nach Büronutzung, die, als sie nicht mehr in der City befriedigt werden konnte, in die innenstadtnahen Wohngebiete drängte, gab es in den Großstädten unterschiedliche Problemlösungen. Während man in München als Reaktion auf die Bevölkerungsproteste im Lehel ein Dezentralisierungskonzept mit Ausbildung verschiedener Stadtteilzentren entwickelte, wurde in Frankfurt das Konzept der Cityerweiterung durch Hochhäuser in das Westend hinein trotz der Proteste der Bevölkerung beibehalten und später abzumildern gesucht, nicht aber zurückgenommen. Daneben wurde eine weitere Verdichtung mit Hochhäusern in der City, nun Bankenviertel genannt, zugelassen und eine Bürostadt mit Hochhäusern auf der grünen Wiese geplant.[61]

---

59 Adenauer hätte gern die Notenbank unter seiner Kontrolle gehabt. In einer Kabinettssitzung äußerte er, dass die Bundesnotenbank die politische Atmosphäre mitempfinden müsse, da gerade auch die Bank darauf Rücksicht nehmen müsse. Vgl. Holtfrerich 1999, S. 243

60 Santifaller 1954, S. 85

61 Zur gleichen Zeit als das Zürich Haus eingeweiht und das Westend vom Oberbürgermeister schon als Versicherungsviertel bezeichnet wurde, plante die Stadt bereits die Bürostadt Niederrad, „weil die ständige Nachfrage wichtigster Unternehmen nach Bauland in Frankfurt am Main anders nicht mehr zu befriedigen ist. Die Stadt kann es sich nicht leisten, daß bedeutende Wirtschaftskreise, die dringend nach Frankfurt streben, nur aus diesem Grunde fernbleiben oder sogar bei fehlender Ausweitungsmöglichkeit abwandern." So begründete das Stadtplanungsamt das Sondergebiet Niederrad gegenüber der Stadtverordnetenversammlung am 6. 11. 61 (vgl. Schembs 1994, S. 140, Fußnote 5 S. 141). Man hatte in Niederrad seit 1960 zunächst die übliche Bebauung geplant, war aber seit März 1962 im Planungsamt der Meinung, „daß sich auf unbebautem Gelände eine „Wolkenkratzerstadt" besser errichten

Einen Vorgeschmack auf die Strategie, in innerstädtischen Wohnvierteln Hochhäuser zu planen, und auf das, was damit ausgelöst werden konnte, gab es zwischen 1962 und 68 bereits im Holzhausenviertel.[62] Entsprechend der damaligen Planungsideologie der autogerechten Stadt sollte der Alleenring, die äußere Ringstraße, als aufgeständerte Schnellstraße ausgebaut werden und zum Schutz der innenliegenden Wohnviertel eine 50–80 Meter breite Bürohochhausbebauung gegen den Lärm und den Gestank der Stadtautobahn geplant werden, der allerdings Wohnhäuser hätten geopfert werden müssen. Ein Relikt dieser Planungsidee ist z.B. das Hochhaus am Nibelungenplatz. Als auch Ähnliches am Standort der heutigen Deutschen Bibliothek geplant wurde und das Holzhausenviertel in Mitleidenschaft gezogen worden wäre, entzündete sich der Konflikt der Anwohner mit der Stadt.[63]
Aus der Rückschau erscheint dieser Konflikt als ein Vorspiel dessen, was später im Westend folgte.

Erster Akt: Wie die Stadtplanung den spekulativen Bürohochhausbau im innerstädtischen Wohngebiet fördert

Zunächst erschien alles zufällig und ausgelöst durch einen Fall der Wiedergutmachung gegenüber Opfern des Nationalsozialismus. Die Stadt Frankfurt hatte 1938 der Familie Rothschild ein Innenstadtareal (Rothschildpark) unter Zwang „abgekauft". Nach dem Krieg kam es nun zu Verhandlungen über Rückerstattungsansprüche. 1960 schließlich fand der letzte Vergleich statt, der vorsah, einen Teil des Geländes, mit neuem Baurecht versehen, an die Familie zurückzugeben, den Rest als Park offen zu halten. Um in diesem Gebiet, für das es einen gültigen Bebauungsplan gab, eine Ausnutzung zu ermöglichen, die dem Grundstückspreis der Rothschilds und damit natürlich ihren Restitutionsansprüchen gerecht würde, musste eine enorme Dichte vorgesehen

ließe als im dichtbebauten Stadtgebiet. So sollten jetzt – der Tendenz der Bauherren folgend – Bürotürme und Hochhäuser mit Stockwerkszahlen entstehen, wie sie damals für Frankfurt ungewöhnlich waren. Wegen der vorgesehenen lockeren Bebauung und der ausgedehnten Grünflächen konnten die Planer umso leichter von den ursprünglichen Grundzügen abweichen und den Bauherrn nur wenige Auflagen machen. Man ging auf die Wünsche ein und überließ ihnen die architektonische Gestaltung" (ebd. S. 140). In der Bürostadt Niederrad bauten große Handels- und Produktionsunternehmen wie Woolworth, Nestle oder Olivetti für ihre Verwaltungen Hochhäuser. Das Olivettihochhaus z.B. wurde von Egon Eiermann entworfen und war 53 Meter hoch. Es wurde 1972 fertiggestellt.

62 Vgl. ausführlich Müller-Raemisch 1996, S.196–199

63 Die Anwohner gründeten die Schutzgemeinschaft Wohngebiet Holzhausen e.V., die gegen den Bebauungsplan klagte und so die Stadt zu einer möglicherweise annehmbareren terrassenförmigen Hochhausbebauung brachte. Die Investoren verkauften jedoch das Grundstück in der Krise Anfang der siebziger Jahre, so dass das Viertel auch von diesem Hochhaus verschont wurde. Weitere Hochhäuser nach diesem Plan wurden jedoch am Alleenring/Ecke Falkensteinerstrasse und Ecke Eschersheimer Landstrasse gegen die Interessen der Bürgerinitiative durchgesetzt. Mit Aufgabe der Idee der Aufständerung der Straße wurde dieses Hochhauskonzept nicht weiterverfolgt.

werden, die nur über eine Befreiung nach § 31 des seit 1960 bundeseinheitlich geregelten Baurechts möglich war, wollte man den Bebauungsplan nicht ändern. Die Rothschilds hatten 1961 das Gelände an die Zürich-Versicherung und die Berliner Handelsgesellschaft (heute BHF-Bank) verkauft. Seit 1958 gab es Überlegungen für ein Hochhaus auf diesem Gelände,[64] dessen Planung und Bau von da an in der Presse wegen seiner exponierten Lage am Übergang des Westends zur City am Opernplatz mit großem Interesse verfolgt wurde und schließlich zum Ausgangspunkt einer neuen Phase des Hochhausbaus in Frankfurt wurde, zu der der damalige Oberbürgermeister, Werner Bockelmann, in seiner Rede zur Eröffnung des Hochhaus der Zürich-Versicherung (65 Meter und 19 Geschosse) am Opernplatz praktisch aufforderte. Die Frankfurter Rundschau vom 30. 5. 62 gab seine Rede folgendermaßen wieder:

„Heute könne man von einem Versicherungsviertel im Bereich der Bockenheimer Landstraße sprechen. In diesem Zusammenhang ging er auf die sich immer mehr vollziehende Wandlung des ehemals stillen Wohnviertels Westend zu einem Citygebiet ein, eine Entwicklung, die einmal schmerzlich, zum anderen jedoch auch wieder freudig begrüßt werde. Jedoch müsse bei der weiteren Bebauung auf ausreichende Grünflächen geachtet werden. Dies zu erreichen, bleibe nur der Ausweg in die Höhe."

Abb. 7: Das Zürich Hochhaus von 1962

Das Zürich Hochhaus stellt zwar nicht hinsichtlich seiner Höhe von 68 Metern, sondern wegen seiner architektonischen Gestaltung ein Novum unter den Frankfurter Hochhäusern dar, denn es folgt nun nicht mehr dem Säulenprinzip, sondern es ist die erste „Kiste" (ohne eigentlichen Abschluß nach oben) in einer langen Reihe weiterer Hochhäuser dieser Form in den sechziger und siebziger Jahren. Auch ingenieurmäßig ist der Bau eine Neuheit in Frankfurt, denn erstmals werden nur acht Zentimeter dünne Fassadenteile in den Stahlskelettrahmen eingehenkt.[65] Am bedeutsamsten wurde es jedoch als Symbol der Öffnung des Westends für die Büronutzung und die sie begleitende Bodenspekulation.

Die Befreiungsstrategie vom Bebauungsplan für die Hochhausbebauung wurde nun zum Regelfall in der Entwicklung des Westends. Auch nach

64 Müller-Raemisch 1996, S. 408
65 Wegner 1995, S. 36

Einführung des Bundesbaugesetzes 1960 [66] wurde in Frankfurt mit Einverständnis des hessischen Ministers des Inneren die Ausnahmegenehmigung durch ein Votum des Bauausschusses erteilt (statt eines Beschlusses der Stadtverordnetenversammlung), um ein Bauvorhaben von den Festsetzungen des Bebauungsplanes zu befreien. Dies wurde am 15. 1. 1962 im Magistrat und kurz darauf auch in der Stadtverordnetenversammlung beschlossen. Da die „Befreiung" keine Änderung des Bebauungsplanes war, konnten nicht einmal die damals ohnehin spärlichen Beteiligungsrechte eines Bebauungsplanverfahrens zum Tragen kommen.[67] Die Praxis der Befreiung vom Bebauungsplan schien die nötige Flexibilität zu schaffen, damit die Kommunalpolitik die Frankfurter Wirtschaft in ihrem Expansionsdrang unterstützen konnte.

Die Stadt versuchte zwar diese Entwicklung dadurch zu steuern, dass sie für Entwicklungsgrundstücke, die mit Befreiungen versehen werden konnten, eine Mindestgröße von 2.000 qm voraussetzte. Wer ein Grundstück von 2.000 qm im Eigentum hatte, konnte darauf hoffen, eine GFZ von 3,0 zu erzielen, also dichter als ortsüblich zu bauen. Explizites Ziel der Stadt war die Schaffung von hochverdichtetem Büroraum in Innenstadtlage.

Die planerische Bewertung des Westends als City-Ergänzungsgebiet geschah jedoch erst, nachdem man sich über Gutachten Klarheit verschafft hatte: „Die Nähe zum Hauptbahnhof und zum Messegelände sowie eine elastische ungebrochene Öffnung der westlichen Innenstadt zur Bockenheimer Landstraße erleichtern den Strukturwandel des Westends zu einem City-Ergänzungsgebiet. Bauliche Gliederung und Gebäudecharakter kommen dem Repräsentationsbedürfnis der sich hier niederlassenden Institutionen entgegen", schrieb Gerhard Stöber in seinem Gutachten 1964.[68] In der weiteren Planung wurde dann von einer Durchdringung des Westends mit Wohn- und Arbeitsstätten gesprochen.[69] Faktisch hatte sich zu dieser Zeit der Bodenwert des Westends jedoch schon derartig verteuert, dass es illusorisch war, von einer Entwicklung innerstädtischen Wohnens auszugehen. Die Steigerungsraten der Grundstückswerte für unbebaute Trümmergrundstücke im Westend lagen im Zeitraum von 1953–1959 je nach Grundstück bei 300–1.000 %.[70] Die Eigentümerstruktur des Westends war nahezu völlig durch Privatbesitz gekennzeichnet, so dass die Steuerungsmöglichkeiten der Kommune

66 In § 31 Bundesbaugesetz (jetzt BauGB) heißt es: „(1) Von den Festsetzungen des Bebauungsplanes können solche Ausnahmen zugelassen werden, die in dem Bebauungsplan nach Art und Umfang ausdrücklich vorgesehen sind. (2) Von den Festsetzungen des Bebauungsplans kann befreit werden, wenn die Grundzüge der Planung nicht berührt werden und 1. Gründe des Wohls der Allgemeinheit die Befreiung erfordern oder 2. die Abweichung städtebaulich vertretbar ist oder 3. die Durchführung des Bebauungsplans zu einer offenbar nicht beabsichtigten Härte führen würde und wenn die Abweichungen auch unter Würdigung nachbarlicher Interessen mit den öffentlichen Belangen vereinbar ist."

67 Müller-Raemisch 1996, S. 204

68 Stöber zitiert nach ebd. S. 203.

69 Vorwort zum zweiten Gutachten Stöbers zitiert nach ebd., S. 203

70 Ebd. S. 202

allein auf das Planungsrecht begrenzt und nicht durch eigenen Bodenbesitz zu beeinflussen waren.
Die Aufwertung des Bodens sahen auch die städtischen Planer als ein Problem an, aber sie glaubten, die weitere Aufwertung dadurch verhindern zu können, dass sie potentiellen Investoren die Möglichkeit gaben, die Grundstücke zu den Werten, die sich aus dem alten Bebauungsplan ergaben, zusammenzukaufen; die anschließende Befreiung vom Plan erhöhte dann nachträglich den Wert des Grundstückes, ohne jedoch gleichzeitig auf das Nachbargrundstück übertragbar zu sein. Diese Praxis der verdeckten Aufkäufe über Strohmänner wurde deshalb städtischerseits explizit unterstützt. Rechtlich ließ sich die Begrenzung der zusätzlichen Ausnutzung auf Grundstücke mit 2.000 qm nicht durchhalten, so dass auch kleinere Grundstücke in den Genuss solcher Befreiungen kamen. Die planerische Strategie, durch Ausnahmegenehmigungen Spekulation und Bodenwertsteigerungen zu verhindern, scheiterte vollkommen, denn es wurde Interessierten mit der „Befreiung" geradezu der Weg zur Spekulation mit der Hochhausbebauung gewiesen. Die von Planern intendierte Bodenwertbegrenzung schlug in ihr Gegenteil um. Die Spekulation blühte und überstieg zeitweise auch die Nachfrage mit der Folge, dass Hochhausbauten leer standen und weiterverkauft wurden.

Zweiter Akt: Das Geschäft mit dem Boden
Die Spekulationsmöglichkeiten brachten neue risikofreudige Akteure auf dem Frankfurter Immobilienmarkt hervor. Eine Untersuchung des Geographen Vorlaufer von 1975 förderte ans Licht, dass sich die Struktur der Immobilienbesitzer im Westend in den sechziger Jahren drastisch veränderte. Durch die unübersichtliche Befreiungspraxis wurden lokale Akteure über ihre Ortskenntnis in die Möglichkeit versetzt, gezielt Immobilienaufkäufe vorzunehmen und über entsprechende Kontakte im Stadtplanungsamt auch Befreiungen durchzusetzen. Die bisherigen Immobilienbesitzer, die Vorlaufer in seiner Untersuchung als Mittelstand mit traditionellem Bodeninteresse kennzeichnete, also etwa Ärzte, Anwälte, selbständige Kaufleute, höhere Beamte, die sich Häuser vor allem aus Gründen der Alterssicherung kauften, verschwanden weitgehend. Sie wurden durch Immobilienkaufleute ersetzt, die Ortskenntnis, städtische Planungspraxis und Skrupellosigkeit in renditeorientierte Bodenverwertung umsetzten.
Im Laufe der sechziger Jahre vollzog sich ein Wandel im Verhalten dieser Immobilienbesitzer im Westend. Sie kamen vom Bau eines Hochhauses und dessen schnellem Verkauf ab, denn es schien lukrativer, die Häuser zu halten und über die Vermietung einen langfristigen Anteil an den hohen und weiter steigenden Grundrenten zu erzielen. Der heute festzustellende, hohe Anteil der Gesellschaftsunternehmen am Grundbesitz im Westend resultierte zunächst aus der Praxis des schnellen Verkaufs entwickelter Projekte in den sechziger Jahren, während in den siebziger Jahren vor allem Projekte, die im Zuge der Rezession nicht mehr finanziert werden konnten, in die Hände der Gesellschaftsunternehmen fielen.
Die geringe Kapitaldeckung, mit der die Immobilienhändler zahlreiche Projekte begannen, reichte gerade bei wirtschaftlicher Flaute häufig

nicht bis zu deren Abschluss, so dass es während der Realisierungsphase zu Verkäufen kam. Darüber gelangten Grundstücke teilweise in die Hände von Banken, die die Kredite finanziert hatten und sich in den siebziger Jahren auch räumlich vergrößern wollten.

Dritter Akt: Die Banken

Das Geschäft der großen deutschen Privatbanken entwickelte sich in der Nachkriegszeit in eine neue Richtung. Es hatte sich zwischen 1950 und 1960 eine neue Sparerschicht ausgebildet, die ursprünglich nicht zum Großkundenklientel gehörte, deren Einlagen aber der langfristigen Sicherung des Refinanzierungspotentials für das angestammte Kreditgeschäft mit den Unternehmen dienen konnten. Gleichzeitig bedienten die Banken auch die Nachfrage privater Haushalte nach Kleinkrediten.[71] Dies führte nicht nur zu einem raschen Wachstum des Filialnetzes, sondern auch der Zentralen. Waren 1950 bei den Kreditinstituten in Frankfurt nur 2,3 % aller Beschäftigten tätig, so waren es 1961 schon 3,7 %. Die Zahl der Beschäftigten im Kreditsektor hatte sich fast verdreifacht (von 6.931 auf 18.134). Bis 1970 kamen noch einmal 10.000 Arbeitsplätze hinzu (28.037), so dass dieser Sektor 5,2 % an der Gesamtbeschäftigung ausmachte. Damit hatte Frankfurt die stärksten Konkurrenten Hamburg (mit 24.972 Beschäftigten bei Kreditinstituten) und München (mit 21.672 Beschäftigten) hinter sich gelassen.[72]
Diese Beschäftigungsexpansion sowie die neuen EDV-Möglichkeiten und das damals für rationell gehaltene Großraumbüro erklären die erste räumliche Expansion der Bankzentralen in den siebziger Jahren in Frankfurt. Dass die Expansion in der Form des Hochhausbaus geschah, ist nach dem Erwerb von Nachbargrundstücken oder solchen in der Nähe (Westend, Bahnhofsviertel) fast zwangsläufig, denn die Stadtplanung ermöglichte die dichte Ausnutzung der Grundstücke durch Hochhäuser, die die Rentabilität dieser Investitionen erhöhte. So wird man die erste räumliche Expansion der Großbanken in Hochhausform noch stärker dem Wunsch nach möglichst rentabler Grundstücksnutzung zuschreiben können[73] als einer damals noch zwiespältigen symbolischen Demonstration von Macht. Denn in den sechziger Jahren hatte bald jedermann eine persönliche Beziehung zu einer Bank, der man Lohn oder Gehalt und Erspartes anvertraute. Die modernen Neubauten der Banken in den sechziger Jahren werden von den Banken selbst deshalb noch als ein Problem gesehen. Die „Zeitschrift für das gesamte Kreditwesen" diskutierte 1967 das Dilemma der Banken, in ihren modernen „Bankpalästen" das rechte Maß zwischen Seriosität, Repräsentanz und moderner rationeller Arbeitsweise zu finden, um das damals für das Bankgeschäft konstitutive Vertrauen der Privatkunden zu bewahren. Deshalb konnte auch die Frankfurter das Erscheinungsbild der Banken nicht gleichgültig lassen. War es nicht das eigene Geld, mit dem die Hochhäuser gebaut wurden, Bewohner verdrängt und auch das Stadtklima verschlechtert wurde, so fragten sich viele.

71 Büschgen 1995, S. 771 f.
72 Arbeitsstättenzählungen 1950, 1961, 1970 in einer Zusammenfassung bei Holtfrerich 1999, S. 261 Tabelle 2
73 Drees 1967, S. 8

Abb. 8: Bankenplan von 1970

Dem Expansionsbedürfnis der Banken kam der „Bankenplan" von 1970 entgegen. Die hier zugelassenen neuen Höhen liegen alle über der Domhöhe von 95 Meter. Damit war die alte Stadtsilhouette und die „Nicht über meine Kirchturmspitzen-Politik" der Stadt endgültig aufgegeben. Im Laufe der siebziger Jahre bauten im Bankenviertel die Chase Manhattan-Bank 1972 (114 Meter), die Hessische Landesbank, deren 127 Meter hohes Hochhaus 1976 fertiggestellt wurde, die Bank für Gemeinwirtschaft 1977, heute Eurotower (148 Meter), die Dresdner Bank (166

Meter), die die Hochhausplanung bereits 1969 wegen der Zusammenlegung ihrer drei Deutschland-Zentralen begonnen und nach sechsjähriger Bauzeit 1980 in dieses Haus einziehen konnte. Die Commerzbank, die seit 1958 wieder ein Unternehmen mit drei Hauptverwaltungen und Hauptsitz in Düsseldorf war, baute an der Stelle der ersten Frankfurter Verwaltung (Mitteldeutsche Creditbank) 1970 ein erstes 28geschossiges Hochhaus. Die Deutsche Bank hatte 1957 nach der Wiedervereinigung der Bank den Sitz der Zentrale nach Frankfurt gelegt und ein Gebäude am Roßmarkt mit einem daran anschließenden Flachbau in der Junghofstraße bezogen. Die erste Expansion erfolgte 1972, als sie ihr erstes Hochhaus in der Großen Gallusstraße bezog. Das Grundstück für das zweite Hochhaus erwarb sie 1979 im Westend aus dritter Hand, auf dem sie die beiden Türme (155 Meter) errichtete. An dieser Stelle hatte ein Palais gestanden.
Im Zuge dieser Bebauung wurde es spürbar windiger im Umfeld der einzeln stehenden Hochhäuser; auch vermutete man, dass die Durchlüftung im Bankenviertel schlechter wurde. Anfang der siebziger Jahre wurden die ersten Klimagutachten an den Deutschen Wetterdienst vergeben, Windkanalversuche brachten Erkenntnisse über Luftbewegungen. Die Expansion des Hochhauses als Bauform wurde dadurch nicht gestoppt, bindende Grenzwerte wurden ebenso wenig festgelegt.[74]
Die Hochhausentwicklung in Frankfurt – zunächst durch die Planung forciert – war nun nicht mehr zu stoppen. Eine Ausnahmegenehmigung folgte der anderen. Die Wohnbevölkerung des Westends wurde zu einem erheblichen Teil verdrängt. Die Hochhäuser der Banken wurden zu negativen Symbolen der Macht des Kapitals.
Was aber war der Grund, dass die Stadtpolitik so lange gegen den Widerstand der Bevölkerung an dieser Cityerweiterung festhielt?

Vierter Akt: Der gute Zweck heiligt die Mittel

Die Frankfurter Kommunalpolitik war in den frühen 60er Jahren geprägt durch eine Allparteienkonstellation (SPD, CDU, FDP) im hauptamtlichen Magistrat der Stadt, wobei die links orientierte SPD dominierte. In diesem Klima wurden zahlreiche neue Wege in der Kommunalpolitik eingeschlagen, die sich in so unterschiedlichen Projekten wie dem Ausbau der Verkehrsinfrastruktur durch den städtisch finanzierten U-Bahnbau, ein Kindertagesstättenprogramm, die reformerische Neuorientierung in der Kulturpolitik und vielem mehr zeigten. Über die Steigerung der allgemein zu verteilenden öffentlichen Mittel bei öffentlichen Dienstleistungen sollte die Verteilung gesellschaftlichen Reichtums auf lokaler Ebene gerechter erfolgen. Diese reformorientierte Kommunalpolitik erforderte ökonomische Prosperität, die durch die Bereitstellung von Flächen für die Expansion der Frankfurter Wirtschaft gefördert werden sollte. Die Mehreinnahmen durch die Gewerbesteuer, die folgerichtig auch drastisch erhöht wurde, sollten in die Modernisierung der städtischen Infrastruktur als Dienstleistung für alle sozialen Gruppen der Stadt fließen. 1965 lag

74 Müller-Raemisch 1996, S. 178

der Hebesatz für die Gewerbesteuer bei 275 %, 1967 betrug er 320 %, 1973 400 %. Die Gesamtschulden der Stadt beliefen sich 1968 auf 2.450 DM pro Kopf der Bevölkerung, während die Vergleichzahlen bei Bund und Ländern bei 765 bzw. 661 DM pro Kopf lagen.[75]
Um diese Reformpolitik zu finanzieren, mußte man der Wirtschaft Spielraum geben und d.h. in dieser Zeit ausreichend Raum für die Expansion. Dazu diente die Cityerweiterungsstrategie mit Hochhäusern.
Diese Planungspolitik erreichte allerdings ihr ökonomisches Ziel. Sie schlug sich im Anstieg der Arbeitsplätze nieder. Die Zahl der Beschäftigten in Frankfurt nahm in den Jahren von 1961 bis 1970 von 486.500 auf 538.500 oder um 11 % zu, während sie in den Stadtbezirken Westend-Süd und Westend-Nord in diesem Zeitraum um 25 % stieg.[76]
Hinsichtlich der Beschäftigtenentwicklung schien das Konzept der Umwandlung des Frankfurter Westends in ein City- Ergänzungsgebiet demnach aufgegangen zu sein. Allerdings wuchs damit auch die Zahl der Einpendler. Sie hatte 1956 noch 96.088 Personen betragen und lag 1970 bereits bei 206.769 Personen, die zu Berufs- und Ausbildungszwecken in die Stadt kamen.[77] Mit dieser Büroarbeitsplatzkonzentration in Hochhäusern, die immer mehr Pendler in die Stadt zog, wuchs ein Problem für die Stadt heran, das erst in den neunziger Jahren politisch thematisiert wurde. Die Erwerbsdichte (d.h. Erwerbstätige pro 100 Einwohner) ist in Frankfurt höher als in jeder anderen deutschen Großstadt, hier findet sich jedoch auch die geringste Erwerbsbeteiligung der Ortsansässigen.[78]

Abb. 9: Demonstration der Bürger gegen die Umwandlung des Westends in ein Büroviertel u. a. mit CDU- und FDP-Politiker(innen)

Die neuen Hochhäuser im Westend wurden nun Symbole für den Widerstand der Bürgerinnen und Bürgern gegen die Verdrängung der Wohnbevölkerung. Die Bewohnerinnen und Bewohner fürchteten begründet um den Bestand ihrer Wohnungen. Das Zusammentreffen von eingesessener Bevölkerung mit der Frankfurter Ausprägung der Studentenbewegung führte zu spektakulären Auseinandersetzungen, die im Häuserkampf gipfelten, der bundesweite Beachtung fand.[79] Die Stadt war über die Frage der Cityerweiterung in das Westend entzweit.

75 Müller-Raemisch 1996, S. 205
76 Statistische Jahrbücher der Stadt Frankfurt, eigene Berechnungen
77 Barthelheimer 1997, S. 179
78 Ebd. S. 177 f.
79 Die erste Hausbesetzung im Westend fand 1970 statt, im März 1973 kommt es bei Räumungen zu einer Straßenschlacht. Eine ausführliche Dokumentation findet sich bei Stracke. Nach über zehnjähriger Besetzung wurde 1982 das letzte Haus im Westend geräumt.

Fünfter Akt: Vergebliche Rettungsversuche: Reue und Bestrafung

Zwar hatte die Stadt schon im Vorfeld der hochspekulativen Phase mittels des Fingerplans (1968) die Spekulationswelle einzudämmen gesucht, indem Verdichtungszonen (sogenannte Finger) im Westend definiert wurden, in denen sich die bislang ungesteuert verlaufende Entwicklung konzentrieren sollte. Der Plan scheiterte jedoch. Er ging der ansässigen Bevölkerung nicht weit genug. So verlief eine Entwicklungsachse über den Kettenhofweg mitten durch das Westend-Süd, so dass das dortige Wohnquartier tangiert wurde. Ein Teil der Verdichtungszonen wurde deshalb 1971 zwar im Westend-Strukturplan zurückgenommen, doch durchbrachen immer wieder Sonderregelungen die jeweiligen Strukturvorschläge, weil die Stadt sich durch frühere Zusagen gebunden hatte. Die städtische Planung war nicht mehr Herr ihres eigenen Gestaltungsgebiets. 1971 trat der für diese Planungspolitik verantwortliche Dezernent, Hans Kampffmeyer, zurück.

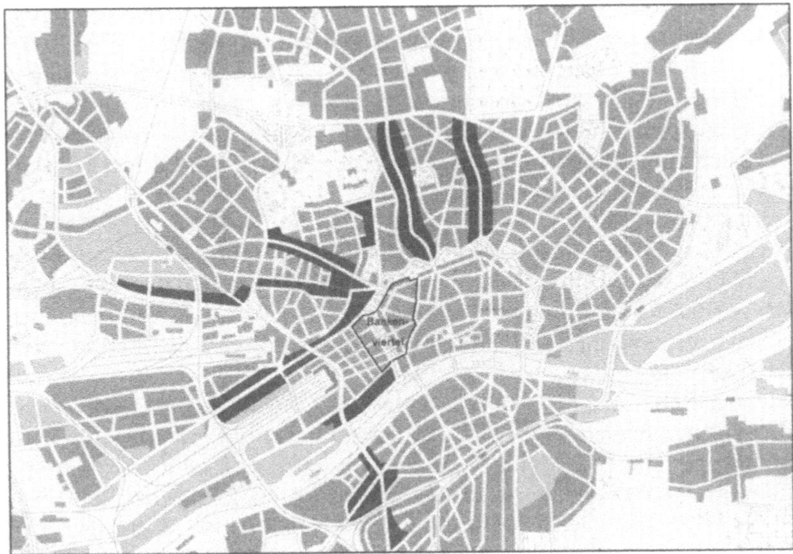

Abb. 10: Der Finger-Plan von 1968 als Ordnungsvorstellung für die gesamte innere Stadt. Das Dunkle sind Verdichtungszonen.

Der Fingerplan hatte jedoch nicht nur im Westend, sondern auch nördlich der Messe in Bockenheim wie auf der Mainzer Landstraße bis weit in das Gallusviertel hinein Hochhausverdichtungen vorgesehen, u.a. entstanden vor allem in Bockenheim-Süd auf seiner Basis noch eine Reihe von Hochhäusern.[80]

Das in Frankfurt herrschende Verhältnis von Ökonomie und Planungspolitik in dieser Phase zeigte sich in exemplarischer Weise an der Anregung des Magistrats, eine „Stiftung Soziale Wohnhilfe" zu gründen, die

80 So baute das Land Hessen den 1972 fertiggestellten 114 Meter hohen Turm für die Erziehungswissenschaften nach einem damals in angelsächsischen Ländern verfolgten universitären Baukonzept, das sich jedoch für die hiesige massenuniversitäre Nutzung nicht bewährte.

aus den Planungsgewinnen der Westend-Investoren Geld und Grundstücke sammeln sollte, um als Ersatzmaßnahmen für die Wohnungsverluste durch Abriß und Büroneubau sozialen Wohnungsbau im Westend zu ermöglichen. Drei Frankfurter Immobilienkaufleute gründeten 1972 eine solche Stiftung, deren Zweck nach Müller-Raemisch einem „Ablaßhandel" gleichkam.
„Immerhin ging es darum, daß ein hoheitliches Recht, nämlich die Entscheidung, ob und wieviel auf einem Grundstück gebaut werden darf, sozusagen privatrechtlich meistbietend versteigert wurde (...). 1974 (lagen) insgesamt für über 2,6 Millionen DM Zahlungszusagen vor, die Hälfte davon unterschrieben und beurkundet und immer an die Bedingung gebunden, daß den ‚Stiftern' die Baugenehmigung für die abgesprochenen Projekte erteilt würde."[81] Müller-Raemisch, der seit 1967 Leiter des Stadtplanungsamtes war und bis 1964 in Hamburg gearbeitet hatte, bemerkt zu dieser Praxis: „Diese Verquickung zwischen Geschäft und hoheitlichem Handeln scheint (...) in Frankfurt aber nie als anstößig empfunden worden zu sein. Auch noch Ende der achtziger Jahre, unter einer ganz anderen Magistratsmehrheit, verkaufte die Stadt ein Grundstück an einen Privaten mit der Zusage, für ein städtebaulich und nachbarrechtlich sehr schwierig zu regelndes Hochhausprojekt Planungsrecht zu schaffen und die Baugenehmigung zu besorgen. Im Fall der Nichteinhaltung war der Magistrat mit einer empfindlichen Konventionalstrafe einverstanden." [82]
Derlei nichtlegitimer Umgang mit Hoheitsrechten schienen der Analyse derjenigen Linken in der Studentenbewegung recht zu geben, die den Staat und seine Untergliederungen damals als geschäftsführende Ausschüsse des Kapitals betrachteten und die Hochhäuser als Symbole einer solchen Vereinigung von Politik und Ökonomie gegen die Interessen der Bevölkerung.
Mit der Reparatur der Planungsfehler im Westend ließ man sich obendrein Zeit, nachdem die SPD 1972 im Aufwind der Brandtschen Reformpolitik die absolute Mehrheit gewonnen hatte. Ein neuer Bebauungsplan für das Westend wurde erst 1975 beschlossen. Eine ganze Reihe von Absprachen zwischen Investoren und Stadt hielten bis in die achtziger Jahre den Stadtteil in Atem und zeigten die langfristigen Auswirkungen der an Einzelfällen orientierten Planung, die Rechtsunsicherheit schuf. Allmählich begannen die Politiker auch die Bevölkerung ernst zu nehmen.[83]
Die SPD Mehrheit war jedoch nicht mehr zu retten, obgleich unter Oberbürgermeister Rudi Arndt 1975/76 neben der sozialen und infra-

81 Müller-Raemisch 1996, S. 229
82 Ebd.
83 Es fanden eine ganze Reihe von Veranstaltungen zur Westendproblematik statt. Angefangen bei der zunehmenden Integration der AG Westend, die 1969 gegründet wurde, in Planungsprozesse, über Großveranstaltungen der Volkshochschule zum Thema, bis hin zu konkreten Projekten im Stadtteil, wie der Eröffnung eines Bürgertreffs in einem vorher zum Abbruch bestimmten Haus schwankte die Politik jedoch zwischen Beruhigungsaktionen für die Bürgerinnen und Bürger und deren realer Beteiligung an der Planung.

strukturellen Reformpolitik auch ein Rückbezug auf das alte kriegszerstörte Frankfurt stattfand.
Nachdem mit Walter Möller (SPD) 1970 der erste aus Frankfurt kommende Oberbürgermeister der Nachkriegszeit gewählt worden war, diesem aber nur eine 16-monatige Amtszeit beschieden war, folgte ihm 1971 Oberbürgermeister Arndt nach. Er war in Frankfurt aufgewachsen und mit der Altstadt und dem Römerberg, wie sie vor dem Krieg bestanden hatten, vertraut. Der Platz zwischen Dom und Römer, das Herz der alten Stadt, war zwar von Trümmern des Krieges geräumt, dann aber ungenutzt belassen worden. In anderen Städten waren solche bedeutungsvollen Orte gleich nach dem Krieg wieder aufgebaut worden. Nicht so in Frankfurt, wo es in Fragen des Wiederaufbaus an dieser Stelle keinen Konsens und kein dringliches Interesse von Seiten der Politik gab. Alle Oberbürgermeister und Stadtverordnetenversammlungen nach dem Krieg hatten sich zwar mit dieser historisch bedeutsamen, jetzt aber wüsten Fläche, dem „Frankfurter Herzstück" zu befassen, wie Frohlinde Balser[84] schrieb. Aus ihrer Darstellung geht hervor, dass es seit 1949 zu drei Wettbewerben über diese Fläche gekommen ist. Als man 1969 den Bau des Technischen Rathauses und eine weitere moderne Bebauung auf dem Gelände zwischen Dom und Römerberg diskutierte, äußerte sich nur der Stadtverordnete Riedel (CDU) eindeutig für den historischen Wiederaufbau der Ostzeile des Römerbergs – damals gegen die Meinung des Städtebaubeirats und der Sozialdemokraten. In seiner Begründung wird deutlich, dass es noch immer um die Frage der Vergangenheitsbewältigung ging: „Wir brauchen uns der Vergangenheit Frankfurts nicht zu schämen. Noch immer beschäftigen sich breite Schichten Frankfurts mit diesem Problem. Es stünde der Stadt Frankfurt gut an, für künftige Generationen ein Zeugnis hinzustellen, das den Menschen klar macht, was damals hier gewesen ist."[85] 1975 tritt Oberbürgermeister Arndt erstmals – öffentlich und entgegen der Mehrheitsmeinung in der SPD – für den historischen Aufbau der Ostzeile am Römerberg ein. Aus der Bevölkerung kam Zustimmung, aber auch Ablehnung. Eine Planungsgruppe wurde eingesetzt. 1976 kam es außerdem zum Beschluß des Wiederaufbaus der alten Oper und zur Vorlage eines Konzepts für die Gestaltung des Museumsufers durch den damaligen Kulturdezernenten Hilmar Hoffmann.
Die politischen Früchte dieser Vorhaben konnte dann der nachfolgende Oberbürgermeister, Dr. Walter Wallmann (CDU), der aus Marburg kam, ernten, denn die Westend-Problematik und der mehrere Jahre dauernde Häuserkampf destabilisierte die Position der SPD in der Stadt und begünstigten den Schwenk von einer absoluten SPD-Mehrheit bei den Kommunalwahlen 1972 zu einer absoluten CDU-Mehrheit im Jahr 1977. Zudem festigten sich im städtischen Raum neue soziale Bewegungen, die, forciert durch den Häuserkampf im Westend, auch in anderen Stadtteilen Bewohnerinitiativen gründeten und historisch einen Zwischenschritt zwischen den Studentengruppen der ausgehenden sechziger

84 Balser 1995, S. 362–377, hier: S. 362
85 Ebd. S. 366

und der in Frankfurt überaus erfolgreichen parteipolitischen Institutionalisierung der Grünen darstellten, die erstmals 1981 als Partei im Stadtparlament vertreten war.
Frankfurt war jedoch zu „Krankfurt" geworden. Die Stadt galt als modern, hässlich und unfriedlich. Die ungeschickte Planungspolitik, die sich gegen die einheimische Bevölkerung und einen aus heutiger Sicht denkmalpflegerisch zu schützenden Bestand an Palais', Villen und gründerzeitlichen Mietshäusern gerichtet hatte, zeigte wiederum, dass die Wirtschaftsförderung das oberste Ziel der Stadtplanung geblieben war, dem aus Sicht der Bevölkerung unverhältnismäßige und unwiederbringliche Opfer gebracht wurden. Die 33 zwischen 1962 und 1977 fertiggestellten Hochhäuser waren die Symbole für die negative, auch die demokratisch gewählten Organe der Stadt beherrschende Macht des Kapitals. Beim Brand des im Bau befindlichen Hochhauses am Platz der Republik am 23. 8. 73 breitete sich Volksfeststimmung aus, die die Frankfurter Allgemeine Zeitung anderntags folgendermaßen kommentierte:
„Auf den Gesichtern vieler Bürger zeichnet sich so etwas wie Vergnügen ab (...). Es zeigt sich blitzartig, wie weit der Entfremdungsprozeß zwischen dem Bürger und der Gestaltung seiner Umwelt schon fortgeschritten ist. Hochhäuser, einst als technische Wunder bestaunt und verehrt, stehen jetzt als feindliche Elemente im Stadtbild. Für sie wurden Wohngegenden zerstört, Menschen aus dem Stadtinneren in die Trabanten verpflanzt. Sie nehmen den in ihrem Schatten noch Verbleibenden das Licht, sie bilden, als Ring um den City-Bereich gezogen, einen Riegel (...). Sie erzeugen durch die Zusammenballung arbeitender Menschen jene Verkehrsprobleme, die unsere Städte unwirtlich machen (...). Der Brand des Hochhauses (...), das (...) im Krisengebiet des Westends liegt, hat (...) enthüllt, wie tief der Zorn der Menschen in der Stadt sein muß (...)."[86]

Kulturelle Versöhnung und neue soziale Spaltung: Hochhäuser zur Verbesserung des Stadtimages (1977–89)

Tradition und Ästhetik als Mittel der Stadtpolitik

Das unter der SPD begonnenen Projekt des Erinnerns und Anknüpfens an das alte Frankfurt durch den Wiederaufbau der alten Oper und der Ostzeile am Römerberg sowie der kulturellen Modernisierung durch das Museumsuferprojekt setzte die CDU-Regierung unter Wallmann mit einer Akzentverschiebung fort. Es entstand der historisierende Aufbau der Häuserzeile am Römerberg, womit ein vom Verkehr freigehaltener Platz für die Bürgerschaft im zentralen Raum der Stadt vor dem Rathaus wiedergewonnen wurde. Allerdings wurden die Römerberghäuser nicht im verschieferten Zustand[87] der Fachwerkhäuser, wie sie 300 Jahre bis 1944 gewesen waren, aufgebaut, sondern so, wie sie einst als Sichtfach-

86 Frankfurter Allgemeine Zeitung vom 24. 8. 73, zitiert nach Stracke 1980 S. 71/72
87 Bartetzko 1986, S. 93

werk entstanden waren. Dies war symbolisch für die neue Politik. Denn es kam nun weniger auf die erinnerte Geschichte als auf den neuen Glanz an, den sich die Stadt damit geben wollte. Dass die CDU unter Walter Wallmann der an der Westendfrage entzweiten Stadt die alte Mitte und einen Platz des alten Frankfurt zurückgab, war von entscheidender Bedeutung für den Wandel des Bildes der Stadt nicht nur in den Augen der einheimischen Bevölkerung.

Abb. 11: Noch nicht ganz wiederaufgebaute Ostzeile des Römerbergs 1983

Die gleichzeitig auf das Historisch-Lokale wie die neue Ästhetik der postmodernen Architektur bei den Museen setzende Stadtbau- und Stadtgestaltungspolitik der CDU ist als Politik der Verbesserung des Stadtimages viel beschrieben worden. Dazu gehörten nicht nur die eben genannten realen Maßnahmen, sondern auch und vor allem das Reden darüber.[88] Diese Selbststilisierung der Stadt zum Hort der Tradition, der Kultur und (Bau)Kunst durch Politiker, Medien gelang eine Weile nicht nur, weil sie im postmodernen Zeitgeist des Vergessens und Verdrängens realer Probleme lag, sondern auch, weil vordem der Dimension der Ästhetik und der Baugeschichte kaum politische Aufmerksamkeit geschenkt worden war und der größte Teil der Frankfurter Bevölkerung nun eine Chance zu einer positiven Identifikation mit der eigenen Stadt erhielt. Niemand lebt gern in einer Stadt, die von anderen verachtet wird, da dies auf das eigene Selbstbild abfärbt. Kann man dem nicht entrinnen, so bemüht man sich, die positiven Seiten hervorzuheben, um nicht selbst mit den negativen identifiziert zu werden. Deshalb wurden die Angebote der CDU-Politik, die Stadt schöner, höher und bedeutender zu machen, von vielen dankbar aufgegriffen, ohne genauer deren Für und Wider zu prüfen.

88 Am Genauesten informiert Carola Scholz über die in gewisser Weise gelungene Politik der Produktion einer weltoffenen, ästhetisch und kulturell reizvollen „Metropole“ in ihrem Buch „Frankfurt – eine Stadt wird verkauft. Stadtentwicklung und Stadtmarketing“. Frankfurt: Isp-Verlag 1989

Die Imagekampagne für die Stadt war aber auch ein Versuch der Wirtschaftsförderung, um darüber die ansässigen Unternehmen zu fördern und neue anzuziehen. Denn eine Studie hatte 1972 gezeigt, dass bei der Standortwahl für Bürobetriebe die Ortspräferenz der Unternehmer eine Rolle spielte, bei der Frankfurt an dritter Stelle in der Rangliste abgelehnter Orte (nach dem Ruhrgebiet und Ludwigshafen-Mannheim) stand und an siebter Stelle (nach München, Hamburg, Stuttgart, Düsseldorf, Berlin, Hannover und Köln) in der Bestenliste der bevorzugten Orte.[89] Für die geringe Attraktivität der Stadt gab es weitere empirische Belege.

Postmoderne Ästhetik und kultureller Glamour sollten die neuen Dienstleistungsschichten mit hohen Qualifikationen anziehen und weiteres Wirtschaftswachstum fördern, während gleichzeitig in Frankfurt die Stadtflucht offenkundig war, die Arbeitslosigkeit wie die Wohnungsnot bei den ärmeren Schichten wuchsen und die Finanzkrise der Stadt immer ernster wurde.

Auch die Situation im Westend hatte sich noch nicht beruhigt.[90] Erst 1979 gaben alle im Römer vertretenen Parteien die Zusage, dass es im Westend keine weiteren Hochhäuser geben würde.[91]

Die Hochhäuser mit ihrem negativen Image des rücksichtslosen Kapitalismus traten in der Aufmerksamkeit der Öffentlichkeit zurück. Diese galt jetzt den neuen Projekten wie der Alten Oper, die 1981 eröffnet wurde, dem Opernball 1982, dem Römerberg, auf dem 1983 die Rekonstruktion mittelalterlicher Fachwerkhäuser fertiggestellt wurde, dem Deutschen Architektur-Museum und dem Filmmuseum, die 1985 eingeweiht wurden, gefolgt vom Museum für Kunsthandwerk 1986, der Kulturschirn 1987 usw., mit denen Frankfurt sich selbst das Bild einer schicken, aber auch kulturbeflissenen, attraktiven Großstadt geben wollte, um das auch für die Wirtschaft schädliche negative Image der Stadt zu beheben und qualifizierte Arbeitskräfte anzuziehen.

Hochhäuser im Angebot

Die ökonomische Situation hatte sich auch in Frankfurt seit Mitte der siebziger Jahre im Zuge der weltweiten Veränderungen der Kapitalverwertung durch neue Technologie und einen neu entstandenen globalen

89 Monheim 1972, S. 72

90 Die Wirtschaftskrise in der Mitte der siebziger Jahre hatte nicht nur dazu geführt, dass etliche Hochhausprojekte nicht weitergebaut oder vermietet werden konnten, sondern auch dazu, dass 1976 noch etwa 60 Häuser leer standen und die Grundstückspreise auf der Bockenheimer Landstraße laut der Richtwertkarte für dieses Jahr um die Hälfte von 6.000 DM pro Quadratmeter in den frühen siebziger Jahren auf ca. 3.000 DM pro Quadratmeter zurückgingen. Im Frühjahr 1977 siegte schließlich die Bevölkerung im öffentlichen Protest gegen den Abriss des traditionsreichen Cafés Laumer zugunsten eines weiteren Hochhauses auf der Bockenheimer Landstraße. Diese Straße war bis dahin auf Betreiben der Hessischen Landesregierung vom Bebauungsplan für das Westend ausgenommen. Dies wurde 1979 rückgängig gemacht, so dass in der Bockenheimer Landstraße wieder Wohnnutzung ausgewiesen werden konnte.

91 Vgl. 20 Jahre Aktionsgemeinschaft Westend e.V. (Hg.) 1989, S. 15

Geldmarkt drastisch verändert. Der Finanzsektor und damit verbundene Dienstleistungen waren im Aufwind, während die Beschäftigung im sekundären Sektor durch Rationalisierung und Auslagerung in Billiglohnländer abnahm. Auf der einen Seite stieg die Zahl der Armen, Arbeitslosen und Wohnungssuchenden in der Stadt, auf der anderen Seite wuchsen die gut bezahlten Beschäftigungsverhältnisse, deren Inhaber immer häufiger im Umland wohnten.

Der CDU-Magistrat reagierte mit seiner Planungspolitik jedoch nicht auf die wachsende Zahl von Wohnungssuchenden, die 1979 bei 21.000 lag, sondern auf die seit 1981 sich deutlich abzeichnende Wende auf dem Immobilienmarkt für Bürobauten. Die Flaute schien überwunden zu sein. Die Grundstückspreise schnellten 1981 um 40–50 % gegenüber dem Vorjahr empor.[92] Um deshalb der Wirtschaft mit der inzwischen zurückgehenden Zahl an Beschäftigten ein Angebot für weitere attraktive Standorte zu machen, vergab der CDU-Magistrat 1982 ein Gutachten an das Büro Speerplan, einen City Leitplan zu entwickeln, der schließlich ähnlich wie der Fingerplan eine Ausweitung der Cityfunktion, d.h. der hochverdichteten Arbeitsplätze in Entwicklungsachsen an der Messe, aber u.a. auch entlang der Mainzer Landstraße im Westend und weit bis ins Gallusviertel hinein sowie südlich des Hauptbahnhofs, im Gutleutviertel, vorsah, also auch in Wohngebiete einer ärmeren Bevölkerung innerhalb der Innenstadt. Damit war wiederum der Keim für Auseinandersetzungen zwischen der Wohnbevölkerung und der Stadt gelegt.

Dieser City Leitplan, veröffentlicht im Dezember 1983, war nach der Bürostadt Niederrad erstmals ein Angebotsplan,[93] der Hochhausinvestoren ermutigen wollte, während die Stadt sonst auf eine real vorhandene oder durch Spekulation erzeugte Nachfrage reagiert hatte. Zugleich signalisiert er den Beginn einer nach und nach immer engeren Verkettung des Schicksals der Stadt mit dem Finanzdienstleistungsgewerbe und den damit verbundenen Dienstleistungen.

In allen deutschen Großstädten mit Ausnahme Münchens nahm die Zahl der Beschäftigten zwischen 1970 und 1987 erheblich ab, was vor allem am Verlust der Arbeitsplätze im produzierenden Gewerbe lag, der nicht durch den Zuwachs im Dienstleistungsbereich aufgefangen wurde. Auch Frankfurt machte hier keine Ausnahme. Allerdings verzeichnete Frankfurt in diesem Zeitraum einen Anstieg der Beschäftigten im Kreditsektor von 28.037 auf 40.671 Personen (über 7 % aller Beschäftigten), während Hamburg mit 25.686 Beschäftigten an zweiter Stelle stand.[94]

Auf Grund dieser Tendenzen wurde im City Leitplan von 1983 in der Prognose bis 1990 eine leicht steigende Zahl der Citybeschäftigten angenommen und wegen des wachsenden Büroflächenbedarfs pro Person, der Elektronisierung der Arbeitswelt und der Tatsache, dass die nicht

92 Ebd. S. 19

93 Speerplan GmbH: Frankfurt am Main. Leitplan. Dezember 1983, Gutachten im Auftrag der Stadt Frankfurt, S. 33

94 Vgl. Holtfrerich 1999, S. 261, Tabelle 2, eigene Berechnungen. Dort findet sich auch der Beleg für die Beschäftigungsverluste im Versicherungsgewerbe in Frankfurt, in dem 1987 in München, Hamburg, Köln und Stuttgart noch sehr viel mehr Personen beschäftigt sind als in Frankfurt.

Abb. 12: Der City-Leitplan von 1983

vermietete/verkaufte Bürofläche von 516.000 Quadratmeter 1977 auf 185.000 Quadratmeter 1980 zurückgegangen ist, von einem künftigen Flächenbedarf bis 1990 zwischen 1–2,6 Mio. Quadratmeter ausgegangen, so dass der Achsenplan für ca. 1,7 Mio. Quadratmeter zusätzliche Bürofläche ausgelegt wurde.[95]

Der City Leitplan – als Vorstufe zu Flächennutzungs- und Bebauungsplan – ging von einem weiteren Konzentrationsprozess im Bereich der Banken und Versicherungen aus. Da jedoch die traditionellen Standorte keine weitere Verdichtung vertrügen, wurden Erweiterungsstandorte vorgeschlagen, die voll mit Infrastruktur ausgestattet waren, jedoch als ehemalige Industrie- und Gewerbegebiete ihre Funktion für die Stadt verloren hatten.[96] Da im Speerplangutachten von der für Frankfurt typischen Hochhauslandschaft gesprochen wurde, die „nicht als Fehler der Vergangenheit geleugnet werden sollte, sondern stadtbildprägend gemeinsam mit der Erhaltung der Viertelbildung entwickelt werden muß",[97] muss man sich die Verdichtungsachsen wohl als Ketten von Hochhäusern – Oberbürgermeister Wolfram Brück sprach von einer „Perlenkette" – vorstellen. Aber diese Hochhäuser blieben zunächst Wunschvorstellungen.

Nur die noch von der SPD beschlossene Verdichtung mit Hochhäusern im Bankenviertel ging weiter. Aber diese Hochhäuser zeigten sich im neuen Spiegelglasgewand wie 1980 die Dresdner Bank, 1984 die Deutsche Bank (das zweite Hochhaus) und ihr gegenüber die Citybank, 1985 das umgebaute Hochhaus am Grüneburgpark, und fügten sich bestens in die Linie der Ästhetisierung des Stadtbildes und der Imagebildung der Stadt als bedeutender Wirtschaftsstandort ein. Immer häufiger sprach man nun von einer Frankfurter Skyline. Auch das Messe-Torhaus von

95 Speerplan 1983, S. 33/34.

96 Speer 1984, S. 159

97 Ebd. S. 156

Ungers (115 Meter), das 1985 fertig gestellt wurde und das weder Kiste noch Spiegelturm, sondern ein unverwechselbarer origineller Baukörper war, trug zum besseren Ansehen der Hochhäuser bei.
Offiziell leitete Wallmann die Rehabilitation von Hochhäusern dann 1985 in einer Broschüre für die Kommunalwahl ein:
„Nachdem die Bürohausentwicklung in geordneten Bahnen gelenkt ist, haben Hochhäuser ein Wort der Ehrenrettung verdient. Es ist meine Überzeugung, und ich glaube, mit mir stimmen viele darin überein, daß die Taunus- und Gallusanlage mit ihrer modernen Hochhauskulisse heute einer der großartigsten öffentlichen Räume ist. Die Hochhäuser wirken hier keineswegs erdrückend, sondern haben den nötigen Raum, ihre Ausstrahlung zu entfalten (...)."[98]
Die Erinnerung an die Zeiten, als die Hochhäuser Symbole für den Machtkampf um den Stadtraum waren, verblasste, weil sich die Hochhäuser über das Ästhetische neu definierten. Das Symbol für den Neubeginn wurde von der Stadt selbst gesetzt. Zur Bedeutungssteigerung der Frankfurter Messe im Rahmen ihrer baulichen Modernisierung wurde seit 1984 der Messeturm im Stil amerikanischer Wolkenkratzer der zwanziger Jahre (von Helmut Jahn) als höchstes Hochhaus Europas mit 254 Meter geplant. Neben seiner Signalkraft als „Kampfanzug im internationalen Wettbewerb" sah der damalige Messechef den Messeturm aber auch als einen „Baustein des Frankfurter Lebensgefühls",[99] womit ihm die spätere Zeit durchaus recht gab.

Neue Planungsfehler

Diese Politik, die Hochhäuser in Frankfurt durch deren Ästhetik wieder akzeptabel zu machen, ging jedoch letztlich für die CDU nicht auf, denn es wurden zu viele Fehler in der Hochhausplanung gemacht, die der Planungspolitik der CDU angelastet wurden und in der Kommunalwahl von 1989 mit dazu beitrugen, dass sie ihre Mehrheit verlor.
Erstens gaben die politisch Verantwortlichen – die eigene Macht gegenüber den Investoren überschätzend – Zusagen zur Öffnung der Hochhäuser für die Allgemeinheit, die sich auf Verabredungen mit den Investoren gründeten, die nicht eingehalten wurden. Zweitens kam es wieder zu massiven Konflikten mit der Wohnbevölkerung, und drittens wurden aus politischen Gründen rechtlich unzulässige Baugenehmigungen erteilt.
Die neuen Hochhäuser sollten sich nach dem Willen der Stadtplanung

Abb. 13: Bankenklamm (Neue Mainzer Straße)

98 Zitiert nach Scholz 1989, S. 92.
99 Frankfurter Rundschau vom 4. 9. 86 und 14. 7. 88, zitiert nach Scholz, S. 94, 96

für die Öffentlichkeit öffnen, um das Negativimage des Hochhauses abbauen zu helfen und die isolierten Baukörper in den städtischen Nutzungszusammenhang einzubinden. Dies ist der Stadt jedoch nicht gelungen, denn die bei Erteilung der Baugenehmigung getroffenen Absprachen zur Öffnung der Hochhäuser wurden von den ursprünglichen Investoren zugesagt, von späteren Besitzern im Verlauf des Baus jedoch wieder zurückgenommen. So war es bei dem Deutschen Bank-Gebäude, dem Messeturm und den in den letzten Tagen der CDU-Regierung 1989 teilgenehmigten beiden Hochhäusern an der Mainzer Landstraße.
Vor allem ist den Frankfurtern das Restaurant oben im Messeturm, im höchsten Turm Europas, das ihnen von der Politik versprochen wurde, in Erinnerung geblieben. Es wurde zum Sinnbild für die schwache Position der Stadt gegenüber den Investoren.
„Messe und Stadt wünschen sich den ‚romantischen' Turm dringlichst – (...). Nachdem die Deutsche Bank und ihr Hintergrund-Investor Friedrich-Karl Flick aufgrund von Rentabilitätszweifeln abgesprungen waren, wurden amerikanische Investoren zur Rettung des ‚Juwels' gelockt – mit dem Versprechen beschleunigter Planung, mit der Manipulation von Sicherheitsstandards, mit parlamentarischen Blanko-Vorabgenehmigungen, mit dem Verzicht auf ein zunächst versprochenes öffentlich zugängliches Turmrestaurant in 200 m Höhe."[100]
Bei den beiden Hochhäusern in der Mainzer Landstraße, für die der Bebauungsplan für das Westend in einem Teil im Entwurf 1988 verändert wurde, macht der zuständige Planungsdezernent Dr. Hans Küppers diese Änderung der Bevölkerung im Vorwort einer Broschüre mit folgenden Aussichten schmackhaft:
„Zeichnungen vermitteln einen Eindruck von den vielfältig nutzbaren Eingangshallen der Hochhäuser mit Geschäften und Restaurants für die Allgemeinheit (...). Das neu geordnete Gebiet soll von öffentlichen Wegen durchzogen werden, die durch die Hochhäuser führen und das Westend mit der Mainzer Landstraße verbinden. Breite Fuß- und Radwege sind entlang der zu einer Allee umgestalteten Mainzer Landstraße geplant."[101]
Durch bauliche Maßnahmen gelang es den beiden Banken, die die Hochhäuser in der Bauphase kauften, die „Allgemeinheit" durch teure Restaurants abzuschrecken und den öffentlichen Weg durch architektonische Kunstgriffe unkenntlich zu machen. Der Umbau der Mainzer Landstraße ist erst zehn Jahre später in Gang gekommen.
In Frankfurt wurde diese feindliche, ja abweisende Haltung zahlreicher Hochhausmanager gegenüber der Öffentlichkeit mit den Erfahrungen aus der Zeit des Häuserkampfes und den späteren Anschlägen der RAF begründet. Dahinter stand aber auch der strukturelle Wandel der Banken. War mit dem früher dominanten Spar- und Kreditgeschäft der Ban-

100 Scholz 1989, S. 96
101 Stadt Frankfurt am Main (Hg.): Wohnen im Westend – Arbeiten an der Mainzer Landstraße. Eine Information zum Bebauungsplan Nr. 637 – Mainzer Landstraße/Niedenau, o.J., Vorwort S. 2

ken notwendig Diskretion und Öffentlichkeitsferne, aber auch Kundennähe verbunden, so führte die Diversifizierung des Geschäfts und die weiter wachsende ökonomische Macht der Banken zu Finanzkonzernen mit internationaler Orientierung, deren Manager, die global player, ein deutlich entfremdetes Verhältnis zu den lokalen, demokratisch gewählten Repräsentanten der politischen Macht und zur städtischen Öffentlichkeit am Ort ihrer Konzernzentralen hatten. Typisch für den Realitätsverlust gegenüber dem Milieu ihres deutschen Standortes war das Wort des Vorstandssprecher der Deutschen Bank 1994, der von 50 Millionen DM als von „Peanuts" sprach.

Es gab aber noch einen anderen Grund dafür, dass die Stadtplanungspolitik ihre eigenen Vorstellungen hinsichtlich der städtebaulichen Einbindung der Hochhäuser so wenig realisieren konnte. Denn seit Mitte der achtziger Jahre ging ein Gespenst in Frankfurt um, das die Abhängigkeit der Stadt von den Banken weiter verstärkte und ihre Verhandlungsposition gegenüber Hochhausinvestoren schwächte.

1987 wird in der Europäischen Akte der Vorschlag zu einer gemeinsamen europäischen Währung gemacht, die von einer europäischen Zentralbank überwacht werden sollte.

In der Frankfurter Öffentlichkeit und in der Kommunalpolitik wird diese Entwicklung als eine Bedrohung der ökonomischen Existenzgrundlage Frankfurts diskutiert, da man fürchtete, dass eine europäische Zentralbank an einem bedeutenderen Finanzplatz als Frankfurt gegründet werden könnte und dies die Abwanderung der Banken von Frankfurt zur Folge hätte. Diese Befürchtung setzte nicht nur eine Lobby für Frankfurt in Brüssel in Gang, die in der Stadt selbst von Imagekampagnen und unablässigen Vergleichen Frankfurts mit anderen Finanzplätzen begleitet war, in denen die Vorteile Frankfurts als Finanzplatz und als Stadt für Banker „hochgejubelt" wurden; sie machte die Stadtpolitik darüber hinaus noch offener für alle Wünsche der Banken, die die Stadt bzw. den Stadtraum selbst betrafen. Frankfurt suchte sich nun in der Konkurrenz mit London, Paris, Amsterdam, Zürich als moderne „Metropole" darzustellen. Dabei kamen Wünsche nach neuen Hochhäusern mit spektakulären Höhen gerade recht.

Auf der Grundlage des City Leitplans verhandelte die Stadt über eine Baugenehmigung für ein Grundstück am Hauptbahnhof, auf dem der 260 Meter hohe Campanile errichtet werden sollte. Das Bekanntwerden dieser Planung – seit 1984 gab es einen Aufstellungsbeschluss für einen Bebauungsplan – rief erneut eine Bürgerinitiative hervor, die sich gegen die mit dem Bau befürchtete Aufwertung des Gutleutviertels wendete. An ihrer Spitze kämpfte eine „Nachbarin", die auf das ihr angebotene Geld – es sollen Millionen gewesen sein – verzichtete und sich das Nachbarrecht nicht abkaufen ließ und damit den Bau letztlich verhinderte. Hannelore Kraus hieß die Dame, die den Investoren damals das Geschäft verdorben hatte und zum Symbol für die nichtkäufliche Frankfurter Bevölkerung wurde.

Ebenfalls auf der Basis des City Leitplans wurde 1988 gegen die Stimmen der SPD und der Grünen der Bebauungsplan für das Westend für zwei beantragte Hochhäuser geändert und rief erneut den Protest der Westendbevölkerung hervor. Denn damit wurde von Seiten der Politik das von allen

Parteien gegebene Versprechen gebrochen, im Westend keine Hochhäuser mehr zu errichten. Den Weg für Expansionsmöglichkeiten der Banken frei zu machen, schien wichtiger zu sein. „Die Entwicklung Frankfurts zu einem europäischen Banken- und Dienstleistungszentrum schreitet weiter voran (...). Das bedeutet für die Stadt: Arbeitsplätze und Steuereinnahmen", erklärte der damalige Planungsdezernent Küppers.[102]
1987 hatte die Stadt ein ihr gehöriges Grundstück im Westend an der Mainzer Landstraße für 120.000.000 DM veräußert und sich verpflichtet, dem Investor bis spätestens Mitte 1990 eine rechtskräftige Baugenehmigung für dieses nach dem geltenden Bebauungsplan nicht erlaubte Gebäude zu verschaffen. Für den Fall, das ihr das nicht gelänge, erklärte sich die Stadt zu einer Schadensersatzzahlung von 16.000.000 DM bereit.[103]
Trotz des anhaltenden Widerstands von Teilen der Bevölkerung wie der Opposition wurden nur wenige Tage vor der Kommunalwahl im März 1989 noch drei Teilbaugenehmigungen für die zwei Hochhäuser an der Mainzer Landstraße sowie den Campanile erlassen, als deutlich wurde, dass die Wahl für die CDU verloren gehen würde. Die Teilbaugenehmigungen waren an die rechtlich später beanstandete Bedingung geknüpft, dass die Nachbarschaftszustimmungen vorgelegt werden. Nach der gewonnenen Wahl überprüfte die Koalition von SPD und Grünen dieses Vorgehen, das in allen drei Fällen als rechtlich unzulässig beanstandet wurde, weil die Teilbaugenehmigung mit einer Bedingung verknüpft wurde, deren Erfüllung nicht im Vermögen der Bauherren lag.[104] Für den Campanile bedeutete es damit das Aus, denn die Zustimmung der Nachbarin hatte nicht vorgelegen. Bei den anderen beiden Vorhaben an der Mainzer Landstraße lagen zwar teuer erkaufte Nachbarschaftszustimmungen vor, so dass mit den Bauten begonnen worden war. Bei Widerruf

---

102 Ebd. S. 8. Zwei Gründe werden dafür genannt, dass diese Unternehmen sich im Westend ansiedeln müssen. 1. „Die nach Frankfurt drängenden Unternehmen verlangen nicht nur hochwertigen Büroraum, sondern auch hochqualifiziertes Personal. Doch das ist in Frankfurt nicht ausreichend vorhanden. Denn in der Gunst qualifizierter Arbeitskräfte liegt die Stadt am Main noch immer hinter München und Hamburg. Das verpflichtet den Magistrat, die Bürogebäude in entsprechender Umgebung anzusiedeln ..." (S. 9) 2. „Es gibt Wirtschaftssektoren, die auch bei der heute schon weitreichenden elektonischen Datenverarbeitung und -übertragung nicht ohne engen persönlichen Kontakt auskommen. Vor allem das Finanzgewerbe ist ein solcher Wirtschaftsbereich. Darum konzentrieren sich überall in der Welt die Banken auf einen eng begrenzten Raum ihrer jeweiligen Standortstädte."(S. 10) Da es aber bereits auch in Frankfurt Ausnahmen dafür gibt, ziehen diese Argumente vor allem bei der betroffenen Wohnbevölkerung wenig, die man mit dem zu erwartenden geringen zusätzlichen Verkehr, dem Luftaustausch, der im Westend bei gewissen, allerdings seltenen Winden noch schwächer werden wird, der Länge und der Dauer der Verschattung zu beruhigen sucht. Dabei erfährt man, dass der Schatten eines 200 m hohen Hauses während eines Jahres um 12 Uhr mittags zwischen 106 m und 742 m lang sein kann und die Verschattungsdauer in 150 m Entfernung etwa eine Stunde beträgt. (S. 36 ff.)

103 Aktionsgemeinschaft Westend e.V (Hg.) 1989, S. 27/28

104 Magistratsbericht vom 3. 11. 89 (B 384), S. 6

der Baugenehmigung hätte die Stadt jedoch wegen Amtspflichtverletzung mit erheblichen Schadensersatzansprüchen rechnen müssen, so bei dem BFG-Hochhaus mit „einem dreistelligen Millionenbetrag“, wobei allein 87,82 Millionen für Nachbarrechte ausgegeben worden waren.[105] Deshalb sah die neue Magistratsmehrheit vom Widerruf der Baugenehmigungen ab.
So konnte das Kronenhochhaus (Westend 1) mit einer Höhe von 208 Metern 1993 fertiggestellt werden. Noch während des Baus wechselte es den Besitzer. Auch beim BFG-Hochhaus, dem zweiten Hochhaus der Bank für Gemeinwirtschaft, kamen die Investoren noch während des Baus in finanzielle Schwierigkeiten. Das Hochhaus wurde an die Debeko, eine Tochter der Deutschen Bank, verkauft, die für ihre nachbarrechtliche Zustimmung zu dem Gebäude 40 Millionen DM gefordert haben soll.[106] Das Gebäude wurde 1993 fertiggestellt (186 Meter), heißt nun Trianon und beherbergt heute Teile der Deutschen Bank und der BFG-Bank (als Mieterin).
Hier spielte sich einmal in aller Öffentlichkeit ab, was beim Frankfurter Hochhausbau sonst hinter den Kulissen geschah und nur Insidern bekannt war.
„Die Vorstände der Geldinstitute, die natürlich über das finanzielle Gewicht einer Nachbarzustimmung zu einem Hochhaus gut im Bilde waren, feilschten um ihre Projekte und behinderten sich oft gegenseitig über Jahre, bis dann doch irgendeine Lösung, oft ohne oder gegen die Zustimmung der Stadtplanung zustande kam. Hier kamen wohl auch manche tatsächlichen oder vermeintlichen Hierarchievorstellungen oder auch Animositäten und Verbundenheiten zwischen den Instituten zum Tragen, die ein Außenstehender nur ahnen konnte.“[107]

Die Skyline: symbolische Integration getrennter Welten (1989–2000)

Neue Hochhauspläne

Nach der gewonnenen Kommunalwahl im Frühjahr 1989 ging die SPD mit den Grünen eine Koalitionsregierung in Frankfurt ein.
Nach 12 Jahren der politischen Missachtung steigender Mieten, der Wohnungsnot, der Aufwertung weiterer innenstadtnaher Stadtteile, d.h. deren Inbesitznahme durch die jüngeren, mobilen, vor allem aber gut verdienenden Angestellten der Finanzdienstleistungsunternehmen, des Rückgangs der Beschäftigung bei der gering qualifizierten Bevölkerung und des hohen Verschuldungsstandes der Stadt sollten diese Entwicklungen endlich Thema der Kommunalpolitik werden.
Im Bereich der Stadtplanung sollte die Beschaffung von dringend benötigten billigem Wohnraum ein wesentlicher Bestandteil der

105 Ebd. S. 9
106 Andreae 1995, S. 95
107 Müller-Raemisch 1996, S. 181

neuen, zunächst auf Ausgleich sozialer Gegensätze gerichteten Politik sein.[108]
Die neue Koalitionsregierung hatte sich auf Drängen der SPD im März 1989 auch für weitere Hochhäuser ausgesprochen, aber sie rückte wegen der Gefahr der Verdrängung der Wohnbevölkerung vom City Leitplan ab. Sie wollte den künftigen Hochhausbau in Frankfurt nur durch Verdichtung im Bankenviertel und entlang der Messe (City West) realisieren, wo die Wohnbevölkerung nicht betroffen wäre. Der künftige Plan sollte die Hochhausstandorte wieder räumlich auf das Bankenviertel konzentrieren. Mit dieser Planung geriet die Stadt jedoch neuerlich unter Druck. Das Gespenst der Abwanderung der Banken erschien in einer neuen Form. Noch war die Frage, wo die Europäische Zentralbank ihren Standort haben sollte, nicht endgültig geklärt, als die Wiedervereinigung der beiden Teile Deutschlands der Stadt neuen Schrecken bereitete. Frankfurt musste mit der Verlagerung der Bundesbank nach Berlin rechnen, denn gemäß dem Bundesbankgesetz hat diese nur solange ihren Sitz in Frankfurt, als Berlin nicht Hauptstadt Deutschlands war. Auch im Maastricht-Vertrag wurde 1990 mit der Entscheidung für eine gemeinsame Währung die Errichtung eines Vorläufer-Instituts für die Europäische Zentralbank getroffen, ohne dass deren Standort festgelegt wurde.
Die Abhängigkeit der Stadt von der Finanzdienstleistungsbranche erreichte damit ein neues Stadium. Im Bankenplan von 1990 wurden fünf Hochhäuser untergebracht, die in den folgenden zehn Jahren auch gebaut wurden: Japan-Center, Commerzbank, Eurotheum, Main Tower der Landesbank Hessen und Thüringen und das Hochhaus der Frankfurter Sparkasse. Bei den neuen Hochhäusern im Bankenviertel fanden Klimauntersuchungen statt und zeigten die Zunahme des Windes in der im Volksmund als „Bankenklamm" bezeichneten Neuen Mainzer Straße, die der Aufenthaltsqualität in der ohnehin verkehrsreichen Straße nicht zuträglich ist. Diese Ergebnisse spielten aber bei den Entscheidungen keine Rolle. Wichtiger schien zu sein, dass den Wünschen nach Expansion entsprochen und alles getan wurde, den Standort für die Banken attraktiv zu halten, wobei die Koalition von SPD und Grünen bei der grundsätzlichen Entscheidung für Hochhäuser noch ein wenig hinsichtlich Höhe, ökologischer[109] und sozialer Folgen zu steuern versuchte.
Die soziale Trennung der Welten des Finanzplatzes und der restlichen Stadt vertiefte sich mit dieser Büroarbeitsplatz-Konzentrationspolitik in der Frankfurter Innenstadt. Dies hat mit einer bundesweit einmaligen Kombination auf dem Frankfurter Arbeitsmarkt zu tun. Er weist die höchste Erwerbsdichte aller Großstädte auf, aber die geringste Erwerbs-

108 Allerdings wurde diese Politik bald überlagert von der städtischerseits geplanten Aufwertung von brachfallenden oder neu zu erschließenden Flächen für eine Bebauung mit überwiegend hochwertigen Wohnungen, um die in Frankfurt gut verdienenden Schichten auch in Frankfurt halten zu können und sie und ihre Einkommenssteuer nicht ans Umland abgeben zu müssen.

109 So nahm das Umweltamt bei der Planung des Commerzbank-Hochhauses Einfluss darauf, dass neue Wege des Energiesparen gesucht und gefunden wurden.

beteiligung Ortsansässiger. Der Frankfurter Arbeitsmarkt wird nicht von Frankfurter Erwerbspersonen dominiert und bringt weniger Ortsansässige in Arbeit als dies in vergleichbaren Großstädten der Fall ist. 1993 stellten Frankfurter Einwohner nur knapp 40 % der Arbeiter und Angestellten. Von fünf neuen Arbeitsplätzen gingen zwei an Frankfurter.[110] 1993 gibt es 282.000 Dienstleistungsjobs in Frankfurt, doch nur 167.000 Einwohner verdienen ihr Geld in diesen Branchen.[111] Auch die Hochhauspolitik bringt Büroarbeitsplätze, aber sie kommen keineswegs nur der Frankfurter Bevölkerung zugute, sondern auch der der Region. Der Ausbau des Finanzplatzes vertieft damit das Dilemma, in das sich die Stadt selbst seit den sechziger Jahren hineinmanövriert hat: das Dilemma, dass Frankfurt einerseits das Wachstum im Bereich der Finanzdienstleistungen für sich verbuchen möchte, dass die Stadt aber andererseits die Arbeitsbevölkerung in diesem Bereich nicht an Frankfurt als Wohnort binden kann. Das bedeutet finanzielle Verluste und zusätzliche Kosten für die Stadt. Mindestens 60 % der in Frankfurt verdienten Gehälter und Löhne werden im Umland versteuert.[112]

Die Politik der Konzentration von Büros in Hochhäusern des Stadtzentrums hat für die Stadt und ihre Einwohner demnach keineswegs nur positive Folgen. Diese Zusammenhänge werden jedoch bei der Diskussion um den Hochhausbau kaum angesprochen. Vielmehr sucht die Stadt mit gehobenem Wohnungsbau die gut situierten Schichten für das Wohnen an ihrem Arbeitsort zu gewinnen – unter anderem auch damit, dass in dem Eurotheum (110 Meter) auf Wunsch der Stadt in den oberen Geschossen 74 Appartements angeboten werden.

Im Bankenplan von 1990 war für die Frankfurter Bevölkerung vor allem der Standort des neuen Commerzbank-Hochhauses erklärungsbedürftig, denn die CDU-Regierung hatte an dieser Nahtstelle zwischen Bankenviertel und der historischen Frankfurter Stadtmitte jahrelang verhindert, dass die Commerzbank auf ihrem eigenen Gelände gegenüber dem Traditionshotel Frankfurter Hof ein Hochhaus errichten konnte. Darauf erwarb die Commerzbank an der Mainzer Landstraße ein Grundstück, auf dem sie gemäß dem City Leitplan ein Hochhaus hätte errichten können, was aber nun den neuen Plänen des Magistrat aus SPD und Grünen nicht mehr entsprach. Insofern musste hier neu verhandelt werden. Die Commerzbank soll sich dann bei den Verhandlungen um den Verbleib der Bundesbank in Frankfurt besonders eingesetzt haben. Ob deshalb die im Rahmenplan von 1990 vorgesehene Höhe von etwa 135 Metern bis zum Bebauungsplan 1994 auf 246 Meter angewachsen ist,[113] muss Spekulation bleiben.

Wer von der SPD und dem Planungsdezernenten eine gradlinige Verteidigung der eigenen Hochhausplanung erwartet hatte, sah sich bald getäuscht. Auch die SPD konnte ihr Versprechen gegenüber der Bevölkerung, die Hochhausentwicklung auf das Bankenviertel und den Messe-

110 Bartelheimer 1997, S. 177
111 Ebd. S. 180
112 Ebd. S. 178
113 Vgl. den Beitrag von Dieter von Lüpke in diesem Band.

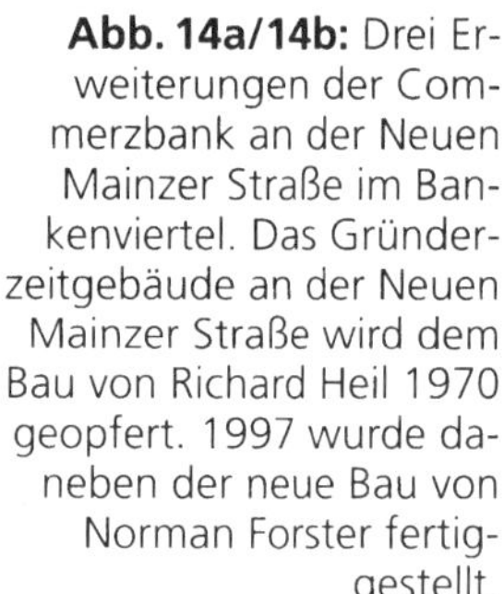
Abb. 14a/14b: Drei Erweiterungen der Commerzbank an der Neuen Mainzer Straße im Bankenviertel. Das Gründerzeitgebäude an der Neuen Mainzer Straße wird dem Bau von Richard Heil 1970 geopfert. 1997 wurde daneben der neue Bau von Norman Forster fertiggestellt.

bereich zu begrenzen, nicht einhalten. Bei der Erhöhung der Nutzung eines eigenen Grundstücks im Bahnhofsviertel hatte sich die Dresdner Bank zunächst mit einer Höhe von 52 Meter zufrieden gegeben. Für die Öffentlichkeit unerklärlich, forderte sie während des laufenden Verfahrens eine Genehmigung für die dreifache Höhe. In einem offen in den Zeitungen ausgetragenen Streit zwischen dem Planungsdezernenten Martin Wentz (SPD) und der 1995 direkt gewählten Oberbürgermeisterin Petra Roth (CDU) um die Höhenbegrenzung des neuen Dresdner Bank-Gebäudes diskutierte man alles mögliche, aber nicht die Tatsache, dass jeder Höhenmeter eine Wertsteigerung des Grundstücks bedeutete, die man rechtfertigen müsste. So konnte man schließlich die Entwicklung eines „Höhenkompromisses" beobachten, der abgeschlossen war, als die von der Bank geforderte Nutzfläche auf dem Grundstück untergebracht war.[114]

Auch in den letzten zehn Jahren ist es demnach nicht gelungen, neue Hochhäuser nur innerhalb des Gebiets und der Höhe zu halten, die von der Stadtplanung für deren Expansion bestimmt war.

Mit der Entscheidung für die Errichtung eines Vorläufer-Instituts der Europäischen Zentralbank 1996 (und seiner endgültigen Etablierung in Frankfurt seit 1999) sowie dem Abklingen der Flaute auf dem Frankfurter Büromarkt in der zweiten Hälfte der neunziger Jahre schien denn auch die Zeit für eine erneute Ausweitung der Hochhaustandorte in der Stadt gekommen, um den wirtschaftlichen Interessen neuen Raum zur Entfaltung zu geben. Auf der Basis der Hochhauspläne einzelner Investoren wurde ein Gutachten (von Jochem Jourdan und Bernhard Müller) erstellt und im März 1999 ein „Hochhausentwicklungsplan" verabschie-

114 Entwicklung und Hintergründe dieses Falles finden sich ausführlich im Beitrag von Dieter von Lüpke.

det. Es ist nur in Teilen ein Angebotsplan, der Investoren anlocken soll; soweit er das Bankenviertel betrifft, ist es ein Plan, der die bereits bekannte, vorhandene Nachfrage nach Hochhausbaurecht befriedigen soll. Er sieht eine noch weitere Verdichtung im Bankenviertel vor, aber vor allem auch Hochhäuser auf dem heutigen Bahnhofsgelände, das untertunnelt werden soll, und auf dem ehemaligen Güterbahnhofsgelände, wo nun wieder ein höchstes Hochhaus Europas, der Millennium Tower mit 370 Meter Höhe und 90 % Büronutzung, entstehen soll.[115] Weitere Hochhäuser sind an der Friedrich-Ebert-Anlage zwischen Platz der Republik und Messe geplant. Ausführlich beschäftigt sich der Beitrag von Dieter von Lüpke in diesem Buch mit dem Hochhausentwicklungsplan. Hier ist nur auf ein neues Element der Frankfurter Hochhausplanung aufmerksam zu machen, das bisher nicht erkennbar war.

Abb. 15: Die Skyline mit den neuen Hochhäusern des Hochhausentwicklungsplans 2000.

Warum Hochhäuser in Frankfurt zur Zeit immer höhere Häuser erzeugen – Bodenwertsteigerungen im öffentlichen und privaten Interesse

Das Planungsrecht für ein Hochhaus und die damit bei Verkauf zu erzielenden Grundstückswerte setzt die Stadt nun bewusst an einigen Stellen des Plans als Mittel zur räumlichen Umstrukturierung und Modernisierung der Stadt ein. Sie tut dies in einer Zeit, wo sie selbst kaum noch über eigenen Grund und Boden verfügt und die Modernisierung der Infrastruktur mit öffentlichen Mitteln nicht mehr finanzierbar ist. Insofern liegt der Ausweisung von Baurecht für Hochhäuser ein neues öffentliches Interesse zugrunde, das über die damit verbundene Förderung von Unternehmen und die dabei zu erwartenden Steuern hinaus geht. Das Arbeitsplatz-Argument allerdings zieht zur Legitimation der Konzentration von Büroarbeitsplätzen in Frankfurter Hochhäusern auch nicht mehr so recht. Die Einkommensentwicklung war in Frankfurt im Durchschnitt relativ ungünstig verlaufen. Von 1976 bis 1993/94 sind die durchschnittlichen Nettoeinkommen der Frankfurter Haushalte um ein Viertel langsamer gestiegen als im westdeutschen Mittel. Auch die durchschnittlichen Einkünfte je Steuerpflichtigen nahmen in Frankfurt zwischen 1983 und 1992 deutlich langsamer zu als landesweit oder im Frankfurter Umland.[116]

115 Frankfurter Rundschau vom 25. 2. 2000
116 Bartelheimer 1997, S. 32

1992 gab es in Frankfurt 496.894 sozialversicherungspflichtige Beschäftigte, darunter 292.220 Einpendler. Bis 1998 nahm die Zahl der in Frankfurt Beschäftigten um 45.178 ab. Dieser Rückgang ging wesentlich zu Lasten der Frankfurter, die an ihrem Wohnort beschäftigt waren. Ihre Zahl sank von 204.673 (1992) auf 166.597 (1998) und damit um 38.077. Die Einpendler verloren „nur“ 7.101 Arbeitsplätze. Die Beschäftigtenzahl im Kredit- und Versicherungsgewerbe ist in diesem Zeitraum um 2.500 gewachsen. Sie betrug 1998 15,3 % aller Beschäftigten am Arbeitsort Frankfurt.[117] Genauere Daten über die Pendler nach Wirtschaftsabteilungen liegen derzeit nicht vor. Doch ist zu vermuten, dass das Wachstum des Finanzplatzes weitgehend ohne Rückgriff auf die in Frankfurt vorhandenen Qualifikationen der Erwerbstätigen vonstatten ging.
Vorrangig ist nun, dass die Bodenwerte durch Hochhausbaurecht so gesteigert werden können, dass sich vom Verkauf der teuren Hochhausgrundstücke neue Großprojekte der Bahn, der Messe und des Landes Hessen (Polizeipräsidium) finanzieren lassen. Die Stadt selbst hat jetzt ein Interesse daran, dass Grundstücke so teuer als möglich verkauft werden, denn auf diese Weise fördert die Erhöhung der Bodenwerte die Modernisierung der städtischen Infrastruktur. Ob diese Rechnung wirklich aufgeht, kann heute noch niemand sagen. Nur wenn die öffentliche Hand plant, kann man gewiss sein, dass die Nutzung der Öffentlichkeit zugute kommt. Wo ein privates Unternehmen wie die Bahn ein untergenutztes Grundstück wie das des ehemaligen Güterbahnhofs (jetzt Europaviertel) neu verwertet, ist das öffentliche Interesse nicht mehr gewährleistet, vielmehr ist zu erwarten, dass die Planungen der grundstücksbesitzenden Konzerne sich an den höchsten Bietern ausrichten. Dies sind z.Z. am ehesten solche Unternehmen, die Urban Entertainment Zentren managen und damit in Frankfurt und Umgebung die Kaufkraft abschöpfen und in der Regel gering bezahlte und unsichere Arbeitsplätze bieten, und nicht solche, die in Zukunft neue qualitativ hochwertige Arbeitsplätze in Verbindung mit dem produktiven Bereich schaffen könnten. Letzteres wäre jedoch wünschenswert, um auch den ortsansässigen Erwerbstätigen mehr Chancen zu bieten[118] und um die Stadt von Krisen im Finanzdienstleistungsbereich, an die niemand zu denken scheint, unabhängiger zu machen.
Alle politischen Parteien sind jedoch der Meinung, dass man sich nicht gegen die gegenwärtig vorhandenen Verwertungsmöglichkeiten am Boden der Stadt stellen darf, weil man von den damit verbundenen Steuern abhängig sei und nun auch noch das Hochhausbaurecht als Quelle für die Modernisierung der Messe, des Bahnhofs, des Polizeipräsidiums und vielleicht auch der Universität[119] benutzen könne. Deshalb scheint der

117 Alle Zahlen aus dem Statistischen Jahrbuch Frankfurt am Main 1999, S. 62 und 46, und eigene Berechnungen. Die Zahl der Auspendler aus Frankfurt stieg zwischen 1992 und 1998 um 7.552 auf 50.665 Personen.

118 Ein Leserbriefschreiber brachte das Problem auf den Punkt, in dem er fragte: Sollen denn unsere Universitätsabsolventen im Europaviertel Kinokarten abreißen?

119 Auf der Basis des Hochhausrahmenplans von 1999 kann eine neue Form der Spekulation beginnen. Wer eine für die Stadt Frankfurt bedeutsame Moder-

weitere Hochhausbau aus Sicht der Stadt Frankfurt unausweichlich zu sein, auch wenn man damit die Arbeitsplatzchancen der Frankfurter Bevölkerung nicht wesentlich verbessert und aus ökologischen Gründen die Dezentralisierung von Büroarbeitsplätzen in der Region in der Nähe der Wohnorte statt ihrer Konzentration in der Frankfurter Innenstadt vorzuziehen wäre.

Allerdings ist eine solche Prognose nur vor dem Hintergrund florierender Geschäfte am Finanzplatz Frankfurt richtig, zu dem nun auch die Immobilienverwertung gehört. Die seit 1949 erfolgte Verdichtung, insbesondere im Bankenviertel, hat hier eine erstklassige Büroflächenlage produziert, die die Finanzinstitute bzw. die zu ihren Konzernen gehörigen Immobilienunternehmen nun für das eigene Geschäft nutzen.

Abb. 16: Die heutige Form der Denkmalpflege im Bankenviertel. Die alte Fassade wurde am Main Tower unten wieder angebracht.

So werden die Hochhäuser der Banken längst über den Eigenbedarf hinaus gebaut. Die im Bankenviertel jetzt erlaubte Höhenentwicklung von 200 Metern und mehr befördert nicht nur die räumliche Expansion der Finanzunternehmen selbst, sondern dient dem Geschäft der Bürovermietung. Z.B. nutzt die Helaba, die das Grundstück für den gerade eröffneten Main Tower gab und Generalmieterin ist, nur die Hälfte der Bürofläche für sich.[120] Rund 70 % der nicht von der Helaba benötigten Fläche ging an amerikanische und englische Mieter. Vor fünf Jahren, in der Zeit der ökonomischen Krise, habe man für 1999 eine Büromiete von 75 DM pro Quadratmetern vorhergesagt. Tatsächlich habe man aber für 85 DM pro Quadratmeter vermieten können, teilte ein Immobilienvermarkter mit. Die Mieten seien nach der Höhe gestaffelt.[121] Das alte, daneben stehende Hochhaus der Helaba ist ebenfalls weiter vermietet. Ausführlich geht Stefan Böhm-Ott in seinem Beitrag auf die Entwicklung des Immobiliengeschäfts im Zuge des

nisierungsmaßnahme zu bieten hat, überlege sich, welche eigenen Grundstücke (an anderer Stelle) Hochhauserwartungsland sein könnten, bemühe sich auf politischem Wege um eine Ausweitung des derzeitigen Hochhausentwicklungsplans, verkaufe bei vorhandener Nachfrage sein Hochhausgrundstück mit soviel Gewinn, dass davon die Neuinvestition bezahlt werden kann. Man wird wohl nicht mehr lange warten müssen, bis das Land Hessen auf diese Weise mit dem Universitätsstandort Bockenheim verfahren möchte, um einen Universitätsneubau auf dem I.G. Farben-Gelände zu errichten.

120 Stolzmann: Frankfurter Büromarkt im Aufwind. In: Main Tower. Verlagsbeilage der Frankfurter Rundschau vom 22. 1. 2000, S. 11

121 Verlagsbeilage der Frankfurter Rundschau vom 22. 1. 2000: Main Tower, S. 13

Wachstums des Finanzplatzes und der Bodenwertsteigerungen in der Frankfurter Innenstadt ein.
Das private wie öffentliche ökonomische Interesse an der günstigen Verwertung des städtischen Bodens hat unter anderem die Folge, dass an den Grenzen der bisher erlaubten Hochhausbebauung die Spekulation blüht, weil in Frankfurt wegen der dafür aufgeschlossenen Politik immer eine berechtigte Hoffnung auf planerische Aufwertung des Bodens für Hochhausnutzung besteht. Notwendige Investitionen unterbleiben deshalb an den Rändern der Hochhausbebauung, so dass der Gebrauchswert der an die Hochhausgebiete anschließenden Bebauung verfällt und Nutzungen, die bisher das Stadtgebiet stabil gehalten haben, abwandern, denen ein Teil der Quartiersbevölkerung folgt, während die weniger mobilen Schichten im Quartier verbleiben. Das ist am deutlichsten im Bahnhofsviertel und am Platz der Republik zu beobachten.
Der Grund für die Hoffnung der Spekulanten, dass sich langfristig doch eine Hochhausnutzung mit der Stadt verabreden lässt, liegt in der Uneinigkeit der SPD und der CDU in der Hochhausfrage. Beide stützen zwar die Politik der Konzentration der Büroarbeitsplätze in Hochhäusern in der Frankfurter Innenstadt, machen aber mit diesem Thema auch Parteipolitik, so dass Grundsätze der Hochhausplanung – wer, wo und wie hoch bauen darf – mit den politischen Mehrheiten wechseln. Damit fehlt der Frankfurter Hochhausplanung einerseits die Verlässlichkeit, die benötigt wird, um das Bauen für einheimische und besonders auswärtige und ausländische Investoren attraktiv zu machen; andererseits liegt in dieser Ungewissheit die Hoffnung der Spekulanten. Nachdem die gut zehnjährige Amtszeit des Planungsdezernenten Wentz jetzt im Zuge der Spendenaffäre der hessischen CDU zu Ende ging, scheint das sorgfältig ausbalancierte Geflecht von Absprachen, die mit dem neuen Rahmenplan verbunden waren, auseinander zu brechen. Der Campanile kam sofort wieder ins Gespräch. Ob es da noch hilft, dass Wentz seinen Nachfolger Edwin Schwarz (CDU) davor warnt, eine neue Diskussion über die Höhe von Hochhäusern in Frankfurt zu eröffnen? Wenn Schwarz sich auf eine solche Debatte mit privaten Investoren einlasse, „dann bricht das ganze System."[122] Manche Investoren werden dies sicher begrüßen.

Reaktionen der Bevölkerung

Nach den Umstrukturierungen im Westend ist jetzt die Bevölkerung des Gutleut- und des Gallusviertels von langfristigen Veränderungen der angrenzenden Bahnhofs- und Güterbahnhofsbereiche betroffen, die Ängste, Unsicherheiten und Widerstand gegen die städtische Planung mit sich bringen. Anders jedoch als zu Zeit des Häuserkampfes im Westend steht dieser Quartiersbevölkerung heute ein großer Teil der Frankfurter Bevölkerung gegenüber, der die Hochhäusern als positiv für Frankfurt ansieht und sich mit der Skyline als Stadtbild identifiziert. Zu diesem

122 So zitiert die Frankfurter Rundschau Martin Wentz in einem Artikel von Claus-Jürgen Göpfert mit dem Titel: Roth schafft „das größte Ausmaß an Inkompetenz im Magistrat" vom 6.3.2000

Wandel hat neben der Stadtverschönerungs- und Imagekampagne unter Wallmann nicht zuletzt die ansehnlichere Gestalt der neuen Hochhäuser der neunziger Jahre selbst beigetragen, die es nicht mehr nötig machte, mit auffälligen Signets des Besitzers auf Spiegelglas auf sich aufmerksam zu machen. Die ästhetisch gefällige, individuelle Form der Hochhäuser hat ihre positive Wirkung auf die Betrachter ebenso erzielt wie die Entwicklung der Skyline. Für viele verbindet sich zwar „Skyline" mit dem Weltstadtimage von New York. Aber auch wenn die Realität in Frankfurt nicht weltstädtisch, sondern eher provinziell ist, verschafft das derzeitige Stadtbild aus Hochhaustürmen eine Einzigartigkeit, die an sich schon als Wert begriffen wird.

Es zeigt sich jedoch, dass nicht alle Frankfurter von den Hochhäusern gleichermaßen begeistert sind. Wie wir aus einer Befragung im Rahmen eines universitären Projektes mit einem systematisch ausgewählten Querschnitt von 150 Personen der Frankfurter Bevölkerung wissen, ist etwa die Hälfte der von uns Befragten positiv beeindruckt von den Hochhäusern. Die Hochhäuser symbolisieren heute „Modernität", „Macht" und „Banken". Allerdings ist die Zustimmung zu den Hochhäusern in der Bevölkerung unterschiedlich verteilt. Den Hochhäusern stehen vor allem Jüngere, Männer und gebildete Personen positiv gegenüber. Ältere Menschen, Frauen und weniger Gebildete haben häufiger eine ablehnende Haltung gegenüber Hochhäusern. Dies Ergebnis ist nicht überraschend, spiegelt sich doch darin die stärkere Distanz der letzten Gruppen zum modernen, von Technik und hohen Mobilitätsanforderungen durchdrungenen Berufsleben.[123]

Deshalb fragten wir als nächstes, wie diejenigen, die in den Hochhäusern arbeiten und sie von innen kennen, zu ihnen stehen?

Hier bestätigte sich bei den Personen, bei denen Intensivinterviews gemacht wurden, der bekannte Zusammenhang, dass die Zufriedenheit mit dem Arbeitsplatz sich auch in einer positiven Identifikation mit dem Hochhaus niederschlägt, wie umgekehrt sich die Kritik am Gebäude häufte, wenn die Arbeit nicht als befriedigend empfunden wurde. Dass die Arbeitsplätze in Hochhäusern alle diejenigen ausschließen, die Platzangst, Höhenangst oder Schwindel ergreift, fällt bei Bewerbungen immer wieder auf. Allerdings hörten wir auch, dass man das tägliche Unwohlsein im schnellen Fahrstuhl in Kauf nähme und dass man den Blick aus dem Fenster nach unten zu vermeiden sucht. Eine Anzahl von Angestellten klagte über Beschwerden, die mit den Klimaanlagen zusammenhängen.[124] Übereinstimmend wird von verschiedenen Hochhausmanagern in Frankfurt nur eine recht kleine Gruppe von Personen genannt,

---

123 Vgl. Stefanie Schuberts Diplomarbeit über „Gender & Skyscraper" am Fachbereich Gesellschaftswissenschaften 1999.

124 Diese Beschwerden fasst man unter dem Begriff des Sick-Building-Syndroms zusammen. Eine neue Studie mit 4596 Befragten, davon 2517 Frauen in 14 Bürogebäuden in Deutschland (nicht in Frankfurt) mit unterschiedlichen Klimaanlagen hat ergeben, dass Frauen häufiger über Beschwerden klagen als Männer, dass dabei deren schlechtere Arbeitsbedingungen und die geschlossenen Fenster eine größere Rolle spielen als bei Männern. Vgl. M. Bullinger, M. Morfeld, S. von Mackensen, S. Brasche 1999, S. 39–43

die sich immer wieder beschweren – vor allem über die Klimaanlagen, die über Wärme, Kälte, Zugluft und Luftfeuchtigkeit bestimmen. Diese Bedingungen sind mitentscheidend dafür, ob man sich am Arbeitsplatz wohl fühlt oder nicht. Deshalb hat sich die Richtung der Hochhausklimatisierung so entwickelt, dass immer stärker auf individuelle Bedürfnisse eingegangen werden kann. Es gibt Hochhäuser, in denen die Fenster einen Spalt geöffnet werden können. Einstimmig waren unsere Gesprächspartner der Meinung, dass dies zwar klimatechnisch keinerlei Sinn mache, dass es aber psychologisch außerordentlich wichtig sei, dass die Beschäftigten das Gefühl hätten, sie könnten das Klima, in dem sie arbeiten, selbst regeln.
Die Klimaanlagen sind nicht nur die neuralgischen Punkte für die Frage des Wohlfühlens am Arbeitsplatz, sondern auch für die ökologische Beurteilung der Hochhäuser. Die Erzeugung eines angemessenen Binnenklimas – gleich auf welche Weise – wird als das größte Energieproblem der Hochhäuser wahrgenommen, weshalb viele Menschen die Hochhäuser als „unökologisch“ empfinden.
Lange Zeit war den Frankfurtern das Vergnügen verwehrt worden, von der Höhe der Hochhäuser auf ihre Stadt und die umliegende Landschaft zu schauen, ein Vergnügen, das man überall – sei es in den Alpen, auf dem Brocken im Harz oder auf dem Gasometer in Oberhausen – beobachten kann. Die Frankfurter hatten im Schatten der Hochhäuser zu wohnen, die auch sonst unnahbar blieben. Die Distanz war gewollt, nur einer kleinen Gruppe von Nutzern stehen einige teuere Restaurants im Sockel der Hochhäuser offen, und so blieben die Hochhäuser bisher Fremdkörper in der Stadt. Bei der Immobilienwerbung für den Main Tower hatte man jedoch die Idee, die Bevölkerung wenigstens einmal in die Hochhäuser hineinzubringen. Nach einem ersten Anlauf 1995, bei dem sich bereits ein großes Interesse der Bevölkerung zeigte, kam es 1996 zu einem ersten „Hochhausfestival“, unterstützt von Hochhausbetreibern und der Stadt, bei dem 35.000 Menschen die Gelegenheit ergriffen, die Stadt von verschiedenen Hochhäusern aus zu betrachten. Als im September 1998 das zweite Hochhausfestival stattfand, erhielten ca. 70.000 Menschen, von denen fast zwei Drittel nicht aus Frankfurt kamen, die Chance zu einem Blick von oben. Im April 2000 wurde endlich das erste Hochhaus, der Main Tower, eröffnet, das dieses Bedürfnis aufnimmt und für die Öffentlichkeit eine Aussichtsplattform und ein Restaurant auf 200 Meter Höhe eingerichtet hat. Damit wird dieses Hochhaus zu einer einzigartigen Touristenattraktion Frankfurts.

Frankfurt ist nicht New York: Hochhäuser und Urbanität im Widerspruch

Eine öffentlich zugängliche Aussichtsplattform und ein Restaurant ändern allerdings noch nichts an dem grundsätzlichen städtebaulichen Problem, der bisher nicht gelungenen Integration der Hochhäuser in den städtischen Zusammenhang. Diese Scheu vor der Öffnung der Hochhäuser in ihrem Sockel, die man in New York nicht kannte, wird der Angst der Investoren vor unerwünschten Eindringlingen – in Frank-

furt hält sich die Erinnerung an Häuserkampf und RAF – zugeschrieben. Geschäfte für den Alltagsbedarf und Restaurants, die den unteren Teil des Hochhauses als Teil der städtischen Nutzungsstruktur erscheinen ließen, gibt es kaum. In der Regel sind diese wenigen Restaurants und Geschäfte so teuer, dass sie nur eine begrenzte Öffentlichkeit anziehen.[125] Sollte dies anders sein, müssten sie subventioniert werden. Dies jedoch liegt nicht mehr im Bereich dessen, was die Stadtplanung bisher regeln kann. Vorgaben, die sie machte, wurden unterlaufen. Die Hochhäuser in Frankfurt sind nicht Orte für jedermann und sollen es auch nicht sein. Sie bilden eine Welt für sich, die sich räumlich und sozial von der übrigen Innenstadt unterscheidet.
Planer und Architekten bemühen sich seit Jahren, durch weitere zusätzliche Nutzungen (Wohnungen, Geschäfte, Restaurants) zu der Büronutzung in den Hochhäusern auch Leben auf die Straßen um die Hochhäuser herum zu bringen. Was sie als städtebauliches Problem sehen, hat jedoch soziale Ursachen, denen nicht allein mit einer Mischnutzung im Sockel der Hochhäuser, dem Verbot von Kantinen in den Hochhäusern[126] oder ähnlichen Rezepten begegnet werden kann. Zum einen ist die Isolation in den Hochhäusern, insbesondere von der älteren Generation der Chefs im Finanzgewerbe, selbst gewählt. Es handelt sich dabei um die gleiche, bewusste Distanzierung von allen, die nicht dazu gehören, wie sie in den Reichenghettos einiger Taunusvororte im Privaten bevorzugt wird. Das Bedürfnis dieser Gruppe ist – auch in der Arbeitswelt – Exklusivität, Distanz und nicht Urbanität. Dazu werden die zum Arbeitsambiente des Hochhauses gehörenden Orte des gehobenen Konsums genutzt.
Das ist einer der Gründe, warum es der Stadt Frankfurt bisher nicht gelungen ist, aus den in den Hochhäusern versammelten Menschenmassen Kapital für die „Urbanität" der Stadt zu schlagen. Ein anderer liegt im Zeitregime und den Orientierungen der 285.000 Arbeitskräften, die aus dem Umland einpendeln und dort ihren Lebensmittelpunkt haben. Zwar ziehen die Hochhäuser Massen von Arbeitskräften jeden Tag in die Frankfurter Innenstadt, von denen jedoch ein großer Teil nach der Arbeit nach Hause ins Grüne, in die Gegenwelt des Business, eilt, von der man lieber die Hochhäuser als imposante Skyline betrachtet, als zwischen ihnen auf zugigen Straßen herum zu laufen, um Restaurants und Bars aufzusuchen. So fehlt der Stadt die kritische Masse von Menschen, die Lebendigkeit und Vielfalt erzeugen und Kneipen, Restaurants und Nachtclubs beleben könnten. Dabei hätte die Stadt mit derzeit etwa 68.000 Beschäftigten im Bereich der Kreditinstitute und des Versicherungswesens genügend Kundschaft für eine derartige Infrastruktur, wenn diese Schicht der gut Verdienenden des Finanzplatzes Frankfurt den entsprechenden welt-

125 Vgl. ausführlich Bischoff 1998, S. 26 ff.
126 Diese Idee soll Frankfurter Planern bei einem Besuch in Boston gekommen sein. Statt der bei uns üblichen Kantinen, die die Hochhausbeschäftigten mittags in ihren Häusern halten, müssen dort die Angestellten zum Essen auf die Straße bzw. in die Nachbarschaft. Kaum war der Vorschlag eines Verbots von Kantinen in den Hochhäusern öffentlich, wurde er von Betriebsräten entrüstet zurückgewiesen.

städtischen Lebensstil hätte. Statt dessen wohnt man draußen im Grünen mit Haus und Familie und verlässt die Stadt fluchtartig, wann immer es geht. Und so ist es auch der behäbige Lebensstil der Bankleute[127] in Frankfurt und Umgebung, der die Stadt abends leer und öde macht.[128]
Deshalb wiederum rentiert sich nicht die Vielfalt von Geschäften, Bars und Kneipen, die eine Gegend lebendig machen, zumal die Aufwertung des Bodens durch den Hochhausbau auch auf die das Bankenviertel umgebenden Quartiere durchschlägt.[129] Längst ist zur Erhaltung des Geschäftsensembles in der bekannten Fressgass eine Erhaltungssatzung erlassen, die gewährleistet, dass in die dort vorhandenen Lebensmittelgeschäfte bei Aufgabe wieder solche einziehen.
In Frankfurt ist deshalb – anders als in New York – Hochhausbau und Urbanität nicht am gleichen Ort, wohl aber noch in geschützten urbanen Bereichen in der Nähe zu haben. Das Frankfurter Dilemma, das die Stadt zwar am Wachstum des Finanzplatzes partizipiert, es ihr jedoch nicht gelingt, die Arbeitsbevölkerung des Finanzplatzes an Frankfurt als Wohnsitz zu binden, hat städtebauliche Konsequenzen. Je mehr Arbeitsplätze in Hochhäusern der Innenstadt zentriert werden, desto öder wird es um sie herum, wenn nicht in angrenzenden Lagen die marktgerechte Verwertung durch die Stadt verhindert wird. Es ist ein Teufelskreis. Die Zentralisierung der Arbeitskräfte in Bürohochhäusern arbeitet – so paradox es klingt – der Lebendigkeit und Vielfalt der Stadt entgegen, weil die Bodenwertentwicklung in der Nähe der Hochhäuser in spekulative Höhen geht und deshalb dort für kleinteilige und vielfältige Nutzungen, die sich flexibel auf neue Bedürfnisse einstellen können, kein Raum ist. Deshalb fehlen nun wieder die attraktiven Orte für Treffen nach der Arbeit in der Nähe der Hochhäuser. Darum haben die Beschäftigten aus dem Umland auch wenig Grund, sich nach der Arbeit länger als nötig in der Innenstadt aufzuhalten.
Die Frankfurter Politik wollte seit 1949 Hochhäuser. Der politische Wille, den wirtschaftlichen Kräften einen weitest möglichen Spielraum zu lassen, um darüber konservative oder sozialdemokratische Ziele in der Stadt zu verwirklichen, einte die beiden großen Parteien in Frankfurt. Aber man wollte die Hochhäuser zunächst nicht „amerikanisch“, weil man Licht, Luft und Sonne in der Stadt wünschte und eine Neuauflage der Mietskasernenstadt fürchtete. Heute kann man nicht mehr anders als in amerikanischer Weise verdichten und „Cluster“ zu bilden. New York wurde Vorbild und bleibt weiter bei Kritikern wie Befürwortern von Hochhäusern im Kopf. Aber bitter und lehrreich ist die Frankfurter Erfahrung, dass man selbst als Finanzplatz mit Skyline und Clusterbildung von Hochhäusern aus dieser Stadt nicht eine „Metropole“ mit dem weltstädtischen Ambiente Manhattens machen konnte, weil die soziale Dynamik hinter der Frankfurter Skyline eine gänzlich andere ist als die in New York. Nun tröstet man sich mit dem Provinzcharme der Stadt. In der Werbebroschüre für den Main Tower heißt es unter dem Titel „Heimelige Kapitale des Kapitals“: „Durch die

127 Noller, Ronneberger 1995
128 Rodenstein 1998, S. 75
129 Vgl. den Beitrag von Stefan Böhm-Ott

Straßenschluchten von ‚Mainhatten' zu bummeln (...), das hat schon etwas von Manhatten. Nur ein paar Dimensionen kleiner, aber überschaubarer und gerade durch den Verzicht auf Gigantomanie für viele, die hier leben und arbeiten, auch heimeliger und sympathischer. Da mag manches in Frankfurt Leuten, die aus London oder New York hierher kommen, provinziell erscheinen. Und wenn schon! Dann ist es zumindest eine attraktive und liebenswerte Provinz."[130]

Die Frankfurter Planung sieht vor, mit weiteren Hochhäusern in das 21. Jahrhundert zu gehen. Dabei hat man ein ungebremstes Wachstum des Finanzplatzes vor Augen. Weltweite Fusionen der Großbanken, aber auch Fusionen in Deutschland, führen derzeit zum radikalen Abbau von Arbeitsplätzen. Das Ziel der Großbanken ist es, die Konkurrenz auf dem Weltmarkt zu verbessern. Solange in Frankfurt die Konzernzentralen erhalten bleiben, wird die Zahl der Arbeitsplätze hier vermutlich nicht so stark sinken wie in anderen deutschen Städten. Ein weiterer Trend in der Reform des Finanzwesens ist die zunehmende Nutzung der elektronischen Kommunikation für das Bankgeschäft. Diese Form der Rationalisierung kostet weitere Arbeitsplätze. In nächster Zukunft wird man daher per Saldo nicht mit einem Arbeitsplatzwachstum bei den Finanzdienstleistungen rechnen können.

Welche Büros werden künftig für das Finanzgeschäft benötigt? Die Händlerbüros sind bereits heute in Flachbauten und den unteren Etagen der Hochhäuser angesiedelt. Der Börsenhandel kann von zu Hause erledigt werden. Die neuen Internet- und Online-Dienste benötigen keinen repräsentativen Rahmen, sie können wie back offices dort angesiedelt sein, wo sie ohne großen baulichen und finanziellen Aufwand ihre Ausstattung häufig verändern können.

Schließlich wird sich mit dieser Entwicklung auch das Berufsmilieu der Bankleute verändern.

Treffen diese Annahmen über die weitere Entwicklung im Bereich der Finanzdienstleistungen zu, wird man dann in Frankfurt noch Hochhäuser bauen? Vorstellbar wäre, dass es einmal eine Debatte um den Denkmalschutz der Skyline geben könnte, oder die Hochhäuser als besondere Form der Altlastensanierung den Diskurs über das Städtische beherrschten.

Ungedruckte Quellen:

Aus dem Institut für Stadtgeschichte Frankfurt (Stadtarchiv)

Magistratsakten III/ 26-79 3.438:
Magistratsprotokolle:
vom 19. 4. 47
vom 16. 6. 47 S. 1
vom 29. 5. 47
vom 22. 12. 47

130 Bernd Wittkowski: Heimelige Kapitale des Kapitals. In: Verlagsbeilage der Frankfurter Rundschau „Main Tower" vom 22. 1. 2000.

Magistratsakten III/26-79 3.443
Magistratsprotokolle:
vom 17. 10. 49
vom 30. 11. 49

Magistratsakten 3006/Band 1
Hochhausschriftwechsel:
Brief des Oberbürgermeisters Kolb vom 13. 12. 49
und Briefentwurf vom 7. 1. 1950

Aus der Kartei des Büros der Stadtverordneten-Versammlung Frankfurt am Main:

Bericht des Magistrats an die Stadtverordneten-Versammlung B384 vom 3. 11. 1989

Literatur:

Aktionsgemeinschaft Westend e.V. (Hg.): 20 Jahre Aktionsgemeinschaft Westend e.V. Frankfurt 1989

Andreae, Patricia: Eine feste Burg des Gelderwerbs – das Trianon. In: Janik (Hg.)

Balser, Frohlinde: Aus Trümmern zu einem europäischen Zentrum. Geschichte der Stadt Frankfurt am Main 1945–1989. Sigmaringen: Thorbecke 1995

Bartelheimer, Peter: Risiken für die soziale Stadt. Erster Frankfurter Sozialbericht. Frankfurt: Eigenverlag des Deutschen Vereins für öffentliche und private Fürsorge 1997

Bartetzko, Dieter: Verbaute Geschichte. Stadterneuerung vor der Katastrophe. Darmstadt/Neuwied: Luchterhand 1986

Bartetzko, Dieter: Spätling der frühen amerikanischen Moderne - das Fernmeldehochhaus. In Janik (Hg.)

Beyme, Klaus von: Der Wiederaufbau. München: Piper 1987

Beyme, Klaus von: Frankfurt am Main: Stadt mit Höhendrang. In: Klaus von Beyme, Niels Gutschow u.a. (Hg.): Neue Städte aus Ruinen, Deutscher Städtebau der Nachkriegszeit. München: Prestel. 1992

Bischoff, Werner: Stadtentwicklung und Architektur, Selbstverlag des Instituts für Didaktik der Geographie, 1998

Bartetzko, Dieter (Hg.): Sprung in die Moderne. Frankfurt am Main, die Stadt der 50er Jahre. Frankfurt/New York: Campus 1994

Blaum, Kurt: Neugestaltung des Bau- und Bodenrechts. Heft IV der Schriften zum „Wiederaufbau zerstörter Städte" hrsg. Von Oberbürgermeister Kurt Blaum, Frankfurt am Main: Cobet 1946

Blaum Kurt/Jordan, Paul: Trümmerbeseitigung, Trümmerverwertung in Frankfurt am Main. In Schriften zum „Wiederaufbau zerstörter Städte." Frankfurt am Main: Cobet 1946

Bock, Oliver: „Markstein für die Ohnmacht der Bürger" – das Triton-Haus. In: Janik (Hg.)

Büker, Eberhard: Das Siedlungsbild der Stadt Frankfurt am Main mit einer Karte. Inaug.-Dissertation an der J.W. Goethe-Universität Frankfurt 1952

Büschgen, Hans E.: Die Deutsche Bank von 1957 bis zur Gegenwart. Aufstieg zum internationalen Finanzdienstleistungskonzern. In: Lothar Gall, Gerald D. Feldman u. a.: Die Deutsche Bank 1870–1995. München: Beck 1995

Commerzbank AG (Hg.): 1870–1970. 100 Jahre Commerzbank, Jubiläumsschrift, Frankfurt 1970

Dauer, Hans/Maury, Karl: Frankfurt baut in die Zukunft. Frankfurt am Main: Kramer 1953

Dezernat Planung 1975

Die Neue Zeitung vom 6. 12. 1951

Drees, Robert: Das große Bankgebäude. In: Zeitschrift für das gesamte Kreditwesen 20. Jahrgang Heft 4 vom 15. Februar 1967 S. 8–9

Durth, Werner: Deutsche Architekten. Biographische Verflechtungen 1900–1970. 2. Auflage Braunschweig/Wiesbaden : Vieweg 1987

Durth, Werner/Gutschow, Niels: Träume in Trümmern. Planungen zum Wiederaufbau zerstörter Städte im Westen Deutschlands 1940–1950. Band 2 Braunschweig/Wiesbaden: Vieweg 1988

Esser, Josef/Da Via, Timo: Der Finanzplatz in der globalen Konkurrenz. Folgerungen für die Stadtpolitik. In: Niethammer, Wang (Hg.)

Frankfurter Neue Presse vom 31. 1. 53

Frankfurter Rundschau vom 30. 5. 62

Friedrichs, Jürgen: Komponenten der ökonomischen Entwicklung von Großstädten 1970–1984. Ergebnisse einer Shift-Share-Analyse. In: Jürgen Friedrichs, Hartmut Häußermann, Walter Siebel (Hg.): Süd-Nord-Gefälle in der Bundesrepublik? Opladen: Westdeutscher Verlag 1986

Holtfrerich, Carl-Ludwig: Finanzplatz Frankfurt. Von der mittelalterlichen Messestadt zum europäischen Bankenzentrum. München: Beck 1999

Janik, Detlev (Hg.): Hochhäuser in Frankfurt. Wettlauf zu den Wolken. Frankfurt am Main: Societäts-Verlag 1995

Jonak, Ulf: Die Frankfurter Skyline. Eine Stadt gerät aus den Fugen und gewinnt an Gestalt. Frankfurt/New York: Campus 1997, 2. überarbeitete Auflage eines Fischer-Taschenbuches

Jourdan, Jochem/Bernhard Müller: Auszüge aus dem Hochhausgutachten der Stadt Frankfurt. In: Niethammer, Wang (Hg.)

Leiske, Walter: Frankfurt im Aufstieg. In: Dauer, Maury S. IX–XII

Leiske Walter: Schlüssel zum wirtschaftsförderlichen Erfolg. Rückblick und Ausblick. In: Lerner, Franz

Lerner, Franz: Frankfurt am Main und seine Wirtschaft. Wiederaufbau seit 1945, Verlag Gerd Ammelburg, Frankfurt am Main 1958

Mitteilungen der Industrie- und Handelskammer Frankfurt Nr. 23 vom 1. 12. 51

Mohr, Christoph: Versöhnliche Moderne. Die neu/alte Altstadt. In: Bartetzko (Hg.)

Monheim, Heiner: Zur Attraktivität deutscher Städte. Einflüsse von Ortspräferenzen auf die Standortwahl von Bürobetrieben. WGI-Berichte zur Regionalforschung Heft 8, München 1972

Müller-Raemisch, Hans-Reiner: Frankfurt am Main. Stadtentwicklung und Planungsgeschichte seit 1945. Frankfurt/New York: Campus 1996

Neundörfer, Ludwig: Die Auflockerung von Arbeits-und Wohnstätten. Heft VI der Schriften zum „Wiederaufbau zerstörter Städte" hrsg. von Oberbürgermeister Kurt Blaum, Frankfurt: Cobet 1947

Niethammer, Christian/Wang, Wilfried (Hg.): Katalog zur Ausstellung „Maßstabssprung. Die Zukunft von Frankfurt am Main" des Deutschen Architektur-Museums. Tübingen/Berlin: Wasmuth 1998

Noller, Peter/Ronneberger, Klaus: Die neue Dienstleistungsstadt. Berufsmilieus in Frankfurt am Main. Frankfurt am Main/New York: Campus 1995

Projektbüro Main Tower: Main Tower. Werbebroschüre Frankfurt 1998

Rodenstein, Marianne: Ein Zwerg unter Riesen – Lebensqualität in Frankfurt im Vergleich zu der anderer Finanzplätze. In: Niethammer, Wang (Hg.)

Rodenstein, Marianne/Böhm-Ott, Stefan: Frankfurter Hochhäuser – Realität und Mythos. In: Niethammer, Wang (Hg.)

Santifaller, Enrico: „Steht das Zürich-Haus schief?" Frankfurter Skyline in der Pubertät. In: Bartetzko (Hg.)

Schembs, Hans-Otto: Das Werden der Bürostadt Niederrad. Die monofunktionale Stadt II. In: Bartetzko (Hg.)

Scholz, Carola: Frankfurt – eine Stadt wird verkauft. Stadtentwicklung und Stadtmarketing – Zur Produktion des Standort-Image am Beispiel Frankfurts. Frankfurt: Isp-Verlag 1989

Schubert, Stefanie: Gender & Skyscrapers. Diplomarbeit am Fachbereich Gesellschaftswissenschaften der J.W. Goethe-Universität Frankfurt 1999

Schwarz, Maria: Beginn in Bescheidenheit. Die Paulskirche. In: Bartetzko (Hg.)

Speer, Albert: Frankfurt am Main – City: Leitplan 1983. In: Deutsches Architektur-Museum (Hg.): Jahrbuch für Architektur. Frankfurt 1984 S. 154–159

Speerplan GmbH: Frankfurt am Main. Leitplan Dezember 1983, Gutachten im Auftrag der Stadt Frankfurt am Main, Frankfurt 1984

Stadt Frankfurt am Main – Der Magistrat, Dezernat Planung – Amt für kommunale Gesamtentwicklung und Stadtplanung: Wohnen im Westend – Arbeiten an der Mainzer Landstraße. Eine Information zum Bebauungsplan Nr. 637 – Mainzer Landstraße/Niedenau 1988

Stommer, Rainer/Mayer-Gürr, Dieter: Hochhaus: Der Beginn in Deutschland. Marburg: Jonas 1990

Stracke, Ernst: Stadtzerstörung und Stadtteilkampf in Frankfurt am Main. Köln: Pahl-Rugenstein Verlag (Stadt-Plan 2) 1980

Verlagsbeilage „Main Tower" der Frankfurter Rundschau vom 22. 1. 2000

Vorlaufer, Karl: Bodeneigentumsverhältnisse und Bodeneigentümergruppen. Frankfurter Wirtschafts- und Sozialgeographische Schriften Heft 18 Frankfurt 1975.

Wegener, Ernst: Beginn der „Entwicklung der City ins Westend" – das Zürich-Haus am Opernplatz. In: Janik (Hg.)

Wolf, Moritz: Wiederaufbau und Neugestaltung der Stadt Frankfurt. In: Dauer/Maury S. XV–XXI

Aspekte der Bodenverwertung am Finanzplatz Frankfurt am Main

Stefan Böhm-Ott

Bodenmarkt, Immobilienprodukte und Akteure in Frankfurt am Main

In sozialwissenschaftlichen und wirtschaftsgeographischen Veröffentlichungen ist mehrfach der Trend der Veränderung der Rolle des Bodens im kapitalistischen Verwertungsprozess während der letzten 20 Jahre beschrieben worden, der mit dem Wandel der Eigentümerstruktur des Bodens zu tun hat.

Am Frankfurter Beispiel läßt sich dieser Wandel folgendermaßen beschreiben. Eine erste Verschiebung der Eigentümerstrukturen ist an der Entwicklung des Westends zu beobachten. Der Wirtschaftsgeograph Karl Vorlaufer stellte in seiner 1975 veröffentlichten Studie eine dramatische Veränderung der Eigentümerstruktur fest. Er zeigt, dass es eine Verlagerung der Eigentümer vom Mittelstand mit traditionellem Interesse an der Bodenverwertung für die Alterssicherung hin zu Akteuren mit starker Verwertungsorientierung gab.[1] In der Interpretation Vorlaufers hatten die Immobilienhändler die Aufwertung des Stadtteils Westend zuerst erkannt und diese Einsicht in wirtschaftliches Handeln umgesetzt: „Die Immobilienhändler setzen im Westend Eigentumsverhältnisse durch, die erst eine umfassende Verwertung der ‚positiv' veränderten Standortqualität ermöglichen (...) , sie stellen mit dem Bau von Bürogebäuden und deren Vermietung Betriebsvorraussetzungen zur Verfügung, die zahlreiche der an einem Standort interessierten Unternehmen aus betriebswirtschaftlichen Erwägungen nicht realisieren können oder wollen."[2]

Dass die Immobilienhändler dominierten, zeigte sich auch an den Bodenverkäufen. In den Jahren 1948 bis 1972 lagen die Immobilienhändler mit 256 Käufen vor den Architekten mit 151, den Versicherungen mit 132 und den Banken mit 44 Käufen. Schwerpunkte des Handels lagen

1 Um es an einigen Zahlen zu verdeutlichen: Waren 1947 noch 53 % des Bodens in der Hand von „traditionellen Eigentümern", wie selbständigen Kaufleuten, Freiberuflern, Selbständigen, abhängig beschäftigten Akademikern, was das Westend als bürgerliches Wohnquartier ausweist, so entfiel 1972 nur noch 29,5 % auf diese Gruppe. Dominierend waren jetzt die Immobilienkaufleute (1972 11,6 % gegenüber 0,07 % 1947) und Gesellschaftsunternehmen wie Banken und Versicherungen (1972 27,9 % gegenüber 9,2 % 1947). Im Detail siehe Vorlaufer 1975, S. 20 ff.

2 Vorlaufer 1975, S. 27.

dabei zwischen 1965 und 1972. Damit wird die strategische Bedeutung der Immobilienhändler deutlich. Sie fungierten als „Pioniere“, durchaus in Analogie zu den Pionieren in Gentrifizierungsprozessen.[3] In den sechziger und siebziger Jahren war es ihre Funktion, das Immobiliengeschäft in einer Art und Weise zu öffnen, wie es weder die bis dahin dominierenden Versicherungen noch die Banken hätten leisten können.[4] Räumlich konzentrierten sich die Bauprojekte um den Stadtbezirk Westend-Süd. Sie bildeten förmlich einen Kranz entlang der städtischerseits definierten Achsen des Fingerplans, der symbolisch für die Öffnung des Frankfurter Immobilienmarktes steht.

Nach der Übernahme vieler Spekulationsprojekte durch Banken[5] und nachdem der Markt für sie durch die aggressive Vorgehensweise der Spekulanten geöffnet war, kam es zum forcierten Hochhausbau durch Banken in den achtziger und neunziger Jahren. Betrachtet man die Herkunft der Mittel, die für die Finanzierung dieser Bankenprojekte notwendig waren, so lässt sich ein erster Eindruck dessen gewinnen, was man als Durchkapitalisierung des Bodens bezeichnen könnte. Stefan Krätke wies in seiner Studie von 1991 auf den starken Mittelzufluss in die Immobilienbranche als eigene Anlagebranche hin und bezog sich dabei auf die in dieser Beziehung recht moderat verlaufenden achtziger Jahre. Betrachtet man allerdings die Entwicklung der neunziger Jahre, so schien der Anlagemarkt für Immobilien förmlich zu explodieren. Die FAZ vom 16. 6. 98 berichtet unter der Überschrift „Immobilienfonds unter Druck“: „Das Vermögen der offenen Fonds, das Anfang der neunziger Jahre noch bei 10 Milliarden DM lag, erhöhte sich sprunghaft auf 80 Milliarden DM (in 1996 der Verfasser)“. Allein im Segment der offenen Immobilienfonds war ein Wachstum von 800 % innerhalb von sechs Jahren zu verzeichnen. Zwar wurde der erste Immobilienfond schon 1959 am Markt platziert,

---

3 Als Gentrifizierung bezeichnet man im allgemeinen die Aufwertung von Wohngebieten im Zuge der Aneignung dieser Räume zunächst durch spezifische Gruppen (Pioniere wie etwa Studierende), die über die Schaffung besonderer Milieus diese Gebiete verändern, so dass die Gentrifier (wie etwa das gut verdienende Paar ohne Kinder) attraktive Orte vorfinden und in der Regel nun die Pioniere verdrängen.

4 Allerdings ist eine Verflechtung mit den Großbanken vorhanden. So benennt die Dokumentation des Frankfurter Planungsdezernats zur Bodenspekulation aus dem Jahre 1975 in anonymisierter Form sieben Banken, die dieser Gruppe 1,085 Milliarden DM an Hypotheken zur Verfügung stellte. Noch deutlicher wird diese Verflechtung, wenn man sich vor Augen führt, dass im Jahre 1972 94,28 % der Belastungen auf Westendgrundstücken auf Grundstücken der Immobilienhändler lag.

5 Spektakuläre Beispiele sind etwa das Hochhaus am Platz der Republik, das als „Selmi-Hochhaus“ bekannt ist, benannt nach seinem Erstbesitzer, und das heute als City-Hochhaus im Besitz der DG-Bank ist. Ferner die Zwillingstürme der Deutschen Bank, von denen lange nur die Baugrube zu sehen war, nachdem die Herren Preisler und Herskowitz nicht über die Liquidität verfügten, es zu vollenden. Auch die geplante Entwicklung zu einem Hotelbau für die Hyatt-Gruppe durch den Münchener Unternehmer Schörghuber brachte lediglich einen Bau bis zu den Fundamenten. Letztlich wurden die Doppeltürme dann von der Deutschen Bank ausgeführt.

doch lassen sich Schübe der Fondsgründungen um 1970 und vor allem nach 1989 feststellen, wobei insbesondere der obengenannte Mittelzufluß in den neunziger Jahren die Fonds zu einem relevanten Anlageprodukt hat werden lassen. Dies ist ein Trend, der sich allerdings weltweit feststellen lässt und in der folgenden Betrachtung die besondere Stellung Frankfurts in Deutschland widerspiegelt: „The supply side of real estate markets is being transformed by the globalisation of banking and investment. Enhanced liquidity in the global banking system creates an ever growing pool of short term loan capital to fund building projects. (...) This, along with financial deregulation, has resulted in the emergence of globally acting financial institutions that are prosperous enough to dominate the core office markets of the world's largest cities."[6]

Gründe dafür liegen sicherlich im Börsencrash 1987 und der daraus resultierenden Flucht in sichere Anlagen, den steuerlichen Vergünstigungen im Zuge der deutschen Einheit und des mit der Sonderkonjunktur nach der Wiedervereinigung verbundenen Immobilienmarktbooms in 1992/93. Insofern kann man die offenen Fonds als „immobilienwirtschaftliche Innovation" der neunziger Jahre begreifen. Betrachtet man zudem die anderen Formen der Investitionen im Immobilienbereich, etwa die der Versicherungen, die zu Zwecken der Risikoabsicherung in Immobilien investieren[7], so erweitert sich die finanzielle Dimension nochmals erheblich.

Die Dynamik des Marktes in Deutschland lässt sich anhand der Neuinvestitionen feststellen. 1996 wurden Neuinvestitionen in Immobilien in Höhe von 39,5 Milliarden DM getätigt. Davon wurden 17,7 % durch offene Fonds, 12,7 % durch Versicherungen und 34,2 % durch geschlossene Fonds getätigt.[8] Der genauer analysierbare Bereich der offenen Fonds, dies sind 16 Fonds mit Veröffentlichungspflicht, macht in diesem Segment der institutionellen Anleger also gerade 27,4 % aus. Entsprechend sind die folgenden Aussagen über Immobilienprojekte in Frankfurt nur auf diese unmittelbar nachvollziehbaren, leicht zugänglichen Prospekte offener Fonds bezogen.

Die in Frankfurt finanzierten Projekte der offenen Fonds im Bereich Hochhausbau sind zahlreich. Fondsprospekten ist zu entnehmen, dass beispielsweise im Vermögen des Dresdner Bank Fond DEGI die Hochhäuser Eurotower, Frankfurter Büro Center und Plaza Büro Center enthalten sind, im Sparkassen Fond DESPA die Hochhäuser Kastor, Poseidon, Ulmenstraße 30 sowie wesentliche Teile der Bürostadt Niederrad. Im offenen Fond der Commerzbank findet sich etwa das gerade fertiggestellte Eurotheum. Durch geschlossene Fonds finanziert sind zumindest der Neubau der Commerzbank, der Main Tower und die Zwillingstürme der Deutschen Bank. Nimmt man letztere als Beispiel, so wird eine weitere Feinheit deutlich, die auf den Strukturwandel der Bodenverwertung einerseits, den Vernetzungszusammenhang von Immobilien- und Finanzdienstleistungen andererseits verweist. Im Vertrag dieses Fonds wurde der Deutschen Bank ein Rückkaufrecht in Höhe von 300

6 Pfeiffer/Krakau 1999, S. 118.
7 So 1996 ca. 59 Milliarden DM. Laut DTZ Zadelhoff 1997, S. 87.
8 Ebenda.

Millionen DM eingeräumt, das auch in Anspruch genommen wurde. Nach Ablauf der Fondslaufzeit lag der Wert der Immobilie jedoch bei geschätzten 550 Millionen DM. Die Bank, beziehungsweise ihre Immobiliengesellschaft, verdiente also an der Auflage des Fonds, die Zeichner ebenfalls, die Bank hatte das Risiko nicht zu tragen und verdiente nochmals beim Rückkauf des Gebäudes.
Durch Immobilienfonds wird deutlich, dass der Boden, insbesondere mit Hochhausbaurecht, ein Anlagegut geworden ist, das man als neues Finanzprodukt verkaufen kann. Das Geschenk der Bodenwertsteigerung durch Erhöhung des Baurechts und deren Realisierung durch einen Hochhausbau resultiert sowohl in der Verbesserung des eigenen Standorts als auch in einem guten Geschäft der beteiligten Banken. Die Verbesserungen des eigenen Standorts durch ein noch höheres Hochhaus ist dabei das lukrative Investmentgeschäft der Banken.
Die konzentrierten Immobilieninvestitionen in wenigen Städten und Stadträumen, die Verflechtung mit dem Sektor Finanzdienstleistungen und die besondere Situation des Rhein-Main-Gebietes als lokalem Standort global agierender Unternehmen schaffen die Bedingung für eine weitgehende Strukturierung der Innenstadtquartiere in Frankfurt durch diese Interessen. So ist die Symbolik der Frankfurter Skyline unübersehbar, die zugleich aber auch das Ergebnis handfester materieller Interessen ist. Schätzungen zufolge wird circa ein Drittel der Investitionen offener Fonds im Rhein-Main-Gebiet getätigt.[9]
Natürlich spielt hier die Sicherheit der Anlage, gerade bei der Anlageform offener Immobilienfond als risikominimierender Anlageform, eine Rolle. Man kann eben mit hoher Wahrscheinlichkeit davon ausgehen, am Standort Frankfurt gut ausgestatteten Büroraum in guter Lage vermieten zu können. Über die Sicherheit hinaus ist jedoch zu vermuten, dass ein unmittelbares Interesse der institutionellen Anleger an der Wertsteigerung selbst besteht. Aber auch spekulative Momente sind relevant, da der Hochhausbau mitunter extreme Wertsprünge nach sich zieht.[10] Schließlich ist auch die Produktion neuer Toplagen festzustellen, was Grundstückswerte in diesen Bereichen sehr stark springen läßt.[11] In solchen Phänomenen zeigt sich die Bedeutung des Hochhausbaus für Immobilienanlagen.
Ein weiterer Verwertungsschritt steht durch eine Produktinnovation bevor, das heißt die Erfindung einer neuen Ware im Finanzgeschäft, den sogenannte Immobilienaktien. Immobilienaktien gibt es in börslich gehandelter Form zwar bereits seit Ende der achtziger Jahre, jedoch vollzieht sich auch hier ein Wandel. Gegründet wurden Immobilienaktien-

---

9 So die Geschäftsführerin der BfG-Immobilien-Investmentgesellschaft in der Frankfurter Rundschau vom 27. 11. 98.

10 Nachweislich etwa bei dem Objekt Frankfurter Büro Center, das Anfang der siebziger Jahre für circa 130 Millionen DM errichtet wurde, nach mehrfachen Verkäufen nun mit einem Wert von circa 750 Millionen in den Büchern eines Fonds bewertet wird. Ähnliches läßt sich bei anderen Verkäufen feststellen.

11 Ein relativ junges Beispiel ist der Bau des Hochhauspaares Kastor und Pollux an der Messe. Hier wurde aus einer Randlage ein Entwicklungsraum, der mittlerweile zentral im neuen Hochhausrahmenplan steht.

gesellschaften zunächst zur Ausgliederung von Liegenschaften aus dem Bestand von Industrieunternehmen. Ferner entstanden sie im Rahmen der Privatisierung von öffentlichen und betrieblichen Wohnungsbaugesellschaften, des Wegfalls der Gemeinnützigkeit bei Unternehmen der Wohnungswirtschaft und der Vermarktung ehemaliger Sozialwohnungen nach Ablauf der Sozialbindung. Waren diese Immobilienaktiengesellschaften in Deutschland zunächst aus bilanztechnischen oder unternehmensstrategischen Gründen entstanden, so hat sich ihr Charakter deutlich verändert. Mittlerweile orientieren sich deutsche Immobilienaktien an ihren amerikanischen Vorbildern, den sogenannten REITs (Real Estate Investment Trusts).[12] Zielsetzung ist es, die bislang schwer zu handelnde, kaum zu stückelnde Ware Immobilie in eine aktienadäquate Form zu bringen, also in Vergleichbarkeit mit anderen Anlageformen. Neben den obengenannten Vorteilen ist ein weiteres Motiv, am Boom des Aktienmarktes zu partizipieren. Weiterhin sind in Deutschland eine Reihe steuerlicher Vergünstigungen für Fondimmobilien weggefallen, so dass diese Anlageform weniger attraktiv geworden ist.
In den USA ist die Spezialisierung bei den REITs sehr weit fortgeschritten. So existieren spezielle REITs für Büroimmobilien, Entertainmentcenters, Shopping-Malls und anderes mehr. Zudem ist eine verstärkte Shareholder-Value-Orientierung mit dem primären Ziel der Wertsteigerung der Immobilie festzustellen. Dies beginnt bei der Optimierung des Betriebs und der Gebäude mit Maßnahmen des Facility-Managements. Das Wertsteigerungsinteresse kann sich aber auch über das eigentliche Gebäude hinaus Raum in die Stadt oder in halböffentliche Räume wie Passagen und Malls verschaffen. Der verstärkte Einsatz von privaten Sicherheitskräften ist ein Beispiel. Kontrolle als Möglichkeit der Verbesserung des Betriebsablaufs im Interesse des Gebäudewerts ist hier das entsprechende Stichwort. Bei der Aktivierung von Immobilienvermögen im Rahmen von „Corporate Real Estate Management" sind ähnliche Prozesse festzustellen. „Corporate Real Estate Management" hat die optimale Nutzung und Verwertung von unternehmenseigenen Liegenschaften zum Ziel. In Frankfurt ist dabei häufig die Entwicklung und Aufwertung industriell genutzter oder brachliegender Flächen anzutreffen, die damit in den immobilienwirtschaftlichen Verwertungskreislauf einbezogen werden, sei es durch Verkauf oder Eigenentwicklung. Zudem ist für Frankfurt kennzeichnend, dass solche Flächen oft mit dem Versuch ver-

12 Eine Differenz besteht insofern, als die US-amerikanischen REITs, ähnlich wie in Deutschland die geschlossenen Immobilienfonds bis 1998, mit Steuersparmodellen im Rahmen des amerikanischen Steuerrechts agieren. Die Ähnlichkeit bezogen auf den deutschen Immobilienmarkt besteht darin, dass sie die Stückelung der Anlageform Immobilie ermöglichen und einer tagesaktuellen Bewertung unterziehen. Die Immobilie ist damit nicht mehr immobil im Sinne eines Besitzers, der sehr viel Geld aufwenden muss, um sie zu bezahlen, zudem noch zahlreiche behördliche und notarielle Schritte unternehmen muss, um sie zu veräußern, sondern sie ist flexibel handelbar. Immobil bleibt einzig ihre Ortsgebundenheit.

knüpft sind, neue Hochpreislagen zu etablieren.[13] Wie stark sozial benachteiligte Stadtquartiere durch diese Aufwertungen in Bedrängnis geraten, ist zwar noch nicht absehbar, aber doch wahrscheinlich.
Im Rahmen dieses offensiven Immobilienmanagements lassen sich auch neue Unternehmenskonzentrationen feststellen. Dies betrifft etwa die großen Maklerunternehmen, die mittlerweile eher Beratungsunternehmen gleichen und obengenannte Immobilienmanagementprodukte anbieten. Ihre starke Stellung resultiert zunehmend aus ihrer Größe, weltweitem Engagement und der Verzahnung mit anderen Branchen.[14] Als Ergebnis der beschriebenen Phänomene lassen sich folgende Konsequenzen für Frankfurt festhalten: Es finden Konzentrationsprozesse des Bodens in der Hand von Finanzdienstleistungskonzernen statt. Diese sind begleitet von der Konzentration von Immobilienunternehmen in Frankfurt, die ihr spezifisches Know-how in diese Entwicklung einspeisen. Diese Interessenstruktur findet ihren Niederschlag in der Ausweisung neuer Hochhausstandorte durch die Stadt im Hochhausentwicklungsplan 1999. Einflüsse auf weitere Stadtgebiete lassen sich kaum vermeiden, was sich im Rahmen der Bodenwertbetrachtung zeigen läßt.

Finanzplatz Frankfurt

Die obengenannte Entwicklung des Immobiliensektors in Frankfurt beruht auf der für deutsche Verhältnisse überdurchschnittlichen Büroraumnachfrage. Diese Nachfrage läßt sich mit der von Saskia Sassen beschriebenen Entwicklung eines globalen Städtesystems mit zunehmender Zentralisierung von Kontroll- und Headquarterfunktionen von Branchen, Unternehmen, Produktionsnetzwerken und -clustern sowie politischer Macht in wenigen Städten dieser Welt erklären. In Frankfurt kann man einen entsprechenden Branchen- und Firmenbesatz im Sektor Finanzdienstleistungen feststellen,[15] der zur Funktionsfähigkeit spezifischer Bereiche der unternehmensbezogenen Dienstleistungen (etwa Anwaltskanzleien, Werbeagenturen, EDV-Dienstleistungen, unterschiedliche Consultingbereiche) bedarf. Damit ist, sieht man von der öffentlichen Verwaltung ab, die Gruppe der

---

13 Die Frankfurter Beispiele sind zahlreich und reichen vom spektakulären Verkauf der ehemaligen Adlerwerke im Gallusviertel durch den neuen Eigner Olivetti, über das aktuell brachliegende Telenorma-Gelände am Güterplatz bis zum Gelände der ehemaligen Mercedes-Benz Niederlassung im Bereich der City West. Kennzeichnend für Frankfurt scheint jedoch sehr viel mehr der Entwicklungsdruck öffentlicher Eigentümer zu sein. So sind zentrale Hochhausprojekte wie die Entwicklung des ehemaligen Hauptgüterbahnhofs, der Fläche des alten Polizeipräsidiums, des Skylight in der Stephanstraße allesamt auf öffentlichen Liegenschaften geplant und stellen die Aktivierung von öffentlichem Grund und Boden im Rahmen von Corporate Real Estate Management dar.

14 So hält etwa die Deutsche Post AG eine Mehrheitsbeteiligung an DTZ Zadelhoff. Vgl. FAZ vom 20. 3. 98, „Aus Maklerfirmen werden internationale Beratungskonzerne".

15 So sind nach Angaben des statistischen Jahrbuchs der Stadt Frankfurt von 1998 circa 68.000 Personen im Bereich der Finanzdienstleistungen beschäftigt. Das entspricht circa 15 % der Beschäftigten.

Büroraumnutzer in der Innenstadt im wesentlichen beschrieben.[16] Aus diesen Nutzungsveränderungen entsteht in Frankfurt eine, über die von Saskia Sassen beschriebene „social order“ der Global City[17] hinausgehende, durch neue Verwertungsinteressen des Finanz- und Immobilienkapitals dominierte „spatial order“, eine neue räumliche, durch die Interessen des Finanzkapitals strukturierte Ordnung.
Die Expansion des Büroimmobilienmarktes seit Mitte der achtziger Jahre muß im Kontext der Entwicklung des internationalen Finanzplatzes Frankfurt betrachtet werde. Hier hatte sich der Schub der Internationalisierung der Finanzmärkte vollzogen.[18] Zudem hatte sich der Standort Frankfurt als Finanzplatz fest etabliert, was bis dato fraglich gewesen war, da nicht alle deutschen Großbanken ihren einzigen und hauptsächlichen Sitz in Frankfurt gehabt hatten und das Börsengeschäft in Deutschland noch umkämpft war. Nachfrageseitig war also der Büromarkt gefestigt. Die sich seit Anfang der neunziger Jahre vollziehenden Ereignisse, wie die Festlegung des endgültigen Sitzes der Bundesbank in Frankfurt, Sitz der europäischen Zentralbank in Frankfurt und der Ausbau der Börseninfrastruktur haben diese Tendenz fortgeschrieben und verstetigt. Insofern unterscheidet sich der Büromarkt in Frankfurt durch sein stetiges und immenses Wachstum von allen anderen in der Bundesrepublik. Die spezifische Entwicklung Frankfurts wird im Vergleich der vermieteten Flächen in verschiedenen Großstädten Deutschlands deutlich.

Tab. 1: Büroflächenvermietung 1990–1996 in qm (ca.)[19]

Jahr	Frankfurt	München	Hamburg
1990	220.000	330.000	230.000
1991	315.000	260.000	250.000
1992	280.000	295.000	220.000
1993	250.000	150.000	180.000
1994	310.000	260.000	180.000
1995	360.000	300.000	230.000
1996	510.000	333.000	200.000
1997	452.000	488.000	240.000
1998	700.000	590.000	270.000
1999	604.000	695.000	417.000

16 Vgl. sehr detailliert Bördlein 1993.

17 Vgl. Sassen 1991, S. 193 ff.

18 Dies lässt sich an zahlreichen Indikatoren wie Beschäftigtenzahl und Geschäftsvolumen der ansässigen Banken ablesen. So stiegen in den Jahren 1993–1997 trotz allgemeinen Personalabbaus bei den Banken die Beschäftigten bei Banken in Frankfurt von 54.800 auf 56.100. Ebenso erhöhte sich das Geschäftsvolumen der Banken von 1,8 Mrd. DM in 1993 auf 2,7 Mrd. DM in 1997. Der Anteil der Auslandsbanken stieg dabei überproportional an. Gleiches gilt für die Frankfurter Wertpapierbörse, die ihren Umsatz in diesem Zeitraum um 50% steigern konnte. Alle Zahlen aus dem Frankfurter Finanzmarktbericht 11/97.

19 Bei diesen Zahlen handelt es sich um die Vermietungen auf den Büromärkten einschließlich der Umlandgemeinden. Quelle: Müller International Immobilien GmbH; Office Market Report Germany 2000; Frankfurt 2000.

Diese Tabelle zeigt den Stellenwert des Frankfurter Büromarktes in der lokalen Ökonomie im Verhältnis zu anderen Städten. Die Stadt steht bei der Vermietung von Büroraum in der Regel bundesweit an erster Stelle. Auffällig ist zudem, dass sich von 1993–1998 das Wachstum der Büroraumvermietungen von allen anderen deutschen Städten abkoppelte. Aber auch die Dynamik des Marktes kommt in der Tabelle zum Ausdruck, betrachtet man die ungebrochen steigenden Vermietungen seit 1993.
Noch deutlicher wird dieses Bild, bezieht man es auf den Bestand an Büroraum in den jeweiligen Städten und ihre Bevölkerungsgröße. So zeigt sich in Frankfurt die höchste Büroraumdichte. Der Bestand an Büroraum betrug in Frankfurt im Jahr 1995 8,92 Mio. Quadratmeter, gegenüber 10,3 in München und 11,35 in Hamburg. Um eine Vergleichsbasis herzustellen, kann man den Bestand an Büroraum pro Stadtbewohner betrachten und kommt zu den Dichtezahlen von 13,51 Quadratmeter Büroraum pro Kopf in Frankfurt, gegenüber 8,24 in München und 6,68 in Hamburg für das Jahr 1995.[20] Dies zeigt die Sonderstellung der Frankfurter ökonomischen Struktur hinsichtlich der stadtstrukturellen Prägung durch den Besatz mit Büroraum.
Aber auch lagetypische Qualitäten differieren zwischen diesen Städten sehr stark. So konzentriert sich der Frankfurter Büroraum wesentlich – und für die Wirtschaftsbereiche Finanz- und unternehmensbezogene Dienstleistungen fast völlig – auf die Innenstadt, während andere Städte durch gezielte Planungen eine stärkere Verteilung über das Stadtgebiet erreicht haben[21]. Diese Konzentration resultiert aus dem spezifischen Frankfurter Branchen- und Unternehmensbesatz, der nach Dichte, Kommunikation und Verflechtung zur Diffusion der eigenen Innovationen sowie der Realisierung von Kostenvorteilen durch die gemeinsame Nutzung teurer Infrastruktur, wie etwa innerstädtischer Glasfasertelekommunikationsnetze, verlangt. Anders ausgedrückt: „Die Gründung gemeinsamer Unternehmen, die Verabredung von Geschäftsusancen und auch das Lobbying gegenüber anderen Interessengruppen läßt sich leichter gestalten, wenn die Konkurrenten vor Ort tätig sind."[22] Wie stark sich diese, in Deutschland einzigartige, Konzentration ertragsstarker Branchen[23] auf die Innenstadt in Mietpreisen ausdrückt, zeigt das folgende Schaubild. Zwar sind auch hier Konjunkturzyklen im Mietpreis festzustellen, das Mietniveau ist aber durchgängig einzigartig hoch.

20 Vgl. Zadelhoff 1996.
21 So sind in den Innenstadtlagen Bankenviertel, Westend, City, Frankfurt-West circa 62,8 % der obengenannten 8,92 Mio. Quadratmeter Büroraum zu finden.
22 Landeszentralbank Hessen 1997, S. 3.
23 So erzielt der Bereich Finanzdienstleistungen eine Wertschöpfung von circa 280.000 DM pro Beschäftigtem und Jahr, während die Wertschöpfung bei sonstigen Dienstleistungen bei circa 210.000 DM und in der Industrie und Handel bei etwa 110.000 DM pro Beschäftigtem und Jahr liegt. Vergleiche ebenda, S. 7.

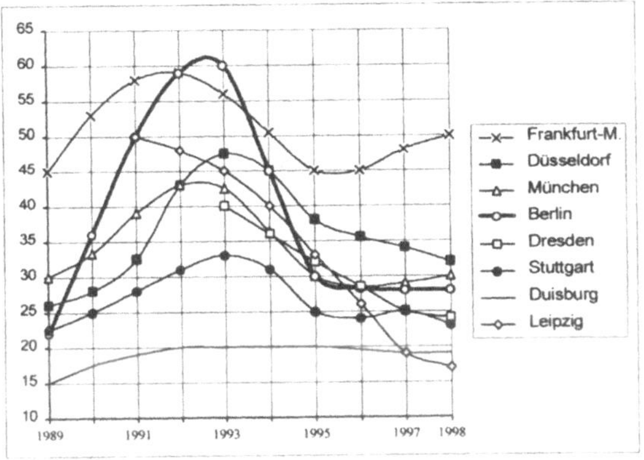

Abb. 1: Entwicklung der Büromieten in ausgewählten Städten 1989–1998 Objekte in „gutem Nutzwert" in DM/m²/Monat.[25]

Entscheidende Konsequenz für die Stadt Frankfurt ist die zunehmende Büroraumnachfrage in der Innenstadt und das zyklisch steigende Mietniveau, die die ökonomische Grundlage für den forcierten Hochhausbau bilden. Im folgenden wird die Bodenwertentwicklung in Frankfurt diskutiert, die als Resultat der beschriebenen Prozesse verstanden wird. Vorab wird darauf hingewiesen, dass die Entwicklung Frankfurts in Deutschland einzigartig ist und somit Vergleiche mit anderen Großstädten nicht adäquat wären. Erstens sind reine Büroraumkonzentrationen in der zentralen Innenstadt eine Frankfurter Besonderheit. Hinzu kommt die spezifische Bauform Hochhaus, die durch ihre Dichte besondere Bodenwertentwicklungen nach sich zieht.[24]

Bodenwertentwicklung und Hochhausbau

Welche Konsequenzen hatte diese Gemengelage von Finanzdienstleistungen, Immobilienmarktentwicklung und Hochhausbau für die Bodenwertentwicklung? Grundlage für die Betrachtung hier ist die vom Gutachterausschuß der Stadt Frankfurt erstellte Bodenrichtwertkarte. In dieser Karte finden sich Zoneneinteilungen für Stadträume nach dominierenden Nutzungen und Lagequalitäten. Diesen Zonen werden Bodenwerte zugeordnet, die auf eine bestimmte Ausnutzung hin standardisiert werden. Grundlage für die Bodenwerte ist der Preis der Verkäufe von Grundstücken während der vergangenen Periode. Der untengenannte Index schließlich resultiert aus der Zusammenfassung ähnlicher

24 So existiert für andere Städte ein Bodenwertindex „Büro Spitzenlagen", wie er unten verwendet wird, nicht, da es diese Lagen in der Regel nicht in der Frankfurter Ausprägung gibt. Meist sind die innerstädtischen Lagen in anderen Städten durch die Mischung mit hochwertigem Einzelhandel geprägt. Für München etwa existiert nur ein Index der allgemeinen Baulandpreisentwicklung und erscheint nach Aussage der zuständigen städtischen Mitarbeiter für die Arbeit des dortigen Gutachterausschusses auch völlig ausreichend

25 Abbildung aus Krätke/Borst 1999, S. 133.

Zonen zu einer angenommenen homogenen Fläche mit gleichen oder zumindest sehr ähnlichen Qualitäten. Gewichtet nach den Anteilen der unterschiedlichen Lagen und ihrer Wertentwicklung wird nun dieser Index gebildet. Beginn der Betrachtung ist das Jahr 1964 mit 100 Indexpunkten. Entsprechend handelt es sich bei den angegebenen Ausprägungen immer um Indexpunkte, die einen empirisch rückgekoppelten hypothetischen Wert darstellen.[26]

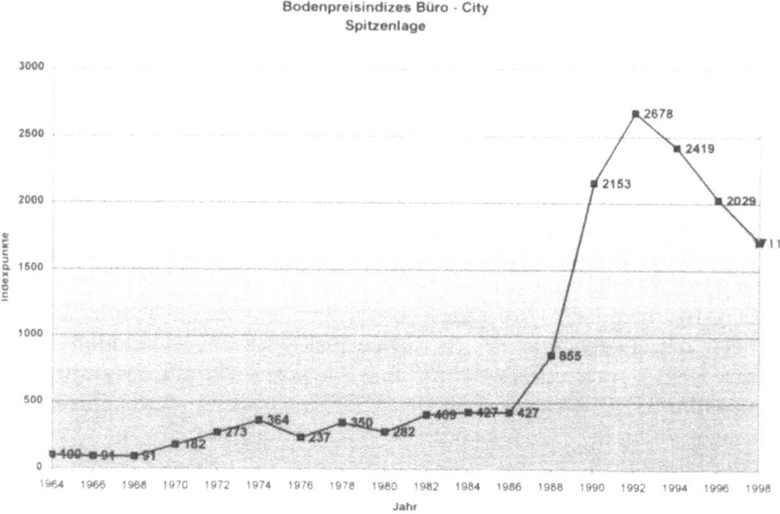

Abb. 2: Bodenpreisindizes Büro-City Spitzenlagen[27]

Betrachtet man die Entwicklung der Bodenwertindizes für Spitzenlagen im Bürobereich, so zeigen sich innerhalb der letzten 15 Jahre erhebliche Wertsprünge.[28] Die Bodenwerte für Grundstücke in Zonen mit Hochhausbaurecht schossen in die Höhe. So entwickelte sich der abgebildete Index „Büro-Spitzenlagen" von 427 Indexpunkten 1986 auf einen Höchststand von 2678 im Boomjahr 1992. Anzumerken ist hier, dass es sich in diesen Lagen nicht immer um Hochhausbau handelt, allerdings sind diese Lagen stark von Hochhausbau dominiert. Der Index ist zudem in der Regel auf die fünffache Überbauung der Grundstücksfläche (GFZ 5) standardisiert, was eine durchaus hohe Ausnutzung darstellt. Zieht man allerdings in Betracht, dass etwa auf dem Grundstück des

26 Die Betrachtung von Bodenwerten mittels Indizes ist nicht unproblematisch, da diese stark von Verkäufen abhängen und Verkäufe in Toplagen nicht alltäglich sind. Auf Nachfrage bei der Stadtverwaltung Frankfurt wurde allerdings versichert, dass eine angemessene Zahl von Verkäufen im Betrachtungszeitraum stattgefunden hatte. Zudem wird in Frankfurt der Index mittels der Mietentwicklung dynamisiert.

27 Tabelle erstellt von Bunge 1999, Anhang S. 27.

28 Dieser Index bezieht sich auf die Zonen der Bodenrichtwertkarte im Bereich Bockenheimer Landstraße, Neue Mainzer Straße bis Platz der Republik und ist der Bodenrichtwertkarte der Stadt Frankfurt für das Jahr 1998 entnommen.

neu errichteten Main Towers im Bankenviertel eine GFZ von 27 erzielt wird, so bedeutet dies, dass der Index selbst sich noch vervielfacht, da die Ausnutzung wesentlich über der Berechnungsgrundlage liegt.
Zudem wurde seitens der Politik und Stadtplanung in den unterschiedlichsten Mehrheitsverhältnissen kein Zweifel daran gelassen, dass weiterer Hochhausbau erwünscht sei. Wenn auch in unterschiedlichen Varianten, so waren diese Lagen immer Gegenstand der Planungen. Somit kann man den Einfluß des Hochhausbaus auf die Wertentwicklung in diesen Lagen als Maßstab für erfolgreich durchgesetzte Investorenansprüche verstehen und auch ihren Einfluss auf den Bodenwert entsprechend hoch ansiedeln. In der Logik des Marktes sind in einer solchen Situation hohe Ausnutzungen prinzipiell auch auf Nachbargrundstücken denkbar, also potentiell vorhanden, wenn auch nicht garantiert. Entsprechend wird diese Logik spekulativ als Chance über entsprechende Preissteigerungen kalkuliert. Existierende Hochhäuser strukturieren also als potentieller Maßstab die Bodenwerte dieser Lagen.[29] Die Stadt hat diese Produktion imaginärer Werte im Hochhausrahmenplan 1999 antizipiert und sie damit zu realisierbaren Werten gemacht. Denn abgesehen von Einzelhandelsflächen erfasst dieser nahezu den ganzen Bereich der Innenstadtbürolagen im Bereich Mainzer Landstraße, Messe und Bankenviertel und hat somit fast alle an die Stadt herangetragenen Ansprüche hinsichtlich Hochhausbaus eingearbeitet.
Es lassen sich jedoch auch jenseits von Hochhauslagen Bodenwertsteigerungen feststellen, die eher an Hochhausbauflächen erinnern, denn an Wohnquartiere. Kurz gesagt handelt es sich um Flächen, die nicht die gleichen planungsrechtlichen Qualitäten besitzen wie Hochhauslagen und dennoch in den Sog der Bodenaufwertung geraten. Ein solcher Trend ist bei den Innenstadtrandlagen Frankfurts festzustellen. Es sind vor allem Lagen, die für Hochhausbau nach städtischen Planungen bisher nicht in Frage kommen, teilweise durch Erhaltungssatzungen und andere rechtliche Instrumente gesichert sind. Das Bahnhofsviertel, Gallusviertel und Gutleutviertel gehören dazu, soweit sie innenstadtnah gelegen sind und zumindest teilweise Büronutzung aufweisen. Hier ist festzustellen, dass eine ähnlich starke Aufwertung wie in Hochhausbaubereichen stattgefunden hat, allerdings auf niedrigerem Niveau. Die Wertentwicklungen sind hier nur aus den Wertentwicklungen der Hoch-

29 Der hier entwickelte Bodenwert entspricht mit Einschränkung dem Verkehrswert des Bodens, der aus seiner potentiellen Nutzung resultiert. Andere Bodenwertberechnungen, wie etwa durch das Ertragswertverfahren, berechnen den Bodenwert als Residualgröße, das heißt nach Abzug von Bau-, Kapital- und sonstigen Kosten vom Ertrag. Kritiker der Ertragswertbetrachtung finden, dass in dieser Betrachtung der Bodenwert einerseits objektbezogen, also nur für ein Grundstück gültig ist, ferner stark von Marktschwankungen abhängt und drittens damit variable Kosten des Bauprozesses und so Strategien der Vermarktung und Finanzierung eines Baus den Bodenwert bestimmen. So ist der Stellenwert von Abschreibungen zu nennen, die je nach Finanzierung einen unterschiedlichen Stellenwert hat, oder auch Reduzierungsstrategien hinsichtlich der Grunderwerbssteuer. Zur Beurteilung von innerstädtischen Nutzungskonflikten durch Bodenwertsteigerungen ist die zonale Betrachtung des Verkehrswertes bei allen methodischen Problemen besser geeignet.

hausbauzonen zu erklären. Auch hier ist es das Potential der Lage, das den Preis strukturiert, abgeleitet von den Spitzenpreisen bei Hochhausbaurecht.
Für die dem Bestand der Quartiere entsprechende Nutzungen hat die Bodenwertentwicklung nun ein Niveau erreicht, das diese in Frage stellt. Wesentliche Teile dieser Zonen geraten derart unter Aufwertungsdruck, dass derzeitige Bewohner dieser Quartiere als Nutzer nicht mehr in Frage kommen, ihnen ihre Stadt als Raum qua ökonomischer Veränderung unter den Füßen weggezogen wird. Zwei zentrale Gründe lassen sich ausmachen. Zunächst scheint Hochhausbau über die Symbolik hinaus nach wie vor ein gutes Geschäft zu sein, so dass sicherlich Investorenansprüche durchzusetzen versucht werden. Zentraler ist aber die mangelnde Steuerungsfähigkeit seitens der Stadtplanung. Dies ist vor allem einem mangelnden Konsens in der städtischen Politik geschuldet. Über Jahrzehnte waren permanente Wechsel der Planungskonzepte und Ausnahmegenehmigungen festzustellen. Die Folge war und ist die mangelnde Glaubwürdigkeit städtischer Planungskonzepte und damit verbunden das Blühen der Spekulation in den obengenannten Innenstadtrandlagen, mittels derer das Potential der Lage realisiert werden soll.[30]
Die aktuelle Debatte um den Campanile[31] im Gutleutviertel nach dem Bruch der rot-schwarzen Kooperation in der Stadtregierung verheißt in dieser Hinsicht nichts gutes. Hier scheint der im März 1999 konsensual beschlossene Hochhausrahmenplan zu Makulatur zu werden. Um weiter in die Zukunft zu schauen, sollte man den Blick auf Brachflächen in an Hochhausgebiete angrenzende Lagen richten.[32] Diese Brachen oder auch unterlassene Sanierungen resultieren daraus, dass sie im Verhältnis zu einer erwarteten verdichteten Bebauung mit Hochhäusern als nicht rentierlich erscheinen. Inmitten der Stadt entstehen aus dem Prozess der

30 Um ein Beispiel zu benennen: 1992 lag der Bodenrichtwert für die Zone am Güterplatz im Gallusviertel bei 15.000 DM. Anlaß für die außergewöhnliche Höhe des Bodenwertes dieses mischgenutzten Gebietes waren Spekulationen um einen Neubau auf dem Telenorma Gelände und eine damit verbundene Aufwertung des Areals. Im Jahr 2000 hat sich dieser Wert auf 5.000 DM verringert, was immer noch recht hoch ist, vergleicht man ihn mit erstklassigen innerstädtischen Wohnlagen etwa im Westend, wo er bei 2.000 DM liegt. In der Zukunft interessant ist diese Zone insbesondere wegen ihrer Lage zwischen den zukünftigen Hochhausclustern am Hauptbahnhof und ehemaligen Hauptgüterbahnhof sowie den Entwicklungsflächen am Platz der Republik. Die Fläche des Telenorma Geländes selbst liegt seit einigen Jahren brach.

31 Zur Planung des Campanile siehe den Beitrag von Marianne Rodenstein in diesem Buch. Seit März 2000 zieht die CDU-Fraktion und ihre hauptamtlichen Magistratsmitglieder die neuerliche Genehmigung des Projektes in Betracht, obwohl es jenseits der vereinbarten Hochhauscluster liegt und erneut Aufwertungsdruck in das Gutleutviertel bringen würde. Man bleibt sich in der Frankfurter Tradition der Ausnahmegenehmigungen für Hochhäuser treu.

32 Eine solche Spekulationsbrache läßt sich im Viertel nordwestlich des Hauptbahnhofs zwischen Mainzer Landstraße, Ottostraße, Düsseldorferstraße und Hauptbahnhof feststellen. Hier verrotten seit mindestens zehn Jahren Mietshäuser, die sich im Besitz einer Gesellschaft der Deutschen Bank befinden.

Bodenwertsteigerung durch Hochhausbau Brachflächen um die Glitzerwelt der Hochhäuser herum, die ihrer Nutzung harren. Damit wird der Grundstein für die weitere Hochhausplanung der Stadt gelegt. Denn angesichts der Nachfrage orientierten Hochhauspolitik der Stadt ist die Prognose nicht gewagt, dass bei gleichbleibender Nachfrage ein Hochhaus das nächste nach sich zieht.

Literatur

Böhm-Ott, Stefan/Rodenstein, Marianne: Frankfurter Hochhäuser – Realität und Mythos, in: Wang/Niethammer: Maßstabssprung – Die Zukunft von Frankfurt am Main. Tübingen, Berlin: Wasmuth 1998, S. 31–38

Bördlein, Ruth: Das Rhein-Main-Gebiet als Standort hochwertiger Dienstleistungen. Frankfurt 1993

Bunge, Marc: Stadtplanung und Bodenwert (Diplomarbeit am Fachbereich Gesellschaftswissenschaften der Johann Wolfgang Goethe-Universität). Frankfurt 1999

DTZ Zadelhoff: Der deutsche Büromarkt 1996. Frankfurt 1997

Frankfurter Allgemeine Zeitung vom 20.3.98: „Aus Maklerfirmen werden internationale Beratungskonzerne"

Frankfurter Rundschau vom 21.11.98

Müller Intenational Immobilien GmbH: Office Market Report Germany 2000. Frankfurt 2000.

Müller-Raemisch, Hans-Reiner: Frankfurt am Main. Stadtentwicklung und Planungsgeschichte seit 1945. Fankfurt/New York: Campus 1996

Krätke, Stefan: Strukturwandel der Städte. Frankfurt/New York: Campus 1991

Krätke, Stefan/Borst, Renate: Berlin: Metropole zwischen Boom und Krise. Opladen: Leske und Budrich 2000

Landeszentralbank Hessen: Frankfurter Finanzmarkt-Bericht 28. Frankfurt 1997

Pfeiffer, Ulrich/Krakau, Julia: Cities and the Real Estate Market, in: Bundesamt für Bauwesen und Raumordnung Forschungen Band 92. Bonn 1999; S. 114–131.

Sassen, Saskia: The global city. Princeton 1991

Vorlaufer, Karl: Bodeneigentumsverhältnisse und Bodeneigentümergruppen im Cityerweiterungsgebiet Frankfurt/M.-Westend. Frankfurt 1975

Maßstabssprünge der Planung – Städtische Planungshoheit und Investoreninteressen zwischen 1990 und 2000

Dieter von Lüpke

Vorbemerkungen

Die Jahre 1989 bis 1999 stellten eine Periode der Hochhausentwicklung in Frankfurt am Main dar, die deutlich von vorangegangenen Phasen abgegrenzt werden kann, wie der Beitrag von Marianne Rodenstein in diesem Band beschreibt. Wichtige Kennzeichen der Periode waren die Konzentration der Hochhausentwicklung auf wenige Cluster, die städtebauliche Integration der Hochhäuser, ein weitreichender Konsens bezüglich der Hochhausentwicklung und die Beschleunigung des Entwicklungstempos. Diese Phase wurde mit dem Jahr 1999 nicht abgeschlossen. Viele Zeichen deuten auf eine Fortsetzung in der Zukunft hin, auch wenn nach der Auflösung der Zusammenarbeit zwischen CDU und SPD im März 2000 und der Ablösung des seit 1989 amtierenden Planungsdezernenten Dr. Martin Wentz (SPD) durch den CDU-Politiker Edwin Schwarz mehrheitlich gefasste Beschlüsse neu überdacht werden.
Im bezeichneten Zeitraum neu erstellte oder neu geplante Hochhäuser waren fast ausschließlich Bürohochhäuser. Ausnahmen waren wenige Wohn- bzw. gemischtgenutzte Hochhäuser an innerstädtischen Standorten[1].
Welche Gebäude werden im folgenden als Hochhäuser angesprochen? Mit der Veränderung der gebauten Umwelt verändern sich auch die Maßstäbe für ihre Beurteilung. Mag in anderen Städten die bauordnungsrechtliche Definition eines Hochhauses[2] für eine Hochhausdiskussion noch hinreichend sein, so muss in Frankfurt am Main weiter differenziert werden. Als Hochhaus im eigentlichen Sinne galt im betrachteten Zeitraum zunehmend nur noch ein Gebäude mit mehr als 40 oder 50 Meter Höhe. Daraus folgt nicht, dass Gebäudehöhen zwischen 25 und 40 Meter stadtplanerisch als normal galten. Wenn man von den vorsichtigen Versuchen absieht, neben der gründerzeitlichen Frankfurter Traufhöhe von ca. 16 bis

1 Zu nennen sind hier die Hochhäuser an der Bleichstraße (ca. 63 Meter Höhe, Bauherr DeTeImmobilien), am Wasserweg am Rande des Deutschherrnviertels (ca. 83 Meter Höhe, Bauherr Aachener und Münchner Versicherungen) sowie an der Neuen Mainzer Straße, Ecke Junghofstraße (ca. 110 Meter Höhe, Bauherr Commerzinvest). Wohnungsbau an den Rändern der Stadt bewegte sich im betrachteten Zeitraum deutlich unter der Höhe von Hochhäusern. Anders als in früheren Jahrzehnten zielte Wohnungsbau in Form von Hochhäusern und in Form hoher Häuser auf einkommensstarke Nutzergruppen.

2 Die Hessische Bauordnung definiert als Hochhausgrenze 22 Meter Höhe für den obersten Fußboden von Geschossen mit Aufenthaltsräumen. Addiert man eine übliche Geschosshöhe von drei Metern, so ergibt sich eine Gebäudehöhe von ca. 25 Metern, oberhalb derer Gebäude im bauordnungsrechtlichen Sinne als Hochhäuser bezeichnet werden müssen.

18 Meter eine neue Traufhöhe von ca. 35 Metern zu entwickeln (so an der Theodor-Heuss-Allee mit dem Bürozentrum auf dem Messegelände, so an der Mannheimer Straße mit dem Behördenzentrum des Landes Hessen), galt grundsätzlich das stadtplanerische Ziel, derartige „interpolierende", vermittelnde Zwischenhöhen zu vermeiden.

Der „Rahmenplan Bankenviertel" und der „Hochhausentwicklungsplan Frankfurt 2000" als grundlegende Planungskonzepte

Städtebauliche Planungen für Hochhäuser in Frankfurt am Main konzentrierten sich wesentlich auf die Planwerke des „Rahmenplans Bankenviertel" und des „Hochhausentwicklungsplans Frankfurt 2000". Dabei darf nicht vergessen werden, dass eine Vielzahl von Hochhausstandorten unabhängig von diesen Planwerken in anderen Bebauungsplanverfahren in anderen Stadtquartieren gesichert wurde. Hervorzuheben sind dabei die Bebauungspläne Bockenheim Süd (auch als „City West" bekannt) und Rebstockpark, die für City-Ergänzungsbereiche im von Investoren traditionell bevorzugten Westen der Stadt zusammen ca. 18 Standorte für Hochhäuser mit einer Höhe zwischen 35 und 70 Metern sicherten[3]. Erwähnt seien auch die Bebauungspläne Deutschherrnufer und Westhafen, die jeweils ein Hochhaus an Standorten besonderer städtebaulicher Bedeutung ermöglichten.
Die oben genannten Planwerke wurden von freien Architektur- und Planungsbüros im Auftrag des Dezernats Planung der Stadt erarbeitet. Der „Rahmenplan" wurde vom Büro Novotny Mähner und Assoziierte im Juni 1990 vorgelegt, der „Hochhausentwicklungsplan" vom Büro Jourdan + Müller PAS im September 1998. Beide Gutachten waren Grundlage für planungsrechtliche Entscheidungen der Stadtverordnetenversammlung, die jeweils mit großen Mehrheiten getroffen wurden. Beide Gutachten waren in ihren Ergebnissen strukturell ähnlich, indem sie neue Hochhausstandorte vorschlugen, die sich durch

- eine zentrale Lage mit einer überdurchschnittlich guten Erschließung mit öffentlichem Personennahverkehr,
- die Nähe ausgedehnter vorhandener oder geplanter öffentlicher Grünflächen,
- eine deutliche Distanz zu gewachsenen Wohnquartieren
- und die Bildung von Gruppen oder Clustern von eng benachbarten Hochhäusern[4]

auszeichneten.

3 Es handelt sich um ungefähre Angaben, da die beiden Bebauungspläne zum Teil die Hochhausstandorte nicht exakt abgrenzen (gilt für Bockenheim Süd) und zum Teil anstelle maximaler Gebäudehöhen nur maximale Geschosszahlen beinhalten (gilt für Rebstockpark).

4 Der in dem betrachteten Zeitraum politisch verantwortliche Planungsdezernent Dr. Martin Wentz (SPD) sprach bisweilen davon, das Planungskonzept des Straßendorfs durch das Planungskonzept des Haufendorfs ersetzen zu wollen.

Auch methodisch überwogen die Übereinstimmungen. Beide Gutachten bezeichneten bestimmte Standorte als für den Bau von Hochhäusern geeignet, ohne die Auswahl gerade dieser Standorte und die fehlende Eignung der benachbarten Standorte systematisch zu begründen. Deutlich wurde daran, dass beide Gutachten im Dialog nicht nur mit der planenden Verwaltung, sondern auch mit interessierten Grundstückseigentümern und Investoren erarbeitet wurden. Deren Bauwünsche wurden von den Gutachtern geprüft, selektiert und städtebaulich überformt. Beide Gutachten überspielten diesen Mangel an systematischer Begründung, indem sie trotz der – übereinstimmenden – Forderung nach Realisierungswettbewerben für jedes neues Hochhaus bereits Vorschläge für die Gestalt der neuen Hochhäuser entwarfen – das Bild der vorhandenen und neuen Hochhäuser wurde so zu einem Gesamtkunstwerk, das scheinbar Begründung genug war.
Erst beim zweiten Blick werden Unterschiede deutlich. Der „Rahmenplan Bankenviertel" widmete besondere Aufmerksamkeit der Frage, wie die von der hohen baulichen Verdichtung bewirkte Konzentration von Verkehrsbedürfnissen bewältigt werden kann – und schlug einen weitreichenden Verzicht auf Stellplätze für die Beschäftigten der neuen Bürotürme vor. Die praktischen Erfahrungen mit einer solchen Einschränkung „an sich notwendiger" Stellplätze waren so positiv, dass der „Hochhausentwicklungsplan Frankfurt 2000" dieses Thema nur am Rande berühren und auf die bewährte Problemlösung verweisen konnte. Umgekehrt wurden die Akzente bei anderen Aspekten der Hochhausplanung gesetzt. Der „Hochhausentwicklungsplan Frankfurt 2000" konnte sich bereits auf parallel erstellte rechnerische Nachweise der klimatologischen Verträglichkeit der von ihm vorgeschlagenen neuen Hochhäuser abstützen, während der „Rahmenplan Bankenviertel" sich auf eine allgemeine Beschreibung zu beachtender Klimafaktoren beschränkte und daher unter dem Vorbehalt stand, dass nachfolgende Klimauntersuchungen nicht zu unzuträglichen Ergebnissen führen. Der „Hochhausentwicklungsplan" betonte weiter die städtebauliche Notwendigkeit, in Verbindung mit neuen Bürohochhäusern ökonomisch weniger ertragreiche Nutzungen wie Läden, Gastronomie oder Wohnungen insbesondere in den Sockelgeschossen zu implantieren, um so Nutzungsmischung und „Urbanität" zu fördern. Der „Rahmenplan" dagegen erörterte undifferenziert, welche Gebäudehöhen, Bruttogeschossflächen und Geschossflächenzahlen städtebaulich vertretbar sind.
Schließlich enthielt der „Hochhausentwicklungsplan" vorsichtige Ansätze, sich von einer Betrachtung punktueller Standorte zugunsten einer flächenbezogenen Betrachtung zu lösen. Er leitete aus einer flächenbezogenen Darstellung und Überlagerung unterschiedlicher Planungskriterien „Schutzzonen" ab, die von weiteren Hochhäusern freigehalten werden sollen – vermied aber den methodisch naheliegenden Gedanken, anstelle von Einzelstandorten für Hochhäuser umgekehrt Zonen zu bezeichnen, die für Hochhäuser unbedenklich sind. Ein derartiger Vorschlag wäre wohl auch in der politischen Diskussion und Meinungsbildung kaum zu vermitteln gewesen – widerspricht er doch dem allgemeinen politischen Bestreben, die städtebauliche Veränderungsrate

zu begrenzen, Veränderungen zu portionieren und Diskussionen auf unmittelbar bevorstehende und schwer abweisbare Veränderungen zu beschränken.
Vergleicht man die Aussagen beider Planwerke zum Bankenviertel, so wird jenseits der oben genannten strukturellen Identität deutlich, wie rasch städtebauliche Ziele bezüglich vertretbarer Gebäudehöhen und bezüglich der genauen Verortung von Hochhäusern veralten können bzw. wie sehr derartige Ziele von Einflussfaktoren mitbestimmt werden, die allenfalls im weiteren Sinne städtebaulicher Natur sind. Der „Rahmenplan" sah bei 160 Metern eine obere Grenze der Höhe neuer Hochhäuser, wobei die vorgeschlagenen Gebäudehöhen im Mittel ca. 122 Meter betrugen. Die größeren Höhen sollten – von den Wallanlagen aus betrachtet – in der zweiten Reihe der Bebauung erreichbar sein, die erste Reihe der Bebauung unmittelbar an den Wallanlagen sollte unterhalb der klassischen Hochhausgrenze von ca. 25 Metern Höhe bleiben. Als Ausnahme von letzterer Regel wurden „vorne" nur zwei Hochhausstandorte mit 123 bzw. 133 Meter Höhe vorgeschlagen, weil sie „Tore" zur Innenstadt definieren.
Anders der nur ca. acht Jahre jüngere „Hochhausentwicklungsplan". Er erachtete Gebäudehöhen bis zu maximal 200 Metern und im Mittel von 156 Metern für angemessen. Unmittelbar an den Wallanlagen wurden zwei weitere Hochhausstandorte und die Anhebung der Höhenbegrenzung eines weiteren „alten" Hochhausstandortes vorgeschlagen – das Prinzip der Staffelung in eine niedrige vordere und eine hohe hintere Baureihe wurde neu interpretiert und ersetzt durch das Prinzip der Staffelung in eine hohe vordere und eine sehr hohe hintere Baureihe.
Der Bebauungsplan „Bankenviertel", der die – weiterentwickelten – Vorschläge des „Rahmenplans" in rechtsverbindliche Festsetzungen umsetzte, sprach in seiner Begründung davon, dass alle Hochhäuser im Bankenviertel zusammen mit der niedrigen Bebauung eine „Hüllkurve" bilden. Damit suggerierte er, das Ensemble alter und neuer Bebauung sei ein nicht zu verbesserndes und deshalb nicht zu veränderndes Gesamtkunstwerk. Mit der Vorlage des „Hochhausentwicklungsplans" schien das vergessen zu sein.
Die rasche Veränderung städtebaulicher Maßstäbe (oder die Faszination der großen Bauaufgabe) ließ sich auch bei den Verfassern des „Rahmenplans" beobachten: Das Büro Novotny Mähner und Assoziierte erstellte Bauplanungen für zwei Hochhäuser mit ca. 110 bzw. ca. 135 Metern Gebäudehöhe für Standorte, die dasselbe Büro laut „Rahmenplan" zuvor lediglich für Gebäudehöhen von ca. 63 Metern (Neue Mainzer Straße/Junghofstraße/Neue Schlesinger Gasse) bzw. maximal ca. 32 Metern (Gallusanlage/Kaiserstraße) als geeignet bezeichnet hatte.
Der „Rahmenplan Bankenviertel" bildete die Grundlage für die Aufstellung eines neuen Bebauungsplans zur Nachverdichtung des Bankenviertels. Parallel führten die vom „Rahmenplan" profitierenden Grundstückseigentümer bzw. -erwerber Realisierungswettbewerbe durch. Wettbewerbe und nachfolgende Verhandlungen und Bauplanungen führten zu erheblichen Steigerungen der ursprünglich vorgeschlagenen Gebäudehöhen und Bruttogeschossflächen. So wuchs z.B. die Gebäudehöhe des Hochhauses der Commerzbank (Baublock zwischen Kaiser-

straße, Kirchnerstraße, Großer Gallusstraße und Neuer Mainzer Straße) von ca. 135 Meter (Vorschlag des „Rahmenplans) auf ca. 246 Meter (Festsetzung des Bebauungsplans). 1994 wurde der neue Bebauungsplan als Satzung beschlossen. Er machte insofern planungsrechtlich Geschichte, als er der erste Bebauungsplan in Frankfurt am Main war, der nach Satzungsbeschluss planungsrechtliche Grundlage für die Baugenehmigungen von Hochhäusern war. Alle früheren Hochhäuser wurden entweder ohne Bebauungsplan gemäß §34 BBauG, unter Abweichung von Bebauungsplänen gemäß §31 BBauG bzw. BauGB oder aber auf der Basis lediglich „planreifer", aber noch nicht als Satzung verabschiedeter Bebauungsplanentwürfe gemäß §33 BBauG bzw. BauGB genehmigt. Dieser Umstand erklärt eine gegen Ende des Satzungsverfahrens bei einigen Verfahrensbeteiligten auftretende Überlegung, man solle vielleicht besser auf den Abschluß des Bebauungsplanverfahrens verzichten, weil ein lediglich „planreifer" Bebauungsplanentwurf doch dem Risiko einer Normenkontrollklage entgehen würde.
Der neue Bebauungsplan traf Festsetzungen für fünf neue Hochhäuser mit insgesamt 350.000 qm Bruttogeschossfläche. Da die Realisierung der neuen Hochhäuser in allen Fällen den Abbruch alter Gebäude verlangte, war der Zuwachs an Bruttogeschossfläche geringer. Bis Ende 1999 wurden vier der fünf neuen Hochhäuser fertiggestellt. Dieser rasche „Verzehr" von Potentialen und die – nach Jahren des Nachfragerückgangs bzw. der Stagnation der Nachfrage – wieder zunehmende Nachfrage nach Büroflächen trugen neben anderen, weiter unten zu erläuternden Gründen zu der Entscheidung bei, den „Rahmenplan Bankenviertel" in Form des „Hochhausentwicklungsplans Frankfurt 2000" fortzuschreiben.
Der „Hochhausentwicklungsplan" schlug insgesamt 16 Standorte für neue Hochhäuser mit einer Bruttogeschossfläche von insgesamt 1.472.000 qm vor.[5] Die genannte Bruttogeschossfläche beschreibt den vorgeschlagenen Endzustand inklusive niedrigerer Sockelbauten, nicht aber – da ebenfalls in der überwiegenden Zahl der Fälle Bausubstanz auf den Baugrundstücken bereits vorhanden ist – einen Flächenzuwachs. Der „Hochhausentwicklungsplan" schlug für das gerade nachverdichtete Bankenviertel eine weitere Nachverdichtung durch fünf neue Hochhäuser vor. Darüber hinaus wurden zwei weitere Hochhauscluster vorgestellt: ein Cluster mit fünf neuen Hochhäusern in Arrondierung des Messeturms und des Hochhauspaares am Platz der Einheit („Castor" und „Pollux") überwiegend auf Flächen der ehemaligen Bundesbahndirektion und des ehemaligen Hauptgüterbahnhofs sowie ein Cluster mit sechs neuen Hochhäusern im Bereich des ehemaligen Brief- und Paketverteilzentrums der Deutschen Post AG (westlich der Hafenstraße) und des Gleisvorfeldes des Hauptbahnhofs.

5 In der Zahl der Standorte nicht enthalten sind die beiden schon früher geplanten Standorte Güterplatz und Neue Mainzer Straße/Junghofstraße. Da für letzteren Standort eine Anhebung der Gebäudehöhen vorgeschlagen wurde, wurde aber die daraus resultierende Bruttogeschossflächendifferenz bei der Summe der neuen Bruttogeschossfläche mitgerechnet. Die Standorte der beiden „Doppelhäuser" an der Neuen Mainzer Straße bzw. Neuen Mainzer Straße/Junghofstraße wurden jeweils als ein Standort gerechnet.

Da der zuletzt genannte Bereich zum Teil erst nach einem tiefgreifenden Um- und Neubau des Frankfurter Hauptbahnhofs und des zugehörigen Gleisvorfeldes (Projekt „Frankfurt 21“) bebaubar wird, klammerten die Beschlussanträge des Magistrats diesen Bereich vorläufig aus. Beantragt und 1999 von der Stadtverordnetenversammlung mit großer Mehrheit beschlossen wurde dagegen die Aufstellung von zwei Bebauungsplänen zur Sicherung der beiden zeitlich näher liegenden Hochhauspulks. Innerhalb der Geltungsbereiche der angestrebten neuen Bebauungspläne lagen neun neue Hochhausstandorte mit einer Bruttogeschossfläche von 752.000 qm. Letztere Zahl umfaßt auch den Bruttogeschossflächenzuwachs bei einem alten Standort, dessen frühere Gebäudehöhe angehoben werden sollte. Mitte 2000 waren bereits Realisierungswettbewerbe für vier neue Hochhäuser abgeschlossen, zwei weitere Wettbewerbe waren in Vorbereitung. Die bisherigen Erfahrungen bei den Verhandlungen zwischen potentiellen Bauherren und Stadtverwaltung deuteten – anders als seinerzeit beim „Rahmenplan Bankenviertel“ – auf eine hohe Akzeptanz der – freilich wesentlich großzügigeren – städtebaulichen Empfehlungen des „Hochhausentwicklungsplans“ hin.

Ökonomische Hintergründe und politische Akzeptanz der Hochhauspläne

Der für die Erstellung der beiden genannten Planwerke politisch verantwortliche Planungsdezernent Dr. Martin Wentz (SPD) sprach davon, der „Rahmenplan Bankenviertel“ und der nachfolgende Bebauungsplan seien die Reaktion Frankfurts auf den Prozess der deutschen Einheit gewesen, während der „Hochhausentwicklungsplan Frankfurt 2000“ die städtische Antwort auf den sich verdichtenden und beschleunigenden Prozess der europäischen Einigung sei.

Mit dem ersten Teil dieser plakativen Aussage wurde angedeutet, dass die Stadt in den Jahren nach 1989 besorgt war, die Deutsche Bundesbank würde in eine neue Bundeshauptstadt Berlin umziehen und in ihrem Gefolge viele andere Firmen aus dem Bankensektor und dem ihn umgebenden Netzwerk aus Wirtschaftsprüfungs-, Wirtschaftsberatungs- und Rechtsanwaltsbüros. Damit war ein wesentlicher Lebensnerv der Stadt berührt[6]. Dass die Stadt in ihrem letztlich erfolgreichen Kampf – der Standort Frankfurt am Main wurde für die Bundesbank gesetzlich fixiert – Unterstützung seitens einflussreicher Wirtschaftskreise benötigte und suchte, lag auf der Hand. Naheliegend – wenn auch nicht zwingend – war dann die Schlußfolgerung, der Standorttreue wichtiger Unternehmen gerecht zu werden, indem nicht nur irgendwo im Frankfurter Stadtgebiet, sondern an den angestammten Hauptsitzen im Ban-

6 Die wirtschaftliche Bedeutung des Bankenbereichs erhellt, dass 1998 von ca. 452.000 sozialversicherungspflichtig Beschäftigten in der Stadt ca. 15,3 % dem Sektor Kreditinstitute und Versicherungen zugerechnet wurden. Die Gesamtzahl der Arbeitsplätze in der Stadt betrug 1987 ca. 558.000.

kenviertel planungsrechtliche Möglichkeiten zur baulichen Expansion gewährt wurden[7].
Bei genauerer Betrachtung galt das Argument, „standorttreuen" Betrieben müsse Raum für Expansion am selben Standort gewährt werden, allerdings nur für zwei der fünf neuen Hochhausstandorte von „Rahmenplan Bankenviertel" und nachfolgendem Bebauungsplan (Standorte der Commerzbank und der Landesbank Hessen-Thüringen). Zwei weitere Standorte (Taunustor/Neue Mainzer Straße und Neue Mainzer Straße/Junghofstraße) waren ökonomisch damit begründet, neue Betriebe nach Frankfurt am Main ziehen zu wollen: im einen Fall ein Konglomerat von Niederlassungen japanischer Firmen („Japan-Center")[8], im anderen Fall die Europäische Zentralbank[9]. Der fünfte Standort (Neue Mainzer Straße/Junghofstraße/Neue Schlesinger Gasse) ließ solche Begründungen ganz vermissen; er fiel auch – obwohl in zweiter Reihe gelegen – mit einem oberen Abschluss der Büroetagen bei ca. 70 Meter[10] relativ bescheiden aus und verdankte sich – außer städtebaulichen Gesichtspunkten – vielleicht eher dem Bestreben, eine nachbarliche Flanke des neuen Hochhauses der Landesbank Hessen-Thüringen zu befrieden.
Die genannte Verknüpfung des „Hochhausentwicklungsplans" mit dem Prozess der europäischen Einigung kann in vier verschiedenen Richtungen interpretiert werden:

- Die zwischenzeitlich in Frankfurt am Main etablierte Europäische Zentralbank entfaltete unmittelbar für sich, aber auch für von ihr angezogene Unternehmensniederlassungen, einen erheblichen Bedarf an Büroflächen, der unter anderem durch die Nachverdichtungsvorschläge des „Hochhausentwicklungsplans" befriedigt werden sollte.
- Europäische Einigung bedeutete aber auch – durch Reduktion administrativer und rechtlicher Barrieren und Grenzen sowie durch Ver-

7 Üblicherweise wurden die planungsrechtlichen Entscheidungen getroffen, ohne dass die Eigennutzung der dadurch ermöglichten Neubauten rechtlich gesichert wurde. Entsprechend groß waren die Irritationen auf Seite der Stadt immer, wenn die Grundstückseigentümer zu einem späteren Zeitpunkt die Errichtung eines Vermietungsobjektes anstelle eines eigengenutzten Gebäudes erwogen. In einem einzigen Fall wurde die Schaffung neuen Planungsrechts für ein Hochhaus mit einem städtebaulichen Vertrag verknüpft, der unter anderem den Sitz des Unternehmens in Frankfurt am Main sichern sollte. Gerade dieser Fall zeigte aber die grundsätzlichen Probleme derartiger Sicherungen. Nur wenige Jahre nach Vertragsabschluss entging die betroffene Firma Holzmann AG nur knapp dem Konkurs.

8 Im Übrigen handelte es sich um ein städtisches Grundstück, dessen Aufwertung für die Stadt einen willkommenen Verkaufserlös sicherstellte.

9 Der entsprechende Hochhausstandort wurde als ein Angebot neben anderen verstanden. Nachdem später die Entscheidung über den Sitz der Europäischen Zentralbank zugunsten Frankfurts getroffen wurde, zog die Zentralbank zunächst in ein vorhandenes Hochhaus in der Nachbarschaft.

10 Der Bebauungsplan bestimmte die maximale Höhe der Büroetagen nur indirekt, indem er die Bruttogeschossfläche des Gebäudes auf 17.000 qm begrenzte, eine Überschreitung dieses Wertes aber insbesondere durch Wohnnutzung ermöglichte.

kürzung von Reisezeiten – eine Verschärfung der Konkurrenz unter den europäischen Städten. Die Bereitstellung baurechtlicher Reserven für gut erschlossene Bürostandorte war und ist dabei ein nicht unerhebliches Kriterium für Standort- und Investitionsentscheidungen.

- Weiter kann der Prozess der europäischen Einigung auch speziell als ein Prozess zunehmender Konkurrenz zwischen Messestandorten verstanden werden. Unter dem Eindruck der Realisierung vollständig neuer Messeinfrastrukturen in anderen Städten (so z.B. in München, Leipzig und Stuttgart) wuchs in Frankfurt am Main die Befürchtung, mit dem zwar innenstadtnahen, aber beengten Messegelände zunehmend ins Hintertreffen zu geraten. Verzichtete man angesichts der auch in jüngerer Zeit getätigten Investitionen auf eine komplette Verlegung der Messe an die Peripherie der Stadt, verblieb als Handlungsmöglichkeit der Nachrüstung nur eine Erweiterung des Messegeländes nach Süden – auf brach liegendes Eisenbahngelände. Ein entsprechender Flächenzukauf wurde zur Vermeidung hoher Grundstückspreise und zur Verkürzung der Kaufverhandlungen wirtschaftlich abgesichert, indem zugunsten des Verkäufers – der Verwertungsgesellschaft für Eisenbahn-Immobilien VEI KG – andere brach gefallene Eisenbahn- und Eisenbahnverwaltungsflächen mit der Option auf insgesamt vier Hochhäuser ausgestattet wurden.
- Schließlich diente ein Teil der angedachten Planungsrechtsausweisungen der ökonomischen Flankierung des Großvorhabens „Frankfurt 21", das mit einer Wandlung des Frankfurter Hauptbahnhofs von einem oberirdischen Kopfbahnhof zu einem unterirdischen Durchgangsbahnhof Reisezeiten im Eisenbahnverkehr verkürzen und die Lagegunst von Frankfurt am Main im europäischen Eisenbahnnetz sichern und verbessern sollte[11].

Einen Sonderfall stellte der Vorschlag des „Hochhausentwicklungsplans" für ein Hochhaus mit 145 Meter Höhe auf dem Gelände des alten Polizeipräsidiums an der Friedrich-Ebert-Anlage dar. Es folgte – bei genauer Betrachtung – nicht dem planerischen Konzept der Pulkbildung, sondern war eher als Teil einer langgezogenen Kette von einzeln stehenden Hochhäusern zwischen den „Pulks" im Bankenviertel und im Messeviertel zu sehen. Dem langjährigen Drängen des Landes Hessen, den Standort mit einem Hochhaus aufzuwerten und damit den notwendigen – derzeit im Bau befindlichen – Neubau eines Polizeipräsidiums refinanzieren zu helfen, begegneten die Vertreter des Magistrats der Stadt bis zur Erstellung des „Hochhausentwicklungsplans" überwiegend zurückhaltend bis ablehnend. Städtebauliche Bedenken stellten dabei auf eine negative Ausstrahlung bezüglich der benachbarten Wohn- und Mischgebiete ab, die sich durch traditionelle Gebäudehöhen, man-

11 Die Neubaustrecke von Köln nach Frankfurt am Main schließt an den neu gebauten Fernbahnhof am Flughafen an. Da der Hauptbahnhof ein Kopfbahnhof ist, besteht die Gefahr, dass ohne „Frankfurt 21" schnelle Züge in Zukunft zunehmend nur noch am Flughafenbahnhof halten, den Hauptbahnhof aber aussparen.

gelhafte Bausubstanz und eine Bevölkerung mit geringer politischer Durchsetzungskraft auszeichneten.
Die Wende zu einer positiven Bewertung des Standortes als Hochhausstandort ist wohl am ehesten aus dem Gesamtzusammenhang der Regelung finanzieller Angelegenheiten zwischen Land und Stadt zu erklären: Während der Erarbeitung des „Hochhausentwicklungsplans" und während seiner politischen Beratung wurde zwischen Land und Stadt über einen Vertrag zur Änderung des Universitätsübernahmevertrages verhandelt, der unter anderem die Stadt von laufenden finanziellen Verpflichtungen in der Größenordnung von ca. 40 Mio. DM pro Jahr befreien sollte. Dem standen liegenschaftliche Vorteile für das Land an anderer Stelle gegenüber – die angestrebte Aufwertung des Grundstücks des Polizeipräsidiums wird aber den Abschluss der Gesamtvereinbarung leichter gemacht haben.
Anders als in früheren Zeiten und zuletzt bei den Hochhausplanungen für den sogenannten „Campanile" (südlich des Hauptbahnhofs im Gutleutviertel) und die Türme der Bank für Gemeinwirtschaft (jetzt der Deutschen Bank) und der DG-Bank (beide an der Mainzer Landstraße am Rande des Westends) begegnete die Bürgerschaft beiden Hochhausplänen freundlich, gelassen bis gleichgültig, während die örtlichen Zeitungen Sensationen sahen und die Szene der Projektentwickler, Immobilienmakler und interessierten Grundstückseigentümer für einen reißenden Absatz der neuen Planwerke sorgte. In dieser Distanz der Bevölkerung kam sicherlich zum Ausdruck, dass in einer Zeit hoher Arbeitslosigkeit, tiefgreifender sozialer und wirtschaftlicher Umbrüche und unsicherer gewordener Zukunft städtebauliche Themen in den Hintergrund treten. Deutlich zeigte sich aber auch, um wieviel leichter die Realisierung von Hochhäusern wird, wenn große Abstände zu vorhandenen Wohngebieten beachtet werden, wenn Hochhäuser in Gruppen angeordnet werden und wenn Entwicklungen in mehreren Schritten nacheinander bewältigt werden.

Zu diesen Strategien im einzelnen :
Das kommunalpolitische Ziel, Wohngebiete vor einsickernder Büronutzung zu schützen, kam nicht nur in den Abständen zwischen Standorten neuer Bürotürme und Wohnquartieren zum Ausdruck. Eine rigorose Ahndung ungenehmigter Wohnraumzweckentfremdungen gerade in den citynahen Wohn- und Mischgebieten und die Rückgewinnung alten Wohnraums minderte zusätzlich die Sorge um Folgewirkungen des Hochhausbaus. Die Konzentration zusätzlicher Büroflächen in Hochhäusern konnte unter diesem Blickwinkel als Schaffung eines alternativen Angebots für tertiäre Nutzungen aus den gewachsenen Wohnquartieren verstanden werden. Letztere Nutzungen würden ansonsten nach einem Standort in einem gewachsenen, innenstadtnahen Wohnquartier suchen bzw. bemüht sein, einen solchen Standort zu behaupten.
Mit der Bildung von Hochhausgruppen wurde nicht nur wirtschaftliche und damit Durchsetzungsmacht auf einen kleinen Bereich konzentriert. Im Vergleich zur Anordnung von Hochhäusern als Solitäre reduzierte die Bildung von Hochhausclustern die Länge von Rändern oder Nahtstellen zwischen alter und neuer Bebauung, die immer Akzeptanzprobleme und

Diskussionsbedarf hervorrufen. Berührungspunkte und Reibungen innerhalb einer Gruppe von Hochhäusern bzw. Hochhaus-Bauherren waren dagegen leichter zu handhaben, weil alle Beteiligten das übergeordnete Interesse an der Realisierung des Gesamtensembles hatten.
Schließlich: Wie die Portionierung einer Entwicklung Akzeptanz fördert, konnte beim Bankenviertel beobachtet werden. Die Vorschläge von „Rahmenplan" und „Hochhausentwicklungsplan" zusammenzufassen und in einem Plan neun neue Hochhäuser vorzuschlagen, hätte nicht nur die Bevölkerung, sondern auch die Fachöffentlichkeit überfordert. So galt es auch bei Fachleuten z.B. lange als städtebaulicher Mißstand, dass das neue Hochhaus der Commerzbank in einem Abstand von bis zu – minimal – zehn Metern zum alten Commerzbank-Hochhaus errichtet wurde, richtig sei es gewesen, vom Bauherrn einen Abbruch des alten Hochhauses als Voraussetzung für den Bau des neuen zu verlangen. Wenn nicht der Bau von vier Hochhäusern in einem ersten Nachverdichtungsschritt bereits bewiesen hätte, dass der resultierende Verkehr völlig unauffällig abgewickelt werden kann, dass die klimatischen Folgen vertretbar sind und dass räumliche Nähe von Gebäuden ästhetische Reize besitzt, wäre der Schritt einer zweiten Nachverdichtung plakativen Horrorszenarien und letztendlich einer Ablehnung begegnet. So erwies es sich als strategisch erfolgreich, manche Möchtegern-Bauherren in der ersten Phase der Nachverdichtung auf später zu vertrösten – und in der Auseinandersetzung mit Bedenken und Anregungen zum Bebauungsplanentwurf immer wieder die Anregung, weitere Hochhausstandorte festzusetzen – natürlich aus städtebaulichen Gründen! –, zurückzuweisen.
Zwei sogenannte „Hochhaus-Festivals" nach Fertigstellung der neuen Hochhäuser im Bankenviertel machten deutlich, dass in großen Teilen der Bevölkerung die früher kritische Einstellung zu Hochhäusern einer positiven gewichen war. An jeweils einem Wochenende wurden die obersten Etagen der Türme der staunenden Allgemeinheit geöffnet, während auf den Straßen vor und zwischen den Hochhäusern Volksfeststimmung erzeugt wurde. Ein Massenansturm von Zehntausenden ließ die Eintrittskarten für die Hochhäuser knapp werden. Offenbar wich die Betrachtung von Hochhäusern als Ausdruck bedrohlicher, fremder Machtkonzentration einer ausgeprägten Neugier und Freude an Architektur und Ausblicken – zum Teil verbunden mit Stolz auf „unsere" Hochhäuser.
Vor diesem Hintergrund beschränkten sich Diskussionen innerhalb der Parteien und innerhalb der Stadtverordnetenversammlung auf einzelne Standorte und einzelne Aspekte. Teilen der CDU-Fraktion in der Stadtverordnetenversammlung erschien es als unvertretbares Opfer an Stadtgestalt und städtischer Identität, dass der Bebauungsplan Bankenviertel auf „altstädtischem" Areal und unmittelbar am gründerzeitlich geprägten Kaiserplatz – wenn auch hinter einem niedrigeren Blockrand – einen Turm ermöglichen wollte, der 55 bis 60 Meter breit ist und der inklusive seiner technischen Aufbauten eine Höhe von 300 Metern nur knapp verfehlt. Hatte doch die 1989 durch eine „rot-grüne" Koalition abgelöste CDU-Stadtregierung es über lange Jahre konsequent abgelehnt, an diesem sensiblen „Altstadt"-Standort ein Hochhaus zuzulassen. Auch wenn gewichtige ökonomische Interessen für den strittigen Hochhaus-Standort

sprachen, und wenn ein Teil der örtlichen Presse entsprechende Argumente aufbereitete und Druck ausübte, kam es letztendlich zu einem uneinheitlichen Abstimmungsverhalten der CDU-Fraktion. Ähnliche stadtgestalterische Skrupel waren bei den Vertretern von SPD und Grünen nicht zu beobachten. Beide Fraktionen, 1994 beim Satzungsbeschluss des Bebauungsplans noch in einer Koalition vereint, standen hinter dem Planwerk. Für die Grünen war dabei ursprünglich Voraussetzung, dass parallel zum Bebauungsplanverfahren ein Konzept einer „urbanen" oder „autofreien" Innenstadt entwickelt und umgesetzt wird[12].
Die politische Debatte zum „Hochhausentwicklungsplan Frankfurt 2000" ließ rasch erkennen, dass lediglich zwei Vorschläge der Gutachter grundsätzlich als problematisch betrachtet wurden. Auch wenn die Empfehlung, auf dem Grundstück der Allianz-Versicherung an der Taunusanlage ein Hochhaus zu ermöglichen, von vornherein mit einer relativ bescheidenen Gebäudehöhe von 90 Metern und überwiegender Wohnnutzung im Turm auf Empfindlichkeiten Rücksicht nahm, wurde sie von örtlichen Interessengruppen und etlichen Ortsbeiräten und Stadtverordneten als Bedrohung des benachbarten Westends und seiner Wohnnutzungen und als Bedrohung der in den siebziger Jahren erkämpften planungsrechtlichen Fixierung des Status quo verstanden.
Ähnlich wurde die Empfehlung, am Güterplatz anstelle eines langgestreckten, niedrigen Hochhauses einen schlankeren Turm vorzusehen, kontrovers – wenn auch weniger heftig – diskutiert. Hintergrund war das Anliegen, das Gallusviertel vor einer zu raschen und zu weitreichenden Aufwertung, einer darauf orientierten spekulativen Verwahrlosung vorhandener Gebäudesubstanz und einer Verdrängung preiswerten Wohnraums zu schützen. Einem Hochhaus mit einer Gebäudehöhe von – wie von den Gutachtern vorgeschlagen – 150 Metern wurde dabei von einigen Stadtpolitikern eine negativere und weiterreichende Ausstrahlung beigemessen als einem Komplex mit gleicher Bruttogeschoßfläche, der lediglich ca. 58 Meter Höhe erreicht und der in dieser Form Gegenstand eines nahezu abgeschlossenen Bebauungsplanverfahrens war[13].

12 Dieses Anliegen scheiterte nahezu vollständig. Folge der Forderung waren die Aufpflasterung von zwei Fußgängerüberwegen, die Änderung einer Parkhauszufahrt, die Änderung der Schaltung einer Lichtsignalanlage sowie ein ausgreifendes Gutachten von Professor Bernhard Winkler. Das letztere Werk verknüpfte Vorschläge für den Neubau von Straßen – unter anderem in der Form eines Straßentunnels am südlichen Mainufer – mit Vorschlägen zur Verkehrsberuhigung der Innenstadt und erwies sich in dieser Verknüpfung als so sperrig, dass es sich einer realisierungsbezogenen politischen Diskussion entzog und folgenlos blieb. Da die Grünen als Initiatoren einer „Urbanen Innenstadt" den Gutachter vorgeschlagen hatten, fühlten sie sich offensichtlich auch daran gehindert, pragmatischere Vorschläge seitens anderer Gutachter entwerfen zu lassen.

13 Der Bebauungsplanentwurf hatte öffentlich ausgelegen. Von der Beantragung des Satzungsbeschlusses wurde – bisher – seitens der Verwaltung abgesehen, weil der ursprüngliche Investor absprang und ein neuer Investor für das in seiner architektonischen und städtebaulichen Ausformung ungewöhnliche Vorhaben seit mehreren Jahren nicht gefunden werden konnte.

Indem der Beschlussantrag des Magistrats zur Umsetzung des „Hochhausentwicklungsplans“ beide strittigen Empfehlungen ausklammerte, ermöglichte er eine Beschlussfassung mit großer Mehrheit. Die Aufstellungsbeschlüsse für zwei neue Bebauungspläne wurden mit Aufträgen ergänzt, Höhen und Proportionen einiger weniger Hochhausvorschläge zu überprüfen – was ohnehin Aufgabe der angestrebten Realisierungswettbewerbe sein sollte. Darüber hinaus wurden Prüfungs- und Berichtsaufträge zu diversen Vorschlägen beschlossen, so etwa zu Möglichkeiten der Modernisierung leerstehenden Büroraums, zur Ausweisung sogenannter Schutzzonen (die für weitere Hochhäuser auf Dauer tabu sein sollen) oder zur Frage, wie dem „West-Ost-Gefälle“ der Stadt begegnet werden kann. Keine große Rolle spielte in der politischen Diskussion der Vorschlag, auf dem Grundstück des Polizeipräsidiums ein Hochhaus vorzusehen. Ein Antrag der Fraktion der Grünen in der Stadtverordnetenversammlung, diesem Antrag nicht zu folgen, scheiterte an der Mehrheit von CDU und SPD.

Einzelfallentscheidungen

„Rahmenplan Bankenviertel“ und „Hochhausentwicklungsplan Frankfurt 2000“ vermittelten in ihrer strukturellen Gleichheit das Bild hoher Kontinuität in der Planungspolitik. Dies und der Umstand, dass beide Planwerke in Bebauungspläne umgesetzt wurden bzw. werden, deutete auf den Vorrang der Politik oder des Städtebaus vor wirtschaftlichen Einzelinteressen hin.
Dabei wird leicht übersehen, dass ein wesentlicher Teil der Hochhausentwicklung außerhalb derartiger systematischer Planwerke sich vollzog. Als Beispiele aus dem hier betrachteten Zehn-Jahreszeitraum seien genannt die Hochhäuser der IG Metall (72 Meter Höhe, Bahnhofsviertel), der Dresdner Bank (135 Meter Höhe, Bahnhofsviertel), der Fa. Holzmann (151 Meter Höhe, Bahnhofsviertel, sowie 59 Meter Höhe, Deutschherrnviertel), der DIFA (50 Meter Höhe, Westend), der Zürich-Versicherung (92 Meter Höhe, Westend), der Colonia-Versicherung (45 Meter Höhe, Westend), des Hilton-Hotels (50 Meter Höhe, Innenstadt), der Allianz-Versicherung (53 Meter Höhe, Sachsenhausen) oder der DeTeImmobilien (63 Meter Höhe, Innenstadt)[14]. Die Baugenehmigungsverfahren waren in der überwiegenden Zahl dieser Fälle von umfangreichen Befreiungen geprägt, nur in zwei Fällen wurde (bzw. soll) neues Planungsrecht geschaffen (werden), nur in einem Fall wird gemäß § 34 BauGB ein Einfügen bestätigt.
Zur Illustration des Umfangs der Befreiungen kann die bauliche Erweiterung der Zürich-Versicherung herangezogen werden. Der rechtsverbindliche Bebauungsplan trifft Festsetzungen für ein aufgelockertes Ensemble von Bürogebäuden mit einer Geschossflächenzahl von 3,0 und

14 Die genannten Beispiele wurden erst zum Teil realisiert. Soweit mit dem Bau noch nicht begonnen wurde, liegen aber positive Grundsatzentscheidungen der Stadt vor.

maximal 20 Geschossen. Anstelle dessen sollte ein kompakter Baublock mit einer Geschossflächenzahl von 7,1 und bis zu 27 Geschossen errichtet werden. Dass trotz einer Erhaltungssatzung die gesamte vorhandene Bausubstanz preisgegeben wurde, erschien dabei vergleichsweise schon als Marginalie.

Bei derartigen Abweichungen zu rechtsverbindlichen Festsetzungen war es unvermeidbar, dass die entsprechenden Befreiungsentscheidungen seitens der Stadtverwaltung erst nach Beteiligung der Stadtverordnetenversammlung getroffen wurden[15]. Diese Beteiligung förderte bei manchen Entscheidungsträgern immer wieder den Eindruck, an einer Art von Ersatz-Bebauungsplanverfahren beteiligt zu sein und nicht strikt an die Befreiungsvoraussetzungen des § 31 BauGB gebunden zu sein.

In der Hälfte der genannten Fälle befand sich bereits ein Hochhaus auf dem Baugrundstück, das in seiner Bausubstanz nicht mehr den Anforderungen an modernen Büroraum entsprach. Investoren neigten oft dazu, auf einen aufwendigen Umbau mit den dazu gehörenden Kompromissen zu verzichten, um stattdessen einen – dann natürlich voluminöseren – Neubau anzustreben. Auch wenn der Altbau mit seiner normativen Kraft des Faktischen für viele Betrachter schon die städtebauliche Vertretbarkeit des Hochhausstandortes selber dokumentierte, genügte dies nicht als Begründung. In der überwiegenden Zahl der Einzelentscheidungen waren vielmehr Gründe der Sicherung von Arbeitsplätzen bzw. des Zugewinns an Arbeitsplätzen maßgeblich, nur in wenigen Fällen standen Interessen an einer ertragreichen Verwertung städtischer Grundstücke oder städtebauliche Gründe im engeren Sinne im Vordergrund.

Dass derartige Gesichtspunkte in systematisch angelegten Planwerken wie dem „Rahmenplan Bankenviertel“ oder dem „Hochhausentwicklungsplan Frankfurt 2000“ nicht ausreichend berücksichtigt werden konnten, war vor allem auf den überaus kurzen Planungshorizont der privaten Unternehmen zurückzuführen. Darüberhinaus konnten strategische Unternehmensentscheidungen bei zunehmenden globalen Abhängigkeiten und bei Verlagerung von Entscheidungskompetenzen an Headquarter außerhalb der Stadt, außerhalb Deutschlands und außerhalb der Europäischen Gemeinschaft zunehmend weniger zuverlässig prognostiziert werden.

„Globalisierung“ führte dann bisweilen zu bemerkenswerten Bündnissen, in denen die Leitung der Frankfurter Niederlassung eines weltweit operierenden Konzerns gemeinsam mit der Stadt um die Erhaltung des Frankfurter Standortes kämpfte – gegen eine Konzernspitze argumentierend, deren Sitz in einem anderen Erdteil sich befand, die einen anderen kulturellen Hintergrund besaß, und die Frankfurt am Main mit Mailand, Istanbul, Toronto oder Sao Paulo abwog. Eine Stadt, die trotz ihres

15 Das Beteiligungsverfahren wurde in Frankfurt am Main traditionell Objektblattverfahren genannt. Planungsrechtlich betrachtet handelt es sich um die Rückdelegation der Entscheidung über das sogenannte gemeindliche Einvernehmen (§ 36 Absatz 1 BauGB) seitens der Verwaltung an die Stadtverordnetenversammlung. Irreführenderweise besitzt der Vorgang nicht die Form einer Beschlussvorlage, sondern die Form eines Berichtes.

hohen Gewerbesteueraufkommens auf arbeitsplatzerhaltende (oder sogar schaffende!) und Gewerbesteuer zahlende Firmen angewiesen war, betrachtete so das „muddling through“ immer wieder als Ergänzung systematischen planerischen Vorgehens.
Als Beispiel für derart geprägte städtebauliche Entscheidungen sei auf die Metallgesellschaft verwiesen, die sich 1996 auf Grund gewagter Geschäfte innerhalb kürzester Zeit von einem vitalen Unternehmen zu einem Fast-Konkursfall entwickelte. Der Sanierungsplan beinhaltete neben einer Umstrukturierung der Firma, Rationalisierungsmaßnahmen und Entlassungen auch den Verkauf eines am Rande der Innenstadt gelegenen und baulich unterausgenutzten Grundstücks. Notwendig im Rahmen des Sanierungsplans war ein Verkaufserlös von ca. 500 Mio. DM – von diesem war auf die erforderliche Bruttogeschossfläche zurückzurechnen. Die resultierende Bruttogeschossfläche betrug ca. 100.000 qm fast ausschließlich für Büronutzung und damit etwa das Doppelte dessen, was der rechtsverbindliche Bebauungsplan mittels einer Geschossflächenzahl von 2,0 festsetzte. Im Bestreben, jedenfalls einen Kernbestand an Arbeitsplätzen zu erhalten, verschloss sich die Stadt dieser Rechnung nicht. Für die Änderung des Bebauungsplan war keine Zeit, der – einzige – Kaufinteressent hätte ansonsten wieder abspringen können. Ein wettbewerbsähnliches Entwurfsverfahren sollte in aller Eile Baumassenverteilung und Architektur optimieren – und führte zu einem Hochhaus, das an den Rändern des Baugrundstücks mit einer niedrigeren Bebauung gerahmt wurde, und das sich mit seiner Bescheidung auf 50 Meter Höhe bemühte, kein Hochhaus, sondern die harmonische Weiterentwicklung eines traditionellen Stadtbausteins zu sein. Dass dann – bei vorgegebener Bruttogeschossfläche – eine Gebäudelänge von ca. 150 Meter entstand, war unvermeidlich – und städtebaulich problematisch.
Die Anerkennung wirtschaftlicher und finanzieller Interessen und Zwänge ist dem städtebaulichen Denken nicht fremd – schon § 1 BauGB verlangt, in eine bauleitplanerische Abwägung derartige Belange einzustellen. Problematisch kann dies werden, wenn in einer Reihe von Einzelfallentscheidungen von beschlossenen Planwerken abgewichen wird. Wenn für derartige Einzelfallentscheidungen nicht neue, ergänzende städtebauliche Grundsätze formuliert und konsequent verfochten werden, und wenn die Abwägung zwischen städtebaulichen Belangen (im engeren Sinne) einerseits und wirtschaftlichen Belangen andererseits nicht nachvollziehbar ist, steht das kommunale Handeln in der Gefahr, gleiche Fälle ungleich zu behandeln und für kommunale Zustimmungen zunehmend geringere private Gegenleistungen zu erreichen.
Wie Einzelfallentscheidungen städtebauliche Grundsätze angreifbar machen können, und wie rasch kommunale Positionen aufgeweicht werden können, zeigte die Auseinandersetzung um ein neues Hochhaus der Dresdner Bank am Rande des Bahnhofsviertels in den Jahren 1996 und 1997. Der „Rahmenplan Bankenviertel“ sah vor, ein dort vorhandenes, relativ niedriges Hochhaus bei Abgang durch eine für das gründerzeitlich geprägte Bahnhofsviertel typische Blockrandbebauung zu ersetzen. Entsprechend verzichtete ein erster Bebauungsplanentwurf, der mit Zustimmung der Stadtverordnetenversammlung öffentlich ausgelegt

wurde, auf die Festsetzung eines Hochhauses. Nach Einspruch der Bank und im Einvernehmen mit derselben wurde der Bebauungsplanentwurf geändert und ein zweites Mal öffentlich ausgelegt. Jetzt sollte ein kleines Hochhaus, zikkuratähnlich aufgestaffelt bis zu einer Höhe von ca. 52 Metern, zulässig werden. Ein entsprechender Satzungsbeschluss stand an, ein entsprechender Bauantrag stand kurz vor der Genehmigung, als bekannt wurde, dass der Magistrat abweichend von seiner bisherigen, restriktiven Haltung einem Nachbarn ebenfalls im Bahnhofsviertel in Aussicht stellte, ein kleines altes Hochhaus durch einen Neubau mit ca. 151 Meter Höhe ersetzen zu können.
Angeregt durch die überraschende Kehrtwendung forderte die Dresdner Bank nun für sich ebenfalls ein Gebäude mit 150 bis 160 Meter Höhe, um – und dieses Argument wurde neu eingeführt – 1.600 Arbeitsplätze einrichten und eine Teilverlagerung in eine Umlandgemeinde vermeiden zu können. Der Planungsdezernent (SPD) versuchte, eine neue „Verteidigungslinie“ zu formulieren, indem er das ebenfalls an den Wallanlagen, aber im gegenüberliegenden Bankenviertel befindliche Japan-Center als neuen Maßstab heranzog. Nicht höher als 120 Meter sollte das neue Hochhaus werden – die für eine Mehrheit notwendige Unterstützung der CDU-Fraktion wurde allerdings – entgegen anfänglichem Anschein – letztendlich verweigert. Die Oberbürgermeisterin (CDU) vertrat die Auffassung, auf 20 Meter mehr oder weniger komme es nicht an. Die Auseinandersetzung geriet zu einer Auseinandersetzung zwischen Grundstückseigentümerin und Planungsdezernent, die mit harten Bandagen in der Öffentlichkeit ausgefochten wurde. Die Bank griff dabei zu dem ungewöhnlichen Mittel, die Frankfurter Haushalte mit Postwurfsendungen über ihre architektonischen, städtebaulichen und Beschäftigung sichernden Ambitionen und die – wenn die Stadt engstirnig und uneinsichtig bleiben sollte – schmerzliche Konsequenz der Verlagerung von Arbeitsplätzen zu informieren. Ungewöhnlich war auch die Verknüpfung zwischen Öffentlichkeitsarbeit und Bauplanung, indem zum Realisierungswettbewerb für das neue Hochhaus ein Herausgeber der Frankfurter Allgemeinen Zeitung, Dr. Hugo Müller-Vogg, als sachverständiger Berater dem Preisgericht zugeordnet wurde.
Nach der Kommunalwahl im Frühjahr 1997 sahen sich CDU und SPD zu einer engen Zusammenarbeit genötigt. Im Rahmen dieser Vereinbarungen und nach Vorabsprache mit der Bauherrin wurden für den – zwischenzeitlich aus dem Realisierungswettbewerb gewonnenen und in zwei Bauteile gegliederten Hochhausentwurf – maximale Gebäudehöhen von 114 und 135 Metern verabredet. Damit lag eine Grundlage für eine dritte öffentliche Auslegung des Bebauungsplanentwurfs, einen Satzungsbeschluß und – nachfolgend – eine Baugenehmigung vor.
Das Ergebnis der lange andauernden Auseinandersetzung war nur vor dem Hintergrund zu verstehen, dass das Bahnhofsviertel mit überwiegend ausländischer Bevölkerung nur über wenige Fürsprecher im politischen Raum verfügte, und dass die nähere Umgebung des Hochhauses den Charakter eines Kerngebietes besaß. Abgesehen von dem Versuch, den Planungsdezernenten zu diskreditieren, wurden die Auseinandersetzung und ihr Ergebnis wesentlich von dem Arbeitsplatz-Argument bestimmt. Die seitens der Bauherrin in Aussicht gestellten „benefits“ zu-

gunsten der Allgemeinheit – Ersatz eines Parkhauses im Bahnhofsviertel durch ein Wohn- und Geschäftshaus, Aufnahme des „English theatre" im Untergeschoß des Hochhauses zu Vorzugskonditionen – spielten eine nachrangige Rolle.
Die Auseinandersetzung zwischen der Bank und dem Planungsdezernat vermittelte bei vielen Beobachtern den Eindruck, städtebauliche Entscheidungen würden nicht im Stadtparlament, sondern in den Vorständen der privaten Unternehmungen getroffen. Die Initiative, einen „Hochhausentwicklungsplan" aufzustellen, war daher wesentlich in dem Bestreben des Planungsdezernats begründet, den Vorrang der Politik wiederzugewinnen.
Die Skizzierung von Einzelfallentscheidungen zugunsten von Hochhäusern bliebe aber unvollständig und irreführend ohne den Hinweis, dass zahlreiche Forderungen nach neuen Hochhäusern außerhalb der grundlegenden Planungskonzepte mit Erfolg abgewehrt wurden. Dies gelang auch in Fällen, bei denen die Stadt nicht nur als wirtschaftsfördernde Institution, sondern auch als Grundstückseigentümerin profitiert hätte. Als Beispiele seien genannt die Grundstücke des Parkhauses Junghofstraße und des Parkhauses am Theater. In beiden Fällen beschränken Bebauungspläne die Höhenentwicklung aus stadtgestalterischen und stadtstrukturellen Gesichtspunkten auf ein traditionelles Maß, in beiden Fällen hätten Befreiungen der Stadt höhere Verkaufserlöse erbracht – und in beiden Fällen behaupteten sich die Bebauungspläne in ihren Grundzügen gegen weitergehende Wünsche.

Planungsbedingte Bodenwertsteigerungen und städtebauliche Gewinne

Neues Planungsrecht für Hochhäuser führt zu erheblichen Bodenwertsteigerungen, die allerdings in ihrer Höhe vielfach überschätzt werden. Eine genauere Betrachtung zeigt, dass mit zunehmender Gebäudehöhe die Wirtschaftlichkeit der Grundrisse leidet und die Bau- und Betriebskosten steigen. Oft wird übersehen, dass die Baureifmachung des Grundstücks hohe Wertverluste durch Abbruch gebrauchstüchtiger Bausubstanz erfordert oder dass die Einschränkung der Stellplätze die Vermietbarkeit erschwert, während umgekehrt die Zahlungen für die (Zwangs-) Ablösung von Stellplätzen beträchtlich sind. Schließlich führt die Hochhausbauweise zwangsläufig zur Unterschreitung der von der Hessischen Bauordnung geforderten Abstandsflächen und damit zur Notwendigkeit von diesbezüglichen Ausnahmen oder Befreiungen[16]. Da letztere von der Bauaufsichtsbehörde nicht gegen Einwendungen betrof-

16 Dies ist nur dann nicht der Fall, wenn eine örtliche Bauvorschrift die allgemeinen Abstandsflächenforderungen reduziert, oder wenn ein Bebauungsplan eine Gebäudehöhe und eine äußere Kontur des Hochhauses zwingend vorschreibt. Letzterer Weg wurde in Frankfurt am Main mit dem Bebauungsplan Bankenviertel zum Teil beschritten, indem für die Hochhäuser neben Maximalhöhen auch Minimalhöhen festgesetzt wurden.

fener Nachbarn gewährt wurden, war der Bauherr in der Regel gehalten, im Vorfeld einer Baugenehmigung einen Interessenausgleich mit den betroffenen Nachbarn zu finden. Ergebnis waren oft Vereinbarungen, wechselseitig Bauvorhaben der jeweils anderen Seite zu akzeptieren. Damit erhielten die Nachbarn einen „freien Rücken" für eigene Hochhausbauvorhaben in der Zukunft. Häufig aber waren es Vereinbarungen finanziellen Gehalts. Die Höhe derartiger Zahlungen waren gut gehütete Geheimnisse – unstrittig aber ist, dass die Gesamtsumme derartiger Zahlungen in der Regel erhebliche Anteile der gesamten Vorhabenskosten ausmachten. Modellrechnungen zur Abschätzung planungsbedingter Bodenwertsteigerungen zeigten daher große Differenzen zwischen verschiedenen Hochhausstandorten, wobei diese nicht eng mit der zulässigen Baudichte korrelierten.
In Verfolgung städtebaulicher Ziele und um die Akzeptanz der Hochhäuser in der Bevölkerung zu erhöhen, war die Stadt seit langer Zeit bemuht, diese Bodenwertsteigerungen zu einem Teil zur Finanzierung allgemeiner Anliegen heranzuziehen bzw. diese Bodenwertsteigerungen zu beschneiden, indem den Bauvorhaben selbst Einschränkungen abverlangt oder Lasten auferlegt wurden. Für die Hochhäuser in der betrachteten Dekade waren folgende städtebaulich begründete Forderungen von Bedeutung: Durchführung von Realisierungswettbewerben, Einschränkung der zu bauenden Stellplätze auf 10 % der baurechtlich an sich notwendigen Stellplätze oder auf einen noch geringeren Prozentsatz[17], Ablösung der „verbotenen" Stellplätze mit Beträgen von DM 25.000,– DM pro Stellplatz[18], Einrichtung von Läden, Gastronomiebetrieben, kulturellen Anlagen oder ähnlich publikumswirksamen Nutzungen im Erdgeschoß und/oder in benachbarten Geschossen, in wenigen Fällen auch Einrichtung gastronomischer Betriebe in obersten Geschossen, Bau von Wohnungen auf dem Baugrundstück oder in der Nähe und Einrichtung von Wegen oder Passagen auf dem Baugrundstück, ausgestattet mit Gehrechten zugunsten der Allgemeinheit.
Derartige Leistungen der Bauherren wurden überwiegend individuell ausgehandelt und je nach Standort unterschiedlich kombiniert. Das Verhältnis zwischen Bodenwertsteigerungen und privaten Leistungen variierte daher. Erst mit dem Beschluß der Stadtverordnetenversammlung zur Umsetzung des „Hochhausentwicklungsplans" wurde mehr Systematik angestrebt, indem die Verwaltung unter anderem beauftragt wurde, mit den Bauherren städtebauliche Verträge zur Kostenüber-

17 Die Einschränkungsquoten wurden in Frankfurt am Main in einer stadtweit geltenden Stellplatzeinschränkungssatzung in Abhängigkeit von der Qualität der ÖPNV-Erschließung festgesetzt. Für die Innenstadt galt eine Einschränkung auf die genannten 10 %, wobei der Bebauungsplan darüber hinaus pro Hochhausgrundstück weitergehende Einschränkungen festsetzte.

18 Die Ablösebeträge können gemäß Hessischer Bauordnung zum Bau zusätzlicher Parkplätze an anderer Stelle, aber auch zum Bau von Anlagen des öffentlichen Personennahverkehrs oder von Fahrradwegen verwendet werden. Voraussetzung ist, dass die finanzierten Maßnahmen denjenigen Vorhaben einen Vorteil in der Erreichbarkeit bringen, bei deren Errichtung die Ablösebeträge gezahlt wurden.

nahme bzw. zur Durchführung derartiger städtebaulicher Leistungen abzuschließen, soweit letztere nicht bereits durch Bebauungsplanfestsetzungen gesichert werden können. Die Perfektion und die Rechenhaftigkeit etwa des Münchner Modells der „Sozialgerechten Bodennutzung" wurde damit allerdings nicht erreicht (vgl. den Beitrag von Lutz Hoffmann).
Mit dem Beschluss zum „Hochhausentwicklungsplan" gewannen – unter dem Einfluß der städtischen Finanzkrise – neben den bereits früher verfolgten Zielen zwei weitere an Bedeutung: Übernahme der Kosten städtebaulicher Planungen und Umbau und Aufwertung öffentlicher Verkehrs- und Grünflächen außerhalb der Baugrundstücke. Erste Schritte in die zuletzt genannte Richtung wurden bereits im Zusammenhang mit dem Bebauungsplan Bankenviertel getan: So wurde mit den von diesem Bebauungsplan begünstigten Eigentümern von Hochhausgrundstücken ein städtebaulicher Vertrag abgeschlossen, der die Finanzierung der Pflanzung von 120 Straßenbäumen im Bankenviertel bis zu einer Kostenobergrenze von 2,5 Mio. DM sicherte.
Die hohen Bodenwertsteigerungen eröffneten eine Chance, in teuren, zentral gelegenen Quartieren ökonomisch schwache Nutzungen zu implantieren und damit eine „urbanere" Nutzungsmischung herzustellen. Dabei besaß die Wohnnutzung eine besondere Bedeutung. So entstanden bzw. entstehen im Zusammenhang mit überwiegend bürogenutzten Hochhäusern (der Commerzbank, der Dresdner Bank, der IG Metall, der Commerzinvest und der Holzmann AG bzw. deren Rechtsnachfolgerin) ca. 400 Wohnungen in Kerngebieten.
Wenn Wohnungsbau von Hochhausbauherren verlangt wurde, mischten sich von Fall zu Fall unterschiedliche Ziele. Neben das Ziel oder anstelle des Zieles, das monostrukturierte Kerngebiet zu durchmischen, traten oft die Ziele, durch Wohnungsbau an anderer Stelle des Stadtgebietes die Entwicklung des dortigen Neubaugebietes anzustoßen oder zu beschleunigen oder die Zahl der Wohnungsfertigstellungen in der Gesamtstadt zu erhöhen. Deutlich wurde eine solche Zielverschiebung etwa an den Vereinbarungen mit der Zürich-Versicherung, die im Zusammenhang mit dem oben erwähnten Hochhaus-Neubau 200 Wohnungen in einem mehrere Kilometer entfernten neu geplanten Wohnbaugebiet errichten sollte.
Oder: Der im Herbst 1999 öffentlich ausgelegte Bebauungsplanentwurf „Messeviertel" schlug in Umsetzung der Ziele des „Hochhausentwicklungsplans" für mehrere Hochhäuser die Festsetzung vor, dass 30 % der Bruttogeschossfläche für Wohnnutzungen zu realisieren sind, dass aber im Wege einer Ausnahme diese Wohnflächen auch außerhalb der Baugrundstücke in der näheren Umgebung realisiert werden können. Insoweit, als die Eigentümer der Hochhausgrundstücke Wohnbaugrundstücke innerhalb desselben Baugebietes besitzen und letztere Grundstücke für den Nachweis der 30 %-Forderung anerkannt werden, kann so die Festsetzung in ihrer Wirkung zu einer Art von Baugebot geraten. In Abhängigkeit von dem Umfang der Ausnahmen können so weniger Kerngebiete mit Wohnnutzung durchmischt, als die ohnehin festgesetzten Wohngebiete in ihrer Entwicklung durch zeitliche Kopplung mit dem Bau der Hochhäuser unterstützt werden. Dabei muß beachtet werden,

daß eine solche Verschiebung von Standorten für den Wohnungsbau die Hochhausbauherren ökonomisch entlastet.
Entgegen allen Unkenrufen gelang es mit dem Bebauungsplan Bankenviertel, zwei öffentlich zugängliche Restaurants an der Spitze von Bürohochhäusern sowie Läden und weitere gastronomische Einrichtungen in den Erdgeschossen der neuen Hochhäuser bzw. in deren Randbebauung zu erreichen. Öffnungszeiten und Qualitäten dieser ergänzenden Nutzungen ließen noch zu wünschen übrig. Mit der Weiterentwicklung des Bankenviertels im Zuge des „Hochhausentwicklungsplans" sind jedoch weitere Impulse und Unterstützungen für die vorhandenen Nicht-Büronutzungen zu erwarten.
Als problematisch erwiesen sich einige der neu eingerichteten Passagen, weil sie in Konkurrenz zu öffentlichen Straßen und/oder unter Überwindung erheblicher Höhenunterschiede geführt wurden. Dies war nur zum Teil Folge von Interventionen der Bauherren. Die städtebauliche Planung der Stadt muß sich hier kritisch vorhalten lassen, zu wenig auf die Belebung der öffentlichen Straßen und zu stark auf eine Belebung von Passagen halb-privaten, halb-öffentlichen Charakters gesetzt zu haben.

Zusammenfassende Thesen

Frankfurt am Main erreichte in dem betrachteten Zeitraum ein Stadium der Hochhausentwicklung und der öffentlichen Meinungsbildung, bei dem weitere Hochhäuser mehrheitlich nicht als Beeinträchtigung, sondern als Bereicherung des Stadtbildes betrachtet wurden. Zugleich gelang es mit der Wahl wohngebietsferner und gut erschlossener Standorte, mit der Bildung von Clustern und mit einer rigorosen Einschränkung von Stellplätzen, negative Folgewirkungen von Hochhäusern zu vermeiden bzw. zu reduzieren. Die Entscheidung über neue Hochhäuser verlor so den Charakter einer schwierigen Abwägung zwischen wirtschaftlichen Belangen auf der einen Seite und sonstigen städtebaulichen Belangen auf der anderen Seite. Hochhausbau wurde vielmehr zunehmend als Chance für einen Stadtumbau mit dem Ziel höherer Urbanität gesehen.
Unter städtebaulichen Gesichtspunkten spricht in dieser Situation viel dafür, sich von einer planerischen Betrachtung einzelner Hochhausstandorte zu lösen und sich einer flächenhaften Ausweisung von Hochhausbaurechten – in Verbindung mit generellen Regeln für „Gegenleistungen" der begünstigten Grundstückseigentümer – zuzuwenden. Der „Hochhausentwicklungsplan" zeigt einige Ansätze zu einer solchen eher amerikanischen Betrachtungsweise. Die Probleme der politischen Vermittlung eines flächenhaften Hochhauskonzeptes lassen jedoch erwarten, dass auch der nächste Frankfurter Hochhausplan eher europäischen Traditionen folgen wird, indem er einzelne Hochhausstandorte auswählen und – auch – unter stadtgestalterischen Gesichtspunkten formen wird.

Ökologische Aspekte von Hochhäusern

Uwe Wahl

Jedes Bauwerk greift auf unterschiedliche Art und Weise in den Naturhaushalt ein. Hochhäuser unterscheiden sich hierbei sowohl in der Art als auch in der Intensität des Eingriffs von „Nicht-Hochhäusern". Die Auswirkungen von Hochhäusern auf die Umwelt werden zumeist bei der Aufstellung von Bebauungsplänen oder im Rahmen eines Baugenehmigungsverfahrens nach den methodischen und fachlichen Maßgaben des Gesetzes über die Umweltverträglichkeitsprüfung (UVPG) ermittelt. Der Schwerpunkt der hierzu durchgeführten Untersuchungen liegt deshalb auf der Analyse und Bewertung von Eingriffen, die unmittelbar auf das Hochhausprojekt zurückgeführt werden können, wie beispielsweise die Veränderung des städtischen Windfeldes oder die Beeinflussung des unterirdischen Wasserkreislaufes. Dies ist insofern nachvollziehbar, weil die Blickrichtung kommunaler Planungsträger in erster Linie auf die lokalen Verhältnisse fixiert ist. Die Konzentration auf die Verhältnisse vor Ort birgt jedoch die Gefahr, dass die durch den Bau und den Betrieb von Gebäuden an anderer Stelle des Naturraumes ausgelöste Beanspruchung natürlicher Ressourcen ausgeblendet wird. Beispielhaft sei hier auf den Abbau von Bodenschätzen zur Herstellung von Baumaterialien hingewiesen, durch den es zu massiven Eingriffen nicht nur in den regionalen Naturhaushalt kommen kann. Eine auf die lokalen Verhältnisse beschränkte Überprüfung der Umwelterheblichkeit eines Hochhauses ist somit letztendlich immer unvollständig und zudem zur Beurteilung der in jüngster Zeit von verschiedenen Bauherren bekundeten Absicht, ein ökologisch vorbildliches Hochhaus zu errichten, ungeeignet.
Die nachfolgenden Ausführungen gliedern sich daher in einen ersten Abschnitt, der die unmittelbaren Auswirkungen von Hochhäusern auf die Umweltmedien sowie deren Ursachen erläutert und die sich daraus ergebenden Konsequenzen für die städtebauliche Planungspraxis beschreibt. Im zweiten Abschnitt wird auf verschiedene bau- und betriebstechnische Parameter eingegangen, anhand derer ansatzweise die mittelbare Beanspruchung natürlicher Ressourcen und somit die ökologische Effizienz von Hochhäusern abgeleitet werden kann. Es soll jedoch bereits an dieser Stelle darauf hingewiesen werden, dass es sich hierbei lediglich um eine schlaglichtartige Betrachtung handeln kann, da quantifizierende Untersuchungen auf der Grundlage eines Vergleichs zwischen Hochhäusern und „Nicht-Hochhäusern" nicht zur Verfügung stehen.

Unmittelbare Auswirkungen von Hochhäusern auf den Naturhaushalt

Differenziert man den Begriff des Naturhaushaltes in Anlehnung an die im Gesetz über die Umweltverträglichkeit (UVPG) genannten abiotischen Schutzgüter, so unterliegen vor allem die Umweltmedien (Stadt-)-Klima, Lufthygiene, Boden und Wasserhaushalt Beeinflussungen, die auf die charakteristischen Merkmale eines Hochhauses zurückzuführen sind. Besonders signifikant sind dabei die lokalklimatischen Veränderungen, denen deshalb im Rahmen der städtebaulichen Planungspraxis bisher die größte Bedeutung zukommt.

(Stadt-)Klima, Lufthygiene

Erste systematische Untersuchungen zu den Einflüssen von Hochhäusern auf das Stadtklima lassen sich auf die Mitte der siebziger Jahre zurückdatieren. Auch in Frankfurt am Main beginnt zu dieser Zeit auf der Ebene der verbindlichen Bauleitplanung die intensive Auseinandersetzung mit den lokalklimatischen Konsequenzen neuer Hochhausbauten. Zuvor standen hauptsächlich die Auswirkungen des Windes auf die Hochhäuser im Mittelpunkt des wissenschaftlichen Interesses.[1]

Von den verschiedenen Komponenten des Stadtklimas konzentrierten sich die Untersuchungen zunächst auf die Veränderung des innerstädtischen Windfeldes bzw. auf die allgemeine Durchlüftung der Innenstadt.[2] Diese Untersuchungsrichtung basiert auf der Erkenntnis, dass die Massierung großformatiger Gebäude zu einer Störung der atmosphärischen Grenzschicht, also der im Mittel untersten 1000 Meter der Atmosphäre führt. Kennzeichnend dafür ist eine erhöhte aerodynamische Oberflächenrauhigkeit über bebautem Gebiet, wodurch die Dynamik der an-

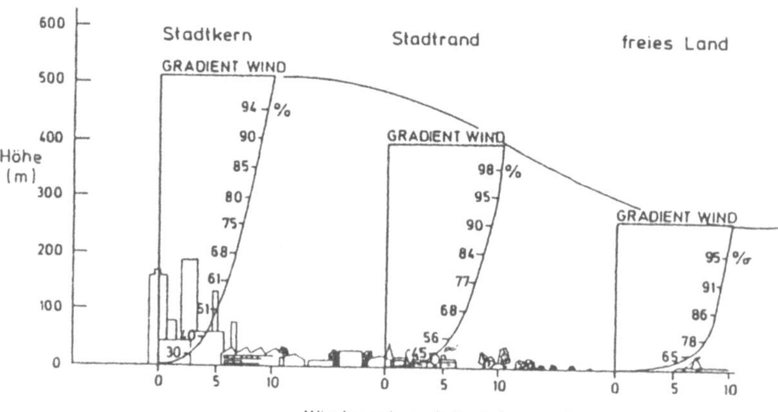

Abb. 1: Vertikales Windprofil über der Innenstadt, dem Stadtrand und dem Freiland[3]

1 König & Reeh 1975
2 Landesgewerbeanstalt Bayern 1975
3 Wirtschaftsministerium Baden-Württemberg (Hg) 1992, S. 18

strömenden Luftmassen allgemein reduziert wird. Vertikale Windprofile zeigen infolgedessen eine ausgeprägte Abnahme der Windgeschwindigkeit zum Stadtkern hin auf. Zusätzlich reicht die Störung des Windfeldes über der Stadt höher hinaus.
In Abhängigkeit vom Standort, der Gebäudeform und Ausrichtung zu den Hauptwindrichtungen können insbesondere gering mächtige Ausgleichsströmungen (Kalt-/Frischluftströmungen, Flurwinde) vollständig blockiert und/oder umgelenkt und deren Einströmung in den Stadtkörper unterbunden werden. Allerdings sind solche Beeinträchtigungen keineswegs hochhaustypisch, sondern können bereits von einer Einfamilienhauszeile ausgehen.
Spezifischer sind dagegen die Störungen der synoptischen Grundströmung oder der regionalen Strömungssysteme (z. B. der Wetterauwind im Rhein-Main Gebiet), die das Stadtgebilde zumeist oberhalb des allgemeinen Dachniveaus überströmen und deshalb durch Hochhäuser bzw. durch Hochhausgruppen beeinflußt werden. Kennzeichnend ist in der Regel eine großräumige Reduzierung der mittleren Windgeschwindigkeit in Lee, also auf der windabgewandten Seite der Hochhäuser. So konnten durch Windkanaluntersuchungen für das Innenstadtgebiet von Karlsruhe in einem Abstand von 200 Meter in Lee einer geplanten Hochhausbebauung (ca. 60 Meter hohe Solitäre) eine Abnahme der mittleren Windgeschwindigkeit um bis zu vierzig Prozent im Vergleich zum Ist-Zustand ermittelt werden. Zusätzlich waren Geschwindigkeitsreduzierungen von bis zu 10 Prozent in einer Ausdehnung von rund 400 Meter quer zur Windrichtung feststellbar.[4]
Berechnungen des Deutschen Wetterdienstes mit dem mikroskaligen, numerischen Stadtklimamodell MUKLIMO 3 prognostizierten 1993, dass es durch den Bau von fünf neuen, zwischen 110 bis 260 Meter hohen Bürohochhäusern im Frankfurter Bankenviertel zu einer Reduzierung der mittleren Windgeschwindigkeit sowohl in Lee als auch in Luv der Hochhausgruppe kommen wird. Unter Einfluß der synoptischen Grundströmung aus Südwesten überwogen erst in einer Entfernung von ca. 400 Meter hinter der Hochhausgruppe die Bereiche mit Windabschwächung deutlich. Nach rund 600 Metern reduzierte sich die errechnete Windschwächung auf weniger als 5 Zentimeter pro Sekunde, was etwa fünf bis zehn Prozent der dort herrschenden, lokalen Windgeschwindigkeit entspricht. Luvseitig wurde ein Staubereich mit Windabschwächung berechnet, der ca. 100 Meter tief in die der Hochhausgruppe vorgelagerten Stadtquartiere hineinreicht. Unter Einfluß einer weniger dynamischen Nordostanströmung (sog. Wetterauwind) vergrößerte sich dagegen in Lee des Hochhaus-Clusters das Gebiet, für das eine Windabschwächung von etwa zehn Prozent prognostiziert wurde, auf rund 700 Meter. Eine luvseitige Windreduzierung war wesentlich schwächer ausgebildet.
Als Folge dieser allgemeinen Windabschwächung kann von einer weiteren Einschränkung des innerstädtischen Luftaustausches ausgegangen werden, was vor dem Hintergrund der bereits vorhandenen erhöhten

4 Zenger et al. 1993

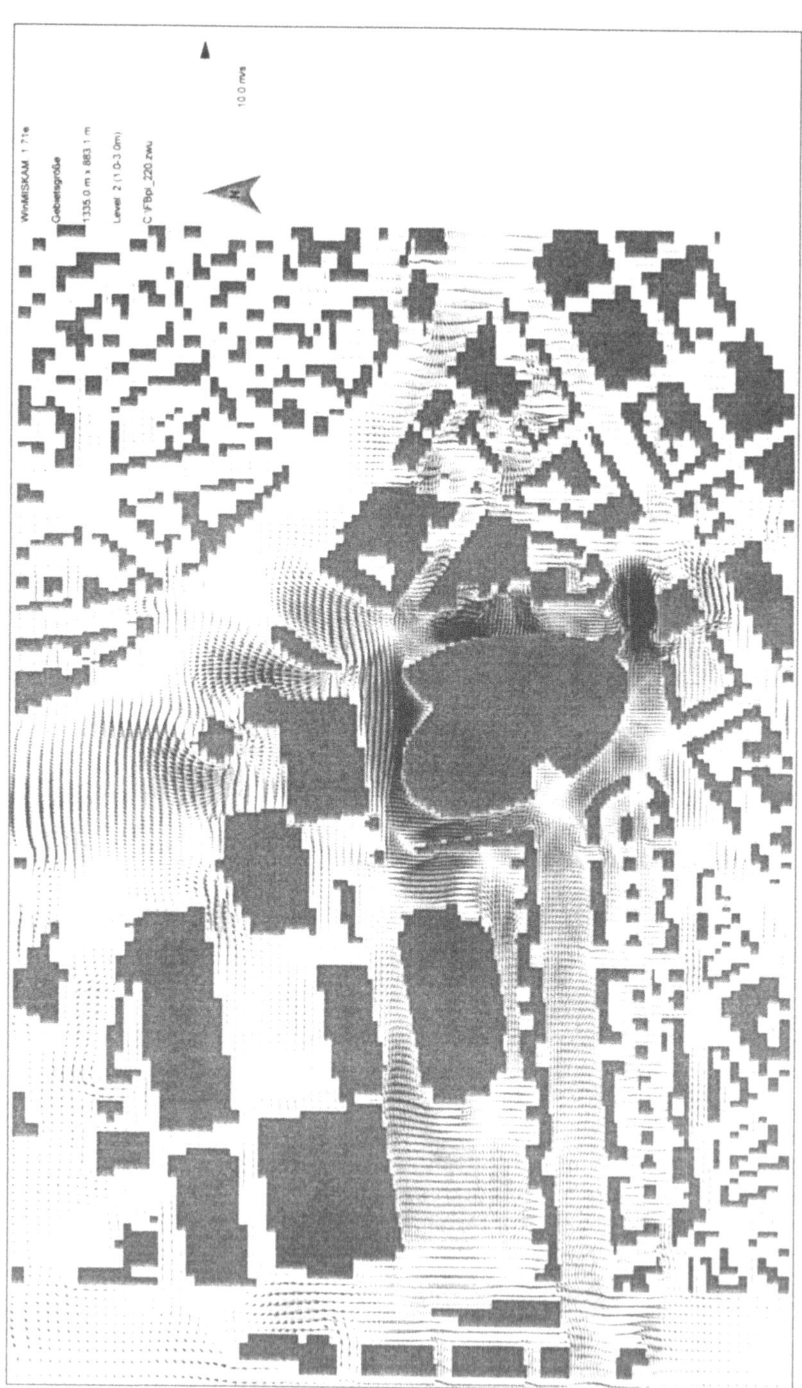

Abb. 2: Darstellung der bodennahen Strömungsverhältnisse (2 Meter über Grund) bei einer Anströmung aus Südwest (220 Grad) unter Einfluß von neuen Hochhäusern in Frankfurt am Main. Die Pfeile zeigen die Richtung und die Geschwindigkeit der Strömung an.[6]

lufthygienischen und thermischen Belastungen im Innenstadtbereich grundsätzlich kritisch zu bewerten ist. Zur räumlichen Reduzierung von Zonen mit Windabschwächung in den angrenzenden Nachbargebieten des Bankenviertels wurde daher eine generelle Reduzierung der Gebäudehöhen empfohlen.[5]
Im Unterschied zu den benachbarten Stadtvierteln dominiert in den Hochhausquartieren selbst eine deutlich ausgeprägte Erhöhung der mittleren Windgeschwindigkeit und der Turbulenzintensität (Böigkeit). Am Beispiel der Freifläche des ehemaligen Hauptgüterbahnhofs in Frankfurt am Main konnte nachgewiesen werden, dass innerhalb der dort geplanten Hochhausgruppe mit Gebäudehöhen von bis zu 365 Metern, bodennah (2 Meter über Grund) mittlere Windgeschwindigkeiten auftreten werden, die mit rund 5 Meter pro Sekunde örtlich mehr als doppelt so hoch ausfallen werden wie vor der Hochhausbebauung.
Verantwortlich für diese hohen Windbeschleunigungen rund um Hochhäuser sind die durch die Gebäude selbst hervorgerufenen Strömungsmodifikationen. Im Luv vor dem Gebäude werden die anströmenden Luftmassen aufgestaut und auf unterschiedlichem Wege um das Gebäude herum gelenkt. Im Bereich der Gebäudeecken treten dabei besonders hohe Windgeschwindigkeiten auf. Die Intensität dieser sog. Eckeneffekte wird ganz wesentlich von der Gebäudeform, insbesondere vom Abrundungsgrad bestimmt und ist am stärksten bei kleinen Krümmungsradien ausgeprägt.[7] Eckeneffekte treten meist gemeinsam mit Nachlaufeffekten auf, die hauptsächlich für eine starke Böigkeit im Lee von Hochhäusern verantwortlich sind. Die Größe des Nachlaufbereiches hängt im wesentlichen von der Gebäudehöhe und der Ausrichtung der Hauptachse zur Windrichtung ab.[8]
Im Gegensatz zum luvseitigen Staubereich bildet sich im Nachlaufbereich ein Unterdruck aus. Wegen dieses Druckgefälles entsteht eine Ausgleichsströmung, die bei Undichtigkeiten in der Fassade auf kurzem Wege durch das Gebäude hindurch strömt und zu heftigen Zugerscheinungen führen kann. Bei älteren Hochhäusern können deswegen die Fenster nicht geöffnet werden, wodurch eine künstliche Klimatisierung erforderlich wird.
Bei senkrechter Anströmung der Luvfassade entsteht etwa ab dem oberen Drittel des Gebäudes eine starke, abwärtsgerichtete Strömung vor der Fassade. Diese Strömung ist vor allem bei Hochhausscheiben mit glatten Fassaden ausgeprägt. Wenn die umgelenkten Luftmassen bis zur Geländeoberfläche durchgreifen können, kommt es dort zu einer starken Verwirbelung bzw. Zunahme von Windböen. Die Wirbelbildung kann durch luvseitig vorgelagerte, niedrigere Gebäude weiter verstärkt werden. Innerhalb solcher Straßenschluchten treten dann die höchsten Luftgeschwindigkeiten im Bodenbereich auf. Hohe Windgeschwindigkeiten

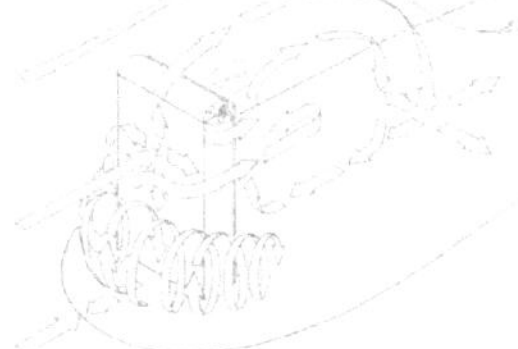

Abb. 3: Umströmung eines Hochhauses, schematisch

5 Deutscher Wetterdienst, Wetteramt Frankfurt 1993, S. 48
6 Ingenieurbüro Dr.-Ing. Lohmeyer 1999
7 Gerhard 1993, S. 8
8 Gerhard 1993, S. 10

treten auch sehr häufig zwischen nahe beieinander stehenden Hochhäusern auf, weil durch die Verengung des Strömungsquerschnittes die Winde stark beschleunigt werden (Düsen-Effekt). Die hieraus resultierenden erhöhten Windlasten erfordern unter Umständen eine größere Standfestigkeit der Fassade.

Bewertung der durch Hochhäuser hervorgerufenen Windfeldmodifikationen

Für die städtebauliche Planungspraxis ist die Kenntnis der oben beschriebenen Einflüsse von Hochhäusern auf das lokale Windfeld unabdingbar, da sie entscheidende Auswirkung auf die Aufenthalts- und Wohnumfeldqualität in den betroffenen Stadtteilen haben.[9] Da normierte Richt- und Grenzwerte für eine Bewertung der stadtklimatischen Verhältnisse nicht existieren, bleibt es jeder Kommune überlassen, im Rahmen der Abwägung mit anderen städtebaulichen Belangen darüber zu entscheiden, ob sie diese Veränderungen akzeptiert, z. B. weil sie die Beeinträchtigungen für zumutbar erachtet oder weil sie wirtschaftlichen oder stadtgestalterischen Belangen den Vorzug gibt. Dieser Entscheidungsspielraum erstreckt sich jedoch nicht auf solche Modifikationen des bodennahen Windfeldes, die eine erhebliche Beeinträchtigung oder gar Gefährdung von Passanten zur Folge haben könnten. Wenn die Untersuchungsergebnisse auf ein solches Risiko hinweisen, ist der Planungsträger gezwungen, diese auszuräumen, weil ansonsten die in § 1 Abs. 5 Baugesetzbuch geforderte Berücksichtigung der allgemeinen Anforderungen an gesunde Wohn- und Arbeitsverhältnisse nicht gewährleistet ist.

Windkomfort

Zur Beurteilung der Windgeschwindigkeitserhöhungen im unmittelbaren Umfeld von Hochhäusern wird in der städtebaulichen Planungspraxis das Kriterium des sogenannten Windkomforts herangezogen. Mit diesem Maß, das die mechanische Wirkung des Windes auf den Menschen unter Berücksichtigung der ausgeübten Tätigkeit beschreibt, kann die Aufenthaltsqualität in den Straßenräumen und Freiflächen bewertet werden. Als Kenngrößen werden sowohl die mittlere als auch die effektive Windgeschwindigkeit benutzt. Weil die effektive Windgeschwindigkeit zusätzlich auch die Böigkeit berücksichtigt, eignet sich dieses Maß besser zur Beurteilung der Akzeptanz von Windeinwirkungen.[10] Ein weiteres, häufig benutztes Kriterium ist die zulässige Überschreitungshäufigkeit.
Die nachfolgende Tabelle gibt einen Überblick über die an die verschiedenen Beurteilungskriterien gekoppelten Böenwindgeschwindigkeiten und die entsprechenden Überschreitungshäufigkeiten.

---

9 Schmalz 1977, S. 37
10 Zenger et al. 1993, S. 127

Tab. 2: Kriterien zur Beurteilung der Windverhältnisse[11]

Böenwindgeschwindigkeit û (m/s)	Überschreitungshäufigkeit (in Prozent)	Beurteilungskriterien
<6		Keine Windkomfortprobleme
>6	max. 5	zulässig in Parks, Wartebereichen, Straßencafés, auf Spielflächen
>6 und >15	max. 20 max. 0,05	zulässig auf Flächen für kurzzeitigen Aufenthalt bzw. die schnell überschritten werden
>8	max. 1	zulässig in Warte- und Sitzbereichen
>10	max. 1	zulässig auf Flächen für kurzzeitigen Aufenthalt (strengeres Kriterium)
>13	max. 1	zulässig an Gebäudeecken zulässig für problemloses Laufen
>13	>1	unangenehm, lästig, Windschutz
>18	>1	Gefahr

Die Ermittlung der Kenngrößen erfolgt üblicherweise in einem Windkanal anhand eines maßstabsgerechten Stadtmodells. Die innerhalb des Stadtmodells auftretenden Windgeschwindigkeiten können mit Messsonden direkt abgegriffen werden, sofern die im Windkanal nachgebildete Strömung dem natürlichen Windfeld entspricht. Die Ermittlung der Überschreitungshäufigkeit bestimmter Windgeschwindigkeiten erfolgt durch die rechnerische Verkopplung der am Modell erhobenen Meßdaten mit der langjährigen Windstatistik des Untersuchungsraumes. Die in Frankfurt am Main benutzte Windstatistik beruht auf den am Flughafen in zehn Meter über Grund gemessenen Werten für Windgeschwindigkeit und Windrichtung.
Sofern die experimentell gewonnenen Kenngrößen eine Gefährdung von Passanten ausschließen, bestimmt in erster Linie die geplante Nutzung in den Straßenräumen und in den Freiflächen die Höhe der noch akzeptablen Windgeschwindigkeiten. Unverträglichkeiten lassen sich entweder durch die Verlagerung der schutzbedürftigen Nutzungen (z. B. Straßencafes, Haltestellen) an eine windgeschütztere Stelle oder durch eine entsprechende Optimierung des Gebäudekörpers vermeiden. Hierbei hat sich die Integration des Hochhausschaftes in ein Sockelgebäude bewährt, weil dadurch die vor der Hochhausfassade nach unten umgelenkten Strömungen oberhalb der Sockelgebäude in eine horizontale Richtung umgelenkt und somit aus dem Straßenraum herausgehalten werden.

11 Ingenieurbüro Dr.-Ing. Lohmeyer 1993, S. 51, nach Gerhardt 1990, Hunt 1976, Williams et al. 1990, Ratcliff et al. 1990

Allgemeine Durchlüftung

Während sich die Bereiche mit Windverstärkungen zumeist auf die unmittelbare Nähe von Hochhäusern bzw. Hochhausgruppen beschränken, können die Zonen mit Windabschwächungen weite Bereiche des Stadtgebietes umfassen (siehe Abb. 2). Welche Konsequenzen dies für die Wohnumfeld- und Aufenthaltsqualität einer Stadt hat, hängt ganz wesentlich von den spezifischen klimarelevanten Einflussfaktoren des Untersuchungsraumes ab und kann daher nicht pauschal, z. B. anhand allgemeingültiger Richt- oder Grenzwerte beurteilt werden. Kommunen sind deswegen letztendlich gezwungen, eigene Bewertungsmaßstäbe unter Berücksichtigung der lokalklimatischen Rahmenbedingungen zu entwickeln. Städte in windschwachen Regionen werden daher restriktiver auf Windabschwächungen reagieren als Kommunen in windreichen, besser durchlüfteten Küstenregionen.

Besonderer Bedeutung kommt auch den lufthygienischen und thermischen Vorbelastungen zu, insbesondere dann, wenn durch die topographischen Verhältnisse die Luftaustauschbedingungen bereits von vorne herein eingeschränkt sind. So bewertet die Stadt Stuttgart die durch Hochhäuser hervorgerufene allgemeine Windabschwächung angesichts der topographischen Lageungunst für inakzeptabel und steht folglich Hochhausprojekten innerhalb des Talkessels überwiegend ablehnend gegenüber. Lediglich in Teilbereichen erscheinen vereinzelte Hochhäuser tolerierbar, sofern eine gutachterliche Überprüfung dies bestätigen sollte.[12]

Die im Rahmen der Windfelduntersuchung zum Hochhausentwicklungsplan der Stadt Frankfurt am Main nachgewiesenen Windabschwächungen wurden dagegen nicht als eine inakzeptable Beeinträchtigung der klimatischen Verhältnisse in der Innenstadt gewertet. Beurteilungsrelevant war hierbei auch die Tatsache, dass in den am stärksten von Windabschwächung betroffenen Innenstadtlagen kaum noch Wohnnutzung existiert und daher die Schutzbedürftigkeit dieser Stadtquartiere geringer einzustufen sei.

Neben dieser auch in anderen Rechtsbereichen (z. B. dem Immissionsschutzrecht) angewandten Orientierung an der unterschiedlichen Schutzbedürftigkeit verschiedener Nutzungen war auch entscheidungserheblich, dass die Abweichungen vom Ausgangszustand verhältnismäßig gering ausfielen. Allerdings ist hierbei zu beachten, dass die vergleichsweise geringfügige Reduzierung der mittleren jährlichen Windgeschwindigkeit im Innenstadtbereich in erster Linie auf die Vorbelastung durch die bereits bestehende Hochhauskulisse zurückzuführen ist. Deshalb schränken die neu hinzukommenden Hochhäuser die Durchlüftungsverhältnisse nicht in gleichem Maße ein, wie dies bei unbelasteten Ausgangsverhältnissen zu erwarten wäre. Insofern bietet die räumliche Konzentration von Hochhäusern zu sogenannten Clustern die Chance der räumlichen Eingriffsbegrenzung. Allerdings birgt die Bewertung auf der

12 Stadtplanungsamt Stuttgart, 1995, S. 12; vgl. dazu auch den Beitrag von Wolf Reuter über Stuttgart in diesem Band.

Grundlage des Vergleichs mit dem bereits eingeschränkten Ist-Zustand aber auch die Gefahr der „schleichenden" Entwertung, die sich nur durch den Bezug auf absolute Größen vermeiden lässt, wobei die Bewertung der lokalklimatischen Verhältnisse ausschließlich anhand des Parameters der mittleren Windgeschwindigkeit nicht den komplexen Wechselwirkungen gerecht werden kann. Hierzu bedarf es eines Ansatzes, der u. a. auch die Wohlfahrtswirkung des städtischen Grüns und die lufthygienischen Verhältnisse mit einbezieht.

Beeinflussung der lufthygienischen Verhältnisse

Neben den strömungsmechanischen Aspekten resultieren aus den hochhausspezifischen Windfeldmodifikationen auch Auswirkungen auf das Ausbreitungsverhalten von Luftschadstoffen. Das durch Strömungsbeschleunigungen, erhöhte Turbulenzintensität und eine Verstärkung der vertikalen Luftbewegungen gekennzeichnete spezifische Strömungsmuster rund um Hochhäuser beeinflusst dabei auf unterschiedliche Weise den Transmissionspfad von Schadgasen. Entscheidend ist dabei die Höhe der Emissionsquelle. Die folgende Abbildung zeigt den Einfluß der Kaminhöhe auf die Verteilung der Abgase im Abströmbereich eines Hochhaussolitärs.

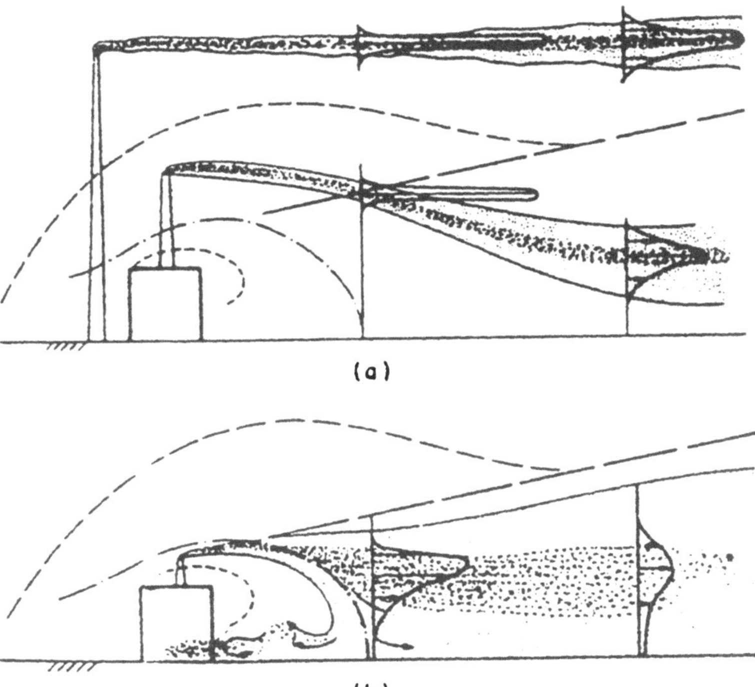

Abb. 4: Gebäudeeinfluss auf die Immissionssituation.[13]

13 Mayer 1995, S. 262, nach Meroney 1982

Um einen möglichst vollständigen Abtransport der Abgase zu erreichen, sollte demnach die Kaminhöhe so bemessen sein, dass die Abgase oberhalb des Leewirbels austreten (oberhalb der Strich-Punkt Linie in Teil A). Je niedriger die Austrittsöffnung liegt, um so stärker werden die Abgase von den Verwirbelungszonen im Dachbereich und von der Unterdruckzone im Lee des Gebäudes erfaßt und teilweise bis in den bodennahen Bereich (Teil B) verfrachtet. Unter Umständen können aber auch auf diese Weise die Abgase wieder in das Gebäude zurückgeführt werden, wenn beispielsweise die Ansaugöffnungen von Klimaanlagen ungünstig plaziert sind oder bei neueren Hochhäusern die Abgase direkt über die geöffneten Fenster in das Gebäude gelangen können.
Bodennah emittierte Schadgase werden dagegen durch die intensivierten vertikalen Luftbewegungen im Lee eines Hochhauses verstärkt aus den Straßenräumen herausgesaugt und verdünnt.[14] Die so erzielbaren lufthygienischen Verbesserungen in den Straßenräumen gehen unter Umständen zu Lasten eines stärker eingeschränkten Windkomforts.

Beeinflussung des urbanen Wärmehaushaltes

Eine weitere wichtige Komponente des Stadtklimas ist der urbane Wärmehaushalt, der im wesentlichen durch zwei Faktoren beeinflusst wird:[15] durch das größere Wärmespeichervermögen der städtischen Baumaterialien und durch die verringerte effektive Ausstrahlung aufgrund der stärkeren Horizonteinengung.
Hochhäuser beeinflussen diese Faktoren besonders stark, da ihre Baumassen – in Abhängigkeit von den Fassadenmaterialien – tagsüber große Wärmemengen speichern können, die nachts bei zu geringen Gebäudeabständen infolge der eingeschränkten effektiven Ausstrahlung nicht vollständig abgegeben werden. Das nächtliche Abkühlungsverhalten stark verdichteter Stadtviertel ist deshalb schwächer ausgeprägt, als z. B. das von Grünflächen. So konnten in den späten Abendstunden in Frankfurt am Main zwischen innerstädtischen Grünflächen und dem hoch verdichteten Bankenviertel Lufttemperaturunterschiede von bis zu 4 Kelvin (= 4 Grad Celsius) nachgewiesen werden.[16] Ausgeprägter waren mit bis zu 8 Kelvin nur noch die Lufttemperaturunterschiede zwischen dem Umland und der Innenstadt. In Extremfällen erhöhten sich hier die Temperaturgegensätze auf 12 bis 15 Kelvin.[17] Im Sommer, während windschwacher Hochdruckwetterlagen, nimmt deshalb die Wärmebelastung der Bevölkerung in den betroffenen Quartieren zu. Besonders unangenehm und belastend wirkt sich die stark verzögerte Abkühlung in der ersten Nachthälfte aus, weil dadurch der erholsame Schlaf beeinträchtigt wird.
Eine das innerstädtische Temperaturverhalten maßgeblich beeinflussende Horizonteinengung ist jedoch erst bei sehr geringen Hochhausab-

---

14 Mayer 1995, S. 264
15 Mayer 1995, S. 210, zitiert nach Oke 1982
16 Deutscher Wetterdienst, Wetteramt Frankfurt 1993
17 Deutscher Wetterdienst, Zentralamt – Abteilung Klimatologie 1975

ständen zu erwarten, wie sie heute z.B. typisch für New York oder Hongkong sind. Hochhaussolitäre zeichnen sich dagegen gerade wegen der fehlenden Horizonteinengung durch eine vergleichsweise große effektive Ausstrahlung und entsprechende Abkühlung aus (sog. Kühlrippen-Effekt).
Am Beispiel des Frankfurter Bankenviertels wurde mit einem nummerischen Klimamodell untersucht, inwieweit es durch die Errichtung weitere Hochhäuser zu einer Verstärkung dieser innerstädtischen Wärmeinsel kommen wird.[18] Dabei konnte für den bodennahen Bereich keine eindeutige Erhöhung der Lufttemperatur innerhalb des Planungsgebietes prognostiziert werden. Stellenweise wurden sogar geringfügige Temperaturabnahmen errechnet. Erklären lassen sich diese scheinbar widersprüchlichen Ergebnisse zum einen durch die zukünftig stärkere Verschattung, die zu einer Verminderung der solaren Einstrahlungsmenge im Bereich der Geländeoberfläche führt. Zum anderen durch die nachgewiesenen erhöhten Windgeschwindigkeiten und Turbulenzen in der Nähe der Hochhäuser, die einen verstärkten Wärmeabtransport bewirken. Die Verstärkung des städtischen Wärmeinsel-Effektes durch Hochhausgruppen beschränkt sich daher wohl vor allem auf größere Höhen.[19]

Verschattung

Die gesamte von der Sonne ausgehende kurzwellige Bestrahlungsstärke wird als Globalstrahlung bezeichnet. Die Globalstrahlung setzt sich aus der direkten Sonnenstrahlung und aus der diffusen, ungerichteten Himmelsstrahlung zusammen. Verschattung entsteht, wenn die Direktstrahlung unterbrochen wird. In Abhängigkeit von der Jahres- und Tageszeit kann deshalb der von einem Hochhaus erzeugte Schattenwurf sehr weitreichend sein und auch in entfernteren Stadtquartieren zur Verringerung der Besonnungsdauer und in der Folge zu einer Einschränkung der Wohn- und Aufenthaltsqualität führen.
Ein 200 Meter hohes Gebäude erzeugt am Tag der Wintersonnenwende (21. Dezember) gegen 12.00 Uhr einen Schatten von rund 742 Metern Länge. Bei Tag- und Nachtgleiche (21. März/23. September) verkürzt sich die Schattenlänge auf rund 252 Meter und am 21. Juni (Sommersonnenwende) auf ca. 106 Meter. Mit zunehmender Länge lösen sich allerdings die Konturen des Schattenwurfs infolge von Lichtbeugungen immer stärker auf, bis er als solcher nur noch sehr schwach wahrnehmbar ist. Auch verkürzt sich die Verschattungsdauer mit wachsender Entfernung zum Schattenspender.
Maßgebend für die Beeinträchtigung der Aufenthaltsqualität durch die verminderte Sonneneinstrahlung ist die Zeitdauer der Verschattung. Zur Beurteilung dieses Aspektes werden in der städtebaulichen Planungspraxis üblicherweise die Besonnungsverhältnisse an einem „mitt-

18 Deutscher Wetterdienst, Wetteramt Frankfurt 1993
19 vgl. Mayer, Helmut 1995, S. 210

leren Wintertag" (8. Februar) zugrunde gelegt.[20] Demnach können die Anforderungen an ausreichende Belichtungsverhältnisse als erfüllt angesehen werden, wenn an diesem Stichtag eine mindestens dreistündige Besonnung möglich ist.
Erfahrungsgemäß werden innerhalb typischer innerstädtischer Bebauungsstrukturen die Besonnungsverhältnisse durch einen Hochhaussolitär auch im Nahbereich nicht wesentlich eingeschränkt. Erst bei einer Überlappung der Schattenwürfe mehrerer, eng beieinander stehender Hochhäuser kann es unter Umständen zu einer erheblichen Reduzierung der Direktstrahlung kommen, wodurch die Attraktivität insbesondere von Wohnquartieren und Parkanlagen leidet. Weiterhin kann es durch die verringerte Direktstrahlung auch zu einem erhöhten Heizenergiebedarf in den verschatteten Gebäuden kommen, während in vollklimatisierten Gebäuden die vor allem in Hochsommer anfallenden Kühllasten abnehmen können.
Mit zunehmender Bewölkung verringert sich der Anteil der Direktstrahlung immer mehr, bis bei vollständig bedecktem Himmel nur noch die diffuse Himmelsstrahlung die allgemeine Tageshelligkeit bestimmt. In der Stadt wird der auf einer horizontalen Fläche in Bodennähe auftreffende diffuse Strahlungsanteil durch den bebauungsbedingten Grad der Horizonteinengung eingeschränkt. Sofern es nicht durch Reflexionen an hellen oder verspiegelten Fassaden zu einer Aufhellung kommt, nimmt die allgemeine Tageshelligkeit in den Straßenräumen mit jeder weiteren Verkleinerung des sichtbaren Himmelsausschnitts ab. Demnach bestimmt also nicht so sehr die Gebäudehöhe als vielmehr die Gebäudekubatur den verbleibenden Himmelsausschnitt. In ökologischer Hinsicht ist dies insofern bedeutend, als ein optimales Tageslichtdargebot den Bedarf an Kunstlicht reduziert. Darüber hinaus ist Tageslicht ein wichtiges Stimulans für das Wohlbefinden und Leistungsfähigkeit des Menschen.

Boden und Grundwasser

Von einer Hochhaus spezifischen erhöhten Eingriffserheblichkeit kann ausgegangen werden, wenn dieser Gebäudetyp typischerweise zu einem höheren Verbrauch von Boden und Grundwasser führt und die vielfältigen Funktionen des Bodens (u. a. die Filter- und Pufferfunktion, Funktion als Pflanzenstandort) sowie die Qualität des Grundwassers z. B. durch Stoffeinträge und Erwärmung beeinträchtigt.
Nach Erhebungen von Menkhoff[21] werden in Deutschland durch eine Wohnhochhausbebauung nur etwa ein Drittel der Baulandfläche beansprucht, die bei Ein- und Zweifamilienhausbebauung je Einwohner verbraucht werden. Die bebaute Fläche je Einwohner reduziert sich bei Wohnhochhäusern sogar auf etwa ein Fünftel bis ein Siebtel der bei einer Ein- und Zweifamilienhausbebauung benötigten Fläche. Zusam-

20 Grandjean & Gilgen 1973, S. 266
21 Menkhoff et al. 1979, zitiert in Duhme & Pauleit 1995, S. 284

menfassend kann aus den Ergebnissen die Tendenz abgeleitet werden, dass Wohnhochhäuser im Vergleich zu Ein- und Zweifamilienhäusern zu einer deutlichen, gegenüber fünf bis acht geschossigen Wohngebäuden allerdings nur noch zu einer geringen Flächenersparnis bzw. zu einem geringeren Bodenverbrauch führen.

Diese Ergebnisse stehen jedoch unter dem Vorbehalt, dass Flächeninanspruchnahmen durch unterirdische und ebenerdige Stellplatzanlagen sowie sonstige Erschließungsmaßnahmen nicht berücksichtigt wurden. Gerade aber diese Maßnahmen haben beträchtliche Eingriffe in den Bodenkörper zur Folge, die häufig zu einem vollständigen und irreversiblen Verlust des Bodens führen. Insofern ist ein Vergleich allein auf der Basis der überbauten Grundfläche nur sehr eingeschränkt zur Beurteilung des Hochhaus spezifischen Flächen- bzw. Bodenverbrauchs geeignet. Keinesfalls können diese Erhebungen auf innerstädtische Hochhausstandorte und auf außereuropäische Verhältnisse, wie z. B. in Hongkong oder New York, übertragen werden.

In bezug auf das Schutzgut Boden ist in erster Linie nicht der Gebäudetyp, sondern der Gebäudestandort maßgebend für die Intensität des Eingriffs. Entscheidend ist dabei, ob es sich um einen bereits stark veränderten Boden, z. B. im Bereich der Innenstädte, oder um einen noch naturnahen, also im Hinblick auf die Bodenmächtigkeit, Profildifferenzierung, Bodenart und die sonstigen physikalischen und chemischen Parameter weitestgehend unveränderten Boden handelt. Auf innerstädtischen Grundstücken ist im allgemeinen die Eingriffserheblichkeit aufgrund der fast immer vorhandenen Vorbelastungen geringer einzustufen als bei einem Standort auf der „grünen Wiese". Welcher von diesen Bereichen wiederum als der typischere Hochhausstandort gelten kann, hängt sehr stark vom Betrachtungszeitraum ab. Während in den sechziger und siebziger Jahren in der Bundesrepublik Deutschland im Zuge des Baues der Trabantensiedlungen (Gropiusstadt, Nordweststadt, Bürostadt Niederrad) wohl die meisten Hochhäuser auf ehemaligen landwirtschaftlich genutzten Flächen errichtet wurden, kann heute davon ausgegangen werden, dass die Mehrzahl der neu geplanten Hochhäuser auf bereits bebauten oder anderweitig genutzten Innenstadtgrundstücken realisiert werden.

Die Auswirkungen auf das Grundwasser hängen ebenfalls von den spezifischen geohydrologischen Gegebenheiten des Hochhausstandortes ab. Im allgemeinen nimmt jedoch die Eingriffsintensität mit der über- bzw. unterbauten Grundfläche ab. Diese Tendenz kann auch auf Hochhausplanungen übertragen werden, obwohl deren unterirdische Gebäudeteile und Gründungsbauwerke zumeist wesentlich tiefer in den Untergrund eingreifen. Dies ist darauf zurückzuführen, dass hauptsächlich die Eingriffe in die oberflächennahen, quartären Schichten zu einer Beeinträchtigung des Grundwasserhaushaltes führen, während die tieferen geologischen Schichten meist nur eine geringe hydrogeologische Relevanz besitzen. Einen Sonderfall stellen allerdings die im Hochhausbau immer häufiger zum Einsatz kommenden Pfahlgründungen dar, die, wie das Beispiel des neuen Commerzbank-Hochhauses in Frankfurt am Main zeigt, bis zu 50 Meter tief in den Untergrund reichen können. Bei entsprechenden geohydrologischen Voraussetzungen sind hierdurch Eingriffe in Tiefenwasser- oder Mineralwasservorkommen nicht auszuschließen. Jedoch beschränken sich diese Eingriffe in der Regel auf den Zeitraum von Wasserhaltungsmaßnahmen während der Bauphase und führen deshalb nicht zu einer nachhaltigen quantitativen und qualitativen Beeinträchtigung solcher speziellen Grundwasservorkommen.

Mittelbare Auswirkungen von Hochhäusern auf den Naturhaushalt

Die zur Errichtung und zum Betrieb eines Hochhauses erforderlichen Stoff- und Energiemengen bedingen anderweitig Eingriffe in den Naturhaushalt, z. B. in Form von Auskiesungen und Erzabbau zur Herstellung von Beton und Stahl. Hierdurch werden Lebensräume für Pflanzen und Tiere beeinträchtigt oder gar zerstört und Stoffkreisläufe nachhaltig eingeschränkt bzw. unterbrochen. In der Summe führen diese Eingriffe fast immer zu einer Verringerung der Leistungsfähigkeit des Naturhaushaltes und somit letztendlich auch zu einer Beeinträchtigung der Lebensgrundlage des Menschen. Sie sind deshalb nach § 8 Abs. 2 Bundesnaturschutzgesetzes zu vermeiden bzw. zu minimieren. Da dieser Wirkungszusammenhang für jede Art von Bautätigkeit gilt, kann eine Beschreibung der Hochhaus typischen Auswirkungen auf solche technologischen und konstruktiven Parameter beschränkt bleiben, die vom Faktor Höhenentwicklung maßgeblich beeinflußt werden und deswegen zu spezifischen, von Flachbauten abweichende Lösungen zwingen.[22] Wie eingangs bereits erläutert, ist es darüber hinaus erforderlich, dass die Material- und Energieaufwendungen anhand einheitlicher Parameter (z. B. pro Quadratmeter Nutzfläche) verglichen werden. Derartige Untersuchungen stehen allerdings nicht zur Verfügung. Nachfolgend soll deshalb anhand der wesentlichsten konstruktions- und betriebstechnischen Kenngrößen die Hochhaus spezifische Umwelterheblichkeit erörtert werden.

Baukonstruktion

Zum Bau von Hochhäusern wird neben Stahl in immer größerem Umfang auch Stahlbeton eingesetzt. Die hierbei für ein Hochhaus benötigte Betonmenge erhöht sich im Vergleich zu einem „Nicht-Hochhaus" mit gleichem Geschossflächenangebot u. a. wegen der erforderlichen aufwendigen Gründungsmaßnahmen, für die enorme Mengen an Beton und Baustahl benötigt werden. So ruht beispielsweise der Frankfurter Messeturm auf einer quadratischen, 6 Meter dicken Bodenplatte von 60 Meter Seitenlänge, in die 2.500 Tonnen Bewehrungsstahl eingebaut wurden. Zur Abtragung der Nutzlast und des Eigengewichts von rund 188.000 Tonnen waren darüber hinaus noch 64 Gründungspfähle von je 35 Meter Länge und 1,3 Meter Durchmesser erforderlich. Insgesamt

22 Rafeiner 1976, zitiert in Hausladen & Lackenbauer 1995, S. 160

wurde somit etwa 17.000 Kubikmeter Beton für die Bodenplatte und nochmals ca. 2.600 Kubikmeter für die Gründungspfähle verbraucht. Bei einem Gesamtbedarf von rund 80.000 Kubikmeter entspricht dies etwa einem Viertel der insgesamt verbauten Betonmenge.[23]

Mehraufwand muss wegen der höheren statischen Anforderungen auch für die Fassadenausführung (Windlast) und die Trink- und Abwasserversorgung betrieben werden. Zusätzlich erhöhen die ab einer bestimmten Höhe vorgeschriebenen umfangreichen brandschutztechnischen Maßnahmen wie Sicherheitstreppenhäuser, Sprinkleranlagen, Feuerwehraufzüge und Rauchabzugs- oder Überdrucklüftungssysteme den Materialaufwand.

Neben diesen konstruktionsbedingten Mehrbedarfen zeichnen sich insbesondere Bürohochhäuser mit zunehmender Geschosszahl durch ein ungünstigeres Verhältnis zwischen Nutz- und Geschossfläche aus, weil der Anteil der Verkehrs-, Funktions- und Konstruktionsflächen zunimmt. So resultiert der umfangreiche Verkehrsflächenanteil in einem Bürohaus aus der erforderlichen hohen Kapazität der vertikalen Erschließungssysteme, die zur Bewältigung des Verkehrsaufkommens während der Spitzenbetriebszeiten und wegen des Verkehrs zwischen den Stockwerken notwendig sind. Um die Umlaufzeiten angemessen kurz zu halten, werden deshalb bei Hochhäusern ab etwa 20 Geschossen die Aufzüge zusätzlich in Nah- und Fernbereichsgruppen gestaffelt, die nur bestimmte Geschosse erschließen. Aus diesen Gründen verfügt z. B. der rund 200 Meter hohe Main Tower in Frankfurt am Main über zweiundzwanzig Personenaufzüge, drei Lastenaufzüge und zwei Parkhausaufzüge. Die Länge der Aufzugsschächte addiert sich insgesamt auf 2,5 km.[24]

Der Konstruktionsflächenanteil pro Geschoß geht in den oberen Geschossen aufgrund der geringeren Lasten zurück und erhöht sich entsprechend in den unteren Etagen. Im Frankfurter Messeturm steigt daher die vermietbare Nutzfläche bei gleichbleibendem Gebäudequerschnitt von 1.150 Kubikmeter zwischen der 9. bis 24. Etage auf 1.260 Kubikmeter im 52. Stockwerk an.[25]

Angesichts des konstruktions- und erschließungsbedingten Mehraufwands kann davon ausgegangen werden, dass vor allem bei Bürohochhäusern wesentlich umfangreicher auf nicht erneuerbare Ressourcen zurückgegriffen werden muss als bei vergleichbaren niedrigeren Gebäuden.

Energiebedarf

Der während des Betriebs eines Hochhauses anfallende Energiebedarf geht maßgeblich auf die Raumwärmeerzeugung zurück. Hierbei ergeben sich keine grundsätzlichen Unterschiede zu niedrigeren Gebäuden. Ein weiterer wesentlicher Energiebedarf entsteht vor allem bei älteren

---

23 Oberpriller 1995, S. 143
24 Projektbüro Main Tower 1998
25 Oberpriller 1995, S. 110

Bürohochhäusern durch die Abfuhr der Kühllasten. Bei diesen Gebäuden kann die überschüssige Wärme und die Be- und Entlüftung der Räume nicht über zu öffnende Fenster reguliert werden, so dass Klimaanlagen unbedingt erforderlich sind. Weitere Energiebedarfe ergeben sich aus dem Betrieb der Aufzugsanlagen und aufgrund der Beleuchtung.

Grundsätzlich kann deshalb davon ausgegangen werden, dass der Energieeinsatz zum Betrieb eines Hochhauses höher ist als bei einem vergleichbaren niedrigen Gebäude. Zwingend muss dieser Mehrbedarf jedoch nicht sein. Durch den Einsatz moderner Gebäudetechnik in Verbindung mit einer entsprechend optimierten Architektur kann der Energieverbrauch eines Hochhauses reduziert werden, wie neuere Projekte zeigen. So verfügen z. B. die Büroräume des Frankfurter Main Towers über die Möglichkeit der individuell regulierbaren natürlichen Belüftung, da die Fenster durch eine spezielle Konstruktion motorunterstützt und computerüberwacht geöffnet werden können. Auch das neue Bürohochhaus der Commerzbank in Frankfurt am Main besitzt zu öffnende Fenster, die allerdings nicht unmittelbar nach außen öffnen, sondern hinter einer zweiten winddichten Fassadenhülle angeordnet sind. Die Luftzirkulation erfolgt innerhalb des Abstandsraumes zwischen den beiden Fassadenfenstern.

Die Entwicklung solcher aufwendigen und entsprechend teuren Fassadensysteme wurde jedoch nicht durch die Suche nach weiteren Energieeinsparungsmöglichkeiten initiiert. In erster Linie ging es um die Verbesserung des Raumklimas, nachdem immer häufiger Klagen über ein beeinträchtigtes Wohlbefinden von Benutzern vollklimatisierte Hochhäuser geäußert wurden (sog. Sick-Building-Syndrom).

Der Notwendigkeit zur ständigen künstlichen Beleuchtung des fensterlosen Erschließungskerns wurde bei dem neuen Hochhaus der Commerzbank in Frankfurt am Main dadurch begegnet, dass die Erschließungsflächen an die Außenfassade verlegt wurden. Anstelle des Erschließungskerns verfügt der rund 260 Meter hohe Büroturm über ein gebäudehohes Atrium, das durch mehrere Wintergärten natürlich belichtet wird. Dadurch ist es möglich, auch die inneren Büroräume mit Tageslicht zu versorgen und den Bedarf an Kunstlicht zu reduzieren. Ein anderes Konzept zur Verbesserung der natürlichen Belichtung wird im Bürohochhaus der Bank of China in Hongkong eingesetzt. Hier lenken computergesteuerte Spiegelsysteme das Tageslicht in das Gebäudeinnere.

Zusammenfassend kann somit festgestellt werden, dass der Energieverbrauch eines Hochhauses durch den konsequenten Einsatz moderner Gebäudetechnik und energieoptimierter Gebäudeentwürfe deutlich reduziert werden kann. Ob jedoch der zur Herstellung dieser aufwendigen Steuer- und Regelsysteme erforderliche höhere Energie- und Materialeinsatz durch die Einsparungspotentiale kompensiert werden kann, wird entscheidend von der Nutzungsdauer der Gebäude abhängen.

Literatur

Deutscher Wetterdienst Zentralamt: Die Wind- und Lufttemperaturverteilung innerhalb des Bankenviertels (City-West), in: Beiträge zum Klima der Stadt Frankfurt am Main Teil I. Offenbach am Main 1975

Deutscher Wetterdienst Wetteramt Frankfurt: Amtliches Gutachten über die klimatischen Auswirkungen der geplanten Nutzungsänderung im „Bankenviertel" der Stadt Frankfurt am Main. Offenbach am Main 1993

Duhme, Friedrich/Pauleit, Stephan: Boden und Grundwasser, in: Bauforschung für die Praxis, Band 8. Stuttgart: IRB Verlag 1995

Gerhardt, H. J.: Hinweise für Architekten, Stadtplaner und planende Ingenieure im Hinblick auf die Beeinflussung der Windströmung in bebautem Gebiet. Seminarvortrag. Aachen 1993

Grandjean, E./Gilgen, A.: Umwelthygiene in der Raumplanung. Thun, München: Ott Verlag 1973

Hausladen, Gerhard/Lackenbauer, Andreas: Gebäudetechnik und Energiebedarf. In: Bauforschung für die Praxis, Band 8. Stuttgart: IRB Verlag 1995

Ingenieurbüro Dr.-Ing. Achim Lohmeyer: Ergänzende Untersuchungen zu den Auswirkungen des Hochhausentwicklungsplans auf die Windverhältnisse in Frankfurt am Main. Karlsruhe 1999

Ingenieurbüro Dr.-Ing. Achim Lohmeyer: B-Plan Nr. 566 – Messeviertel/Hemmerichsweg – Untersuchungen zum Stadtklima und zur Lufthygiene. Karlsruhe 1999

Ingenieurbüro Dr.-Ing. Achim Lohmeyer: Frankfurt Main Center – Klima- und Immissionsgutachten. Karlsruhe 1993

König, G./Reeh, H.: Windlasten auf Hochhäuser unter Berücksichtigung innerstädtischer Bebauung. Sonderdruck aus: Deutsche Konferenz Hochhäuser, Vorbericht. Wiesbaden/Köln 1975

Landesgewerbeanstalt Bayern: Bericht über Windkanalversuche im Rahmen eines Klimagutachtens für den Stadtteil City-West der Stadt Frankfurt am Main. München 1975

Projektbüro Main Tower: Main Tower Werbebroschüre zum Hochhaus der Landesbank Hessen-Thüringen Girozentrale. Frankfurt 1998

Mayer, Helmut: Klima und Lufthygiene, in: Bauforschung für die Praxis, Band 8. Stuttgart: IRB Verlag 1995

Oberpriller, Jakob: Umweltbedeutung der Technik von Hochhäusern. In: Bauforschung für die Praxis, Band 8. Stuttgart: IRB Verlag 1995

Schmalz, Joachim: Entwicklung von Planungskriterien zur Vermeidung unerwünschter Windgeschwindigkeiten in den Freiräumen von Wohngebäuden mit hoher städtebaulicher Dichte. Dissertation an der Technischen Universität Berlin 1977

Wirtschaftsministerium Baden-Württemberg (Hrsg.): Städtebauliche Klimafibel. Stuttgart 1992

Zenger, A./Bächlin, W./Lohmeyer, A.: Windkanaluntersuchungen als Hilfsmittel zur stadtklimatologischen Baufolgenabschätzung, in: Schweizer Ingenieur und Architekt Nr. 8. 1993

II Zwischen Hochhausfieber und -ernüchterung

Simulation von Prosperität – Hochhausprojekte in Berlin

Harald Bodenschatz

Berlin zeigt – wie alle anderen deutschen Großstädte auch – eine Sondergeschichte hinsichtlich der Hochhausfrage. Nach dem Zweiten Weltkrieg fehlte ein entsprechender wirtschaftlicher Druck in West- wie Ost-Berlin. Doch gerade die Sondersituation der gespaltenen Stadt begünstigte das politisch gewollte Hochhaus, das Hochhaus als Mittel des kalten Städtebaukrieges. Mangels Nutzungsalternativen waren viele realisierte Hochhäuser in Ost wie West Wohnhochhäuser, die zwar privatwirtschaftlich nicht rentabel, aber politisch im Rahmen des sozialen bzw. staatlichen Wohnungsbaus bezahlt wurden und demonstrativen Zielen dienten. Nach dem Fall der Mauer schienen sich diese Verhältnisse grundsätzlich zu ändern. Doch es stellte sich bald heraus, dass auch nach 1989 die Planung von Hochhäusern vor allem politisch gewollt war. Damit offenbarte sich eine weitere historische Besonderheit der Berliner Hochhausfrage: Hochhäuser wurden in erster Linie von einer Fraktion der Architektenschaft und der politischen Führung Berlins lanciert, weniger von privaten Verwertungsinteressen. Während in den ersten Jahrzehnten dieses Jahrhunderts insbesondere einige Architekten Protagonisten der Hochhausdiskussion waren, verschob sich die Initiative nach der Spaltung der Stadt auf die Landespolitik. Nach dem Fall der Mauer können wir ein Bündnis von Landespolitik und Architektenfraktion beobachten, das wiederum einen künstlichen Hochhausboom zumindest auf dem Zeichenpapier auslöste. Politisches Ziel dieser Papierarchitektur war die Simulation von Prosperität. Eine erfolgreiche Strategie – in der Weimarer Republik wie heute. Konzeptioneller Hintergrund aller Hochhausdebatten in Berlin ist die Idee des städtebaulich verorteten Hochhauses, eine Idee, die sich vom unkontrollierten Chaos der privatkapitalistischen Verortung von Hochhäusern in den US-amerikanischen Städten distanzieren wollte.

Vorgeschichte

Wie in anderen Großstädten Deutschlands begann auch in Berlin die Hochhausdebatte und der Hochhausbau nicht erst nach dem Zweiten Weltkrieg. In der Reichshauptstadt sind vor dem Krieg insgesamt zwei Wellen großer Hochhausdebatten festzuhalten: eine kleine Welle um 1910 und ein Sturm im Wasserglas 1920–23.
Um 1910 versuchten einige wenige Architekten, den Bau von Hochhäusern im Berliner Zentrum salonfähig zu machen. Erinnert sei nur an die

Projekte für kleinere Hochhäuser am Alexander- und Moritzplatz von Paul Wittig sowie am Potsdamer Platz von Bruno Schmitz. Diese erste, hinsichtlich Höhe und Quantität doch sehr bescheidene Hochhausbewegung um 1910 hatte allerdings keine baulichen Folgen, die Hochhausprojekte blieben Papier. Die Bauordnung verhinderte in der Kaiserzeit Hochhäuser. Hintergrund war – neben den technischen und wirtschaftlichen Möglichkeiten – das politische Interesse an der Wahrung der überkommenen herrschaftlichen Höhenverhältnisse: Die Kuppeln von Schloss und Dom symbolisierten mit ihrer die Stadt beherrschenden Höhe das kaiserliche Deutschland.

In den frühen zwanziger Jahren wurde der Berlin-typische, von Architekten geförderte Hochhauskult begründet. Dieser hatte zwar keine wirtschaftlichen Grundlagen, sollte aber das Gewicht Berlins in der Großstadtkonkurrenz für alle sichtbar stärken. Durch eine zumindest gezeichnete Hochhaussilhouette sollte die Metropolenbedeutung Berlins simuliert werden – wie heute. Ziel war damals der Bruch mit den überwundenen Herrschaftsverhältnissen der Kaiserzeit auch auf städtebaulicher Ebene. Hochhäuser galten als Ausdruck der Moderne, des Fortschritts, der US-Orientierung, der angeblichen Wirtschaftlichkeit, des Zentralismus und der Funktionstrennung. Sie entsprachen bestens dem fachlichen und politischen Wunschkonzept der „Weltstadtcity".

Voraussetzung des Hochhauskultes war die explizite wie implizite vernichtende Kritik am Städtebau des späten 19. Jahrhunderts, u.a. an den überlieferten Höhenverhältnissen. Durch Hochhäuser sollte dem Stadtzentrum eine neue Silhouette gegeben werden, die die bürgerlich-kapitalistische Republik widerspiegelte. Bürohochhäuser sollten Kirchen und Bauten der vergangenen Herrschaft in den Schatten stellen. Ziel war eine bürgerliche Geschäftsstadt, eine reine, monofunktionale City, die sich an die Stelle der Altstadt setzte. Wichtiges Nebenziel war der Wiedergewinn von Wohnräumen, die durch Büros zweckentfremdet waren. Ein Bedarf an Bürohochhäusern war eigentlich nicht vorhanden, da sich Mammutkonzerne wie in den USA noch nicht herausgebildet hatten.

In der Weimarer Republik wurde die sich schon um 1910 abzeichnende Konzeption einer städtebaulichen Ordnung von Hochhäusern in der City salonfähig. Die Fachwelt war sich weitgehend einig darin, dass ein Wildwuchs von Hochhäusern wie etwa in New York und Chicago nicht wünschenswert sei, wohl aber eine städtebaulich Komposition von Hochhäusern an planerisch ausgewählten Standorten. Das war eine etatistische Konzeption, ein Versuch, auf der Ebene des Städtebaus die Dominanz des Staates durchzusetzen.

Im Jahre 1920 erhielt Bruno Möhring den Auftrag der preußischen Akademie für Bauwesen, Studien über Turmhochhäuser im historischen Zentrum von Berlin zu erstellen. Möhring schlug etwa 20 städtebaulich plazierte Hochhäuser vor, darunter Hochhausgruppen am Lehrter Bahnhof, am Bahnhof Friedrichstraße und am Bahnhof Börse (heute: Hackescher Markt).[1] Im Jahre 1921 schließlich wurde der berühmte Wettbewerb für ein Turmhaus am Bahnhof Friedrichstraße durchge-

1 Vgl. Möhring 1921

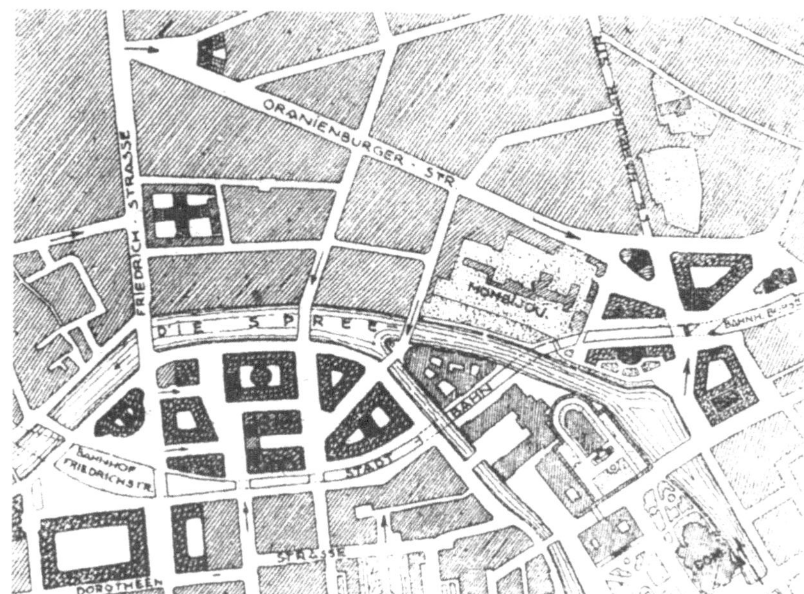

Abb. 1: Vorschlag von Bruno Möhring für eine Gruppe von Hochhäusern (dunkel hervorgehoben) zwischen Bahnhof Friedrichstraße und Museumsinsel, 1920

führt. 1920/21 präsentierte der begeisterte Hochhausarchitekt Otto Kohtz seine Pläne für ein Hochhaus am Königsplatz, in unmittelbarer Nähe des Reichstages. Die Weimarer Republik war – neben der DDR-Zeit – die einzige politische Ära, in der Hochhäuser für Hauptstadtfunktionen gezeichnet wurden.
All diese hochfliegenden Träume wurden in Jahren wirtschaftlicher Krisenverhältnisse entfaltet, noch vor der Periode der relativen Stabilisierung in den Jahren 1923–28. In der zweiten Hälfte der zwanziger Jahre wurden die Träume weitergestrickt, etwa im Rahmen des Wettbewerbs zur Umgestaltung der Straße Unter den Linden (1926). Der Gewinner van

Abb. 2: Vorschlag von Otto Kohtz für ein Hochhaus mit Hauptstadtfunktionen am Platz der Republik in der Fassung von 1930–32

Eesteren plante u.a. eine Reihe kleinerer Hochhäuser entlang der ehrwürdigen Allee Unter den Linden und ein gewaltiges Hochhaus an der Ecke zur Friedrichstraße. Um 1928 präsentierte Ludwig Hilberseimer seine berühmte Vision einer radikalen Modernisierung der Friedrichstadt durch Hochhausscheiben.
Jenseits aller euphorischen Planungen war die Realität doch sehr ernüchternd. Nach 1924 wurden einige wenige moderate Hochhäuser realisiert, allerdings jenseits jeder städtebaulichen Verortung, so z.B. der 65 Meter hohe Verwaltungsturm der Borsigwerke im Norden Berlins nach Plänen von Eugen Schmohl (1922–24), der 77 Meter hohe Ullstein-Turm im Süden Berlins ebenfalls nach Plänen von Eugen Schmohl (1925–27), das 12-geschossige Kathreinerhaus am Kleistpark in Schöneberg nach Plänen von Bruno Paul (1929/30) sowie das 50 Meter hohe Europahaus am Askanischen Platz nach Plänen von Bielenberg & Moser sowie Otto Firle (1926–31).
In der Zeit des Nationalsozialismus veränderten sich die politisch-kulturellen Verhältnisse radikal. Hohe Gebäude waren wieder eindeutig der politischen Repräsentation vorbehalten. Erinnert sei an den Triumphbogen und die „Große Halle des Volkes“ an der Nord-Süd-Achse, aber auch an das frostige Hochhaus der Soldatenhalle in der Sichtachse der Leipziger Straße. Dagegen hatten die 1935 von Hugenberg und Kohtz in die Diskussion gebrachten Wohnhochhäuser, deren privatwirtschaftlicher Bau eine radikale Sanierung der Mietskasernenbebauung finanziell möglich machen sollte, keine Chance.

Nachkriegszeit bis zum Fall der Mauer

In der unmittelbaren Nachkriegszeit erlebte das moderate Hochhaus auf den Zeichentischen eine Renaissance, und zwar als Wohnhochhaus. So schlug das Planungskollektiv um Hans Scharoun eine moderne Wohnbebauung u.a. mit Hochhausscheiben vor.

West-Berlin

In den fünfziger Jahren wurde in West-Berlin das Wohnhochhaus Wirklichkeit – in der Form des Punkthochhauses etwa in der Ernst-Reuter-Siedlung und am Roseneck. Die Betonung des neuen Hansaviertels durch eine ganze Phalanx von völlig unwirtschaftlichen Wohnhochhäusern wurde intern stark kritisiert und von außen durch Martin Wagner angeprangert („Potemkin in West-Berlin“). Mit dem 18-geschossigen Hochhaus für die Senatsbauverwaltung nach Plänen von Werry Roth und Richard W. Schuberth (1954–55) entstand auch ein vielbeachtetes Bürohochhaus – typischerweise nicht für ein privates Unternehmen, sondern für ein politisches Amt. Am Ernst-Reuter-Platz wurde das 22–geschossige Telefunken-Hochhaus nach Plänen von Paul Schwebes und Hans Schoszberger (1958–60) errichtet, das heute der Technischen Universität Berlin gehört. Am Hardenbergplatz entstand im Rahmen des differenziert gestalteten Gesamtkomplexes „Zentrum am Zoo“ ebenfalls nach Plänen von Paul Schwebes und Hans Schoszberger eine

16-geschossige Hochhausscheibe (1956–57). Dazu kam das die Berliner Traufhöhe überragende Schimmelpfenghaus nach Plänen von Franz Heinrich Sobotka und Gustav Müller (1957–60). Diese Bauten um die Kaiser-Wilhelm-Gedächtniskirche waren das bedeutendste Zeugnis des Versuchs, in der Zeit des kalten Krieges eine ausdrücklich moderne westliche Hochhaus-City zu simulieren und als Schaufenster des Westens zu gestalten.
Vor allem mit Hilfe des Berlinförderungsgesetzes gelang es dem Berliner Senat in den sechziger und frühen siebziger Jahren, eine kleine künstliche Hochhauskonjunktur zu inszenieren. Politisches Ziel war die Demonstration der Überlebensfähigkeit West-Berlins auch nach dem Bau der Mauer. Realisiert wurden in dieser Zeit etwa das 68 Meter hohe Springer-Hochhaus nach Plänen von Melchiorre Bega, Gino Franzi, Franz Heinrich Sobotka und Gustav Müller (1961–66), das 22-geschossige Europa-Center nach Plänen von Helmut Hentrich und Hubert Petschnigg (1963–65), das 29-geschossige Postgiroamt Berlin-West nach Plänen von Prosper Lemoine (1965–71), der 30-geschossige Steglitzer Kreisel nach Plänen von Sigrid Kressmann-Zschach (1969–73), das Kudamm-Karree nach Plänen von Sigrid Kressmann-Zschach (1971–74) und das 23-geschossige Bürohochhaus der Bundesanstalt für Angestellte nach Plänen von Hans Schäfers, Hans Jürgen Löffler, Baudezernat der BfA (1973–77). Insbesondere das Projekt des Steglitzer Kreisels war ein Beispiel für die skandalöse Verstrickung von Landespolitikern in undurchsichtige Geschäfte. Neben diesen wenigen Bürohochhäusern, für die keineswegs immer eine reale Nachfrage bestand, wurden im Zuge des Baus von Großsiedlungen zahlreiche Wohnhochhäuser an der Peripherie errichtet.

Abb. 3: Zentrum West-Berlins: Ruine der Kaiser-Wilhelm-Gedächtniskirche mit Europa-Center (Postkarte 60er Jahre)

Der Steglitzer Kreisel ist als größter Investitionsskandal West-Berlins in die Baugeschichtsschreibung eingegangen. Er war kein Produkt öffentlicher, sondern Ergebnis privater Planung, die sich der öffentlichen Hand aufgedrängt hatte. Doch anders als in den Großstädten des Westens war der Motor der privaten Planung nicht die Spekulation auf Veränderungen des Marktes, der Nachfrage, sondern die Spekulation auf Berlinsubventionen. Daher war der „Pleite-Kreisel" vor allem auch ein Paradefall subventionskapitalistischen Städtebaus.

Politisch wurde der Bau des Steglitzer Kreisels von Beginn an massiv gefördert. Anläßlich des Richtfestes am 13. September 1972 betonte der Regierende Bürgermeister von Berlin, Klaus Schütz, zunächst die städtebauliche Bedeutung des Projektes:
„Hier an der Stelle Berlins, wo die zwei mächtigen Verkehrsströme Schloßstraße und Westtangente zusammenfließen, entsteht mit dem ‚Steglitzer Kreisel' ein besonders auffälliges Bauwerk. Dieser Bau hat schon heute fast den Charakter eines Wahrzeichens für Berlin-Süd. Er ist von weither sichtbar und einfach nicht mehr zu übersehen. (...) Die Schloßstraße, die nach Beendigung der Umbauten (...) eine hervorragende Einkaufsstraße sein wird, bekommt durch den ‚Kreisel' einen neuen Höhepunkt im wörtlichen Sinne. Das großzügige verkehrstechnische Konzept, das in dem Kreisel und um den Kreisel verwirklicht wird, trägt mit zu dieser Einschätzung bei."[2]
Schütz schwärmte von einer „großen Idee, die sich bewähren wird". „Bauwerke von der Größenordnung des ‚Steglitzer Kreisels' bestimmen den städtebaulichen Charakter eines ganzen Stadtteils." Und weiter: „Dieser Bau wird, davon gehe ich aus, der Urbanität unserer Stadt dienen." Große Worte! Zugleich wetterte der Regierende Bürgermeister gegen „hämische, neidische, unsachliche Nörgeleien", wie „wir sie zum Beispiel beim Märkischen Viertel über uns ergehen lassen mußten." Doch die unsachlichen Nörgler behielten Recht. Ende 1973 konnte die finanzielle Krise des Kreiselprojektes nicht mehr bemäntelt werden. Es folgte der vorläufige Baustopp und die radikale Neuorganisation der Trägerschaft. 1974 mußte die Baugesellschaft Konkurs anmelden.
Interessant ist eine zeitgenössische Wahrnehmung des Steglitzer Kreisels als Beispiel für Metropolensimulation durch potemkinsche Hochhausprojekte, als Beispiel für eine Senatspolitik, die in veränderter Form auch heute wieder aktuell ist. So schrieb Goerd Peschken 1974 in der renommierten Architekturzeitschrift Bauwelt:
„Wie jede Kleinstadtbürgermeisterei in den notleidenden Randgebieten der Bundesrepublik möchte der Senat wirtschaftliche Dynamik simulieren, gerade weil und wo sie nicht vorhanden ist. Dies tut er, indem er an jede größere Kreuzung mindestens ein Hochhaus bauen läßt. (...) Für die städtebaulichen Dominanten besteht kein Bedarf. Niemand würde sie bauen, niemand sie mieten. (...) Der Senat möge aufhören, wirtschaftliche Dynamik zu simulieren, Potemkin zu spielen."[3]
Nach dem Konkurs der Baugesellschaft begann eine langwierige Suche nach neuen Trägern und Nutzungen. Alternativen wie Kauf der Investitionsruine durch die öffentliche Hand, Nutzung durch die Freie Universität Berlin, das Polizeipräsidium oder die Oberfinanzdirektion, aber auch ein Abriss wurden erwogen und verworfen. Nur eines war klar: Die öffentliche Hand war in die Falle gegangen, sie musste letztlich für den Schaden aufkommen. Der Kreisel wurde nun – nach erheblichen Umbauten – bis 1980 fertiggestellt. Im Jahre 1988 schließlich erwarb die öffentliche Hand den 118,65 Meter hohen Gebäudekomplex. Das teuerste Rathaus Berlins war vollendet, die „Kreisel-Schande" zugedeckelt.

2 Bericht des 2. Untersuchungsausschusses 1974, S. 23
3 Peschken 1974, S. 859

Bei aller Kritik erstaunt aber eine Leistung der West-Berliner Stadtpolitik: Selbst ungeheuerliche Skandale wurden immer wieder zu Erfolgen umgemünzt. Die legendäre Berliner Prahlerei verschonte auch den Kreisel nicht. So wurde die Sumpfblüte gleich nach Fertigstellung als „höchstes Gebäude Berlins“, als „höchstes Rathaus Europas“, als „Wahrzeichen des neuen Steglitz“ gefeiert. Der Stadtführer Berlin-Steglitz von Karl Baedeker aus dem Jahre 1980 ehrte den Kreisel mit einem Sternchen!

In den achtziger Jahren wurde schrittweise die historische Stadt rehabilitiert. Das bedeutete: Anerkennung von Korridorstraßen, traditionellen Plätzen, Blockstrukturen, Traufhöhen. In dieser Zeit offenbarte sich die kulturelle Krise der Stadt der Moderne. Der Kult des Hochhauses verlor an Bedeutung. In West-Berlin signalisierten die Aktivitäten der Altbau- wie der Neubau-IBA diese kulturelle Wende.

Im Zuge der Diskussion um Nachverdichtung vor dem Hintergrund einer damals wahrgenommenen Wohnungsknappheit wurde um 1988 in West-Berlin von einer Architektenfraktion eine neue Hochhausdiskussion angezettelt. Dieser Vorgang ist ein interessantes Beispiel für die Zweckentfremdung eines gesellschaftlichen Problems für eigene Interessen. Denn es bestand kein konkreter Bedarf an Hochhäusern. Es handelte sich um eine rein gestalterisch orientierte Debatte, die Fragen der Nutzung waren zweitrangig. Die damals beliebte Nutzungsformel „Bürotel“ (Mischung von Büros und Hotel) für die gezeichneten Hochhäuser brachte diese Beliebigkeit zum Ausdruck. Neu war eine „ökologische“ Legitimation – d.h. der Verweis auf die Minimierung der Bodenversiegelung durch Hochhäuser. Weniger neu war die wiederbelebte Konzeption, Orte durch Hochhäuser städtebaulich hervorzuheben. Der zentrale Spielort für diese Debatte war ein nicht existierender Platz: der „Spichernplatz“ an der „Kreuzung“ Pariser-Regensburger Straße mit der Bundesallee.[4] Damals wurden – neben dem Spichernplatz – u.a. folgende Standorte für Hochhäuser diskutiert: das Kant-Dreieck, das Victoriagelände, ein Grundstück am Bahnhof Zoo.

Ost-Berlin

Auch in Ost-Berlin wurden Hochhäuser gebaut – und zwar tatsächlich nach städtebaulichen Gesichtspunkten. Voraussetzung für ein solches Vorgehen waren die Möglichkeiten des staatlichen Zugriffs auf Grund und Boden und der staatlichen Produktion von Gebäuden überhaupt. Nach dem Referenzprojekt eines moderaten Wohnhochhauses an der Weberwiese und weiterer moderater Hochhäuser an der Stalinallee wurden die Planungen für ein gigantisches Hochhaus im Bereich des abgerissenen Berliner Schlosses forciert, das nach Moskauer Vorbild gestaltet und die zentralen politischen Funktionen des DDR-Staates aufnehmen sollte. Dieses östlich der Spree verortete Hochhaus hätte den baulich-räumlichen Mittelpunkt nicht nur Ost-Berlins, sondern der DDR überhaupt markiert. Die gezeichnete Form und der genaue Standort dieses

4 Vgl. Kollhoff/Neumeyer 1989

Hochhauses wurde im Laufe der fünfziger Jahre immer wieder modifiziert. Realisiert wurde das Hochhaus nie, an seiner Stelle entstand westlich der Spree in den siebziger Jahren der Palast der Republik.

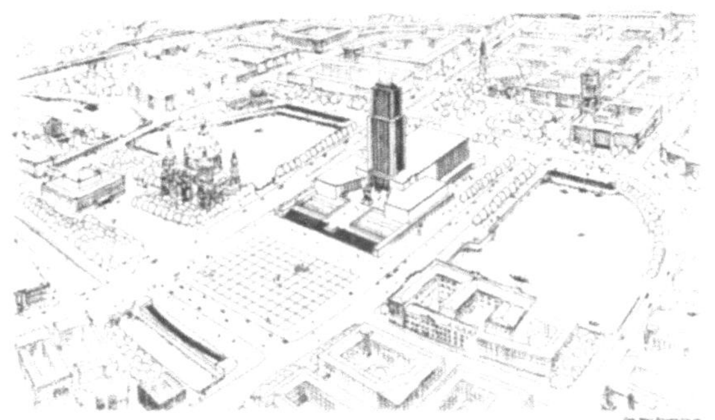

Abb. 4: Vorschlag von Gerhard Kosel u. a. im Rahmen des Wettbewerbs zur sozialistischen Umgestaltung der Hauptstadt Berlin, Ende der 50er Jahre: Das – nie gebaute – zentrale Hochhaus für Partei- und Staatsorgane – Mittelpunkt Ost-Berlins, ja der DDR überhaupt – wird von zwei Wasserflächen flankiert.

In den sechziger Jahren projektierten die Herren Ost-Berlins ein neues, modernes, von Hochhäusern gesäumtes Zentrum. Ein umfassender Bruch mit den historischen Höhenproportionen wurde vorbereitet und auch realisiert. Auftakt bildete das 12-geschossige Haus des Lehrers am Alexanderplatz nach Plänen von Hermann Henselmann u.a. (1961–64). Es folgten das 123 Meter hohe Interhotel Stadt Berlin nach Plänen von Roland Korn u.a. (1967–70) ebenfalls am Alexanderplatz, das 93,5 Meter hohe Internationale Handelszentrum am Bahnhof Friedrichstraße nach Plänen von Erhardt Gißke u.a. (1967–78) sowie die Wohnhochhäuser auf der Fischerinsel und entlang der östlichen Leipziger Straße. Letztere hatten im Erd- und ersten Geschoß auch städtische Einrichtungen. Wohnhochhäuser sollten die sozialistische Kritik an der kapitalistischen City praktisch wenden. Eine herausragende Rolle hinsichtlich der staatlichen Präsentation der DDR spielte das Internationale Handelszentrum, ein Schlüsselbau der DDR-Moderne, der bis heute – abgesehen von Abrissgelüsten – kaum Aufmerksamkeit gefunden hat. Dieses Hochhaus war ein Schaufenster des Ostens. Entgegen dem dominanten Trend der kulturellen Abwertung der Bauten der DDR-Moderne entdeckte der Architekturkritiker Hans Wolfgang Hoffmann nach dem Fall der Mauer die Potentiale des baulichen Findlings in der nördlichen Friedrichstadt.

„Das Internationale Handelszentrum am Bahnhof Friedrichstraße interpretiert den Berliner Baublock als Hochhaus. Es schafft einen öffentlichen Freiraum, ohne auf effiziente Grundstücksausnutzung zu verzichten. Es verbindet lokale Bautradition mit International Style, gesamtstädtische Planung mit Investorendesign, Welthandel und Kietzkonsum, Plan und Markt. Ebenso ungewöhnlich wie die Bauaufgabe war die Konstellation der Beteiligten, die sie lösen sollten. Mit dem Gebäude versuchte ein abgeschotteter, eingemauerter Staat, Kontakt zur Welt aufzunehmen. Die Niederlassungen von mehr als hundert westlichen Großkonzernen und heimische Handelskombinate sollten unter einem Dach unterkommen. Planung und Bauausführung übernahmen zwei japanische Unternehmen. Nippon Steel baute, was die Kajima Cor-

poration ausführungsreif plante. (...) Alles andere als üblich war (...) die städtebauliche Komposition, die Erhardt Gißke als Leiter der Baudirektion Berlin entwickelte. Er plazierte das Bauprogramm am Bahnhof Friedrichstraße. Dort hatten bereits 1920/21 und 1929 zwei Wettbewerbe ‚nach einem Turmhaus geschrien'. Gißke versetzte es nur auf die andere Seite der Trasse. Die Baumasse entspricht ungefähr dem, was sich heute in Traufhöhe 22 Meter auf den Parzellen der Neuen Friedrichstadt stapelt. Auch Gißke nahm einen konventionellen Block. Nur klappte er ihn einfach in die Vertikale. (...) Ein frei davorgestellter Pavillon übernimmt im nördlichen Teil die Vermittlung der Blockscheibe zur historischen Bauflucht. Zugleich ergänzt er mit Restaurant, Nachtclub, Supermarkt und Fitneßeinrichtungen die Büronutzung zur städtischen Mischung."[5]
Aber auch in Ost-Berlin wurde in den achtziger Jahren die historische Stadt rehabilitiert. Das zeigte sich am Bau des Nikolaiviertels und der Otto-Grotewohl-Straße sowie an den Planungen für die Friedrichstraße. Der Bau von Hochhäusern stand nicht mehr auf der Tagesordnung.

Gesamtberlin nach dem Fall der Mauer

Mit dem Fall der Mauer schienen die gestalterischen Absichten einer Hochhausfraktion von West-Berliner Architekten plötzlich mit einem wirtschaftlichen Verwertungsdruck zusammenzufallen. Die Produktion von gezeichneten Hochhäusern nahm völlig neue Dimensionen an. Allerdings zeigte sich bald, dass es wiederum die Landespolitik war, die Hochhäuser an ausgewählten Standorten lancierte.

Die Euphorie der frühen neunziger Jahre

Ausgangspunkt dieser Politik war eine völlig überzogene Wachstumserwartung. Berlin, so die Annahme der Politik kurz nach dem Fall der Mauer, sei eine Boomstadt, die sich in wenigen Jahren auf die Höhe von Paris und London katapultieren würde. Insbesondere die Büroraumnachfrage wurde völlig überschätzt. Die Fehlprognosen waren aber insofern erfolgreich, als dass sie zahlreiche Immobilieninvestoren mobilisieren konnten. In dieser Zeit wurde die Idee einer städtebaulichen Verortung von Hochhäusern weiter verfolgt. Es waren vor allem Architekten, die eine solche Lösung angesichts des erwarteten Flächenbedarfs des Dienstleistungssektors empfahlen.
Das Jahr 1991 markierte den Gipfel der Wachstumseuphorie der Nachwendezeit in Berlin. „Hochhäuser sollen zeigen, wo Berlins Zentrum liegt."[6] An allen „rationalen" und weniger rationalen Standorten wurden Hochhäuser ins Gespräch gebracht. Die taz berlin schrieb: „Am Berliner Himmel kratzen – Architekten führen einen Generalangriff auf

5 Taz berlin, 5./6. Juli 1997
6 Berliner Morgenpost, 26. Mai 1991

die Traufhöhe/Büroflächen – soweit das Auge reicht/Neue Symbole werden gesetzt."[7]

Eine bundesweit beachtete Antwort auf den erwarteten und ersehnten Wachstumsschub gab die Architekturausstellung „Berlin morgen", die 1991 zuerst in Frankfurt am Main und dann in Berlin präsentiert wurde.[8] In dieser Ausstellung zeichneten prominente Architekten ihre oft beliebigen, den Ort wie die Geschichte vernachlässigenden Hochhausparaden im und am Rande des historischen Zentrums. Besonders hervorzuheben ist der Vorschlag von Hans Kollhoff, zwei Plätze des Zentrums durch ein harmonisches Hochhauscluster zu krönen: den Alexanderplatz am östlichen und den Potsdamer Platz am westlichen Eingang des historischen Zentrums. Ohne eine extreme Ausnutzung von Grundstücken in zentraler, optimal erschlossener Lage, so die Annahme, „werde es nicht möglich sein, die Nachfrage am Platz zu befriedigen."[9] Kollhoff plädierte für schlanke Hochhaustürme, die sich wie ältere Wolkenkratzer New Yorks nach oben hin verjüngen. Die beiden Hochhausgruppen mit ihren etwa 70 Geschossen sind das großartigste Zeugnis der Träume und Alpträume der berauschten Nachwendeära. Sie könnten, so die Hoffnung von Kollhoff, das übrige Zentrum, insbesondere die Allee Unter den Linden und die Friedrichstraße, vom baulichen Druck „entlasten" und damit als Traditionsstraßen retten.

Abb. 5: Vorschlag Hans Kollhoffs für zwei Hochhausgruppen am Alexanderplatz und Potsdamer Platz, 1990

Der Aufrüstung des Alexanderplatzes konnte damals sogar der aus der DDR-Bürgerrechtsbewegung kommende Bürgermeister des Bezirks Mitte, Benno Hasse, etwas abgewinnen: „‚Dieses Gebiet ist ja schon nicht mehr historisch, und deshalb kann man hier Hochhäuser hinbauen'. Zwischen den Alex-Gebäuden seien noch Lücken vorhanden, so daß der ‚schon jetzt in seiner Höhe verdorbene, eigenartig konzipierte Alex' sehr wohl ‚neu überdacht' werden könnte."[10] Eine merkwürdige

7 Taz berlin, 29. Juni 1991
8 Vgl. Lampugnani/Mönninger 1991
9 Taz berlin, 16. Februar 1991
10 Tagesspiegel, 28. Juni 1991

Vorstellung von „Historischem", eine denkwürdige Begründung hochhaustauglicher Orte! Dass Hochhäuser gebraucht werden, schien zu diesem Zeitpunkt selbstverständlich, die Zeichnerei von Hochhauswäldern war nur konsequent: „Eine überspannte Architektenutopie", so ein Bericht im Berliner Magazin tip über die Frankfurter Ausstellung unter der Überschrift „Wolkenkratzer mit Zentralpark", ist das „keineswegs angesichts des auf Berlin zukommenden Bedarfs an Fläche für Büros, Verwaltungs- und Geschäftsräume. Falls die Bundesregierung nach Berlin zieht, wird ein Bedarf an Bürofläche prognostiziert, der etwa 30 Unternehmen in den Dimensionen von Daimler Benz entspricht".[11] Das waren besoffene Zeiten!

Zu den von Kollhoff vorgeschlagenen und in der öffentlichen Debatte begrüßten beiden Hochhausgruppen am Potsdamer und Alexanderplatz gesellte sich noch eine dritte, politisch forcierte Hochhausgruppe im Herzen der sog. City West um die Kaiser-Wilhelm-Gedächtniskirche. Dort wollte „bis 1995" die „Brau und Brunnen AG" einen 20-geschossigen Hochhauskomplex im Glas- und Stahldesign mit Antennenmast nach einem Entwurf des Londoner Architekten Richard Rogers erstellen: das „Fenster zum Zoo". Im Wachstumstaumel der frühen neunziger Jahre waren selbst die kritischsten Städtebaukritiker von dem Luftprojekt von Brau und Brunnen begeistert: „Scheint es auf den ersten Blick", so Rolf R. Lautenschläger im Berliner Magazin tip, „daß der Rogers-Turm zwischen den zeittypischen Symbolen des Wiederaufbaus noch wie ein Fremdkörper wirkt, so muß man dem futuristisch anmutenden Entwurf zugute halten, daß seine offene Struktur die Stadt regelrecht in das Haus hineinnimmt und in der Höhe den Dialog mit der Gedächtniskirche und dem Europacenter sucht. Der winkelförmige Bau verzahnt sich mit der Stadtsilhouette und wäre ein gutes maßstäbliches Beispiel hochwertiger Verdichtung, an dem sich die kommenden Hochhausbauer in dieser Stadt orientieren könnten."[12] Das für eine Dienstleistungs- und Hotelnutzung vorgesehene „Zoofenster" sollte durch weitere neue Hochhäuser ergänzt werden: einen „Campanile" gegenüber dem Theater des Westens, Turmhäuser auf dem Victoria-Areal und eine Hochhausscheibe an der S-Bahntrasse.

Dennoch gab es auch damals Warner vor der baulichen Verdichtung im Zentrum. Der Architekturkritiker Robert Frank etwa verwies auf die damit verbundene „Auflösung der überkommenen europäischen Stadt"[13]. Für den Architekturkritiker Falk Jaeger war das Hochhaus eine überlebte Bauform. „Hochhäuser, Wolkenkratzer gar, sind die dem Aussterben geweihten Dinosaurier der Architektur."[14] Der Stadtwissenschaftler Eberhard von Einem wandte sich mit Blick auf die in der Frankfurter Ausstellung gezeigten Vorschläge gegen das „süße Gift" der die historischen Proportionen vernachlässigenden Megastrukturen. „Es scheint, als wollten die Architekten – und dies eint sie alle – eher durch Größe und Masse, garniert mit blumigen Sprechblasen, beeindrucken

11 Tip 5/1991
12 Tip 9/1991
13 Tagesspiegel, 4. Dezember 1991
14 Tagesspiegel, 10. Mai 1992

als durch sorgfältiges Studieren, Abwägen und kleinteiliges Gestalten. Was dem Betrachter im Gedächtnis bleibt und ihn zugleich abstößt, ist die Gigantomanie. Kann man dem Metropolen- und Hauptstadtanspruch nur durch die Großform entsprechen?"[15]
Aber auch Eberhard von Einem sah einen gewaltigen wirtschaftlichen Druck. Um das Zentrum zu retten, sollten neue Bürostandorte am S-Bahn- und Autobahnring ausgewiesen werden. Damit war das Konzept der Ringstadt gemeint, das vielleicht anspruchsvollste stadtplanerische Konzept der Nachwendezeit, das heute fast vollständig in Vergessenheit geraten ist. Städtebauliche Entwürfe für dieses Konzept, das auf eine bauliche Verdichtung am West-, Nord-, Ost- und Südkreuz setzte, wurden auf der Ausstellung „Berlin heute" gezeigt.[16] Ganze Hochhauswälder wurden dort stolz präsentiert. Auch für dieses Konzept machte Hans Kollhoff Vorschläge, die in der Vorschlagsvariante D für die Entwicklung des Westkreuzes einen Höhepunkt fanden: Dort sollte eine Kette von bis zu 190 Meter hohen Gebäuden eine Bruttogeschoßfläche von ca. 4,8 Mio. Quadratmetern auf den Markt werfen.
Ende 1992 brachte der Architekt Peter Eisenmann ein außergewöhnliches Hochhausprojekt ins Gespräch: das „Max-Reinhardt-Haus", eine 150 Meter hohe Gebäudeskulptur in Form einer „mathematischen Vagina"[17]. Doch der dominante Trend hatte sich bereits gegen Hochhäuser gewendet. In der Folge der Auseinandersetzungen um die Gestaltung des Potsdamer Platzes setzte sich das Leitbild der „Europäischen Stadt" mehr und mehr durch, das einer allzu überschwenglichen Hochhausbegeisterung einen Riegel vorschob. Zentrale Figur bei dieser konzeptionellen Wende der Berliner Politik war der aus Lübeck berufene Senatsbaudirektor Hans Stimmann. Für Hochhäuser wurde es jetzt enger. Der Hochhausfraktion wurde allerdings ein ganzer Platz samt Umfeld weit im Osten überlassen, der den West-Berlinern als „städtebauliche Wüste" erschien: der Alexanderplatz, der zentrale Platz von Ost-Berlin, ja der ehemaligen DDR überhaupt. Das Projekt „Neugestaltung Alexanderplatz"[18] entwickelte sich zum größten Kahlschlagprojekt der Nachwendezeit, zum einzigen bis zum Planungsrecht hin vorbereiteten Hochhauscluster.
Im Januar 1993 wurde ein beschränkter, zweistufiger Wettbewerb von der Senatsverwaltung für Stadtentwicklung und Umweltschutz zusammen mit den interessierten Investorengruppen ausgeschrieben. Die Auslobungsbroschüre kann als Wunschliste der Investoren betrachtet werden, der keine entsprechenden Positionen der öffentlichen Hand gegenübergestellt wurden. Auf der Wunschliste standen in erster Linie Büroräume. Fünf Architektengruppen wurden im April dieses Jahres für die zweite Stufe des Wettbewerbsverfahrens ausgewählt. An der zuständigen Jury waren die Investoren maßgeblich beteiligt. Im Juni 1993 begann die zweite Stufe des Wettbewerbsverfahrens. Im September 1993

15 Tagesspiegel, 15. Juni 1991
16 Vgl. Berlinische Galerie 1991
17 Niklaus Hablützel in der taz berlin am 19. Dezember 1992
18 Vgl. Verein „Entwicklungsgemeinschaft Alexanderplatz" 1994

wurden die Ergebnisse der Öffentlichkeit präsentiert. Fast 1 Mio. Quadratmeter Bruttogeschossfläche sollten gebaut werden, davon über 600.000 Quadratmeter – also mehr als die Hälfte – Bürofläche. Gewonnen wurde der Wettbewerb von Hans Kollhoff, der zunächst 13 Hochhäuser vorsah.
Kollhoffs Vorschlag war ein klassisches Projekt eines neuen Platzes aus einem Guss. Seine Agglomeration von Hochhäusern im Geflecht von Blockstrukturen konnte nur so – wie von ihm vorgeschlagen – und nicht anders realisiert werden. Das war jedenfalls die Aussage von Kollhoff. Die Zahl der Hochhäuser von immerhin etwa 150 Meter Höhe war fixiert, ebenso ihr Standort. Jeder Standort wurde hinsichtlich Nahsicht wie Fernsicht begründet. Das schloss jede weitere Entwicklung vor, während und nach Fertigstellung des Projekts aus.
Kollhoff wollte die vorhandene Bebauung weitgehend abbrechen. Der

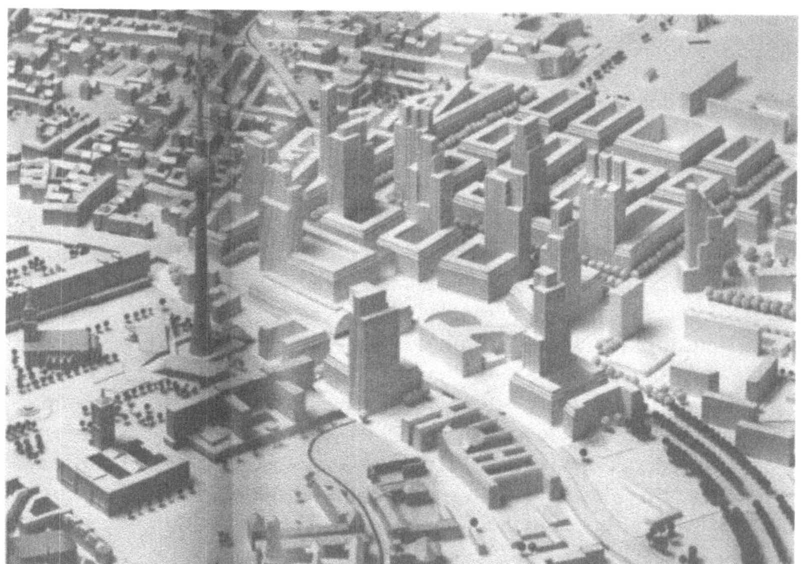

Abb. 6: Vorschlag Hans Kollhoffs zur Umgestaltung des Alexanderplatzes im Rahmen der zweiten Entwurfsphase des städtebaulichen Ideenwettbewerbs, 1993

Platz wurde verkleinert. Die Hochhäuser waren zum Platz hin zurückgesetzt, sie sollten den Platz halbkreisförmig einfassen. Die geplante Raumfigur hatte damit eine Vorderseite und eine Rückseite. Die Vorderseite war nach Westen orientiert. Das geforderte Flächenprogramm wurde in dem Bebauungsvorschlag übererfüllt.
Von den Befürwortern wurde der siegreiche Entwurf beschwörend als Ausdruck „Berlinischer Architektur" gefeiert. Einer näheren Betrachtung hält diese These nicht stand. Steinerne Hochhäuser im Kontext von baulichen Blockstrukturen – das sind Elemente einer internationalen Architekturströmung der 20er Jahre, hinter denen spezifische gesellschaftliche Leitbilder von moderner Stadt standen. Für Berlin schlug Bruno Möhring ähnliche Hochhäuser vor, die allerdings nie gebaut wurden. In den USA präsentierte Hugh Ferris in seinen berühmten Zeichnungen Visionen einer solchen Architektur.

Überraschend war das grenzenlose Vertrauen der Jury wie der Verantwortlichen in ein Projekt aus einem Guss, in ein Projekt solcher Rigidität, das den jahrzehntealten, nie erfüllten Traum von städtebaulich sauber verordneten Hochhäusern zu neuem Glanze verhelfen sollte. Mehr als 20 Jahre, so die unbegründete Hoffnung, würde das Konzept Bestand haben. Präsentiert wurde ein fertiges Bild, ein Bild des Endzustands, der Weg zu diesem Endzustand blieb im Dunklen.

Die Ernüchterung seit 1993

Im Zuge der Ernüchterung seit 1993, als die fehlgeschlagene Olympiabewerbung endgültig die Nachwendeeuphorie beendete, wurden viele hochfliegenden Projekte aufgegeben, aufgeschoben oder zurückgestutzt. Nach der Berliner Wahl des Jahres 1995 veränderten sich auch die politischen Rahmenbedingungen: Der Katzenjammer des ausgebliebenen Wirtschaftsbooms erreichte auch die politische Klasse Berlins, Sparen wurde zum neuen Topziel, und mit dem dann auf den Weg gebrachten Planwerk Innenstadt Berlin sollte dem Leitbild der „Europäischen Stadt" zum Durchbruch verholfen werden. Hochhäuser wurden vor diesem Hintergrund zum Streitpunkt zwischen der an Gewicht verlierenden Hochhaus-orientierten Architektenfraktion und den im Aufwind befindlichen Hochhausgegnern. Doch die Fronten erwiesen sich als äußerst kompliziert.

Das Planwerk Innenstadt stellte die Hochhausplanung am Alexanderplatz nicht in Frage, obwohl diese für jeden offensichtlich den Prinzipien des Planwerks eklatant widersprach. Und in der City West propagierte der erste Entwurf des Planwerks weitere Hochhäuser neben den bereits geplanten, so etwa eines direkt neben dem Elefantentor des Zoologischen Gartens. Es handelte sich dabei um ein 20-geschossiges Gebäude nach Plänen des Architekten Hans Kollhoff, dem Hochhauspropheten der frühen neunziger Jahre. Im Prozeß der Überarbeitung des Planwerks wurden diese Zusatzhochhäuser wieder aufgegeben.

Allerdings war dieses Planwerk lediglich ein Produkt der von einem Sozialdemokraten geführten Stadtentwicklungsverwaltung. Die konkurrierende, von einem CDU-Senator geführte Bauverwaltung favorisierte dagegen weitere Hochhäuser um die Kaiser-Wilhelm-Gedächtniskirche. Senatsbaudirektorin Barbara Jakubeit beauftragte Christoph Mäckler mit einer Hochhausstudie, deren Ergebnis voraussehbar war: Die City West kann gut weitere Hochhäuser vertragen. Mäckler empfahl statt des nunmehr als stadtunverträglich deklarierten Zoofenster-Entwurfs von Richard Rogers sein eigenes Hochhausprojekt: ein neues, wohl 108 Meter hohes Gebäude mit steinernem Kleid, eingebunden in eine Art Blockrandbebauung, und einer Bebauungsdichte von 17,59 (Geschossflächenzahl). Eine fabelhafte geplante Grundstücksausnutzung, die – was für ein Zufall – die Dichte des Projekts von Rogers („nur" 13,88 Geschossflächenzahl) noch einmal satt überschreitet. Beherbergen soll der Monsterbau Büros, Hotel, Läden und Wohnungen. Die politischen Fronten sind klar: Senatsbauverwaltung gegen die grüne Bezirksstadträtin. Im Bezirk selbst lehnen SPD und Grüne den vorliegenden Entwurf ab, die CDU fordert eine „zügige" Realisierung.

Abb. 7: Vorschlag Christoph Mäcklers zur Umgestaltung der „City-West" durch neue Hochhäuser, Stand Juni 1997

Doch die Stimmung in der Stadt hatte sich gedreht. So schrieb der Tagesspiegel am 20. Juli 1997: „Machbar seien hier vier neue Hochhäuser, so Mäckler. Zwei davon zu verwirklichen, hält die Senatsbaudirektorin Jakubeit für unabdingbar. Sie seien dringend nötig, um die Stadt zu reparieren und der vorhandenen verkorksten Bebauung ein Gegengewicht zu geben. Doch auch dieses Argument wird schwach, wenn man hört, daß zwei bereits genehmigte Hochhäuser – das von Helmut Jahn auf dem Victoria-Areal und das Zoofenster von Richard Rogers – den Experten schon als Bausünden gelten, bevor sie überhaupt gebaut sind. (...) Berlin muß sich gut überlegen, ob es Wolkenkratzer im Weichbild der Stadt dulden will, vor allem, ob es sie überhaupt braucht. Die urbane Qualität der Stadt ist nicht an den Bau von Hochhäusern gebunden. Diese Qualität hat Berlin ohnehin vorzuweisen. Die Geschlossenheit der typischen Blockbebauung aufzugeben – dafür müßte es schon überzeugende Gründe geben. Die Knappheit der Büros kann kein solcher Grund sein, ein städtebauliches Risiko mit unbestimmtem Ausgang einzugehen. Denn Büros sind hier nicht knapp. Und anders als in Frankfurt, das durch die Hochhaussilhouette unvergleichlich wurde, hat Berlin seine Alleinstellung bereits: durch die geradezu sprichwörtlich gewordene Berliner Traufhöhe von 22 Metern. Diese mit der Wucht von Wolkenkratzern zu durchstoßen, mag Architekten großen Spaß machen – jene, die mit deren Lustobjekten leben müssen, haben damit oft ihre Last."[19]

Die neuen Hochhäuser sollen, so der fromme Wunsch, „die Verelendung der Berliner ‚City West' aufhalten".[20] Gemeint war hier mit „Verelendung" der zunehmende Leerstand bzw. die Unternutzung vor allem im Bereich des östlichen Endes der Kantstraße. Allerdings schleppte sich das umstrittene Projekt von Hochhäusern in der City-West dahin. Gebaut wird zur Zeit ein mit 60 Metern Höhe zwar kein wolkenkratzendes, aber als Riegel absolut störendes Hochhaus nach Plänen von Helmut Jahn am Kranzlereck.

19 Tagesspiegel, 20. Juli 1997
20 Berliner Zeitung, 22. September 1999

Am Potsdamer Platz wurde – trotz aller Bekenntnisse zur „Europäischen Stadt" – im Interesse der dort bauenden Großkonzerne eine kleine, relativ elegante Hochhausgruppe errichtet, die den alten, seit 1910 gezeichneten Traum eines Blickfangs von der Leipziger Straße nach Osten hin endlich verwirklichte. Auch an anderen Stellen wurden einzelne Hochhäuser gebaut – völlig unabhängig von einer städtebaulichen Verortung und ohne große Debatten, so etwa am Spittelmarkt und an der Kochstraße. Die Diskussion um Hochhäuser in Berlin ist aber inzwischen ökonomisch „gezügelt" worden. Kulturell ist sie weiterhin mit den Positionen einer „kritischen Rekonstruktion der Stadt" konfrontiert, die programmatisch auf eine annähernde Bewahrung der historischen Höhenproportionen setzt.

Abb. 8: Hochhäuser am Potsdamer Platz, präsentiert in Foyer (Dezember 1999), einer Publikation der Senatsbauverwaltung

Das in der Ära des Wolkenkuckucksheims gestartete, inzwischen stark kritisierte Projekt Alexanderplatz geriet in eine Krise. „Wir werden uns", so Stadtentwicklungssenator Strieder (SPD) in einem Interview am 28. Februar 1996 in der taz, „nicht sehr intensiv mit dem Alexanderplatz beschäftigen – auch deswegen, weil in den nächsten Jahren kein Investor dies realisieren will und die Stadt auch kein Geld hat für die erheblichen öffentlichen Arbeiten, die eine solche Bebauung erzwingt."[21] Der Kollege und parteipolitische Rivale von Strieder, Bausenator Klemann von der CDU, kümmerte sich allerdings weiter um die Planung des Sauriervorhabens und setzte einen Bebauungsplan durch, der ein etwas abgespecktes Hochhauskonzept rechtlich sanktionierte. Ob und in welchem Umfange sie einmal gebaut werden, bleibt unklar.
„Die Hochhäuser am Alexanderplatz wackeln schon, bevor sie gebaut sind. Obwohl sowohl die Bauleitpläne als auch die städtebaulichen Ver-

21 Taz, 28. Februar 1996

träge unter Dach und Fach sind, könnte die Stadtsilhouette des Architekten Hans Kollhoff noch scheitern. Die Kaufverträge sollten eigentlich schon längst unterschrieben werden, doch die Probleme wuchsen in den letzten Monaten statt ausgeräumt zu werden. Zum Jahresende ist nach wie vor einerseits offen, ob überhaupt und wann die Hochhäuser gebaut werden, sowie andererseits, wie öffentliche Aufgaben finanziert werden. (...) Ab 2004 soll laut Verwaltung die Hoch-Phase beginnen, wobei man das auch von der Entwicklung der Marktlage abhängig machen will. (...) Derzeit will nur ein Investor mit dem gesamten Bauwerk loslegen, vier überlegen noch. Für sechs Hochhäuser sind bisher die Bebauungspläne festgesetzt. Treuhand sowie Gruner & Jahr haben dagegen gerade erst in ihre Altbauten investiert."[22]

Hochhäuser für das „Neue Berlin"?

In der Nachwendezeit, so hat sich gezeigt, wollten sich vor allem Landespolitiker mit Hochhäusern ein Denkmal setzen – wenngleich in unterschiedlichen Koalitionen, meist gegen die Bezirke. Dagegen waren für die Hauptstadtfunktionen des Bundes Hochhäuser kein Thema. Der Bund ordnete sich vorbildlich in die Struktur der vorhandenen Stadt ein. Hochhäuser waren Spielzeuge der parteipolitischen Konkurrenz innerhalb der großen Koalition im Lande Berlin, aber auch landespolitische Pokerkarten der Simulation einer Prosperität Berlins nach außen. Das hat Tradition: Aus dem über Architekturbilder inszenierten Schaufenster des Ostens wie des Westens wurde ein ebenfalls über Architekturbilder inszeniertes Schaufenster des vereinigten Berlin. Berlin aber – so die Position der Kritiker, insbesondere der Fachverbände – braucht die vielen gezeichneten Hochhäuser nicht. Und zwar nicht nur angesichts der Überproduktion von Büros, Einzelhandelsflächen, Hotels und Mittelschichtwohnungen, sondern auch, weil diese Neubauten die Struktur des Zentrums zerstören. Sie sind Ausdruck des notorischen Minderwertigkeitsgefühls des herrschenden Berlin, das sich der überkommenen Stadt schämt, das diese übertrumpfen will – im historischen Zentrum wie in der „City-West". Denn städtebaulich ist die Botschaft in der Summe eindeutig: Die Kaiser-Wilhelm-Gedächtnis-Kirche wird degradiert, der alte Alexanderplatz verschwindet, der Fernsehturm wird visuell gestutzt. Das „Neue Berlin" frisst das alte – wie schon oft gehabt. Zumindest auf dem Papier.

Literatur

Bericht des 2. Untersuchungsausschusses – 6. Wahlperiode –. Abgeordnetenhaus Berlin, Drucksache 6/1438, 13.6.1974

Berlinische Galerie e.V. (Hrsg.): Berlin heute. Projekte für das neue Berlin. Berlin 1991

22 Berliner Morgenpost, 19. Dezember 1999

Bodenschatz, Harald: Steglitzer Kreisel: Sumpfblüte des modernen Städtebaus, in: Weißler, Sabine (Hrsg.): Über Steglitz. Der Kreisel. Eine Hochhausgeschichte. Berlin 1998

Bodenschatz, Harald/Engstfeld, Hans-Joachim/Seifert, Carsten: Berlin auf der Suche nach dem verlorenen Zentrum. Hamburg 1995

Börsch-Supan, Eva und Helmut/Kühne, Günther/Reelfs, Hella: Kunstführer Berlin. 4. Auflage. Stuttgart 1991

Hugenberg, A. (Hrsg.): Die neue Stadt. Berlin 1935

Kollhoff, Hans/Neumeyer, Fritz (Hrsg.): Großstadtarchitektur. Sommerakademie für Architektur Berlin 1987. Berlin 1989

Lampugnani, Vittorio Magnago/Mönninger, Michael (Hrsg.): Berlin morgen. Ideen für das Herz einer Großstadt. Stuttgart 1991

Möhring, Bruno: Über die Vorzüge der Turmhäuser und die Voraussetzungen, unter denen sie in Berlin gebaut werden können. Berlin 1921

Peschken, Goerd: Abschied von der Idylle. In: Bauwelt 23/1974

Verein „Entwicklungsgesellschaft Alexanderplatz“ (Hrsg.): Alexanderplatz. Städtebaulicher Wettbewerb. Berlin 1994

Zwischen planerischem Willen und Investorenwünschen Hochhausentwicklung in Düsseldorf seit 1945

Kurt Schmidt

Vorspiel
Das geschichtliche Erbe im Jahre 1945

1945 waren in der Innenstadt Düsseldorfs 85 % der Gebäude zerstört. In welcher Form sollte die Stadt neu entstehen? Was waren in Düsseldorf die aus der Vergangenheit überkommenen prägenden Kräfte, die den Neuanfang nach 1945 beeinflussten?
Obwohl Düsseldorf, 1288 zur Stadt erhoben, seit 1510 die Residenzstadt der Herzogtümer Jülich, Kleve und Berg und der Grafschaften Mark und Ravensberg war, zeigte sich die Stadt noch in der Mitte des 19. Jahrhunderts als eine behäbige Mittelstadt, die durch das Handwerk, durch die preußische Provinzialverwaltung und durch die „schönen Künste" geprägt war. Nach 1871 setzte eine stürmische Entwicklung ein. Die Stadt wuchs von 70.000 Einwohnern 1870 auf 360.000 Einwohner 1910. Um die Jahrhundertwende gelang es unter dem damaligen Oberbürgermeister Wilhelm Marx, die Entwicklungsrichtung von der reinen Industriestadt zur Ausstellungs- und Kongressstadt und zur Verwaltungsstadt zu wenden. Durch die Ansiedlung von Verwaltungen der Konzerne und Verbände wurde Düsseldorf zum Schreibtisch des Ruhrgebietes.
1911 schrieb die Stadtverwaltung einen Wettbewerb zur Erlangung von Entwürfen für einen Gesamtbebauungsplan aus. Entwickelt werden sollten sowohl eine Infrastruktur für eine Stadt von einer Million Einwohnern (Ziel 1930) als auch Gestaltungsvorschläge für den Rathausbereich, eine Kunstgewerbeschule, ein Museum, ein Konzerthaus, Volks- und Mittelschulen, Badeanstalten, Volksbüchereien usw.
48 Entwürfe wurden abgegeben, den 1. Preis erhielt Bruno Schmitz. Er hatte im Rathausbereich ein markantes Hochhaus an den Rhein gesetzt, hatte für den Hauptbahnhof eine Tieflegung empfohlen und dort wie auch an weiteren bedeutenden Stellen der Stadt Monumentalbauten vorgeschlagen. Durch den Ausbruch des Weltkrieges 1914 wurde jedoch keine der Ideen realisiert.
Prof. A. E. Brinckmann aus Karlsruhe schrieb damals zu dem Entwurf von Bruno Schmitz: „Die Achsen der Stadt, gegeben durch ihre Hauptstraßen und Platzgefüge, müssen als Rückgrat eines Ortsorganismus erscheinen, sie sollen nicht nur Linien durch das Stadtgebilde hindurch darstellen, sondern Raumfolgen. Baumasse und Räume in Beziehung zu setzen und auseinander zu entwickeln, das ist wie gesagt das Programm künstlerischen Stadtbaus (...). Nur Bruno Schmitz gestaltet hier mit einer bewundernswerten Selbstverständlichkeit jenes Pro-

gramm (...) muß man dieses Meisterwerk bewundern und dem Preisgericht rückhaltlos zustimmen."[1]
Der Samen war jedoch aufgegangen. Nach dem Krieg entwickelte Wilhelm Kreis Bürohochhäuser südlich der Königsallee und an der Schadowstraße. Prof. K. Wach legte neue Entwürfe für ein Rathaus-Hochhaus vor. Verwirklicht wurde jedoch nur das Wilhelm-Marx-Haus (1922–24) am Allee-Platz (heute Heinrich-Heine-Allee). Mit 56 Meter Höhe war es das erste Bürohochhaus in Westdeutschland. In „Düsseldorf. Das Buch der Stadt" schrieb Hans Arthur Lux 1925: „(...) noch ist, wie im Anfang, der Widerstand gegen das Haus groß, aber die Jahrzehnte werden den Meistern recht geben, die es schufen. Es wird der Tag kommen, an dem das Wilhelm-Marx-Haus jedem Düsseldorfer ein Wahrzeichen seiner Stadt heißen und sein wird."[2] Und weiter unten schreibt er: „Wenn aber ein Turmbau das Düsseldorfer Rathaus krönen soll, so wird er hoffentlich auch den einzigen Mangel des Wilhelm-Marx-Hauses vermeiden, dessen Wirkung noch größer geworden wäre, wenn es sich um einige Stockwerke höher erhöbe."[3]

Abb. 1: Wilhelm-Marx-Haus 1922–1924, Heinrich-Heine-Allee 53 (früher Alleeplatz), Architekt Wilhelm Kreis, Bauherr Bürohausgesellschaft, Namensgebung nach dem Oberbürgermeister Wilhelm Marx (1898–1910)

In den dreißiger Jahren entstanden einige repräsentative Bauten (Polizeipräsidium, Hauptbahnhof u. a.), in denen die klare Ziegelbauweise der zwanziger Jahre fortgeführt wurde, ohne dass dabei eine Höherentwicklung angestrebt wurde. Erst als Düsseldorf Gauhauptstadt geworden

1 Neudeutsche Bauzeitung, 1912, S. 581
2 Lux 1925, S. 77
3 Ebenda, S. 81

und die Stadtplanung dem Gauleiter Florian als Beautragtem des Führers persönlich unterstand, setzte die faschistische Herrschaftsplanung ein, bei der wiederum an bedeutenden Stellen der Stadt, aber dieses Mal in übersteigerter Form, monumentale Hochhäuser vorgesehen waren. Florian setzte, unter der Leitung des Architekten Gerhard Graupner, eine „StadtplanungsGmbH“ ein, in der das Stadtplanungsamt aber nur beratend beteiligt war.
Der damalige Leiter des Stadtplanungsamtes, Baudirektor Karl Riemann, erinnerte sich 1949: „Ein riesiges Opernhaus sollte am Corneliusplatz entstehen. Ein Tonhallen- und Kongreßgebäude am Graf-Adolf-Platz. Das Rathaus an alter Stelle (...) Weiterhin war an eine Erweiterung der Museen, der Kunstakademie und ein großes Gauleitungsgebäude im Rheinpark gedacht. Der dazugehörige Turm sollte nach dem Willen des Gauleiters mehrere hundert Meter hoch sein.“[4] Keine der damaligen Ideen wurde verwirklicht.

Die gestaltete Stadt
Die Ära Tamms 1948–1969

1947 legte Bernhard Düttmann als Leiter des Stadtplanungsamtes dem Rat der Stadt eine „Aufbaustudie“ vor. 1949 erarbeitete Friedrich Tamms, der seit April 1948 Nachfolger Düttmanns war, einen „Neuordnungsplan“. Peter Hüttenberger schreibt rückblickend 1989: „Düttmann betonte die Garten-, Kunst- und Verwaltungsstadt, Merkmale eines vormärzlichen idyllischen Düsseldorf (...) Tamms ging es demgegenüber um den Aufbau einer verkehrsgerechten, funktional geordneten Stadt.“ Und weiter: „So tauchte nach dem Zweiten Weltkrieg unvermittelt, gleichsam naturwüchsig, in der städtischen Gesellschaft eine offenbar tief eingeprägte Bewußtseinsspaltung auf: Was wollte Düsseldorf sein, eine verkappte Residenzstadt, deren Industriezonen fernab, gleichsam unsichtbar im Umland liegen sollten, oder eine mondäne, mit dem Geist der Zeit einhergehende Gewerbekapitale – oder beides?“[5]
Vom 1. Oktober bis zum 31. Oktober 1949 wurde der Neuordnungsplan in einer groß angelegten Ausstellung im Ehrenhof vorgestellt. Über 25.000 Besucher wurden gezählt. Bis zur Einspruchsfrist am 14. November gingen 265 Stellungnahmen ein, von denen nur 58 städtebauliche Fragen betrafen. In vielen Vorträgen, Diskussionen, Einzelgesprächen war es Tamms gelungen, eine breite Zustimmung zu seiner Planung zu erreichen.[6] Am

4 Heyne, 1986, S. 72
5 Hüttenberger, 1989, S. 714
6 Seine Auffassung von Bürgerbeteiligung beschreibt Friedrich Tamms 1971 in einem Artikel „Vom Wesen der Planung“: „Nun kann die Mitsprache des Bürgers die Arbeit der planenden Verwaltung nicht ersetzen. Stadtplanung – und erst recht Landesplanung – sind viel zu komplexe Aufgaben, um sie in Form von Mitsprache lösen zu wollen (...). Die Gefahr der Kumulierung von Thesen und Antithesen und der Aufzählung von Argumenten ohne die Kraft und den Willen, sie zu wägen, ist groß.“ (Der Aufbau 1980, S. 92)

Abend des 28. April 1950 wurde der Neuordnungsplan nach einer ganztägigen Debatte bei einer Enthaltung und einigen Änderungsvorbehalten vom Rat der Stadt Düsseldorf beschlossen.
Vom Bund Deutscher Architekten (BDA) war die Planung ausdrücklich begrüßt worden. Zehn Architekten stellten sich jedoch gegen diese Planung und schlossen sich am 27. Oktober 1949, noch während der Ausstellung, zum „Architektenring Düsseldorf" zusammen. Es begann der „Architekturstreit", den Werner Durth in seinem Buch „Deutsche Architekten, biographische Verflechtungen, 1900–1970" ausführlich beschrieben hat.
Die Mitglieder des Architektenringes lehnten den Neuordnungsplan in Gänze ab, wollten den „lebendigen Menschen mit seinen Bedürfnissen" mehr in den Mittelpunkt der Planung gestellt sehen und entwickelten einen Gegenvorschlag, bei dem die Hauptverkehrsstrassen nicht durch die Innenstadt gehen, sondern diese in Form einer Ringstraße umschließen sollten. Es war eine Planung, die für Köln, Dortmund und Frankfurt durchaus richtig war, da sie dort auf den historischen Stadtgrundrissen aufbaute, die aber dem Düsseldorfer Stadtgrundriss übergestülpt war. Die Vorschläge des Architektenringes konnten in ihrer Radikalität keinen Erfolg haben, da sie nicht auf Mitwirkung ausgerichtet waren, sondern sich gegen die Person Tamms wendeten. Tamms erschien ihnen als eine zentrale Figur in einem Netz von ehemaligen Nazi-Prominenten, das die noch junge Demokratie zu überlagern drohte.
Friedrich Tamms, Jahrgang 1904, war in Berlin Schüler der Professoren Hans Poelzig und Hermann Jansen, trat nach dem Diplom-Examen in die Dienste der Stadt Berlin als Architekt im Brückenbauamt, wurde 1934 zum Berater für Brückenbau bei der Obersten Bauleitung der Reichsautobahnen berufen und betreute während des Krieges industrielle Bauten, Luftschutzbauten und Flakbunker. 1942 wurde er Professor an der Berliner Technischen Hchschule für den Bereich „Entwerfen von Hochbauten".
Ende 1943 setzte der Rüstungsminister Albert Speer einen „Arbeitsstab für den Wiederaufbau bombenzerstörter Städte" unter der Leitung von Rudolf Wolters ein. Mitarbeiter wurden Tamms, Dustmann, Gutschow u. a. Tamms wurde für den Wiederaufbau von Lübeck bestimmt, Dustmann für Düsseldorf.
1947 wurde Friedrich Tamms als Stadtbaurat nach Ankara berufen, erhielt aber keine Ausreisegenehmigung und nahm das Angebot an, in Düsseldorf die Leitung des Stadtplanungsamtes zu übernehmen. 1954 wurde er Beigeordneter, übernahm das Dezernat Stadtplanung, wurde 1958 bis 1960 zusätzlich noch Kulturdezernent und war von 1960 bis zu seiner Pensionierung 1969 für das gesamte Bauwesen zuständig.
Für ihn hatte die verkehrsgerechte, funktional geordnete Stadt vor allem eine kulturelle Stadt zu sein, wobei er sowohl die Stadtgestalt als auch den Geist der Stadt meinte. In seinem Buch „Düsseldorf, ja, das ist unsere Stadt" schreibt er: „Düsseldorf als Landeshauptstadt zu begreifen ist ohne Symbole nicht denkbar. Die Notwendigkeit, den Stadtkörper durch hohe Bauten zu gliedern, um das Stadtbild faßbarer und anschaulicher zu machen, um Maß und Ordnung in das Gemeinwesen zu tragen, damit die Stadt an Menschennähe und zugleich an Bedeutung gewinne, gilt in besonderem Maße für das Regierungszentrum von Nordrhein-Westfalen (…)

Die dritte Dimension ist eine Idee. Sie kann in vielfacher Gestalt unsere Welt füllen. Sie ist nicht absolut; Realitäten binden sie an Maß und Form. Wir wissen es wohl: Düsseldorf ist nicht New York, aber es ist immerhin die Landeshauptstadt von Nordrhein-Westfalen, der unsere Mühe gilt!"[7]
Meine eigene Tätigkeit im Düsseldorfer Stadtplanungsamt begann im April 1965. Ich erinnere mich genau: Friedrich Tamms saß an seinem Schreibtisch neben dem Fenster, das den Blick in die weite Rheinebene frei ließ. Hinter ihm, die ganze Wand einnehmend, der Neuordnungsplan der Stadt Düsseldorf und vor ihm neben der Tür, ebenfalls in Raumhöhe, eine Senkrechtaufnahme von Manhattan.[8]
Für Tamms durfte das Hochhaus jedoch kein Produkt von Zufall und Investorenwünschen sein. Die Hochhäuser in der Stadt sollten dem Gestaltungswillen der Planer entspringen, keine Verdichtung der Stadtstrukturen bewirken und dadurch auch keine Bodenspekulation auslösen. „Der in manchen Ländern üblichen hemmungslosen Verdichtung der Bausubstanz fiel Düsseldorf nicht anheim. Nicht Zufall, Willkür, Einfluß und Geld, sondern abgewogene, sinnvolle Planung bestimmte die jeweilige Größe, Form und Position der Hochhäuser."[9]
Und weiter unten: „Baugesetze können auf die städtebauliche Struktur einer Stadt erhebliche Auswirkungen haben. So wird Düsseldorf dank der lokalen Baubestimmungen niemals eine hypertrophe Stadt werden wie etwa New York oder Sao Paulo. Obwohl die Stadt in die Höhe strebt, wird dadurch keine uferlose Bodenspekulation ausgelöst (...) wird in Düsseldorf die dritte Dimension stets in humanen Grenzen bleiben."[10]
Obwohl im Entwurf zum Leitplan der Stadt Düsseldorf 1953 Hochhäuser im Text nicht erwähnt wurden, stellte Tamms diesem Leitplan als Titelbild eine Skizze voran, in der er seine Gedanken zur Hochhausplanung für Düsseldorf darstellte. Sie zeigt deutlich das Rathaus in der Altstadt am Rhein, eine abgestufte Hochhausbebauung in der Innenstadt und ganze Hochhausreihen der Krümmung des Rheines folgend nördlich der Innenstadt und im linksrheinischen Bereich. Schon die Tatsache, dass diese Reihungen den Darstellungen in der Karte zum Leitplan widersprachen und besonders linksrheinisch intakte Siedlungen zerstören würden, zeigt, dass Friedrich Tamms mit dieser Skizze nicht konkrete Planungen darstellen, sondern ein Fenster zur Zukunft öffnen wollte. Darauf hin weist auch das Zitat in der rechten oberen Ecke der Skizze „Sire, geben Sie Gedankenfreiheit." Klares Ziel der Planung war, den aufkommenden tertiären Sektor zu dezentralisieren, um in der Innenstadt und in den unmittelbar anschließenden Gründerzeitgebieten einen größtmöglichen Anteil an Wohnen zu erhalten.
Am 23. August 1946 war Düsseldorf von der britischen Militärregierung zur Landeshauptstadt bestimmt worden. In dieser Verordnung Nr. 46

7 Tamms 1966, S. 102
8 Von Helmut Hentrich erfuhr ich vor kurzem, dass Friedrich Tamms diesen Plan 1956 von einer gemeinsamen Reise nach New York mitgebracht hatte. Die Reise diente zur Vorbereitung der Verwirklichung des Dreischeibenhauses.
9 Tamms: Düsseldorf 1966, S. 93
10 Ebenda, S. 99

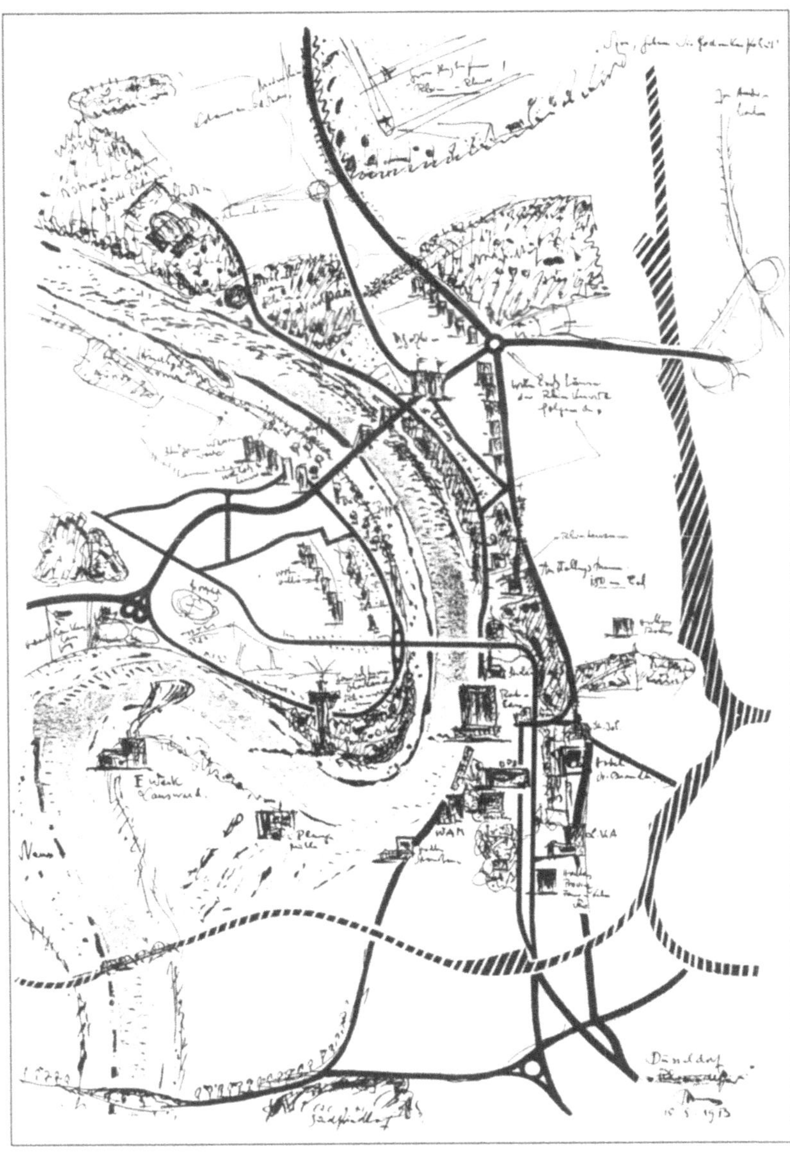

Abb. 2: „Stadtplanung am Rheinufer" 1953 nach einer Skizze von Friedrich Tamms
Titelblatt der Broschüre „Stadtplanung und städtische Bauten in Düsseldorf" 1955

war jedoch im Artikel I,1 ausdrücklich die Möglichkeit einer späteren Neugliederung der ehemaligen preußischen Provinzen und des Landes vorgesehen. Folglich konnte man Düsseldorf als Landeshauptstadt als eine nur vorübergehende Erscheinung ansehen. Düsseldorf empfand diesen neuen Status eher als Bürde, denn als Ehre. Die Büroräume, die die Ministerien jetzt in nichtstaatlichen Gebäuden beanspruchten, nahmen der sich entwickelnden Industrie die Arbeitsplätze für ihre Verwaltungen weg.[11]

11 vgl. Hüttenberger 1989, S. 696 bis 698

Die Ungewissheit über den bleibenden Status als Landeshauptstadt hatte auch Einfluß auf die bauliche Darstellung der Landesregierung in Düsseldorf. Eine von Tamms 1948 vorgeschlagene Konzentration der Regierungsbauten an der neu geschaffenen Nordsüdachse zur Entlastung der Königsallee (damals scherzhaft an Berlin anknüpfend „Wilhelmstraße“ genannt, heute Berliner Allee) wurde von der Landesregierung nicht akzeptiert. Auch das Angebot, die Landesbauten nördlich der Innenstadt im heutigen City-Entlastungsgebiet am Kennedy-Damm zu errichten, wurde 1949 abgelehnt. 1968 beauftragte mich Tamms, im Planungsamt nochmals Überlegungen zur Konzentration der Regierungsbauten, dieses Mal im Bereich der Haroldstraße an der Auffahrt zur Kniebrücke, zu erarbeiten. In zwei Alternativen stellte ich Hochhausgruppen vor, die aber nur in einem Teilbereich von der Landesregierung aufgenommen wurden.

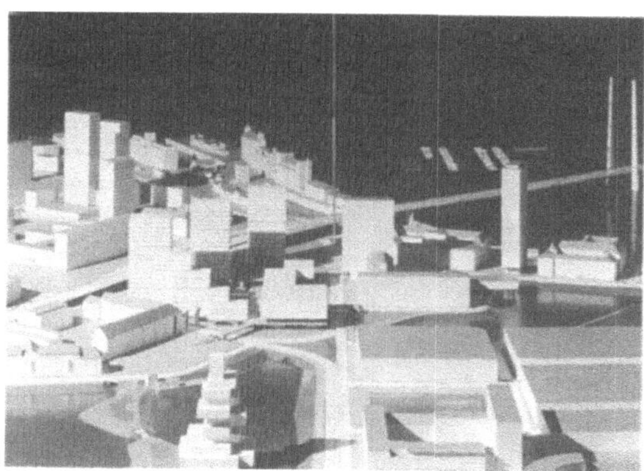

Abb. 3: Hochhäuser für die Landesregierung, Planungsmodelle des Stadtplanungsamtes in Düsseldorf 1968

Wenn die Landesregierung in Düsseldorf nicht baulich prägend sichtbar wurde, so wirkte sie doch als Schubkraft in Düsseldorfs wirtschaftlicher Entwicklung und trug damit indirekt zu der baulichen Entwicklung bei. Mit dem Bau des 90 Meter hohen Mannesmann-Hochhauses am Rheinufer (1956–1958, Architekt Schneider-Esleben), mit dem 95 Meter hohen Thyssenhaus am Hofgarten (1957–1960, Architekten Hentrich und Petschnigg) und der 62,5 Meter hohen Stadtsparkasse an der Berliner Allee (1960–64, Architekten Rosskotten, Kraemer, Pfennigs, Sieverts) wurden Qualitätsmaßstäbe gesetzt, an denen sich das Bauen in Düsseldorf orientieren sollte. Alle drei Gebäude wurden bewußt als Symbole des wirtschaftlichen Aufstiegs an planerisch richtig erscheinende Punkte gesetzt. Bei allen drei Gebäuden war es nicht die mangelnde Grundstückgröße, die zum Hochhausbau führte. Alle drei Volumen hätten auch in siebengeschossige Flachbauten hineingepasst. Es war die gewollte „Dritte Dimension“. Leider gelang es jedoch nicht, bei weiteren Hochhausbauten die angestrebte Qualität immer durchzusetzen.
Die Krönung der Stadt sollte der Rathausbau in der Altstadt am Rheinufer werden. Im September 1960 wurde dazu ein bundesweiter Wettbewerb ausgeschrieben. 114 Arbeiten wurden eingereicht, den 1. Preis erhielt cand. arch. Rudolf Moser aus Karlsruhe mit einer 164,5 Meter hohen Hochhausgruppe auf Y-förmigem Grundriss. Der Bebauungsplan

zur Verwirklichung dieses Gebäudes wurde erstellt, wurde rechtskräftig, aber der Baubeginn verzögerte sich aus unterschiedlichen Gründen.
Zurückblickend auf den Hochhausbau in der Ära Tamms stellen sich drei Fragen: 1. Wer waren die Akteure? 2. Was waren die Kriterien zur Genehmigung von Hochhäusern? 3. Wie war der Umgang mit den Investoren?
In den ersten Nachkriegsjahrzehnten wurde die Stadtgestalt noch sehr stark von den fachlichen Ideen der Stadtbauräte geprägt. In der Diskussion um den Neuordnungsplan ging es um Verkehrsdurchbrüche, Inanspruchnahme von Grundstücken, Entschädigung usw. Die geistigen, symbolischen und repräsentativen Ansprüche, die eine Landeshauptstadt stellt, wurden in den Ratsvorlagen kaum erwähnt und in der Öffentlichkeit auch nicht diskutiert. Weder damals noch heute findet in Düsseldorf bei den Fachverbänden, in der politischen Szene oder in der Presse eine grundlegende Architektur- und Städtebaudiskussion statt.
Die Einpassung der Hochhäuser in das Stadtbild, in die Stadtgestalt lag bei den Stadtplanern. Das Problem der Bodenwerterhöhung trat in Düsseldorf nicht auf, da der Auslöser für den Hochhausbau die Gestaltungsgesichtspunkte und nicht die höhere Ausnutzung der Grundstücke waren. Es entstand auch keine höhere Verkehrsbelastung. Die funktionelle Einbindung sollte so erfolgen, dass die City entlastet und der größte Teil der Hochhäuser außerhalb der City errichtet werden sollte. Die Bedeutung der Hochhäuser für das Stadtklima fand noch keine Beachtung. In der öffentlichen Meinung wurden die neuen Hochhäuser als Zeichen des Wiederaufbaues und des Fortschritts mehrheitlich akzeptiert.
Der Umgang mit den Investoren gestaltete sich ohne große Probleme. Der Stadtplaner wollte die Hochhäuser und forderte bei den Investoren ein hohes Qualitätsbewußtsein ein. Mit den privaten Investoren fand man sich auf einer gemeinsamen Linie.

Abb. 4: Dreischeibenhaus (Thyssen-Hochhaus) 1957–1960, August-Thyssen-Str. 1, am Hofgarten, Architekten Hentrich und Petschnigg, Bauherr Phoenix-Rheinrohr (heute Thyssen/Krupp)

Zwischenspiel
Die Ära Recknagel 1969–1980

Rüdiger Recknagel, der vorher Stadtbaurat in Wolfsburg gewesen war, fühlte sich mehr der klassischen europäischen Stadtgestalt verpflichtet, in der Hochhäuser keinen Platz hatten. Seine Stärke lag in einem *qualitätvollen* Stadtumbau.
Als die Deutsche Bank ihr Bauvolumen zwischen der Königsallee und der Breitestraße ergänzen wollte, stimmte er nur zu, nachdem die Deutsche Bank sich bereit erklärt hatte, das vorhandene Hochhaus aus den sechziger Jahren abzureißen und einige *qualitätvolle* Altbauten in das Bauvorhaben zu integrieren. Die daneben liegende Dresdner Bank konnte Recknagel dazu bewegen, ihre Aluminiumfassade an der Königsallee durch eine Steinfassade zu ersetzen. Es gelang ihm, die Investoren davon zu überzeugen, dass man hohe bauliche und gestalterische Qualität auch in einer Straßen- oder Platzwandbebauung zeigen kann.
Inzwischen hatte sich auch das gesellschaftliche Bewusstsein verändert. Im Begleitbuch zur Wanderausstellung zum Europäischen Denkmalschutzjahr 1975 mit dem Titel „Eine Zukunft für unsere Vergangenheit"

schrieb der damalige Bundespräsident Walter Scheel im Vorwort: „Der Europarat hat festgestellt, daß in der Bundesrepublik Deutschland in den Jahren nach 1945 mehr historische Bausubstanz zerstört worden ist als während des Zweiten Weltkrieges. Unsere Städte und Dörfer stehen in der Gefahr, gesichtslos und geschichtslos zu werden. Sie drohen unorganischer, häßlicher, unpersönlicher zu werden."
Aus diesem neuen Bewusstsein heraus wurde auch der Rathausturm in der Altstadt nicht verwirklicht. Das Grundstück wurde mit einer Wohnbebauung, die Motive der Altstadt aufnahm, neu überplant.

Die Stadt der Investoren
Die Machtverschiebung von der Planungs- zur Investitionsseite 1980–1999

Am 22. Mai 1980 wurde in Düsseldorf durch verstärkte politische Polarisierung eine neue Epoche eingeläutet. Tamms und Recknagel waren beide parteipolitisch nicht gebunden gewesen. Der Rat der Stadt hatte bei wechselnden Mehrheiten im Bereich der Stadtplanung immer eine große Koalition gebildet. Große Projekte wie die Verlagerung der Messe, der U-Bahn-Bau und die Bewerbung zur Bundesgartenschau wurden mit großer Mehrheit beschlossen.
Im Februar 1980 traf der Rat der Stadt Düsseldorf die Entscheidung, das Bau- und Planungsdezernat wegen der großen Fülle der Aufgaben in ein Baudezernat und ein Planungsdezernat zu teilen. Recknagel wurde freigestellt, welchen Teil er weiterführen wollte. Er entschied sich für das Baudezernat, die Stelle für das Planungsdezernat wurde ausgeschrieben. Nachdem sich die F.D.P.-Fraktion im Rat vorher noch mehrheitlich für den fachlich ausgewiesenen SPD-Kandidaten ausgesprochen hatte, wendete sich das Blatt kurz vor der Wahl. Der CDU-Kandidat Hans-Günter Rößler wurde gewählt.[12]
Hans-Günter Rößler hatte als Jurist im Innenministerium die Gruppe Bauaufsicht geleitet und war viele Jahre der Vorsitzende des Umlegungsausschusses in Düsseldorf gewesen. Nach seiner Wahl wies er das Stadtplanungsamt an, die Arbeit auf gesetzlich vorgeschriebene Planarten (Flächennutzungsplan und Bebauungsplan) zu beschränken und die Arbeit an den informellen Planarten (z. B. Stadtteilrahmenpläne) einzustellen. Hans-Günter Rößler verstand die Verwaltung als Dienstleistungsorganisation, die die wirtschaftliche Entwicklung der Stadt nicht behindern dürfe, sondern fördern müsse. Es handelte sich um eine Machtverschiebung weg von der lenkenden Planung und hin zur Erfüllung von Investorenwünschen.
Als die Herren der Bauverwaltung der Landeszentralbank zu mir als Planungsamtsleiter kamen, um über eine notwendige Erweiterung des Bauvolumens an der Berliner Allee gegenüber der Johanneskirche zu

12 Der F.D.P.-Regierungspräsident Achim Rohde hatte in einem Telefongespräch aus Tokio, wo er sich auf einer Dienstreise befand, die F.D.P. zur Koalitionstreue gezwungen. (Rheinische Post vom 28. Mai 1980)

sprechen, sagte ich ihnen: „Wir können über alles sprechen, nur nicht über ein Hochhaus an dieser Stelle." Darauf schauten sie mich mit großer Gelassenheit an und sagten: „Das hat unser Präsident mit der Stadtspitze bereits abgeklärt. Für ein Hochhaus gibt es schon die Zusage. Wir wollen nur noch über Details sprechen."
Nicht einmal ein Realisierungswettbewerb konnte durchgesetzt werden. Die Bauabteilung der LZB plante selber und führte den Bau mit einem Generalunternehmer aus. Wir versuchten das Hochhaus wenigstens so zu stellen, dass die Blickachse vom Hauptbahnhof zur Johanneskirche nicht zu stark beeinträchtigt würde. Später erschien eine Karikatur in einer Zeitung, in der der Planungsdezernent dem Präsidenten der LZB die Baugenehmigung auf den Knien überreicht.
Innerhalb der Verwaltung entwickelte sich ein gespaltenes System. Die Planer fühlten sich weiter ihrem Berufsethos verpflichtet und arbeiteten an den Plänen für eine zukünftige Stadt, bei der die Stadtgestalt eine herausragende Rolle einnehmen sollte. Diese Pläne durften aber nicht offen gezeigt werden. In der Stadtspitze und im Rat entschied man stärker nach wirtschaftlichen als nach planerischen Kriterien. Dabei gab es durchaus auch Übereinstimmungen bei einigen Hochhausstandorten. Wir Planer hatten den Faden dort wieder aufgenommen, wo er nach Tamms abgerissen war. Wir gaben weiter dezentralen Hochhausstandorten den Vorzug, am Kennedydamm, am Seestern und neu im geplanten Internationalen Handelszentrum in Oberbilk und im Bereich der Hafenumwandlung südlich des Landtages. Fachliche Unterstützung gegen einige Hochhausstandorte fanden wir durch das neue Umweltschutz-Bewusstsein und durch die Denkmalpflege.
Die Firma Mannesmann hatte neben dem vorhandenen Hochhaus am Rhein einige Jugendstilhäuser aufgekauft, wollte sie abreißen und ein weiteres Hochhaus errichten. Unsere planerischen Bedenken wurden von der Stadtspitze und dem Rat nicht geteilt. Es gab noch nicht einmal eine Bürgerinitiative gegen dieses Vorhaben. Aus planerischer Verantwortung habe ich zum letzten möglichen Mittel gegriffen: Ich habe die Bewohner der Häuser zu einer Bürgerinitiative motiviert. Zusammen mit der Denkmalpflege konnte der Abbruch der Jugendstilhäuser verhindert werden. Dadurch war die Hochhausidee an dieser Stelle vom Tisch. Mannesmann reduzierte das geplante Bauvolumen und beschränkte sich auf eine den Baublock ergänzende Zeilenbebauung im Bereich von nicht schützenswerten Gebäuden.
Nachdem Hans-Günter Rößler 1989 pensioniert wurde, wurde Hans Küppers (ebenfalls CDU) zu seinem Nachfolger gewählt. Hans Küppers war zuletzt Stadtbaurat in Frankfurt gewesen, war ebenfalls Jurist und vor seiner Frankfurter Zeit wie Hans-Günter Rößler im Innenministerium in Düsseldorf als Ministerialbeamter tätig gewesen. Er war als Hochhausfreund bekannt, hatte er doch einige Tage vor dem für die CDU drohenden Wahlverlust in Frankfurt noch schnell einige Genehmigungen für Hochhäuser unterschrieben. Bei den Machtverhältnissen innerhalb der Stadt Düsseldorf änderte sich durch den Wechsel nichts, aber unterschiedliche Auffassungen wurden nicht mehr verdeckt, sondern offener ausgetragen.

Im Juli 1990 wurde die Planung der Victoria-Versicherung auf dem Gelände der ehemaligen Stadthalle nördlich des Hofgartens im Plenarsaal des Rates vorgestellt. Die Planung war vorher nicht mit mir abgesprochen. Ich erschrak, als ich im Modell ein 140 Meter hohes Hochhaus sah. Auf Fragen der anwesenden Reporter sagte ich spontan, dass das dort nicht hinpasse und in dieser Höhe wegen der Flugsicherung auch nicht möglich sei. Damit hatte ich mich gegen die Meinung der Stadtspitze gestellt, mit der die Entwürfe natürlich vorher abgesprochen waren. Die Diskussion wurde diesesmal öffentlich geführt. Einleitend zu einem Interview, das Michael Brockerhoff von der Rheinischen Post am 25. Juli 1990 mit mir führte, steht: „Hochhäuser sind für die einen die Möglichkeit, bei knappem Raum neue Flächen zu schaffen, andere sehen durch sie das Stadtbild gefährdet. Im Gespräch mit der Rheinischen Post spricht sich Kurt Schmidt, der Leiter des Planungsamtes, für einen Hochhausring am Rande des Gründerzeitviertels aus. Nicht in dieses Konzept passe aber der 140-Meter-Turm, der nach den Plänen der Victoria an der Fischerstraße gebaut werden soll und für den sich Oberstadtdirektor Karl Ranz stark gemacht hat.“[13]
Das Hochhaus, aus Sicht der Stadtplanung zu nah am Rhein und am Hofgarten gelegen, konnte damit nicht verhindert werden. Es war Bestandteil eines Paketes, bei dem die Victoria-Versicherung bereit war, einen Grundstückspreis zu bezahlen, mit dessen Hilfe nicht nur eine neue Stadthalle (die von dem Grundstück verlegt werden musste) finanziert werden konnte, sondern durch den auch noch zwei weitere Veranstaltungshallen saniert werden konnten. Außerdem wurde behauptet, die Victoria-Versicherung beabsichtige, bei einer Ablehnung ihrer Bauwünsche ihren Hauptsitz nach Berlin zu verlegen. Diese Aussage wurde jedoch später vom Chef der Victoria-Versicherung, Herrn Dr. Jannott, nicht bestätigt. Erreicht wurde, dass ein Realisierungswettbewerb durchgeführt wurde, um die beste städtebauliche Lösung zu finden. Wegen der Flugsicherung musste die Höhe auf 110 m begrenzt werden, was sich auf die Gestalt des Turmes ungünstig auswirkte.
Neben diesem negativen Beispiel gab es aber auch mehrere positive Fälle, in denen Investoren und Planer von Anfang an konstruktiv zusammenarbeiteten. Hier möchte ich besonders das Stadttor südlich des Landtages am Bilker Stadtpark hervorheben. Durch die Tieflegung der Rheinuferstraße wurden im Bereich des Landtages verschiedene Baugrundstücke betroffen, für die eine Umlegung durchgeführt werden musste. Durch eine notwendige Grundstückszuteilung wäre der geplante Bürgerpark zu stark eingeschränkt worden. Wir kamen auf die Idee, das zulässige Bauvolumen als Hochhaus auf dem Tunnelmund zu verwirklichen. Ich konnte den Investor davon überzeugen, dass an dieser Stelle ein Hochhaus entstehen müsse, das für die neunziger Jahre ähnlich wegweisend werde wie es das Thyssenhochhaus (Dreischeibenhaus) für die fünfziger Jahre war. Das Büro Overdiek, Petzinka und Partner erhielt den 1. Preis in einem Wettbewerb, und auf der Immobilienmesse in Monte Carlo erhielt das Gebäude 1998 den 1. Preis im Wettbewerb um

13 Rheinische Post vom 26. 7. 90

das beste Bürogebäude und darüber hinaus noch einen Preis für das schönste Gebäude in diesem Jahr.
Besondere städtebauliche und architektonische Qualitäten konnten auch im Bereich des Hafens anschließend an das Stadttor erreicht werden. Hier ging es um eine Mischung aus skulpturalen Hochhäusern und anderen unterschiedlich hohen Gebäuden. Wir wollten die frühere Struktur der Hafenbauten mit ihrer differenzierten Höhenentwicklung in einer neuen Form mit höchsten architektonischen Ansprüchen wiederentstehen lassen.
Im April 1994 standen 16 weitere Hochhausprojekte in der planerischen Diskussion. Das war der Anlass, dass in der Sitzung des Ausschusses für Planung und Stadtentwicklung am 28. 4. 1994 angeregt wurde, ein Gesamtkonzept zur Hochhausentwicklung in Düsseldorf vorzulegen. Wir erarbeiteten einen Plan zur „Bauhöhenbeschränkung in der Innenstadt".

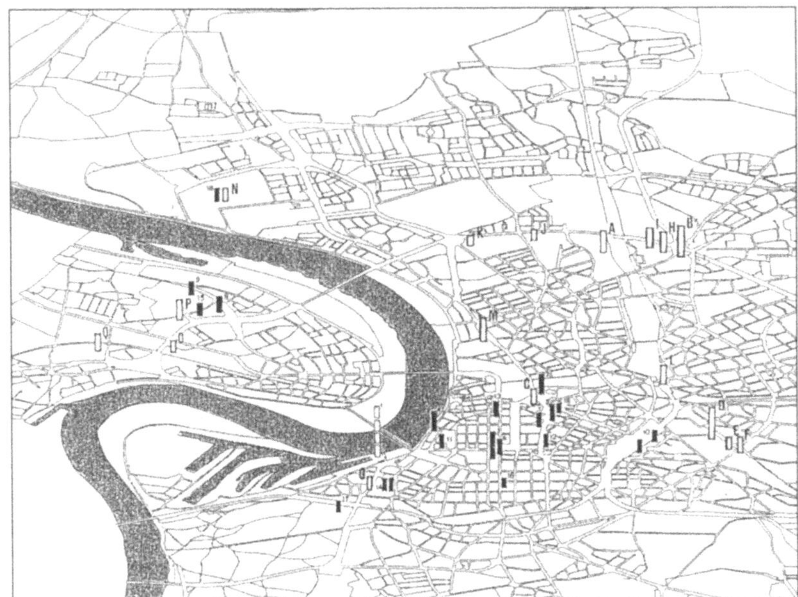

Abb. 5: „Hochhausentwicklung in Düsseldorf" 1994, vorhandene und geplante Hochhäuser, Stadtplanungsamt Düsseldorf

In der Zone 1 (Altstadt und Karlstadt) wurde eine strikte Höhenbeschränkung und eine Orientierung an den vorhandenen Traufhöhen vorgeschlagen. In der Zone 2 (Bereich der Königsallee und Randbereiche der innerstädtischen Grünanlagen) sollte man sich an der Horizontalstruktur der vorhandenen Raumbegrenzungen orientieren. In der Zone 3 (Gründerzeitbereiche zwischen dem Bahnbogen und der Altstadt) sollte der Maßstab der Baublock sein und in Einzelfällen eine Höhe von max. 70 Meter Höhe nicht überschritten werden. In der Zone 4 (Verdichtungsbereiche an S-Bahnhöfen) könnte höher als 70 Meter gebaut werden, soweit es dort keine Beschränkungen durch die Flugsicherung und Richtstrahlen gibt.

Abb. 6: „Hochhausentwicklung in Düsseldorf" 1994, Bauhöhenbeschränkung in der Innenstadt, Stadtplanungsamt Düsseldorf

Auch für diese Bereiche, aber besonders für alle Bereiche außerhalb der Innenstadt sollten folgende Kriterien gelten: Bei den stadtgestalterischen Bezügen ist die Lage zur Rheinfront, zu den Kirchen und sonstigen denkmalwerten Gebäuden zu beachten. Bei der verkehrlichen Anbindung ist die Zuordnung zum ÖPNV-Netz und die Minimierung des Individualverkehrs wichtig. In der Nähe von Wohngebieten sind die Verschattung, die Thermik und die Auswirkungen auf das Kleinklima besonders zu berücksichtigen.
Dieses Konzept wurde in den Ausschuss für Planung und Stadtentwicklung eingebracht, wurde aber dort bis heute weder diskutiert noch be-

schlossen. Offensichtlich wollen die Politiker keine Selbstbindung eingehen, sondern sich Einzelentscheidungen vorbehalten.
Am 11. Mai 1994 entzog der Oberstadtdirektor Hans Küppers die Zuständigkeit für das Planungsamt und übertrug sie dem neu gewählten Stadtdirektor Jörg Bickenbach (SPD). Daraufhin bat Hans Küppers am 19. Mai den Oberstadtdirektor um seine Entlassung.
Jörg Bickenbach war ebenfalls Jurist und war vorher Beigeordneter in Duisburg. Bei ihm, der zugleich Wirtschaftsförderungs-Dezernent und außerdem für den Flughafen und die Messe zuständig war, stand die Wirtschaftsförderung weiter im Vordergrund. Aber weit stärker als Hans Küppers stützte er seine Entscheidungen auf die Fachmeinungen aus dem Planungsamt ab. 1996 wurde Jörg Bickenbach als Staatssekretär in das Wirtschaftsministerium des Landes NRW berufen. Sein Nachfolger wurde Christoph Blume (SPD). Ende 1995 verließ ich nach dreißigjähriger Tätigkeit aus Altersgründen das Planungsamt.
Christoph Blume war vorher Beigeordneter in Köln. Mit ihm kam wieder ein Stadtplaner in die Funktion des Planungsdezernenten. Er hatte in Dortmund Raumordnung studiert. Da er wie Jörg Bickenbach aber auch zugleich Dezernent für die Wirtschaftsförderung ist, hat diese für ihn ebenfalls einen hohen Stellenwert.
Ich stelle die gleichen Fragen, die ich im Rückblick auf die Ära Tamms stellte: 1. Wer waren die Akteure? 2. Was waren die Kriterien zur Genehmigung von Hochhäusern? 3. Wie war der Umgang mit den Investoren?
Die Zahl der Akteure hatte zugenommen. Die politische Entscheidungsstruktur war durch die Einrichtung der Bezirksvertretungen unüberschaubarer geworden. Die von den Planungen betroffene Bürgerschaft pochte auf teilweise überzogene Nachbarrechte und wurde dabei von den Umweltverbänden unterstützt. Die Fachplaner hatten innerhalb der Stadtverwaltung an Bedeutung verloren. Die Investoren versuchten in diesem Geflecht, die erfolgversprechendste oder weichste Stelle zur Verwirklichung ihrer Interessen zu finden.
Aus der Fachverwaltung heraus wurde weiter versucht, das Stadtbild verantwortungsvoll zu entwickeln. Die Bodenwertproblematik spielte weiter eine nachgeordnete Rolle. Neue Hochhausplanungen wurden durch Schaffung neuer Parkanlagen kompensiert (Stadttor, Internationales Handelszentrum, ARAG). Nur an wenigen Stellen erfolgte durch den Wunsch nach Erweiterung am angestammten Standort eine Verdichtung (LZB, Victoria). Durch die Koppelung der Hochhäuser mit den Nahverkehrsanbindungen konnte der Individualverkehr in Grenzen gehalten werden (z. B. Verlängerung der U-Bahn zum Bürozentrum Am Seestern). Bei der funktionellen Einbindung wurde weiter die Dezentralisierung der Arbeitsplätze verfolgt. Die Bedeutung für das Stadtklima spielte eine zunehmende Rolle. Umweltverträglichkeitsprüfungen wurden erforderlich. Bei der Einstellung der Öffentlichkeit wurde der Stolz auf die Stadt von der persönlichen Betroffenheit überlagert.
Die Investoren der Hochhäuser waren keine normalen Antragsteller. Ihren Weg zur Erreichung ihrer Ziele hatte ich bereits beschrieben. Auf die unterschiedlichen Entscheidungsabläufe habe ich hingewiesen. Sie

reichten von dem gemeinsamen Willen zur Qualität (Stadttor und Hochhäuser im Hafenbereich) über Paketlösungen mit anderen Projekten (Victoria) bis hin zur kalten Machtausübung (Landeszentralbank).

Wie geht es weiter?

Nach wie vor werden in Düsseldorf Hochhäuser gewollt, wenn sie an der richtigen Stelle stehen und eine hohe innovative Qualität aufweisen. Das Hauptverwaltungsgebäude der ARAG mit 125 Meter Höhe am Nordeingang der Stadt, am Mörsenbroicher Knoten, ist im Bau. Im Umnutzungsbereich des Industriehafens westlich des Landtages sind nach den bereits gebauten Hochhäusern der Architekten Frank O. Gehry (53 Meter), Steven Holl (48 Meter) und David Chipperfield (35 Meter) weitere maßvolle Hochhäuser von Alsop und Störne (62 Meter) und Jo Coenen (63 Meter) geplant. 1999 wurde im Bereich der Speditionsstraße durch einen internationalen städtebaulichen Realisierungswettbewerb die zukünftige Entwicklung vorbereitet. Die Arbeiten von zwei Preisträgern (Rübsamen + Partner und Petzinka, Pink + Partner) führten zu einem Rahmenplan, der die Grundlage eines Bebauungsplanes sein wird. Die Höhe der geplanten Hochhäuser soll dabei unter der Messlatte von 60 Meter bleiben.

Abb. 7: Rahmenplanung an der Speditionsstraße im ehemaligen Industriehafen 1999 Ergebnis des internationalen städtebaulichen Realisierungswettbewerbes

Durch den planerischen Willen wird ein Weg in die Zukunft aufgezeigt. Inwieweit dieser Weg von den Investoren im Zusammenspiel mit den politischen Entscheidungsträgern beschritten werden wird, bleibt offen.

Ungedruckte Quellen

Draesel, Hans-Wolfgang: Düsseldorf, Städtebauliche Entwicklung nach 1945 (Februar 81)

Draesel, Hans-Wolfgang: „Fehlplanung der 50er Jahre“, eine Stellungnahme zu einem Bericht in der NRZ (März 87)

Verwaltungsberichte und Ratsprotokolle der Stadt Düsseldorf gesammelte Zeitungsausschnitte ab 1965

Periodika

architekturwettbewerbe, Sonderheft Rathaus Düsseldorf, Stuttgart 1961

DER AUFBAU 34. Jahrgang, Heft 3 Bremen 1980

Neudeutsche Bauzeitung, VIII. Jahrgang, 1912

Literatur

Bayrisches Landesamt für Denkmalpflege (Hg.): „Eine Zukunft für unsere Vergangenheit“. Katalog zur Wanderausstellung zum Europaischen Denkmalschutzjahr 1975

Beyme, Klaus u.a.: Neue Stadte aus Ruinen. Deutscher Städtebau der Nachkriegszeit. München: Prestel Verlag 1992

Durth, Werner: Deutsche Architekten. Biographische Verflechtungen 1900–1970. Braunschweig: Vieweg Verlag 1986

Durth, Werner/Gutschow, Nils: Träume in Trümmern, Stadtplanung 1940–1950, München: Deutscher Taschenbuch Verlag 1993

Heyne, Herbert: Zur Baugeschichte der Gauhauptstadt Düsseldorf. Bauten und Planungen in nationalsozialistischer Zeit, 1933–1945, Sonderdruck aus Düsseldorfer Jahrbuch, Band 60, 1986

Högener, Oberstadtdirektor (Hg.): Friedrich Tamms – Ein Baumeister und seine Stadt, Materialien zur Düsseldorfer Stadtentwicklung 1980

Hüttenberger, Peter: Düsseldorf, Geschichte von den Ursprüngen bis ins 20. Jahrhundert, Band 3, Die Industrie- und Verwaltungsstadt (20. Jahrhundert), Düsseldorf: Schwann im PatmosVerlag 1989

Koenig, Wieland/Kuhn, Jochen: Architektur der 50er Jahre in Düsseldorf, Stadtmuseum Düsseldorf 1982

Lux, Hans Arthur: Düsseldorf, das Buch der Stadt. Düsseldorf: Deutsche Kunst- und Verlagsanstalt 1925

Tamms, Friedrich: Stadtplanung Düsseldorf, Düsseldorf 1949

Tamms, Friedrich: Der Entwurf zum Leitplan Düsseldorf, Oberstadtdirektor der Stadt Düsseldorf 1955

Tamms, Friedrich: Düsseldorf 1954, Größe und Ziel einer Stadt. Düsseldorf 1954

Tamms, Friedrich: Düsseldorf, ja, das ist unsere Stadt. Düsseldorf: Econ-Verlag 1966

Tamms, Friedrich: Düsseldorf, Antlitz einer Stadt. Düsseldorf: Econ-Verlag 1978

Weidenhaupt, Hugo: Kleine Stadtgeschichte der Stadt Düsseldorf. Düsseldorf: Trilsch-Verlag 1976

Bleibt der Dom der Kölner Hochhauskomplex par excellence?

Barbara Precht von Taboritzki

Einleitung

Die Ansicht des linksrheinischen Kölns, wie sie sich über Jahrhunderte entwickelt hat und bis heute weltweit geschätzt wird, stand im 20. Jahrhundert mehrfach unmittelbar davor, durch hohe und massive Häuser gravierend verändert zu werden. Die Vorschläge in den zwanziger Jahren stammten überwiegend von konservativen Kräften wie den Architekten Paul Bonatz und Wilhelm Kreis. Einer der Befürworter von Hochhäusern war der damalige Oberbürgermeister Konrad Adenauer, der 1920 den Hamburger Stadtbaumeister Fritz Schumacher für drei Jahre nach Köln geholt hatte. Von Schumacher stammten die ersten Entwürfe für die Herausarbeitung eines mächtigen linksrheinischen Brückenkopfes. In Zusammenhang mit dem grossen Wettbewerb für diesen Bereich im Jahre 1925, zu dem 412 Beiträge eingingen, wurde die geplante Veränderung der Kölner Stadtsilhouette in der Presse zur „nationalen Frage"[1] aufgewertet. Damals wie heute ging es nicht darum, den kostbaren Stadtboden intensiver zu nutzen oder bestimmten Nutzungen einen Raum zu geben, sondern es bestand der Wunsch nach einem mächtigen „Symbol für die Bedeutung einer Stadt und ihrer Wirtschaftskraft".[2] In der damaligen Hochhauseuphorie, die sich auch in der Fachpresse niederschlug und die dazu führte, in einem Hochhaus am Brückenkopf eine „Bereicherung der Kölner Silhouette" zu sehen, meldeten sich auch örtliche Gegenstimmen. Dazu gehörten neben der des Provinzialkonservators der Rheinprovinz und verschiedener Bauräte der Landesregierung auch die des Rheinischen Vereins für Denkmalpflege und Heimatschutz (heute Landschaftsschutz). Der Dombaumeister fürchtete eine Konkurrenz zu den Domtürmen und der Kölner Erzbischof warnte vor einer Veränderung des Kölner Stadtbildes am Rhein. Dem Architekten- und Ingenieurverein, der sich generell gegen die Auffassung des aus Hamburg stammenden Fritz Schumachers vom Hochhaus wandte, wurde später vorgehalten, er verbinde damit Eigeninteressen seiner Mitglieder. Tatsächlich fiel es 1925 auch nach Auswertung des Ideenwettbewerbs durch die Fachleute schwer, „zu einem Konsens über Plazierung oder Gestaltung eines Hochhauses zu gelangen".[3] Die Entwürfe blieben Visionen, während der Maßstab der Kölner Stadtansicht weitgehend bewahrt blieb.

1 Neumann 1995, S. 100
2 Ebenda
3 Ebenda

Auch heute sind es vor allem die Architektenverbände, darunter insbesondere der Bund deutscher Architekten (BDA) und der Rheinische Verein für Denkmalpflege und Landschaftsschutz (RVDL), die sich zu Wort melden, wenn es darum geht, das Stadtgefüge und -bild durch Hochhäuser zu verändern. Nach verschiedenen Phasen der Hochhausdebatten in den siebziger und neunziger Jahren in Köln, die jetzt wieder aufleben, ist zu hoffen, dass konstruktive Ergebnisse, die erwartet werden, nicht wie in den zwanziger Jahren in einem „Hochhaus-Carneval“[4] enden.

Vorgeschichte: Die Planungen Fritz Schumachers für Köln und der Wettbewerb von 1925 für den linksrheinischen Brückenkopf

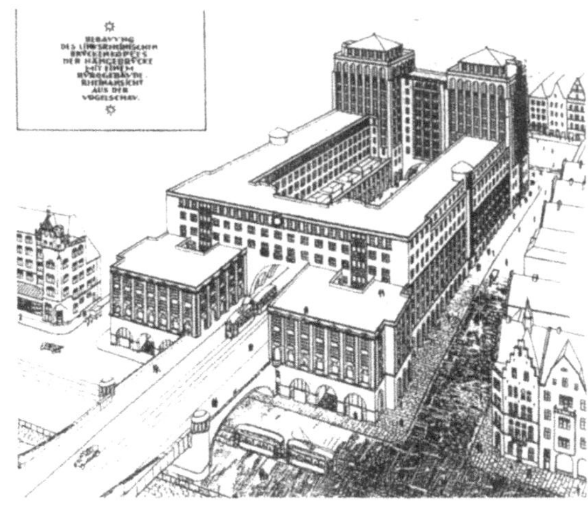

Abb. 1: Hochhaus am Heumarkt. Entwurf von Fritz Schumacher. Köln 1921

Während in Deutschland die Hochhausdiskussion nach der Weltwirtschaftskrise in den zwanziger Jahren wieder entfacht wurde, hatte Köln in seinem damaligen Oberbürgermeister Konrad Adenauer einen engagierten Verfechter des Hochhausbaus. Dies zeigte sich, als er Fritz Schumacher 1920 nach Köln geholt hatte, bei zwei wichtigen Projekten: Der monumentalen Bebauung um den Aachener Weiher an einer zu entwickelnden Ost-West-Achse und der Gestaltung des linksrheinischen Brückenkopfes am Heumarkt im Halbkreismittelpunkt der historischen Stadt. Wenn auch von den Beteiligten in dieser Zeit wichtige Impulse für die Kölner Stadtentwicklung ausgingen, so wurden weder die Vorstellungen für ein neues Regierungsviertel am Aachener Weiher zur Unterstützung der Separationsbestrebungen im Rheinland noch die Planungsvorstellungen Schumachers, die u.a. ein 15-geschossiges Hochhaus einbezogen, realisiert. Schumacher war übrigens der Meinung, dass „die

4 Ebenda

künstlerische Wirkung, die man solchen Hochhäusern abgewinnen kann, ..vor allem in ihrer isolierten Einzelerscheinung“[5] in Verbindung mit einem Punkt, der in der Stadt betont werden soll, liege. Der von Schumacher konzipierte Brückenkopf, für den er mit der Leonard Tietz AG sogar einen Finanzpartner gefunden hatte, war letztlich ohne Chance. Der Komplex, der die „Wehrhaftigkeit und wirtschaftliche Macht der Stadt“[6] betonen sollte, war 1921 vom Stadtrat mit grosser Mehrheit beschlossen worden, dann aber durch Inflation, Wirtschaftskrise und Ruhrbesetzung verhindert worden. Als die Diskussion 1924 wieder aufkam, wurde zwar ein Hochhaus am Heumarkt grundsätzlich befürwortet, Schumachers Konzept allerdings als nicht mehr mit der „Auffassung städtebaukünstlerischer und verkehrstechnischer Gestaltung“ übereinstimmend angesehen.[7]
Der 1925 ausgeschriebene grosse Wettbewerb für die Gestaltung des linksrheinischen Brückenkopfes, für den sich Adenauer massgeblich engagierte, erzwang durch die Vorgaben von hohen Kubikmeterzahlen in Anlehnung an das Schumacher'sche Konzept eine Hochhauslösung. Entsprechend war das Resultat, auf das hier nicht im einzelnen eingegangen werden soll. Obwohl zahlreiche maßgebende Architekten der Zeit daran teilnahmen und die unterschiedlichsten Vorschläge gemacht wurden, überzeugte das Ergebnis die Beteiligten nicht. Das Projekt wurde 1926 aufgegeben.
Dennoch entstanden in der Zeit in Köln zwei Hochhäuser: das 1924 von Jakob Koerfer erbaute 18-geschossige „Hansa-Hochhaus“ am Hansaring (von 65 Meter Höhe) und der zwischen 1926 und 1928 von Adolf Abel erbaute Messeturm (85 Meter hoch) als Bestandteil des Messekomplexes.

Hochhausentwicklung von 1945 bis in die achtziger Jahre

Neuanfang unter Rudolf Schwarz

Nach den verheerenden Kriegszerstörungen in Alt- und Neustadt, die achtzig bzw. neunzig Prozent des Gebäudebestandes betrugen, gab es einen Neuanfang unter Berücksichtigung der vorgefundenen Parzellen und unter Zugrundelegen der vorhandenen Infrastruktur. Rudolf Schwarz, der 1946 als Generalplaner für den Wiederaufbau eingesetzt wurde, „sprach sich für einen behutsamen Umgang mit historischen Stadtstrukturen auf der Grundlage eines modernen Städtebaus aus“.[8] Aus der Respektierung des Maßstabs historischer Bauwerke resultierte die teilweise Beschränkung der Gebäudehöhen auf drei Geschosse. Da

5 Ebenda, S. 101
6 Ebenda
7 Ebenda, S. 104
8 Schäfke (Hrsg.) 1994, S. 271

Schwarz bei der weitgehenden Übernahme des Stadtgrundrisses eine moderne Architektursprache bevorzugte, fand er weitgehende Zustimmung bei Kölner Architekten. Im Laufe der Jahre entstand unter maßgeblichem Einfluss der Denkmalpflege die Rheinvorstadt um die rekonstruierte Kirche Gross St. Martin mit schmalen Baukörpern und Spitzdach über kleinteiliger Parzellierung. Dadurch wurde die Struktur und das System der historischen Stadt weitgehend überliefert, die einzelnen Bauten spiegeln jedoch den zeitlichen Bezug.
Ihre bauliche Prägung erhielt die Stadt in den fünfziger bzw. sechziger Jahren, wobei insbesondere die neuen Verkehrsachsen Cäcilien-/Hahnenstrasse und Nord-Süd-Fahrt baulich gefasst wurden. 1959 entstand mit dem Polizeipräsidium am Waidmarkt eines der ersten neuen Hochhäuser mit 14 Geschossen und 141 Meter Höhe.

Das „Schüssel-Prinzip" bei Werner Baecker

Ganz andere Auffassungen als bei Rudolf Schwarz fanden sich bei Werner Baecker, der, nachdem er zwei Jahre lang Oberbaudirektor in Köln war, ab 1968 als Technischer Beigeordneter tätig wurde. Sein Wirken dauerte bis 1988. Die von ihm erdachten Baustrukturen, beispielsweise die Überplattung der Gleisanlagen des Hauptbahnhofs und die damit verbundene teilweise Überbauung des Rheins bis nach Deutz, sollten „historische Formen überwinden".[9]
Baecker bekannte sich von Anfang an zu Hochhäusern, die als „eine Art von Landmarken hohe Orientierungspunkte" bilden sollten, um die moderne ausgeweitete Stadt ablesbar und damit übersichtlich zu machen.[10]

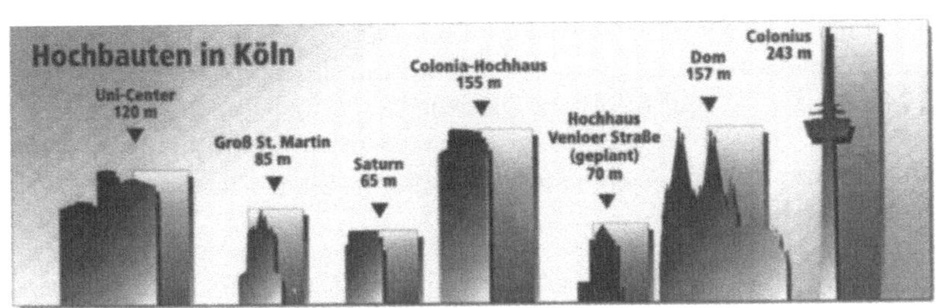

Abb. 2: Hochbauten in Köln. Kölner Stadtanzeiger vom 21. Januar 1999

Bei der Bestandsaufnahme für das Innenstadtkonzept 1973 wurde festgestellt, dass die vorherrschende Geschosszahl „im Ganzen gemässigt" sei. Es wurden ca. 30 Objekte mit acht Geschossen und mehr, Scheiben- und Punktbauten, im Bereich der historischen linksrheinischen Altstadt einschliesslich der Ringe und des rechtsrheinischen Deutz ermittelt. Zu der Zeit bestanden bereits das Ringturmhochhaus am Ebertplatz, das WDR-Archiv und das Vierscheibenhaus an der Nordsüdfahrt. Die neuen Häuser erreichten teilweise die Höhe der Turmspitzen der roma-

9 Architekten- und Ingenieursverein (Hrsg.) 1991, S. 125
10 Innenstadt-Konzept Köln 1973, S. 52

nischen Kirchen. Die Bauten entstanden in den sechziger und frühen siebziger Jahren nach dem Motto „Urbanität durch Verdichtung" an Verflechtungspunkten des öffentlichen Nahverkehrs. Baecker erläuterte dazu, dass neben den Dom Bauten von grösserer Bedeutung getreten seien, so dass die Kölner Stadtsilhouette nicht mehr vom Dom und den historischen Dominanten allein beherrscht werde.[11] Es wurden zwar „Schutzbereiche" erwähnt, die frei von Hochhäusern blieben, jedoch sollten Hochhäuser das neue Hauptstrassensystem des Stadtkerns, beispielsweise die Nord-Süd-Fahrt mit Seitenzweigen und Ringstrassen, säumen und akzentuieren. Das Gleiche galt für den Freiraum des Inneren Grüngürtels am Rande der Neustadt. Damit ergab sich zwangsläufig eine Maßstabsveränderung in der historischen Stadt, wenn auch von einer gewissen Beschränkung der Höhe der modernen Bauten im Kern, wo die historischen Bauten „kulminieren"[12], ausgegangen wurde. Nach dem „Schüsselprinzip" sollten die Bauten nach aussen in der Höhe wachsen. Baecker ging davon aus, dass die Höhenentwicklung der Geschossbauten technisch unbegrenzt sei. Er wollte Hochhäuser nicht als Monumente verstanden wissen, sondern als Ergebnis „vernünftiger Verdichtungen, der wünschenswerten Integrationsfähigkeit, der Ausnutzung guter Wohnlagen, der Einfügung in bestehende Stadtsubstanzen und der Wirtschaftlichkeit".[13] Baeckers Vorstellung vom verdichteten „Wohnen am Strom" bezog sich nicht allein auf das Rheinufer, sondern auf zentrale Flächen in Köln. Das Prinzip galt gleichfalls für Verwaltungshochhäuser, die an unterschiedlichsten Standorten entstanden. Ergebnisse sind: das Colonia-Haus am Konrad Adenauer Ufer im Norden der Altstadt, ein Wohnpark in Bayenthal im Süden Kölns, das Unicenter im Südwesten und das Hochhaus an der Herkulesstrasse im Nordwesten, der Deutschlandfunk und die Deutsche Welle am Raderberggürtel, das Justizzentrum mit Arbeitsamt und ADAC an der Luxemburgerstrasse gegenüber dem Unicenter, Verwaltungshochhäuser für die Lufthansa an der Deutzer Brücke und für die Deutsche Krankenversicherung an der Aachener Strasse. Dabei nahm Baecker in Kauf, dass durch Hochhäuser der Blick auf den Dom für von aussen in die Stadt Kommende verstellt wurde.

Die vereinzelte Anordnung von Hochhäusern an verschiedenen Verkehrsknoten wird rückblickend als wenig geglückter Versuch angesehen, Köln eine neue Struktur zu geben. Curdes stellte in seiner Untersuchung zur Entwicklung des Kölner Stadtraumes Mitte der neunziger Jahre fest: „Die Hochhäuser sollten zu einer Gliederung des Stadtraumes beitragen und den jeweiligen Stadtteil markieren. Der Sinn dieser Planungslogik – die Anordnung der Hochhäuser entlang der Ringe und Radialen – ist jedoch im realen Stadtraum kaum als Konzept erfahrbar und wirkt eher willkürlich."[14]

Das Modell der Verdichtung und Akzentuierung von Verkehrsknotenpunkten mithilfe von Hochhäusern lief Anfang der achtziger Jahre aus

11 Ebenda
12 Schäfke (Hrsg.) a.a.O., S. 128
13 Architekten- und Ingenieursverein (Hrsg.) a.a.O.
14 Curdes 1997, S. 239

und wurde durch kein städtebaulich-architektonisches Leitbild für die Gesamtstadt ersetzt.[15] Vielmehr wurden veränderte Zielsetzungen der teilräumlichen Stadterneuerung für die Weiterentwicklung der Stadt definiert.

Hochhausentwicklung bis heute. Wird Köln zum „Rheinhattan"?[16]

Beginn einer neuen Hochhausdiskussion

In den neunziger Jahren wurde – wie überall in Deutschland so auch in Köln – erneut über Hochhäuser diskutiert. 1987 war der Wettbewerb für den Mediapark auf ehemaligem Bahngelände im Nordwesten der Innenstadt entschieden worden. Der erste Preis ging an den kanadischen Architekten Eberhard Zeidler. Die von ihm vorgeschlagene kreisförmige Umbauung eines künstlichen Sees gipfelte in einem Hochhaus von 140 Meter Höhe. Diese Entscheidung hatte kaum Aufsehen erregt, da man sich über die Auswirkung auf das Stadtbild keinerlei Gedanken machte. Die Absichten von Konzernen und Banken jedoch, die verschiedentlich durchsickerten und vermuten liessen, es sollten Hochhäuser in unmittelbarer Domnähe bzw. eines von 150 Meter Höhe am Ring in Nähe des Rudolfplatzes entstehen, sorgten für Aufregung. Der Rheinische Verein für Denkmalpflege und Landschaftsschutz trat 1993 mit einer Fotomontage an die Öffentlichkeit, auf der der Dom von Hochhäusern umgeben ist. Diese bezog sich u.a. auf das Ergebnis des im Jahre 1992 entschiedenen Wettbewerbes für den Breslauer Platz nördlich des Domes, bezüglich des Bildes der Stadt die „Achillessehne Kölns".[17] Nachdem zwei der ersten Preise für Entwürfe mit Hochhäusern vergeben worden waren, wurde der Ruf nach einem Hochhauskonzept für Köln laut, worin sich sowohl Politiker als auch Architektenverbände und der RVDL einig waren. Man wollte nicht hochhausfeindlich sein, jedoch die Hochhausentwicklung sinnvoll gelenkt wissen. Dabei sollte generell die linke Rheinseite im Bereich der historischen Altstadt ausgespart bleiben.

Abb. 3: Das linksrheinische Köln mit dem Dom, umringt von Hochhäusern. Fotomontage des RVDL aus dem Jahre 1993

15 Ebenda

16 Den Begriff „Rheinhattan" prägte u.a. der Kölner Stadtanzeiger vom 22. November 1994 mit einem Bericht über eine Vortragsveranstaltung des Rheinischen Vereins für Denkmalpflege und Landschaftsschutz (RVDL) in Zusammenarbeit mit dem Bund für Umwelt und Naturschutz in Deutschland (BUND): Hochhäuser, Ökologie, Stadt- und Landschaftsgestalt am 15.11.94. in einer Veranstaltungsreihe des RVDL über Hochhausentwicklung in Köln ab 1993.

17 Frankfurter Allgemeine Zeitung (FAZ) im Feuilleton vom 13.01.93

Auf dem Weg zu einem Hochhauskonzept

Bereits am 7. 5. 1992 waren im Stadtentwicklungsausschuss Anträge der beiden grossen Ratsfraktionen zur Stadtentwicklung in Köln behandelt worden. Die Fraktion der SPD forderte ein integriertes städtebauliches Gesamtkonzept, „das hohen Qualitätsansprüchen genügen muss und zugleich die historischen Bezüge der Kölner Innenstadt berücksichtigt“, während die CDU folgendermaßen argumentierte: „Die Hochhausbebauung war in der Vergangenheit nicht durch abgestimmte Planung, sondern Einzelfall bezogen durch Zufälligkeiten und rein wirtschaftliche Interessen geprägt. Um dies für die Zukunft auszuschließen, ist ein Konzept zu erstellen, das bei künftigen Hochhausbebauungen neben den wirtschaftlichen Gesichtspunkten auch stadtgestalterische Komponenten berücksichtigt.“ Aufgrund der weitreichenden Anträge von SPD und CDU sahen F.D.P. und Die Grünen damals keinen Anlass für eigene Anträge und schlossen sich den grossen Fraktionen an.[18] Die Grünen erweiterten die Fragestellung im Hinblick darauf, ob überhaupt und wenn ja, an welchen Stellen in Köln künftig Hochhäuser plaziert werden könnten.
Es wurde mehrheitlich folgender Beschluss gefasst: Der Stadtentwicklungsausschuss beauftragt die Verwaltung: 1. ein städtebauliches Konzept für die zukünftige Bebauungshöhe im Stadtgebiet Köln in den Grundzügen vorzubereiten; 2. zur weiteren Klärung der Frage, an welchen Stellen in Köln zukünftig Hochhäuser plaziert werden können, ein internationales Symposium aus Städteplanern und Architekten vorzubereiten; 3. Vorschläge zu erarbeiten, die bei der Realisierung eines zu beschließenden städtebaulichen Konzeptes die Möglichkeit der stadtgestalterischen Einflussnahme ermöglichen; 4. Konzept und Ergebnisse des Symposiums dem Gestaltungsbeirat zur Beratung vorzulegen.

Hochhaus als neuer Akzent neben dem Dom gewünscht?

Die Ernsthaftigkeit der oben beschriebenen Anträge war kurze Zeit später zu hinterfragen, als der Stadtentwicklungsausschuss mit den Stimmen der beiden großen Fraktionen nur „ganze zehn Minuten“ brauchte, „um dem Bau eines 28-geschossigen Hochhauses auf dem Gelände der Fachhochschule Deutz zuzustimmen, dieses auf der Grundlage einer zweiseitigen Verwaltungsvorlage, die während der laufenden Sitzung verteilt wurde und die nicht auf der Tagesordnung stand“.[19]
Wie ernst es der Stadtspitze bei der Verfolgung eines Gesamtkonzeptes für die Hochhausentwicklung unter Berücksichtigung der geschichtlichen Entwicklung der Stadt war, ließ Zweifel aufkommen, als der damalige Oberbürgermeister bei der Bekanntmachung der Ergebnisse des städtebaulichen Ideenwettbewerbs für den Breslauer Platz zwischen Hauptbahnhof und Rheinuferstraße verlauten ließ: „Es müsse ja nicht immer alles vom Dom abgeleitet werden.“[20] Die Presse ging davon aus,

18 Presseerklärung der F.D.P. im Kölner Rat vom 5. Juli 1992
19 Ebenda
20 Kölner Stadtanzeiger (KSTA) vom 18./19. November 1992

dass „Oberbürgermeister und Oberstadtdirektor, (...) sich einen städtebaulichen Akzent (bis zur Höhe der südlich des Domes gelegenen Kirche Gross St. Martin) vorstellen können und ihn zumal aus kommerziellen Erwägungen befürworten".[21] Danach entbrannte die Hochhausdebatte in Köln vehement. Architektenverbände wie der BDA wandten sich „mit aller Schärfe" gegen ein derartiges Projekt, da er „die Gefahr sieht, dass aus einer augenblicklichen Stimmungslage heraus ... und unter dem Druck von Investitionsinteressen punktuell entschieden werden soll, während der Eingriff unwiederbringlich die in Jahrhunderten gewachsene, in die topographische Situation hineinkomponierte Kölner Stadtsilhouette zerstört".[22] Ein Vertreter der Grünen warnte vor der Gefahr von Hochhaussolitären. Obwohl in Zusammenhang mit der Planung am Breslauer Platz vermutet wurde,[23] es gäbe bereits Absprachen mit Investoren, wurde ein Jahr später festgestellt, dass „in Köln Hochhaus-Investoren derzeit nicht Schlange" stehen.[24]

Grundlagen für ein Symposium

Am 9.12.1993 trug das Stadtplanungsamt im Stadtentwicklungsausschuss Überlegungen als Grundlage für ein beabsichtigtes Hochhauskonzept vor. Die Verwaltung hatte u.a. einen Negativkatalog erstellt mit dem Hinweis auf wichtige Sichtbeziehungen zum Dom und zu Baudenkmälern, Beeinträchtigung von Frischluftschneisen und übermässige Verkehrsbelastungen, nach den Worten eines Ratsvertreters eine „Unverträglichkeitsstudie".[25] Daraus leiteten Ratsmitglieder der beiden grossen Fraktionen ab, die Verwaltung wolle „alle künftigen Hochhausplanungen im Keim ersticken".[26] Tatsächlich „aber war die Verwaltung im Kern zu dem Schluss gekommen, ... Hochhäuser erscheinen nur in Deutz, wo eine Konzentration angestrebt wird, sinnvoll".[27] Erneut wurde die notwendige Beteiligung von Experten in dem geplanten Symposium angesprochen. Der Dezernent für Wirtschaft und Stadtentwicklung nahm manchem die Illusion mit der Bemerkung: „Als Stadt können wir dafür keine Mark ausgeben."[28]
Die Verwaltung hatte in der Zwischenzeit ermittelt, dass für das vorgesehene Kolloquium in verschiedenen Etappen unter Beteiligung von ca. 24 ausgewählten Teilnehmern eine sechsstellige Summe erforderlich sei.
Es war in der ersten Phase eine „hochqualifizierte akademische Vortrags- und Diskussionsveranstaltung mit Podiumsteilnehmern aus der deutschen und internationalen Architektenschaft und Sachkundigen" aus den Berei-

21 FAZ (Feuilleton) vom 13.01.1993
22 KSTA vom 20. Januar 1993
23 Ebenda
24 KSTA vom 8. Juni 1994
25 KSTA vom 25. Februar 1994
26 Kölnische Rundschau (Rundschau) vom 11. Dezember 1993
27 Ebenda
28 Ebenda

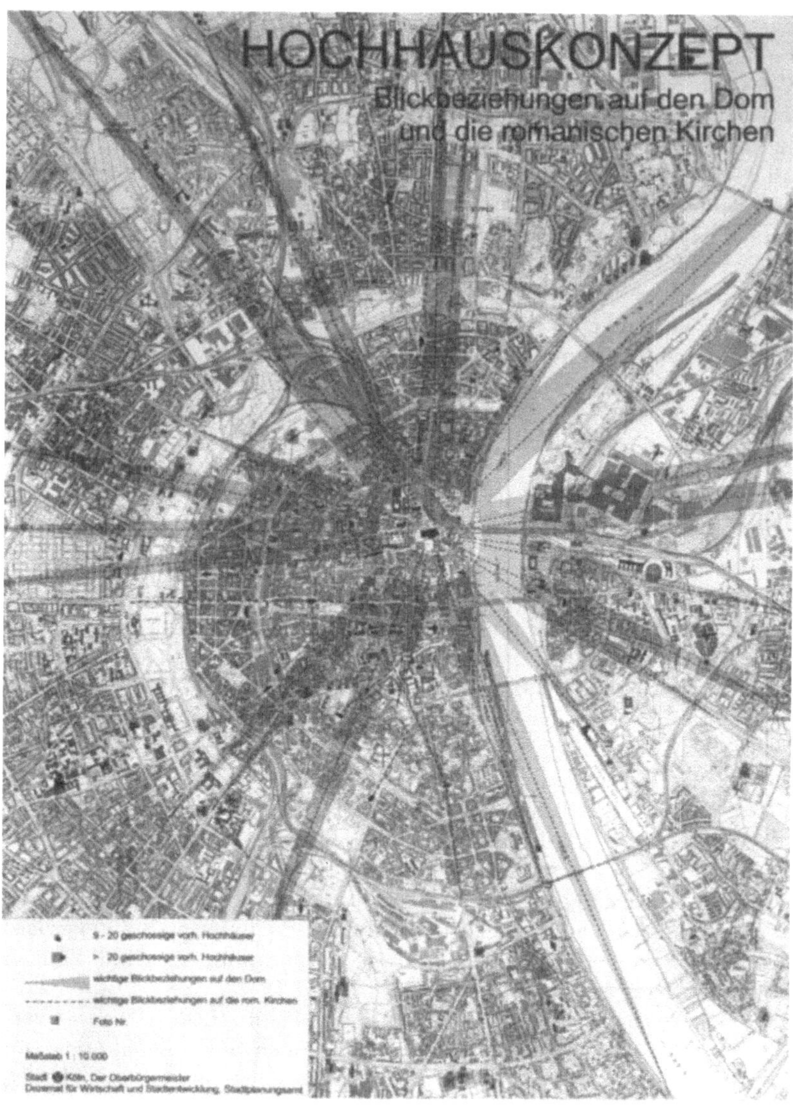

Abb. 4: Blickbeziehungen auf den Dom und die romanischen Kirchen. Stadtplanungsamt Köln 1993

chen der Kultur, des Geisteslebens, der Politik, Wirtschaft, Investoren und Verwaltung geplant. Anschließend sollten ca. zwölf ausgewählte renommierte Architekten und Stadtplaner in ihren Büros „ihre Vorstellungen über die städtebauliche und Höhenentwicklung Kölns" erarbeiten. In einer weiteren Phase war die Vorstellung der Ergebnisse vorgesehen.
Nach ausführlichen Einführungen in die Gesamtproblematik sollten die Verwaltungsvorschläge vorgestellt werden. Inzwischen war, wie vom zuständigen Dezernenten angekündigt, aus der Unverträglichkeits- eine Verträglichkeitsstudie geworden, mit der geklärt werden sollte, „ob und wo sich zukünftige Hochhausbebauungen in den Stadtkörper, der mit besonderen historischen stadtbildprägenden Elementen ausgestattet ist,

einpassen".[29] Außerdem sollte ermittelt werden, „welche Bereiche im Stadtgebiet so bedeutend sind, dass sie eine Betonung durch höhere Bebauung verdienen bzw. erfordern".[30]
Der „abgespeckte" Vorschlag für ein Kolloquium bezog sich im Mai 1994 inzwischen auf eine einzige Veranstaltung von zwei bis drei Tagen mit Kosten von ca. 200.000 DM. Aber auch für diese gab es keine Haushaltsmittel, man war auf Sponsorengelder angewiesen.
Die Teilnehmer sollten sich zusammensetzen aus bundesweit erfahrenen Preisrichtern, die in Köln tätig geworden, und bundesweit erfolgreichen Preisträgern, die auch in Köln erfolgreich waren. Hinzukommen sollten Kölner Architekten der BDA-Gruppe. Die Beteiligung von Historikern und Stadtökologen, von Investoren, Politikern und Verwaltungsmitgliedern war vorgesehen.
Die Veranstaltung sollte mit einer umfassenden Einführung in die Problematik aus verschiedener Sichtweise beginnen. Dem Vortrag von Vorstellungen der Verwaltung sollte die Arbeit in Kleingruppen folgen. Zum Abschluss war eine Plenumsdiskussion vorgesehen.

Die Verwaltung legt ein Hochhauskonzept vor

Das Konzept, das die Verwaltung im Hinblick auf das Kolloquium vorbereitet hatte, wurde am 14. Juni 1994 dem Stadtentwicklungsausschuss in öffentlicher Sitzung vorgelegt. Die Presse meldete am nächsten Tag: „Kölns Manhattan soll nach Deutz" und veröffentlichte eine Bildmontage als „Vision" der Verwaltung.[31]
Es wurde anerkannt, dass die Verwaltung, die daran festhielt, „dass der alte Stadtkern mit Dom und romanischen Kirchen sowohl wegen des Stadtbildes als auch wegen der Sichtverbindungen und der Durchlüftungsschneisen keine weiteren Hochhäuser vertrage", „positive Gesichtspunkte" für die Ansiedlung von Hochhäusern ermittelt hatte.[32] Es wurde erläutert, dass es sich bei Hochhäusern um stadtbildprägende Gebäude von ca. 100 bis 120 Meter Höhe handele.
Standortvoraussetzungen für Hochhäuser sollten sein: – eine gute ÖPNV-Anbindung; – ein guter Anschluss an das übergeordnete Strassennetz; – Nähe zur historischen Kernstadt sowohl wegen der attraktiven Adresse als auch wegen der Nachbarschaft zu anderen Grossfirmen und Verwaltungen.
Nach diesen Vorgaben kam man zu drei alternativen Standortvorschlägen: 1. Kreuzungspunkte der radial zur Stadt führenden Strassen mit den Ringstrassen (Hochhauskranz); 2. drei großflächige linksrheinische Bereiche in etwa gleicher Entfernung zur Kernstadt; 3. rechtsrheinische Bereiche in Deutz und Kalk.
Wegen der schnelleren Verfügbarkeit wurden die rechtsrheinischen Standorte vorgeschlagen. Hier gäbe es „die einmalige Chance, ... die östliche

29 Verwaltungsvorlage vom 18.05.1994
30 Ebenda
31 Rundschau vom 15 Juni 1994
32 Ebenda

Abb. 5: Stadtbildprägende Hochhäuser, vorhanden und geplant. Stadtplanungsamt Köln 1994. Aktualisierte Fassung 2000

Seite von Köln zukunftsorientiert weiterzuentwickeln und hier der Stadt eine Form zu geben".

Ansätze dazu seien vorhanden mit dem in Entstehung begriffenen „Euroforum" und der „Kölnarena".[33]

33 Verwaltungsvorlage a.a.O.

Der Stadtentwicklungsausschuss nahm die Vorlage zur Kenntnis, ohne einen Beschluss zu fassen. Es hieß, dass die Vorschläge, vermutlich insbesondere die Beschränkung auf das Rechtsrheinische, nicht der Meinung des Rates entsprächen. Mitglieder der Grünen äußerten allerdings grundsätzliche Bedenken gegen Hochhausansiedlungen. Im übrigen einigte man sich darauf, im Jahre 1995 das Symposium durchzuführen. Danach wurde es still um ein Hochhauskonzept für Köln. Eine zwischenzeitliche Anfrage des Rheinischen Vereins für Denkmalpflege und Landschaftsschutz nach dem Fortgang des Verfahrens wurde unverbindlich beantwortet.
Erst Anfang 1999, nachdem Investoren Hochhäuser zwischen der romanischen Kirche Maria im Kapitol und dem Gürzenich sowie in Nähe des Stadtgartens vorschlugen und der BDA eine Diskussion zum Thema „Neue Türme am Rhein – Hochhäuser in Köln – Chancen und Risiken" veranstaltet hatte, wurde der Ruf nach einem Konzept wieder laut.[34] Die Verwaltung schlug vor, dass die Diskussion erweitert würde um linksrheinische Standorte an den Ringen, speziell des Rudolf- und des Barbarossaplatzes. Dies entsprach offensichtlich einem politischen Anliegen.

Heutige Situation

Der jetzige Bestand an Hochhäusern, die nach Bewertung der Verwaltung wegen ihrer Höhe von mehr als 26 Geschossen und ihres Standorts die Stadt prägen, lässt sich aus der Abbildung ersehen. In Köln zählt man 16 Hochhäuser, die die „Hundert-Meter-Marke überschreiten".[35] Die höchsten Häuser sind: das Colonia-Hochhaus (135 Meter) am nördlichen Rheinufer, das Unicenter (131 Meter) an der Luxemburgerstrasse und die Deutsche Welle (137 Meter) am Raderberggürtel. Außer dem ersten handelt es sich um keineswegs überzeugende architektonische Lösungen. Dass „der linksrheinische Innenstadtbereich innerhalb der Ringe halbwegs hochhausfrei" geblieben ist, ist nach der Beurteilung von Politikern der Grünen eher Zufällen als gesamtplanerischem Willen zuzurechnen.[36] Optische Beeinträchtigungen des Stadtbildes bewirken jedoch auch Bauten in größerer Entfernung wie das Unicenter an der Luxemburger und das DKV-Gebäude an der Aachener Strasse, zumal sie sich für den von ausserhalb Kölns Kommenden optisch vor den Dom schieben. Letzteres wird über die bisherigen 86 Meter Höhe hinaus entsprechend der ursprünglichen Planung noch aufgestockt und damit noch störender wirken. Als weiteres die Stadtgestalt beeinträchtigendes Gebäude ist das Lufthansa-Verwaltungshaus an der Deutzer Freiheit zu nennen, das mit seinen Baumassen und seiner Höhe von 90 Meter sehr nahe an den Rhein heranrückt und den Blick auf die andere Rheinseite verstellt.

34 KSTA vom 21. Januar 1999
35 db 3/1999 Aktuell
36 KSTA vom 25. Februar 1994

Was die Rheinansicht angeht, wird über ein Hochhaus am Breslauer Platz als Ergebnis des vorher beschriebenen Wettbewerbs aus dem Jahr 1992 gegenwärtig nicht mehr diskutiert, dagegen wird ein Konzept für den Rheinauhafen mit drei ca. 50 Meter hohen „Kranhäusern" in der Rheinfront, Ergebnis eines Ideenwettbewerbs aus dem Jahr 1992, im Grundsatz weiter verfolgt. Diese sind zwar in ihrer Höhe begrenzt, wegen ihres exponierten Standorts jedoch geeignet, die Stadtansicht erheblich zu beeinflussen.
Weitere Vorhaben verändern in Zukunft die Ansicht der weltberühmten Rheinfront: Der Turm im Mediapark wird nach Plänen von Jean Nouvel in inzwischen abgewandelter Form und mit einem neuen Investor umgesetzt. Die schlanke Kontur als Ergebnis des Zeidlerschen Städtebaukonzepts wurde im unteren Teil auf fast 30 mal 30 Meter im Querschnitt vergrößert. Dieses wie auch die Erhöhung um acht Meter war angeblich notwendig, um die Rentabilität des Gebäudes zu gewährleisten. Man beruhigte sich damit, dass der Turm um neun Meter hinter den Domspitzen zurückbliebe. Inzwischen wird vermerkt, dass er „ein neues Merkmal in der Kölner Skyline wird."[37] Zur Beeinflussung der Stadtkulisse trägt ein weiteres Bauvorhaben, das „Ringkarree" am Friesenplatz bei, eine siebenstöckige Blockumbauung, die drei bis zu 64 Meter hohe Scheiben umgreift. Sir Norman Forster ging als Preisträger aus einem beschränkten Gutachterverfahren hervor, das ein Versicherungsunternehmen als Investor in Abstimmung mit der Stadt durchführte. Die Bedenken des Gestaltungsbeirats kamen nicht zum Tragen. Sie bezogen sich auch auf die Addition von hohen Baukörpern, die in der Stadtansicht eher wie eine grosse Baumasse wirken und weniger Kontur ergeben. Die von Tag zu Tag wachsenden Treppentürme erwecken inzwischen allgemeines Entsetzen. Verantwortliche Politiker sind enttäuscht und äußern, dass sie sich den Bau nach dem Modell anders vorgestellt hätten.
Die Entwicklung von Hochhäusern konzentriert sich zur Zeit auf die rechte Rheinseite, wo u.a. das sogenannte Euroforum in Nähe der Zoobrücke entstehen soll. Zu einer vorhandenen Bürohausscheibe sollen sich zwei hohe Baukörper gesellen, die kein städtebaulich-gestalterisches Konzept erkennen lassen. Da der Investor inzwischen abgesprungen ist, hofft man auf eine Überarbeitung.
Der Standort entspricht den Vorschlägen im inzwischen von der Verwaltung fortgeschriebenen Gesamthochhauskonzept, das noch nicht ausdiskutiert ist. Eine weitere Entscheidung als Vorgriff auf dieses Konzept muss vorab getroffen werden. Es handelt sich um den zukünftigen ICE-Haltepunkt auf der rechten Rheinseite in Deutz. Die Ausschreibung für einen Wettbewerb am Deutzer Bahnhof/Messegelände ist in zwei Stufen erfolgt. In der ersten war nach den Wünschen der Messe ein Hochhaus bis zu 150 Meter zugelassen. Auch zwei Hochhäuser in Analogie zu den Domtürmen wurden vorgeschlagen. Die Meinung dazu ist sehr geteilt. Nach einem „workshop" des Stadtentwicklungsausschusses mit dem Gestaltungsbeirat im Frühjahr 2000 wurde die Höhe in der zweiten Stufe auf 100 Meter beschränkt. Diese Höhe entspricht dem Ansatz der

37 KSTA vom 13. März 2000

Abb. 6 und 7: Hochhauskonzept mit vorhandenen stadtbildprägenden Hochhäusern von neun Geschossen aufwärts und vorgeschlagenen Hochhausstandorten. Varianten 3a und 3b. Stadtplanungsamt Köln. Akualisierte Fassungen 2000

Turmhelme beim Dom. Dennoch ist weiterhin die Frage zu stellen, ob ein Hochhaus an dieser Stelle erforderlich ist, um eine Stadtentwicklung in Zusammenhang mit dem Ausbau zum ICE-Haltepunkt zu dokumentieren, zumal damit Sichtbeziehungen zum Dom verstellt werden.
Der Standort an der Messe ist allerdings im Hochhauskonzept in Modellen enthalten, die weiter verfolgt werden sollen, nachdem zwei Lösungsvarianten, die sich auf die linke Rheinseite bezogen, entfallen

sind. Der Vorschlag mit Hochhäusern an den Kreuzungspunkten von Ringstrassen und Radialen sollte zugleich den linksrheinischen Stadtgrundriss betonen. Er wird aus verschiedenen Gründen nicht weiter verfolgt. Ähnlich ist es mit dem zweiten Vorschlag, der eine Verdichtung mit mehreren Bürohochhäusern an verschiedenen linksrheinischen Standorten vorsah. Verblieben sind Vorschläge für das rechtsrheinische Köln, wo man bei der Entwicklung von Flächen am bereits erwähnten ICE-Bahnhof Deutz, dem Deutzer Feld und Kalk, langfristig ergänzt durch den Standort Deutzer Hafen „die einmalige Chance sieht, das rechtsrheinische Köln zukunftsorientiert weiterzuentwickeln".[38] Dabei bliebe das „historische und unverwechselbare Köln auf der linken Rheinseite ... unverfälscht und erhielte gleichzeitig auf der rechten Rheinseite eine neuzeitliche Ergänzung".[39]
Es gibt alternative Überlegungen der Massierung von Hochhäusern im Bereich „Deutzer Feld" und CFK-Gelände gegenüber einer bandartigen Entwicklung im Verlauf des Rheins. Ein neuer Gedanke tauchte kürzlich auf: eine ringförmige Anordnung von Hochhäusern in Fortsetzung der ringartigen Grundrissform des linksrheinischen Köln auf der rechten

38 Verwaltungsvorlage a.a.O.
39 Ebenda

Rheinseite. Darüber wird noch diskutiert werden. Man spricht von lediglich fünf bis sechs Hochhäusern im Rechtsrheinischen. In keinem Fall wird eine Konzentration gewünscht, wie die bereits erwähnte Fotomontage der Verwaltung aus dem Jahr 1994 vermuten lässt. Dazu der zuständige Dezernent: „Wir wollten zeigen, was wir nicht wollen.“[40]

Abb. 8: Luftbild von Südwesten mit Ringbebauung um 1987. (Das Bahngelände im Nordwesten ist für den Media-Park freigeräumt, aber noch nicht bebaut).

Motivation für Hochhäuser und Perspektiven

Eine erste Veranstaltung im Rahmen von mehreren, Anfang der neunziger Jahre geplanten bereits erwähnten „Köln Colloquien“ sollte dem Thema „Der verstellte Blick. Überlegungen zur Hochhausplanung in Köln“ gewidmet sein. Damit wollte Köln eine Plattform im nationalen oder sogar internationalem Raum abgeben, von der ausgehend Themen des Städtebaus, der Stadtgestaltung und der Stadtentwicklung diskutiert werden sollten. Die auf Köln bezogene Zielsetzung war von Anfang an mit dem Begriff „Standortmarketing“ verbunden. Es war deutlich, dass sich Köln durch Veranstaltungen, bei denen allgemein interessierende Fragen der Stadtentwicklung und spezielle Lösungen für Köln diskutiert werden sollten, ein neues „Profil“ zu geben beabsichtigte. Das galt auch für das Thema „Köln als Hochhausstandort“. Wenn auch der damalige Oberstadtdirektor 1992 der Meinung war, „wir müssen verdichten“[41], und der derzeitige Oberbürgermeister bei einem Kollegentreffen wegen des Druckes auf die Ballungsgebiete durch Einwanderer Handlungsbedarf sah,[42] so entstand der Hochhausgedanke nie, erst recht nicht heute, wo es zahlreiche Industriebrachen in Köln gibt, aus einer Raumnot heraus. Es ist auch bekannt, dass in der Vergangenheit auf Kölner Boden kein übermässiger Druck von Investoren bestand, die Hochhäuser realisieren wollten. Im Verwaltungsentwurf für ein Hochhauskonzept wird

40 db 3/1999 Aktuell
41 Rundschau vom 2. April 1992
42 KSTA vom 12.09.1992

erläutert: „Hochhäuser werden nicht errichtet, um teure und knappe Grundstücksflächen preiswert und hoch auszunutzen; ein wesentlicher Antrieb, hoch zu bauen, ist auch Imagepflege und Demonstration der Wirtschaftskraft des jeweiligen Bauherrn und der Kommunen, die untereinander im Wettbewerb stehen. Hochhäuser geben vordergründig einer Stadt – ob gewollt oder unbeabsichtigt – das Flair einer Weltstadt."[43]
Ob Köln in Zukunft mit einer schlüssigen Konzeption und guten architektonischen Lösungen als Grossstadt mit bemerkenswerten Hochhäusern auf sich aufmerksam macht, ohne seine überlieferten Werte zu opfern, wird sich vermutlich in den nächsten Jahren zeigen. Auf dem Gebiet des rechtsrheinischen Kölns gibt es genug Chancen. Allerdings sollten die ungestörte Silhouettenwirkung und wichtige Blickbeziehungen von der rechten auf die linke Rheinseite unbeeinträchtigt bleiben. Außerdem sollten Hochhausentwicklungen heutigen Maßstabs im Ringbereich, die immer wieder von Politikern befürwortet werden, wegen der Störung der relativ homogenen Struktur und auch aus Gründen der optischen Beeinflussung des überlieferten Stadtbildes über dem Rhein außer Betracht bleiben.

Literatur

Architekten- und Ingenieurverein e.V. von 1875 (Hrsg.): Köln, Seine Bauten 1828–1988. Köln 1991 mit den Beiträgen:
Archiv Stadtplanungsamt und BDA sowie Pressemeldungen.

Baecker, Werner: Stadtplanung und Städtebau 1966–1980. Leitgedanken zur städtebaulichen Entwicklung Kölns, S. 124
Baecker, Werner: Köln, Großstadt von morgen. Vortrag vom 27. Oktober 1967. Köln ohne Datum.
Baecker, Werner: Innenstadtkonzept 1973

Curdes, Gerhard/Ullrich, Markus: Die Entwicklung des Kölner Stadtraumes. Dortmund 1997

Heinen, Werner: Das Moderne Köln. Fritz Schumachers Generalplan von 1923, S. 268
Hemmersbach, Marina: Stadtplanung 1945–1946, S. 270
Dieselbe: Das Neue Köln. Stadtplanung unter Rudolf Schwarz, S. 271

Kämper, Dirk: Rheinhattan? S. 294

Ludmann, Harald/Jatho, Kurt: Rudolf Schwarz – Sein Konzept für das neue Köln. S. 93

Neumann, Dietrich: Die Wolkenkratzer kommen. Deutsche Hochhäuser der zwanziger Jahre. Braunschweig/Wiesbaden 1995

Schäfke, Werner (Hrsg.): Das Neue Köln 1945–1995. Ausstellungskatalog. Köln, 1994 mit folgenden Beträgen:
Schumacher, Fritz: Köln, Entwicklungsfragen einer Großstadt. Köln 1923
Schwarz, Rudolf: Gedanken zum Wiederaufbau von Köln am Rhein. Aufbau-Sonderheft 2/1947, S. 8 ff.
Derselbe: Das Neue Köln – Ein Vorentwurf. Köln 1950
Derselbe: Denken und Bauen, Schriften und Bauwerke. Heidelberg 1963
Stadt Köln: Leitplan der Stadt Köln, Teil 1: Grundlagen. Köln 1970

43 Verwaltungsvorlage a.a.O.

Prototyp und Sonderfall
Über Hochhäuser in Leipzig

Iris Reuther

In Leipzig wurden im zwanzigsten Jahrhundert nur wenige Hochhäuser an markanten Punkten der Stadt gebaut. Darunter findet sich kein einziges Bürohochhaus, das der Skyline von Frankfurt/Main entlehnt sein könnte, obwohl beide Städte wegen ihrer Bedeutung und parallelen Entwicklung als Messe-, Banken- oder Verlagsstadt immer wieder verglichen und nach der deutschen Teilung zeitweise sogar als alternative deutsche Hauptstädte diskutiert wurden.
Das bekannteste Hochhaus von Leipzig steht in der Mitte der Stadt am Augustusplatz, der zwischen August 1945 und Oktober 1990 Karl-Marx-Platz hieß. Mit der Symbolik eines aufgeschlagenen Buches bzw. einer halb entrollten Fahne diente der 1968 bis 1973 errichtete Hochhausturm bis zum Jahre 1998 der Leipziger Universität als Seminar- und Fakultätsgebäude mit einem öffentlich zugänglichen Panoramacafé im obersten Geschoss. Der Turm wird deshalb von den Leipzigern auch „Weisheitszahn" oder „Uni-Riese" genannt, was auf seine identitätsstiftende Wirkung schließen läßt. Das 142,5 Meter hohe Gebäude wurde Mitte der neunziger Jahre vom Freistaat Sachsen an die Depfa-Bank veräußert, die 1999 mit einer Sanierung als Bürogebäude begann und für die unteren Geschosse und einen geplanten neuen Anbau eine prominente Kulturinstitution als Mieter binden will. Damit wäre erst in der Umnutzung eines Objektes die Kategorie der Bürohochhäuser in Leipzig eingeführt.
Das Leipziger Universitäts-Hochhaus repräsentiert ein dem sowjetischen Vorbild verpflichtetes städtebauliches Konzept aus den fünfziger Jahren, das eine bauliche Hervorhebung der wichtigsten staatlichen Institutionen in zentralen Gebäuden in der Mitte der Städte vorsah. Während diese Projekte für die Aufbaustädte in der DDR keine Ausführung fanden, wurden die Standorte für städtebauliche Dominanten im Zusammenhang mit einem staatlichen Programm zur Gestaltung sozialistischer Stadtzentren in den sechziger Jahren wieder aufgegriffen. Sinnstiftendes Kriterium wurden dabei kulturell-kommunikative Nutzungen für zeichenhafte Hochhausentwürfe, die auch von den Bauten der Metabolisten in Japan, insbesondere von Kenzo Tange und Noriaki Kurokawa, beeinflusst waren. Eine für Rostock entworfene Stadtdominante sollte das Haus der Wissenschaft, Bildung und Kultur sein und in der Gestalt eines hoch aufragenden Schiffsbuges die Bedeutung der Hafenstadt symbolisieren. Für den Zentralen Platz in Magdeburg lag 1970 der Entwurf für ein „Haus des Schwermaschinenbaus" in Form einer überdimensionalen Schraubenmutter vor[1]. Der

1 Vgl. Landeshauptstadt Magdeburg 1998, S. 59

1975 fertiggestellte Hochhausturm im Stadtzentrum von Jena in der assoziativen Gestalt eines Fernrohres sollte ursprünglich ein Forschungszentrum der Zeiss-Werke beherbergen, wurde aber noch in der Bauphase als Biobliotheks- und Seminargebäude für die Universität umprofiliert[2]. Weitere vergleichbare Hochhausprojekte mit signifikanten Formen wurden in den Stadtzentren von Neubrandenburg, Frankfurt/Oder, Chemnitz und Suhl realisiert.

Bei einer Annäherung an die Stadt verweist die charakteristische Statur des Universitäts-Hochhauses auf die vergleichweise kleine City von Leipzig. Ihre 500–800 Meter große Ausdehnung wird mit dem Turm des Neuen Rathauses im Südwesten und dem Wintergartenhochhaus – einem Wohnhochhaus – im Nordosten ablesbar. Bei genauerem Hinsehen wird die Silhouette der Stadt von einigen weiteren Hochhäusern und signifikanten Türmen geprägt. Hierzu zählen das Hotel „Intercontinental" in der City-Nord, die Wohnhochhäuser entlang der Straße des 18. Oktober sowie der Bücherturm der Deutschen Bücherei und nicht zu vergessen das 1913 eingeweihte Völkerschlachtdenkmal im Osten der Stadt. In der kompakten, gründerzeitlich geprägten, homogen erscheinenden Stadtsktruktur[3] von Leipzig mit einer sehr kleinen City und einem ausgedehnten Kranz an Vorstädten wurden Hochhäuser vor allem im Kontext des Stadtbildes konzipiert und reflektiert. Hierzu könnten die geographische Lage in der flachen Landschaft und Niederung von Pleiße und Weißer Elster sowie die sternförmig auf die Stadt zulaufenden Verkehrstraßen beigetragen haben. Dazu gehören neben dem Eisenbahnring mehrere jahrhundertealte Handelswege der historischen Messestadt[4].

Die ersten Hochhauskonzepte und ausgeführten Objekte entstanden in Leipzig in der wirtschaftlichen Konjunkturphase der Weimarer Republik, bis die Nationalsozialisten den Bautypus ablehnten. In einer kurzen Orientierungsphase nach dem Ende des Zweiten Weltkrieges knüpften vor allem die ansässig gebliebenen und zurückgekehrten Architekten

---

2 Vgl. Flierl 1998, S. 185

3 Die Stadt Leipzig gehört zu den am dichtesten bebauten Städten in Deutschland mit einer vergleichsweise geringen Stadtfläche.

4 Kaiser Maximilian I. erhob 1497 den Oster- und Michaelismarkt zu Reichsmessen und verlieh der Stadt das Stapel- und Niederschlagsrecht, das die Leipziger wegen ihrer zentralen Lage in Deutschland und Europa zur Etablierung eines über die Stadt hinausreichenden Messewesens nutzten. Die Funktion als „Reichsmessestadt" büßte Leipzig erst nach dem Zweiten Weltkrieg ein, als die traditionellen Messestädte in Westdeutschland, wie Frankfurt/Main, München, Köln oder Düsseldorf, einen Ausbau erfuhren und neue Messeplätze, u.a. in Hannover, entstanden. Die Leipziger Messe fungierte in der Zeit des „Eisernen Vorhangs" als „Schaufenster des Ostens" und Drehscheibe für den Transfer zwischen West und Ost. Mit der deutschen Einigung und dem Zusammenbruch des staatssozialistischen Wirtschaftsblocks verlor die Leipziger Messe ihre historische Bedeutung. Die Stadt Leipzig und der Freistaat Sachsen beschlossen auf der Grundlage eines veränderten Messekonzeptes den Bau des 1996 fertiggestellten neuen Messegeländes im Norden der Stadt mit direktem Anschluß an die Autobahn und den Flughafen. Damit verloren die seit der Jahrhundertwende errichteten Messehäuser der Innenstadt bis hin zu einem Objekt direkt unter der Marktfläche sowie das 1913 im Südosten der Stadt angelegte ca. 90 ha große Gelände mit zahlreichen Messehäusern und Freianlagen ihre ursprüngliche Bedeutung.

mit Hochhausvorschlägen stadtstrukturell und formal an die Konzepte der Zwischenkriegszeit an, bis mit dem Vollzug der europäischen Spaltung durch die deutsche Teilung eine Zäsur erfolgte. Die Entwicklung der Konzepte und Realisierungen von Hochhäusern in Leipzig lässt sich aber trotz ihrer typologischen und funktionellen Eigenheiten in der DDR-Epoche nicht nur als „sozialistischer Sonderfall" erklären. Vielmehr fand die Auseinandersetzung um Standorte und die Gestaltfindung der Gebäude trotz zentralstaatlicher Einflußnahme und Investitionen sowie politischer Abschottung im gesamtdeutschen und europäischen Kontext statt. Insgesamt lässt sich bei einer genaueren Beleuchtung der städtebaulichen Entwicklung von Leipzig in der DDR-Epoche im Vergleich mit westdeutschen Großstädten eine Phasenverschiebung der Entwicklung um ein bis zwei Jahrzehnte beobachten, was die „nachholende Modernisierung" nach der Deutschen Einigung sinnfällig begründen kann. Nach einem kurzen Intermezzo der Hochhausfrage zu Beginn der neunziger Jahre verhindert die geringe Nachfrage aktuell den Bau der vergleichsweise teuren Häuser. Die Bodenpreissteigerung im Zusammenhang mit dem im Einigungsvertrag aus dem Jahre 1990 fixierten Vermögensgesetz nach dem Grundprinzip „Rückgabe vor Entschädigung", den daraus resultierenden Restitutionsverfahren und der Spekulation hat in Leipzig auch ohne Hochhäuser stattgefunden.

1900 bis 1945

Der Wandel von Leipzig zur Industriestadt, mit dem ein rapides Bevölkerungswachstum und die Erweiterung der Stadtfläche einherging, setzte erst zur Jahrhundertwende ein. Wichtigste Standortfaktoren waren das Angebot an Arbeitskräften und Kapital sowie die günstige Verkehrslage und die Messe. Dabei bildete sich eine traditionelle Branchenstruktur der Verarbeitungsindustrie (Maschinenbau, Braunkohlenfördertechnik und Textilverarbeitung) heraus. Die Knotenfunktion im überregionalen Verkehrsnetz wurde 1915 mit der Fertigstellung des größten europäischen Kopfbahnhofes am nördlichen Cityrand besiegelt. Mit Unterstützung des Leipziger Bankkapitals wurden die großen zusammenhängenden Industriegebiete im Westen und Osten der Stadt erschlossen, und Leipzig etablierte sich nach 1900 mit einer wachsenden Bevölkerungszahl unter den fünf führenden deutschen Großstädten – neben Berlin, Hamburg, München und Köln. Die höchste Einwohnerzahl erreichte die Stadt Mitte der dreißiger Jahre mit 730.000 Menschen. Die Stadt gehörte vor dem Zweiten Weltkrieg zu den bedeutendsten deutschen Bankenstandorten mit einer der wichtigsten europäischen Börsen. Sie war Sitz großer Verlage, des Mitteldeutschen Rundfunks und des Reichsgerichtes.

Die Meßpaläste – Auslotung der Hochhaus-Thematik

Um Leipzig nach dem Ende des Ersten Weltkrieges zu einem unangefochtenen Mittelpunkt des Welthandels zu entwickeln, kam es zu Beginn der zwanziger Jahre zu einer ganzen Serie gigantischer Hochhausprojekte. Einen der ersten Entwürfe legte der Leipziger Stadtbaurat James Bühring 1920 für ein Meß- und Bürohochhaus mit einer 11-geschossigen Doppelturmanlage auf den Frankfurter Wiesen vor, das sich in die Ausweitung des innerstädtischen Messebereiches nach Westen integrieren sollte. Im gleichen Jahr schlug der Leipziger Bauanwalt vom Berg einen 16 Geschosse umfassenden runden „Wolkenkratzermeßpalast“ mit 9000 Quadratmeter Ausstellungsfläche auf dem Roßplatz vor. Noch gewaltiger in den Dimensionen war der von Emanuel Haimovici, Richard Tschammer und Arno Caroli geplante Leipziger Messeturm mit einer Höhe von 108 Metern und 30 Ausstellungsetagen, der dem Stadtrat von Leipzig im Oktober 1919 als Vorentwurf unterbreitet wurde und für den der Antrag auf einen citynahen Bauplatz gestellt wurde. Der Platz am Bayerischen Bahnhof und schließlich das Schwanenteich-Areal in unmittelbarer Nähe zum Hauptbahnhof wurden hierfür favorisiert. Der Turm sollte als neue architektonische Dominante der Messestadt fungieren, wobei die Autoren Wert darauf legten, dass sich der Bau in seiner Gestalt nachdrücklich vom Typus amerikanischer Wolkenkratzer abhob[5]. Unter den letztlich unrealisierbaren Vorhaben zur Lösung der Raumprobleme der Leipziger Messe ragte das 1921 mit großem Reklameaufwand veröffentlichte Projekt eines „Internationalen Zentral-Welthandelspalastes in Leipzig“ heraus. Seine Ausstellungsfläche von 200.000 Quadratmetern hätte einer Raumkapazität entsprochen, wie sie sämtliche Messehäuser in Leipzig etwa im Jahre 1930 erreichten. Hinzu sollten Läden, 4.000 Büros, Garagen und auf dem Dach ein „Freizeitzentrum“ kommen, so dass der 40 Meter hohe Gebäudekoloss mit einem 16 Stockwerke hohen Turm das gesamte Areal zwischen Hauptbahnhof und Augustusplatz eingenommen hätte. Dieser stark an Albert Kahns General Motors Building in Detroit erinnernde Baukörper sollte mit amerikanischem Kapital von einer Aktiengesellschaft in einem wichtigen öffentlichen Raum der Stadt errichtet werden und verstand sich als „Manifestation einer einzig dastehenden deutschen Energie“[6]. Die Großprojekte für die Leipziger Messe blieben unausgeführt.

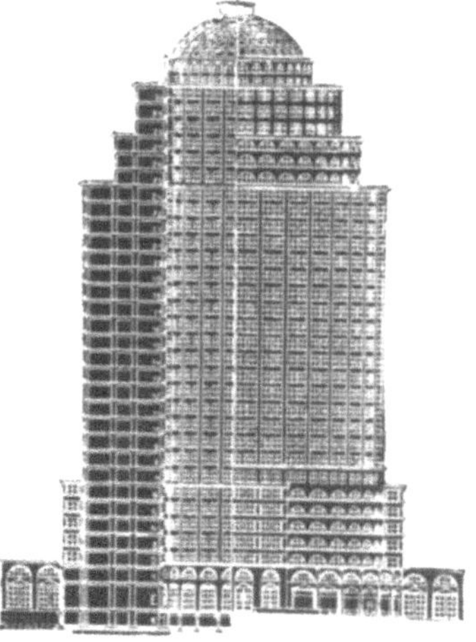

Abb. 1: Messeturm, Entwurf von Haimovici, Tschammer und Caroli, 1920

Hochhäuser am Augustusplatz

Es verwundert nicht, dass nach einer utopischen Phase Leipzigs erstes Hochhaus im Streit geboren wurde. Am 24. Januar 1925 legte der Bankier Hans Kroch dem gerade erst zwei Monate im Amt tätigen Leipziger Stadtbaurat Hubert Ritter die von zehn Leipziger Architekten verfaßten Entwürfe eines 12-geschossigen Bankhauses am Augustusplatz vor. Damit sollte ein tiefes Grundstück zwischen Augustusplatz und Ritterstraße über-

5 Vgl. Topfstedt 1, 1993, S. 52 f.
6 Vgl. Winter, 1922, S. 63

baut werden[7]. Der neue Stadtbaurat erwies sich als entschiedener Gegner von Hochhausbauten am Augustusplatz und schlug mit dem Verweis auf Verfahrensfehler zum Bauantrag die Durchführung eines städtebaulichen Wettbewerbes zur Neugestaltung des gesamten Platzes unter Einbeziehung eines Hochhauses vor. Nach zähem Ringen um den Ausschreibungstext wurde Anfang 1926 ein „Wettbewerb zur Erlangung von Entwürfen für die städtebauliche Ausgestaltung des Augustusplatzes und für die architektonische Durchbildung des Bankhauses Kroch am Augustusplatz zu Leipzig" durchgeführt, aus dem der Münchner Architekt German Bestelmeyer als Sieger hervorging. Sein Entwurf wurde 1927/28 als ca. 50 Meter hoher, schlanker 12-geschossiger Turm mit einer dem Torre dell'Orologio am Markusplatz in Venedig entlehnten Figurengruppe realisiert. Das konnte erst geschehen, nachdem der Architekt mit filmischen Methoden und dem spektakulären Aufbau einer Gerüstmaske in Originalgröße versucht hatte, die Befürchtungen der Kritiker nach zu großer Dominanz des geplanten Hauses zu zerstreuen[8]. In typologischer Hinsicht ist das Gebäude interessant, weil es das einzige, als Hochhaus errichtete private Bankgebäude der früheren zwanziger Jahre in Deutschland darstellt.

Die Ringcity von Hubert Ritter

Über die Gestaltung des Augustusplatzes weit hinausgreifend, erlangte die Hochhausfrage wachsende Bedeutung in Plänen zur städtebaulichen Neuordnung und funktionellen Erweiterung des Leipziger Stadtzentrums. Die im Zusammenhang mit einem Hochhausstreit gewonnenen Erkenntnisse flossen in eine intensive Beschäftigung mit der Ringstraße,

Abb. 2: Das Bankhaus Kroch am Augustusplatz von German Bestelmeyer. Situation um 1992

7 Vgl. Volk, 1979, S. 148
8 Vgl. Böhme, 1993, S. 40

dem ehemaligen Befestigungsgürtel und im 19. Jahrhundert angelegten Promenadenring, ein. Dabei griffen verkehrstechnische und städtebauliche Aspekte der Citybildung angesichts der erwarteten Rolle Leipzigs im mitteldeutschen Industrieraum ineinander, die schließlich im Konzept einer Ringcity mündeten. Zugleich spielte die seit 1890 eingeführte Mustermesse mit ihrem speziellen Raumbedarf eine maßgebende Rolle beim Wandel der Leipziger City.
Im Unterschied zu anderen deutschen Großstädten, wie Frankfurt oder Berlin, wo die Gründungsorte und Altstädte am Beginn des 20. Jahrhunderts zu Verfallsquartieren mit hohem Anteil an billigem Wohnraum herabsanken, so dass neben den traditionellen Altstädten neue Geschäftsstädte entstanden, behielt die kleine Leipziger Innenstadt mit der Messe ihre City-Funktion. In einem 1927 vorgelegten Konzept schlug Hubert Ritter neben einer konsequenten Erhaltung des historischen Stadtkerns die Anlage einer breiten Ringstraße mit einer durchschnittlich 8-geschossigen Randbebauung vor, die die Höhe der Altstadtbebauung nur wenig überschreiten durfte, aber funktionell entlasten würde. An wenigstens acht Stellen war die Möglichkeit zur Errichtung von Hochhäusern vorgesehen: als Kontrapunkt zu beiden Seiten des Bahnhofsgebäudes, an der Westseite des Schulplatzes, die Matthäikirche flankierend, als Pendant zum Rathausturm sowie als optische Begrenzung des Roßplatzes. Mit dem Projekt zur Ring-City bezog sich Hubert Ritter einerseits auf den Denkmalwert der barocken Leipziger Altstadt[9] und andererseits – durchaus kritisch – auf die Vorschläge von Le Corbusier zur „Ville Contemporaine“ für Paris, die vorsahen, größere Teile des Stadtkerns niederzulegen, um statt dessen eine Anzahl gigantischer Hochhäuser zu errichten[10].
Die Intentionen zum Bau neuer Hochhäuser im Zusammenhang mit dem Ringcity-Projekt legte Hubert Ritter im März 1927 auf der Internationalen Leipziger Siedlungswoche dar:
„Vergleicht man das Fassungsvermögen der Altstadt an Geschäftsraum mit demjenigen der Ringanlage, so kommt man zu dem Ergebnis, daß in der Ringanlage etwa die gleiche Nutzfläche wie im Stadtkern erzielt wird. An einzelnen, vorsichtig auszuwählenden Stellen des Ringes kann die Errichtung von Turmhäusern gestattet werden. ... Die baukünstlerische Aufgabe des Problems besteht darin, das Geschäftsmäßige, Meßtechnische in der Gestaltung zum Ausdruck zu bringen. ... Der Maßstab der Neubauten am Ring wird ein anderer sein als in der alten Stadt. Er wird den gesteigerten Geschwindigkeiten des Verkehrs, dem weiteren Denken und Fühlen der Menschen entsprechen.“[11]
Ritter hat die Vision seiner Ringcity vielfach publiziert sowie in Schaubildern und Modellen visualisiert. Aus diesen Darstellungen ging auch die Absicht hervor, am Augustusplatz in unmittelbarer Nachbarschaft zum Bildermuseum ein Hochhaus zu errichten, das die südöstliche Einmündung des Promenadenrings städtebaulich markieren sollte. Der Standort entsprach exakt dem 1928–1929 nach Plänen von Otto Paul

9 Hierzu hatte Nikolaus Pevsner im Jahre 1924 eine Dissertation vorgelegt.
10 Vgl. Leonhardt, 1993, S. 20
11 Zit. nach Topfstedt 1, 1993, S. 53

Burghardt als Büro- und Geschäftsgebäude erbauten „Europahauses" mit einer Gesamthöhe von 53 Metern. Im Unterschied zum Bankhaus Kroch war es kein solitäres Bauwerk, sondern von vornherein integraler Bestandteil einer städtebaulichen Großform und „Signalbau" der künftigen Ringcity von Leipzig.

Destruktive Politik nach 1933

Als Hubert Ritter aus dem Amt des Leipziger Stadtbaurates schied, wurde von seinen Nachfolgern der konzeptionelle Ansatz des 1929 verabschiedeten Generalbebauungsplanes lediglich modifiziert und mit raumordnerischen Kriterien für den Ausbau von Leipzig als Wirtschaftsstandort überlagert, die in einer 1941 publizierten Schrift „Die Raumnot der Reichsmessestadt" festgehalten waren. In einem gesonderten Kapitel wird der Raumbedarf für öffentliche Verwaltungsgebäude, die technische Messe, Hotelbauten in Bahnhofsnähe, die Universität und die Wehrmacht formuliert. Für die geplanten Neubauten hätten in der City und an „geeigneter Stelle" auch ältere sanierungswürdige Wohnviertel abgebrochen werden müssen[12]. Die konkreten planerischen Konzepte enthielten keine Hochhausprojekte und wurden bald nach Kriegsbeginn nicht weiter verfolgt. Um Baufreiheit für die beiderseits der damaligen Frankfurter Straße (Jahn-Allee) konzipierte Gutenberg-Ausstellung zu schaffen, ließen die Nationalsozialisten demonstrativ Hochpunkte, wie ein von vier Ecktürmen eingefaßtes Gesellschaftshaus am Palmengarten sowie den „Kuhturm", ein mittelalterliches Außenwehr, beseitigen[13]. Im Dezember 1943 fielen die ersten Fliegerbomben auf Leipzig und zum Kriegsende waren die innerstädtischen Bereiche und die City von Leipzig zu 60 % zerstört.

1945–1989/90

Nach dem Ende des Zweiten Weltkrieges büßte die Stadt Leipzig zahlreiche zentrale Funktionen durch die Abwanderung von Gericht, Banken und Verlagen nach Westdeutschland und insbesondere nach Frankfurt/Main ein und behielt nur die traditionelle Bedeutung als Messestadt. Mit der Kombinatsbildung in der DDR-Industrie wurde Leipzig Sitz von zentral geleiteten Wirtschaftsunternehmen und bedeutendes Zentrum der Industrieforschung. Der mitteldeutsche Ballungsraum war bis auf die Braunkohle- und Chemieindustrie im Umland von Leipzig zu keinem Zeitpunkt ein Investitionsschwerpunkt der DDR-Wirtschaft und erlebte deshalb auch keine Brancheninnovationen, wie etwa Dresden oder Jena mit einer gezielten Ansiedlung von Elektronik oder Computerproduktion. Zwischen 1930 und 1988 wuchs in der gesamten Region Leipzig die Industriefläche nur um 300 Hektar[14]. Eine

12 Vgl. Oberbürgermeister Freyberg, 1941, S. 23
13 Vgl. Böhme, 1993, S. 42
14 Doehler, Usbeck 1996, S. 691

direkte und sektoral strukturierte Integration von Verwaltungs- und Dienstleistungsfunktionen in die verschiedenen Industrieunternehmen verhinderte die Entwicklung eines eigenständigen tertiären Sektors, der massiven Büroflächenbedarf erzeugt hätte. Die Abhängigkeit der baulichen Entwicklung von zentralstaatlischen Investitionsentscheidungen führte in einer auf die Produktion orientierten Wirtschaft für diese „peripheren" Nutzungsarten nur in Ausnahmefällen zu eigenständigen oder sogar identitätstiftenden Bürobauten. Für die wenigen Geld- und Versicherungsinstitute der DDR wurden nach 1945 konfiszierte Standorte und vorhandene Bauten[15] genutzt.

Die Kontinuität in der Aufbauplanung nach 1945 und das Ensemble am Roßplatz

Im November 1944 war die Stadt Leipzig nach Einschätzung der Zerstorungen auf die Vorschlagsliste für die „Wiederaufbaustädte" des Führererlass-Entwurfes gerückt. Eine systematische Aufbauplanung begann aber erst nach Kriegsende durch ein ortsansässiges Planerkollektiv unter Leitung von Stadtbaurat Walter Beyer, das auf Konzepte der zwanziger Jahre zurückgriff[16], aber z.B. den ebenfalls nach Leipzig zurückgekehrten Hubert Ritter nicht einbezog. Nachdem 1948 ein erstes Gesamtkonzept vorlag, das von einem Zusammenschluss des industriellen Ballungsraumes Leipzig-Halle durch eine Neustrukturierung der Verkehrswege sowie Wohn- und Industrieflächen entlang des Elster-Saale-Kanals ausging[17], wurde 1949 zunächst die Satzung eines Bebauungsplanes für die Altstadt innerhalb des Promenadenringes beschlossen. Unter den 53 Aufbaustädten, die das Aufbaugesetz der DDR vom 6. September 1950 benannt hatte, rangierte Leipzig nach Berlin und Dresden an dritter Stelle.
Im Jahre 1952 lag ein erster Aufbauplan für den Zentralen Bezirk der Stadt Leipzig vor, in den das baulich-räumliche Konzept der Ringcity von Hubert Ritter in modifizierter Form eingeflossen war. Der als freischaffender Architekt tätige ehemalige Stadtbaurat hatte im Rahmen eines städtebaulichen Wettbewerbes für die Gestaltung des Promenadenringes[18] einen Entwurf vorgelegt. Dieser ging aus den Konzepten der Stadt hervor, die in ein umfassendes Planwerk – die Grundakte der Stadt Leipzig an das Ministerium für Industrie, Arbeit und Aufbau des Landes Sachsen – über-

15 So nutzte die Staatsbank der DDR ein ehemaliges Gebäude der Deutschen Bank aus der Kaiserzeit und die Staatliche Versicherung der DDR belegte das Europahochhaus am Augustusplatz.

16 Vgl. Topfstedt 2, 1993, S. 75

17 Dieses Projekt scheiterte im übrigen am Kompetenzstreit zwischen Sachsen und Sachsen-Anhalt, der auch nach der Abschaffung der Länderstruktur im Jahre 1952 nicht beigelegt wurde.

18 In einem am 28. August 1952 vom Ministerrat der DDR beschlossenen Aufbauplan wurden für die Ringmagistrale „Repräsentative Wohngebäude mit Ladeneinbauten" gefordert, die in einem städtebaulichen Wettbewerb Ende 1952 untersucht wurden. Daraus ging das Kollektiv von Adam Burgner vom VEB Entwurf Leipzig I als Sieger hervor, das neben der für die weitere Entwicklung maßgebenden Fassung des Roßplatzes eine besondere Turmhausdominante am Tröndlinring vorsah. Vgl. Durth u.a. 1998, S. 456

nommen worden waren. Sowohl in den offiziellen Konzepten als auch im Entwurf von Ritter waren die neuen baupolitischen Doktrinen der „16 Grundsätze des Städtebaus“[19] aus dem Jahre 1950 berücksichtigt worden. In den Grundsätzen sechs und neun wurde u.a. folgendes gefordert:
„Das Zentrum der Städte wird mit den wichtigsten und monumentalsten Gebäuden bebaut, beherrscht die architektonische Komposition des Stadtplanes und bestimmt die architektonische Silhouette der Stadt. (...) Das Antlitz der Stadt, ihre künstlerische Gestalt wird von Plätzen, Hauptstraßen und den beherrschenden Gebäuden im Zentrum der Stadt bestimmt, in den größten Städten von Hochhäusern.“[20]
Neben der Ausweisung von Demonstrationsräumen und Veranstaltungsplätzen wurde ein regelmäßiger Kranz neuer Hochhäuser im Kontext der Ringbebauung von Leipzig vorgesehen. Hubert Ritter hatte in seinen Wettbewerbsbeitrag ein eigenes Projekt integriert, das sich auf einen Hochhausstandort östlich des Hauptbahnhofes bezog. Als die Stadt Leipzig im Jahre 1950 den Bau eines großen Hotels erwog, hatte Ritter sein Meßhotel-Projekt von 1927 in überarbeiteter Form erneut zur Diskussion gestellt. Dieses Projekt wurde vom Leipziger Stadtbauamt nicht zur Kenntnis genommen, und der Architekt wandte sich deshalb direkt an das Ministerium für Aufbau der DDR in Berlin, weil dort die Wettbewerbsvorbereitungen für einen Hotelneubau gegenüber dem Leipziger Hauptbahnhof betrieben wurden[21]. Sowohl die Positionen zum Standort als auch das Architekturkonzept von Ritter erhielten eine unmissverständliche Absage aus Berlin[22].

Abb. 4: Entwurf für einen Hotelbau am Hauptbahnhof von Hubert Ritter, 1950

Ein erster Schwerpunkt der präzisierten Pläne nach den neuen Maßgaben lag am Karl-Marx-Platz, dem umbenannten Augustusplatz. Dabei wurde die Absicht, das zerstörte Neue Theater an der Nordseite des Platzes wieder aufzubauen, per Beschluß des Ministerrates der DDR zugun-

19 Vgl. Beyme, 1992, S. 31
20 Ebenda
21 Vgl. Topfstedt 1, 1993, S. 56
22 In einem Schreiben aus dem Ministerium für Aufbau vom 1. August 1951 heißt es: „Der Hotelbau am Hauptbahnhof wird nach den Grundzügen der Stadtplanung nicht an der von Ihnen vorgesehenen Stelle errichtet werden. Bezüglich der Gestaltung werden besondere Richtlinien ergehen. Die von Ihnen in Ihrer Skizze vorgeschlagene Form wird jedoch keinesfalls Anwendung finden, denn wir wollen in unseren Bauten das kulturelle Erbe und nicht formalistische Formen verwirklicht sehen.“ Vgl. Topfstedt 1, 1993, S. 73

sten eines repräsentativen Opernhaus-Neubaus aufgegeben. Vis à vis der Oper sollte ein monumentales Kulturhochhaus errichtet werden[23]. Unter Berücksichtigung der Funktionalität des Zentralen Platzes für politische Demonstrationen wurde dieses Konzept zunächst verworfen und im Mai 1951 durch das Aufbauministerium in Berlin ein Wettbewerb zur Gestaltung des Kulturhochhauses auf der Nordseite des Platzes und in Blickachse von potentiellen Demonstrationsströmen am Ring ausgeschrieben. Die Wettbewerbsergebnisse wurden schließlich nicht veröffentlicht, weil die Plazierung der Oper eine offene Frage geblieben war[24].
Im Nachgang zum städtebaulichen Wettbewerb für die Ringmagistrale wurden vier Leipziger Architektenkollektive zu einem Vergleich von Entwürfen für das städtebauliche Ensemble im Bereich des Karl-Marx-Hochhauses (so hieß das umbenannte Europahochhaus am Augustusplatz inzwischen) und dem Wilhelm-Leuschner-Platz eingeladen. Ein Kollektiv unter der Leitung von Rudolf Rohrer wurde mit der Ausführungsplanung des Ensembles am Roßplatz beauftragt. Die mehrfach geänderten Entwürfe, die zunächst auch einen Umbau des Europahauses im Stile der Nationalen Tradition vorsahen, wurden schließlich 1953–55 als sieben- sowie achtgeschossiges Gebäudeensemble mit symmetrisch angeordneten neungeschossigen Turmhäusern umgesetzt[25]. Der geplante Umbau des Karl-Marx-Hochhauses fand nach dem Umschwung der Baupolitik in der DDR nach 1955[26] nicht mehr statt.

Die Auflockerung der Stadtmitte durch weite Räume und hohe Häuser

Eine neue Planungsphase für den Stadtkern begann mit der Ankündigung von Walter Ulbricht auf dem V. Parteitag der SED im Sommer 1958, „die Spuren des Krieges in den Zentren unserer zerstörten Städte zu beseitigen“. Diese mündete in die im August 1960 veröffentlichten „Grundsätze der Planung und Gestaltung sozialistischer Stadtzentren“[27]. In einer dort festgehaltenen volkswirtschaftlichen Prioritäten-

---

23 Vgl. Beyme, 1992, S. 190

24 Vgl. Durth u.a. 1998, S. 454 f.

25 Ebenda, S. 457

26 Unter der aus Moskau und einer Rede von Chrustschow zur Allunionskonferenz der Bauschaffenden der UdSSR übernommenen Losung „Besser, schneller und billiger bauen“ fand im April 1955 die Erste Baukonferenz der DDR statt, die einen Wandel der städtebaulichen Planungspraxis durch Industrialisierung des Wohnungsbaus einleitete.

27 vgl. Deutsche Bauakademie 1960. Die Grundsätze griffen die Maßgaben für Stadtzentren aus dem Jahre 1950 wieder auf und hielten an der „bildbestimmenden Rolle“ von Gebäuden zentraler Gremien und der örtlichen Staatsmacht fest. Neuartig war die Forderung nach Weiträumigkeit und Großzügigkeit der zentralen öffentlichen Räume. In den 1965 verabschiedeten „Grundsätzen der Planung und Gestaltung der Städte der DDR in der Periode des umfassenden Aufbaus des Sozialismus“ bezog sich das architektonische Szenario für die Zentren auch auf den Wohnungsbau und hier insbesondere auf die Verwendung der vielgeschossigen Bauweise.

setzung rangierte Leipzig nun hinter Berlin an zweiter Stelle in der DDR. Im Rahmen des Siebenjahrplanes (1958–1965) wurde 1959 unter Leitung des Chefarchitekten der Stadt Leipzig, Walter Lucas, ein „Perspektivplan des Endzustandes mit den Dominanten" für das Leipziger Stadtzentrum vorgelegt. Mit dem neuen Bebauungsplan wurde das eher bestandsorientierte Sanierungskonzept der ersten Nachkriegsjahre endgültig zugunsten einer größeren räumlichen Auflockerung der Altstadt aufgegeben. Dies betraf insbesondere die Verbreiterung der nördlichen Ringmagistrale, die durch eine neue höhere Baustruktur flankiert und von drei „Dominantenstandorten" markiert werden sollte.

In einem ausführlich illustrierten Artikel ging der Chefarchitekt Horst Siegel 1968 im Zusammenhang mit dem Konzept für den Karl-Marx-Platz und das neue Universitätsensemble auf diese Hochhausstandorte an der Außenseite des Promenadenringes genauer ein. Sie sollten als jeweils ca. 80 Meter hohe Dominanten, für die konkrete Entwürfe vorlagen, an den gestalterisch wichtigen Punkten errichtet werden. Das betraf die beiden Wohnhochhäuser an der Wintergartenstraße und an der Gerberstraße sowie ein „Hochhaus der Industrie" am Friedrich Engels Platz (Tröndlinring/Jahnallee)[28]. Die typologischen Vorbilder für das konzipierte Bürogebäude suchten die DDR-Architekten vor allem in den neuen Verwaltungs- und Bürokomplexen in Großstädten der Sowjetunion und dort vor allem in Moskau am Kalininprospekt. Deren Maßstäblichkeit und Ensemblewirkung wurde auf direkte Weise mit der Hochhausentwicklung in den westeuropäischen und nordamerikanischen Metropolen verglichen[29].

28 Vgl. Siegel 1968, S. 96

29 Eine solche Argumentation ist im Juni 1969 in der einzigen Architekturzeitschrift der DDR nachzulesen: „Die Schaffung von Verwaltungs- und Geschäftszentren ist in der Nachkriegszeit zu einer für alle Industriestaaten typischen Erscheinung geworden, wobei man jedoch die wesentlichen Unterschiede zwischen dem kapitalistischen und dem sozialistischen Städtebau nicht aus dem Auge verlieren darf. (...) So konnten wir moderne Stadtkerne in westdeutschen Städten sehen, deren Kennzeichen die chaotische Konzentration von Gebäuden war, die von Großbanken, Versicherungsgesellschaften und Werbeagenturen genutzt wurden. Die Standortwahl und die Entscheidung über die Anzahl der Stockwerke wurde in der Regel durch die Finanzkraft der Besitzer bestimmt. (...) Wir sind der Auffassung, daß die Vorteile, die sich aus der Schaffung von Verwaltungs- und Bürozentren, in denen Kollektive von Tausenden von Mitarbeitern, die alle in einer Arbeitssphäre tätig sind, ihren höchsten Wirkungsgrad in sozialistischen Städten mit ihrer geplanten Wirtschaft aufweisen werden. (...) Wenn wir an konkrete Verwaltungen oder Behörden denken, so ergibt sich klar und deutlich, daß das Ministerium X 20 Etagen braucht, für das Institut Y sind acht Geschosse erforderlich. Wahrscheinlich wird es zweckmäßig sein, an einer Reihe von Plätzen, die durch den Generalplan genau festgelegt sind, vielgeschossige Verwaltungs- und Bürokomplexe zu errichten, denen der Charakter von Dominanten gegeben wird." Vgl. Kopeljanski 1969, S. 371 f.

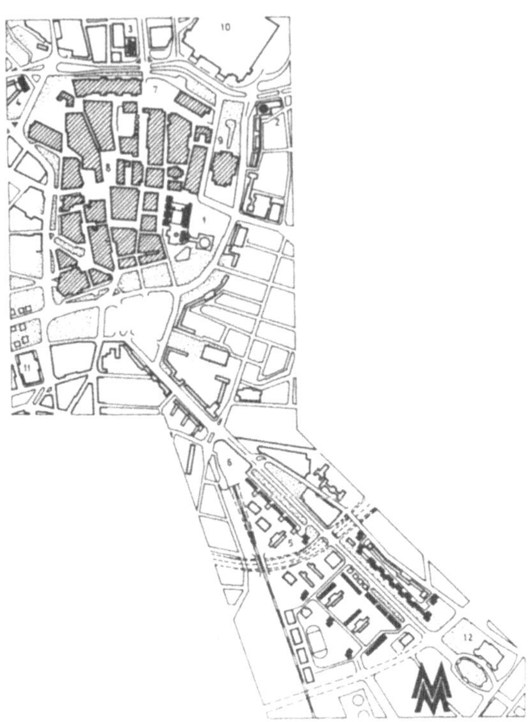

Abb. 5: Entwicklungsplan für das Stadtzentrum mit Hochhausstandorten, 1968

Ein besonderer Entwicklungsplan für das Stadtzentrum von Leipzig gab neben der Altstadt und dem Bereich des Promenadenrings die Straße des 18. Oktober zwischen dem Leuschnerplatz, dem Deutschen Platz, dem Gelände der technischen Messe sowie dem Völkerschlachtdenkmal wieder. Für diese „Messemagistrale", die durch den Turm des Neuen Rathauses und das Völkerschlachtdenkmal geprägt ist, wurde 1968 die Errichtung eines vielgeschossigen Wohnkomplexes mit abwechslungsreichen Baukörperformen[30] vorgesehen. Am Deutschen Platz, wo diese Achse geringfügig ihre Richtung ändert, enthielt die städtebauliche Kompositionsplanung gegenüber der Deutschen Bücherei eine weitere Höhendominante[31]. Innerhalb der Achse kam dem Karl-Liebknecht-Platz (Bayrischer Platz) mit dem historischen Bayrischen Bahnhof eine besondere Bedeutung zu. Für die Neugestaltung des Platzes wurde 1968 ein städtebaulicher und bildkünstlerischer Ideenwettbewerb durchgeführt, bei dem auch ein Bürogebäude mit 1500 Arbeitsplätzen und einer EDV-Anlage gefordert waren. Zugleich sollte in der Platzgestaltung eine „Ehrung für Karl-Liebknecht, der 1871 in Leipzig geboren wurde, zum Ausdruck kommen"[32]. Alle acht Wettbewerbsteilnehmer integrierten solitäre Hochhäuser oder Hochhausgruppen in ihren Entwurf.
Im Jahre 1963 wurde in einem Beschluss des Ministerrates der DDR festgelegt, den zu langsam voranschreitenden Aufbau des Zentrums

30 Hier ist von 2–27-geschossiger Bebauung die Rede; vgl. Siegel 1968, S. 97
31 Vgl. Siegel 1969, S. 464
32 Ebenda

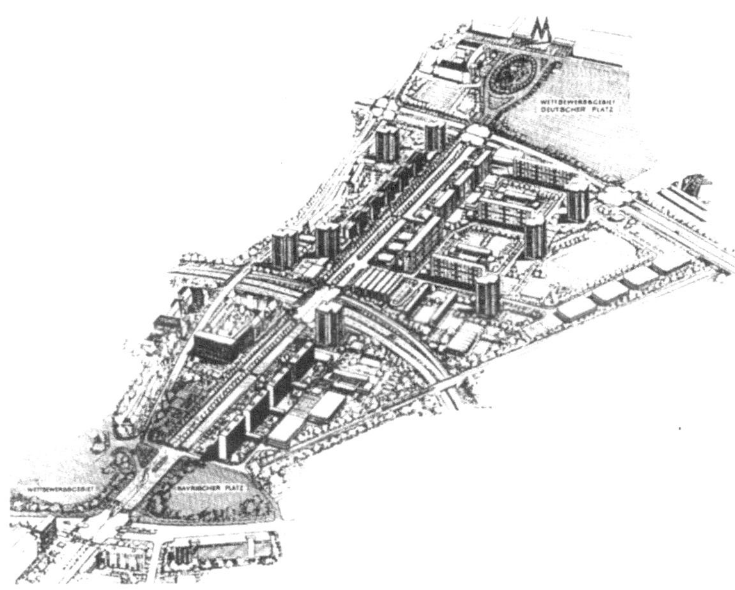

Abb. 6: Konzept für die Messemagistrale-Straße des 18. Oktober, 1968

wegen der internationalen Bedeutung von Leipzig als Messestadt energischer voranzutreiben[33]. Deshalb wurde zuerst die Umgestaltung des Nordabschnitts am Promenadenring begonnen. Zwischen dem Hallischen Tor und dem Richard-Wagner-Platz wurde 1964–66 ein Bauensemble mit drei 10-geschossigen Wohngebäuden in Kammstellung zum Ring und einem vierten Hochkörper mit Bürofunktionen für das benachbarte Kaufhaus errichtet. An der Reichsstraße, Ecke Brühl wurde 1966 das 11-geschossige „Hochhaus Brühlpelz" realisiert, das mit einer Höhe von 40 Metern[34] die „weiträumige Öffnung am Innenring zur Innenstadt und eine vom Hauptbahnhof sichtbare Dominante" darstellte. Damit erhielt ein traditionelles Leipziger Messegeschäft an seinem angestammten Platz ein neues Gebäude. Den vielgeschossigen Neubauten mußten verbliebene, z.T. noch funktionsfähige Geschäftshäuser weichen. Diese baupolitischen Entscheidungen begründete der Chefarchitekt von Leipzig mit eindeutigen Argumenten:
„Das Leipziger Zentrum blieb von ausgedehnten Flächenzerstörungen verschont. Der Neugestaltung waren also Grenzen gesetzt. (...) Zugleich aber sollten das neue Leipzig und seine sozialistische Entwicklung in repräsentativen Bauten neuer Qualität ihren Ausdruck finden. (...) Galt manche Ruine vor 15 Jahren aus ökonomischen Erwägungen noch als erhaltenswert und manches im Trümmerfeld stehengebliebene Bauwerk als unantastbar, so setzte sich seitdem die Erkenntnis durch, daß großzügige städtebauliche Konzeptionen, wie sie Gegenwart und Zukunft von uns fordern, oft nicht ohne Eingriff in solche durch Zufall erhaltengebliebene Altbausubstanz zu verwirklichen sind; das gilt selbst für die Beseitigung von Einzelbauten stadt- oder kulturhistorischer Bedeutung"[35].

33 Vgl. Topfstedt 1988, S. 83
34 Vgl. Volk 1979, S. 66
35 Lucas 1965, S. 500

Eine solche Haltung gegenüber dem historischen Bestand und städtebaulichen Erbe der Altstadt hat vor allem den Augustusplatz alias Karl-Marx-Platz im Verlauf der sechziger Jahre nachhaltig geprägt.

Die sozialistische Dominante

Der 1959 vorgelegte neue Bebauungsplan für das Leipziger Stadtzentrum sah an der Ostseite des Karl-Marx-Platzes ein modernes Hauptpostamt und am Standort des späteren Hotel Deutschland ein „Haus der Kunst und Wissenschaften" vor. Im Gegensatz dazu sollten das Bildermuseum im Süden und das Universitätshauptgebäude an der Westseite des Platzes wieder aufgebaut werden. Die Universitätskirche sollte aber am Platz nicht mehr in Erscheinung treten, so dass ihre „Verrollung" um ca. 45 Meter nach Westen vorgesehen wurde. Damit wurde der funktionsfähige Sakralbau prinzipiell zur Disposition gestellt, und es begann die interne Diskussion über einen kompletten Universitätsneubau. Neben einer Realisierung der Hauptpost und des Hotelbaus beiderseits der aufgeweiteten Grimmaischen Straße wurde die Ruine des Bildermuseums 1962 abgebrochen und zunächst ein neuer Museumsbau erwogen.
Etwa ab 1964 wurde von Leipziger Planern das Konzept zur Errichtung eines Universitätshochhauses als sozialistische Stadtdominante entwickelt, das zunächst ein 25-geschossiges, ca. 100 Meter hohes Gebäude vorsah. Zu Beginn des Jahres 1968 wurde ein Ideenwettbewerb für die städtebaulich-architektonische und bildkünstlerische Gestaltung des Karl-Marx-Platzes ausgeschrieben, an dem sich fünf aufgeforderte Architektenkollektive aus der DDR beteiligten. Ein erster Preis wurde nicht vergeben, ein zweiter Preis ging an das Kollektiv Queck von der TU Dresden, die beiden dritten Preise erhielten das Kollektiv Ullmann aus Leipzig und das Kollektiv Henselmann von der Deutschen Bauakademie. Der intern bereits beschlossene Abriss der Universitätskirche wurde nur in einem Entwurf ignoriert, der auch keinen Preis erhielt.
Das Preisgericht schlug zunächst vor, das Projekt auf der Grundlage des Dresdner Entwurfes zu präzisieren und dabei das von den Leipziger Architekten vorgeschlagene Ypsilon-Hochhaus einzubeziehen. Nach einer direkten Intervention durch Hermann Henselmann beim Präsidenten der Berliner Bauakademie wurde in einer Beratung bei Walter Ulbricht am 8. April 1968 verfügt, vom Vorschlag des Kollektivs Henselmann auszugehen, da der „Hochhauskörper sowie der Faltwerksbau für das Auditorium Maximum als eine neue Lösung mit eigenem Ausdruck der sozialistischen Architektur gelten könne"[36]. Das Projekt von Hermann Henselmann für das Leipziger Universitätshochhaus ist sein bekanntester Entwurf außerhalb von Berlin. Der Turm sollte ursprünglich Vorlesungsräume aufnehmen, was aber wegen der Fluchtwegproblematik nicht durchführbar war und zuviel Verkehrsfläche erforderte. So wurden Büro- und Bibliotheksräume der einzelnen Fachbereiche der Universität

36 Vgl. Flierl 1998, S. 193

im Turm untergebracht und besonderes Augenmerk auf die äußere Gestalt und die „semantische Aufladung“ des Gebäudes gelegt. Zwei konkav gebogene, vertikale Betonschalen sind in spitzem Winkel zueinander gestellt, durch einen Lichtschlitz getrennt und nach oben zugespitzt, so dass sie das Bild eines aufgeschlagenen Buches und zugleich das Bild einer Fahne assoziieren[37]. Bleibt zu erwähnen, dass der Entwurf am 7. Mai 1968 im Politbüro des ZK der SED in Berlin gebilligt und am 23. Mai den Leipziger Stadtverordneten vorgelegt wurde. Am 30. Mai 1968 wurde unter großen Sicherheitsvorkehrungen in unmittelbarer Nachbarschaft des Hochhausstandortes die Universitätskirche gesprengt[38].

Abb. 7: Konzept für den Karl-Marx-Platz mit dem Universitätshochhaus

Wohnhochhäuser der sechziger und siebziger Jahre

Die aufwendigen Projekte für die repräsentative Ausgestaltung der Stadtzentren verursachte in der von Krisensymptomen geprägten staatssozialistischen Wirtschaft der DDR sinkende Wohnungsbauraten. Deshalb wurde ein Wandel in der Wirtschafts- und Sozialpolitik eingeleitet, der 1971 mit dem Machtantritt von Erich Honecker und 1973 mit dem Beschluß zu einem Wohnungsbauprogramm der SED besiegelt wurde, aus dem sich auch in Leipzig neue Prioritätensetzungen für die Stadtentwicklung ableiteten. Das bereits im Bebauungsplan von 1959 vorgesehene Wohnhochhaus an der Wintergartenstraße wurde 1970–1974 nach Plänen des Leipziger Architekten Friedrich Gebhardt als 95 Meter hohes Punkthochhaus mit 30 Wohngeschossen auf einem polygonalen Grundriss errichtet. Im obersten Geschoss befand sich ein Kindergarten, der über eine eigene Dachterrasse verfügte. Die Sockelgeschosse und ein Anbau wurden mit einem Supermarkt und einer großen Gaststätte genutzt. Das Hochhaus an der Wintergartenstraße kann als vorerst letzte Realisierung der von Hochhäusern bekrönten Ringcity in Leipzig nach dem Konzept von Hubert Ritter verstanden werden. Das individuell für einen Standort gefertigte Konzept erwies sich im Spiegel der neuen Wohnungsbaupolitik als zu aufwendig. Deshalb kamen in Leipzig nur noch Typenprojekte für Wohnhochhäuser zum Einsatz. Im 1968 und 1974

37 Ebenda S. 183
38 Vgl. Rosner 1992, S. 31 f.

realisierten Wohnkomplex an der Straße des 18. Oktober wurden insgesamt sieben 16-geschossige Punkthochhäuser vom Typ „Erfurt“[39] integriert. Dieser Gebäudetyp für ein Wohnhochhaus fand in weiteren Wohnkomplexen der Stadt, u.a. in unmittelbarer Nachbarschaft zum Musikviertel am Klara-Zetkin-Park sowie in den Stadtteilen Schönefeld und Mockau Anwendung. Schließlich wurden zentrale Bereiche in der zwischen 1976 und 1988 realisierten Großwohnsiedlung Leipzig-Grünau[40] mit 16-geschossigen Punkthochhäusern städtebaulich markiert. 1981 vermeldete der Chefarchitekt von Leipzig:
„Das Gesicht von Leipzig hat sich in den siebziger Jahren weiter eindrucksvoll verändert. Die sozialistische Lebensweise erforderte die Umgestaltung der Stadt, die sich im äußeren Erscheinungsbild bereits immer stärker abhebt. Neue Wohnkomplexe und die Dominanten am Promenadenring bestimmen weithin sichtbar das Bild.“[41]

Abb. 8: Entwicklung der Stadtsilhouette durch Wohnhochhäuser

Westimport und Hochhausverbot

Obwohl das in den siebziger Jahren eingeführte Wohnungsbauprogramm politisch weiter sanktioniert wurde, konnten auch amtliche Statistiken die massive wirtschaftliche Krise der DDR-Wirtschaft nicht mehr verschleiern. Als durch die Preissteigerungen für Erdöl auf dem Weltmarkt, aber auch durch hohe Verbindlichkeiten zum Import von Technologien aus dem westeuropäischen Ausland und aus Japan zum Jahreswechsel 1982/83 die Zahlungsunfähigkeit der DDR drohte, wurde sie offenkundig. Zwei durch die damalige Bundesregierung gewährte Milliardenkredite entschärften die Situation nur kurzfristig. Ein Umschwung in der Baupolitik wurde auch in Leipzig deutlich. 1978–1981 wurde ein freistehendes Grundstück an der Gerberstraße in der Nordwestvorstadt mit einem 29-geschossigen Hotel bebaut. Für diesen, nicht dem Ringcity-Konzept entsprechenden Standort wurde kein besonderer

39 Hierbei handelt es sich um einen nach Plänen des Weimarer Architekten Joachim Stahr entwickelten Typenentwurf, der in einem Projektierungsbetrieb und Baukombinat des Bezirkes Erfurt erstmals zum Einsatz kam.

40 Das nach einem 1973 durchgeführten städtebaulichen Wettbewerb in mehreren Präzisierungsschritten konzipierte Wohngebiet stellt mit seinen insgesamt 34.000 Wohnungen die zweitgrößte Neubausiedlung der ehemaligen DDR dar.

41 Siegel 1981, S. 150

Entwurf entwickelt, sondern für Devisen ein fertiges Projekt aus Japan mit der entsprechenden Technologie erworben, da die Bauindustrie der DDR keine Voraussetzungen mehr für die Errichtung solcher Hochhäuser hatte. Die prekäre wirtschaftliche Situation führte um 1983 schließlich zu einem internen Bauverbot für Hochhäuser und vielgeschossige Bauten in der DDR, so auch in Leipzig.

1990–2000

Nach der deutschen Wiedervereinigung begünstigte die Verbindung von Lage und Tradition als Messe- und Handelszentrum den wirtschaftlichen Umbruch in Leipzig, bei dem der tertiäre Sektor der Stadt einen erheblichen Aufschwung nahm. Mit etwa 86.000 Beschäftigten im Bereich von Kreditinstituten, Versicherungen und sonstigen Dienstleistern und einem Anteil von 40% an der Gesamtbeschäftigtenzahl hatte Leipzig zwar das Niveau vergleichbarer westdeutscher Großstädte erreicht, dies aber bei einem erheblich geringeren absoluten Wert[42]. Im Gegensatz zu den positiven Impulsen der Wiedervereinigung für die Beschäftigtenzahl im tertiären Sektor bedingte der wirtschaftliche Strukturbruch in der Industrie und im verarbeitenden Gewerbe einen dramatischen Rückgang der Arbeitsplatzzahl auf knapp 20% der früheren Werte, so dass der Zuwachs im Dienstleistungsbereich und vor allem im konjunkturbedingten, von der extraordinären Steuergesetzgebung beeinflussten Baugewerbe nicht kompensiert werden konnten[43]. Dieser wirtschaftliche Prozess spiegelt sich auch in der Bevölkerungsentwicklung von Leipzig wieder. Hatte die Stadt zum Zeitpunkt der deutschen Wiedervereinigung etwa 513.000 Einwohner, so sank die Zahl der Einwohner bereits 1992 unter die Halbmillionenmarke. Diesen Trend konnten auch die zum Januar 1998 erfolgten Eingemeindungen nicht aufhalten, so dass Leipzig von seinem ehemals fünften Rang in der Skala der deutschen Städte auf den vierzehnten Platz abgesunken ist. Die Stadt verlor seit den dreißiger Jahren etwa ein Drittel ihrer Bevölkerung, was bis dato keine andere deutsche Großstadt hinnehmen musste[44].

Im Strukturwandel auf Höhendominanten nicht verzichten

Anfang der neunziger Jahre rückte die Hochhausfrage wieder in das Blickfeld der Stadtentwicklungspolitik. Auf einem im September 1992 durchgeführten baugeschichtlichen Kolloquium zum Wirken von Hubert Ritter berichtete der Dezernent für Stadtentwicklung und Raumplanung über die aktuelle Situation:
„Tatsächlich sind einige der Standorte, die Ritter für Hochhäuser ins Auge gefaßt hat, heute noch aktuell. Das gilt z.B. für die Ostseite des

42 So haben zwar annähernd 100 Banken und zahlreiche großen Versicherungen in Leipzig ihren Sitz genommen, aber lediglich Filialen und regionale Verwaltungszentren eröffnet.
43 Vgl. Stadt Leipzig, Stadtentwicklungsplan Gewerbliche Bauflächen, 1999, S. 2
44 Vgl. Henckel, Grabow u.a., 1993, S. 466

Hauptbahnhofes, wo zur Zeit ein Intercity-Hotel in Verbindung mit Bürohäusern und Hochgaragen geplant wird. Das gilt auch für den Zwickel zwischen der Jahnallee und dem Goerdelerring. Für dieses unbebaute Grundstück liegen mehrere Hochhausvorschläge verschiedener Investoren vor. (...) Ähnliches gilt für die Ecke Tröndlinring/Gerberstraße. (...) Am Hallischen Tor möchte der Grundstückseigentümer innerhalb des Rings ein etwas höheres Gebäude, etwa im Maßstab des Kroch-Hochhauses errichten."[45]

Einige Wochen später wurde ein spezielles Hochhauskolloquium durchgeführt, das im Kreis von west- und ostdeutschen Stadtplanern und Architekten der Frage nachging, ob, wo und in welcher Form in Leipzig höhere Gebäude und ausgesprochene Hochhäuser städtebaulich und funktionell vertretbar seien. Dabei wollte die Stadt Leipzig „dem Trend folgen, der von Amerika aus alle westdeutschen Großstädte erreicht hat".[46] Die Ergebnisse des Kolloquiums wurden in einem Protokoll festgehalten, aber in keinem speziellen Plan verankert. Dort hieß es u.a.:

„Hochhäuser sind Ausdruck materieller und ideeller Qualitäten und insofern gerechtfertigt. (...) In der planerischen Umsetzung und Ausformung der künftigen Stadtentwicklung bildet der Einsatz von Höhendominanten/Hochhäusern ein Mittel, auf das nicht verzichtet werden sollte. (...) Aus Sicht der Flächenentwicklung und Nutzung sind Hochhäuser als Element der Verdichtung nicht unbedingt erforderlich. Die Stadt ist Großstadt und stellt sich als solche dar, auch ohne weitere bzw. mit wenig weiteren und nicht allzu hohen Hochhäusern."[47]

Im Protokoll wurden historische Standorte in der Innenstadt für mögliche Hochhausprojekte benannt. Auf dem Gelände der Alten Messe und an einem Standort im Auftakt der Westvorstadt sollten ausgeprägte Höhendominanten denkbar sein, ebenso im Bereich der Stadteinfahrten und ggf. auch in den historischen Stadtteilzentren. Die baurechtliche Genehmigungsfähigkeit sollte jeweils in einem Bebauungsplan hergestellt werden. Für Hochhausstandorte wären Architektenwettbewerbe zu veranstalten.

Ein solcher Wettbewerb wurde im August 1994 als „Ideen- und Realisierungswettbewerb Goerdelerring" ausgeschrieben, zu dem zehn Architekten eingeladen waren. Neben dem Entwurf für einen Hochhauskomplex an der Ecke Jahnallee/Goerdlerring thematisierte er auch die Entwicklung des angrenzenden Stadtraumes. Der mit einem ersten Preis ausgezeichnete Entwurf des Mailänder Architekten Vittorio Gregotti sah eine Doppelturmanlage vor, die seit Abschluß des Wettbewerbsverfahrens von der Stadt Leipzig als Maßgabe für die Realisierung eines Bauvorhabens am Standort betrachtet wird. Bis Ende 1999 kam es zu keiner Präzisierung des Projektes.

Vergleichbare Wettbewerbsverfahren oder Workshops wurden für weitere potentielle Hochhausstandorte durchgeführt. Zur Ausführung kam lediglich ein Projekt in der City Nord, wo im Kontext einer Überbauung von zwei Stadtquartieren – „Löhrs Carré" – ein 18-geschossiges

---

45 Gormsen 1993, S. 28

46 Ebenda

47 Stadtplanungsamt Leipzig, Protokollentwurf vom 01. 12. 1992, S. 2f.

Bürogebäude errichtet wurde, das mit dem in unmittelbarer Nachbarschaft befindlichen Hotelhochhaus der frühen achtziger Jahre korrespondieren sollte. Das Gebäude gehört der Landesbank Sachsen und beherbergt die Girozentrale der Stadt- und Kreissparkasse Leipzig[48]. Weitere etwa 10-geschossige Hochhauskörper mit Büronutzungen wurden in ein Büro- und Dienstleistungszentrum am Torgauer Platz[49] sowie in das neue Verwaltungszentrum und die Fernsehsendezentrale des Mitteldeutschen Rundfunks auf dem Terrain des ehemaligen Schlachthofes[50] integriert.
Einen Sonderfall stellt die Entwicklung auf dem Gelände der „Alten Messe" dar, für das nach dem Beschluss zum Neubau im Jahre 1992 ein Gutachterverfahren durchgeführt wurde. Im Ergebnis wurde für das etwa 90 Hektar große Areal ein städtebaulicher Rahmenplan erarbeitet, der am 14. Juli 1994 durch den Stadtrat beschlossen wurde. Ein Teilbereich „Messekarreé", der zur städtebaulichen Achse zwischen Völkerschlachtdenkmal und Turm des Neuen Rathauses orientiert ist, enthält ein ca. 3 Hektar großes potentielles Hochhausquartier, für das im Rahmen eines Kerngebietes 15 Geschosse zulässig wären[51]. In unmittelbarer Nachbarschaft zu dieser für eine Hochhausbebauung ausgewiesenen Fläche baute die Landeszentralbank der Freistaaten Sachsen und Thüringen einen 1993 erworbenen Rohbau der Leipziger Messegesellschaft für ihre Zwecke nach Entwürfen des Berliner Architekten Hans Kollhoff um. Das gerade mal fünf Geschosse zählende Gebäude mit seinem städtisch hergerichteten Umfeld nimmt sich auf dem auch bis Ende 1999 noch weitgehend brachliegenden und häufig temporär genutzten Areal der Alten Messe eher wie eine urbane Episode aus. Von einer Hochhausgruppe und einem „Neuen Stadtteil" fehlt dort bisher jegliche Spur.

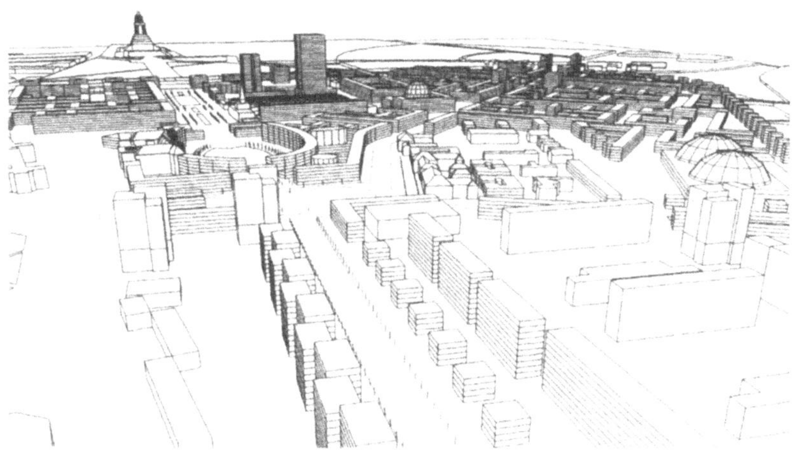

Abb. 9: Städtebaulicher Rahmenplan Alte Messe, Büro Koersmeier, 1993

48 Vgl. Lütke Daldrup 1999, S. 227
49 Ebenda S. 130 f.
50 Ebenda S. 245
51 Vgl. Stadt Leipzig 1993

Ende 1997 wurden in Leipzig etwa 850.000 Quadratmeter leerstehende Büroflächen registriert. Das entsprach einer Leerstandsrate von mehr als 35 %. Räumlich gesehen konzentrierte sich der Leerstand auf die Innenstadt und das im Osten der Stadt gelegene „Graphische Viertel", wo auf Stadtbrachen und freigewordenen ehemaligen Gewerbe- und Wohngrundstücken an der zweiten „Messemagistrale" in der Prager Straße[52] mehrere große Bürokomplexe entstanden. Immobilienunternehmen konstatierten einen Mietpreisverfall, der zwischen 1991 und 1997 56 Prozent umfasste. Die Spitzenmieten für die Innenstadt lagen Ende Oktober bei 17 bis 22 DM[53]. Diese Situation hat sich bis zum Wechsel auf das Jahr 2000 nicht geändert, sondern graduell sogar noch verschärft. Vor einem solchen Hintergrund nimmt sich die am 23. Januar 1997 veröffentlichte Zeitungsmeldung über eine geplante Hochhausstadt im westlich der City gelegenen Stadtteil Plagwitz mit einer Skyline am extra verbreiterten Karl-Heine-Kanal[54] wie ein Aprilscherz aus.

Die Stadtentwicklung von Leipzig ist am Beginn des einundzwanzigsten Jahrhunderts von einem Nutzungsschwund und Nutzungsverlust in bisher nicht bekanntem Ausmaß geprägt, so dass die aktuelle Stadtpolitik vor allem Erhaltungs- und Umbaustrategien verfolgt. In dieser Situation scheint das Hochhaus als Bautyp beinahe obsolet geworden zu sein, wie der Beigeordnete für Planung und Bau mit einem eindeutigen Votum besiegelte:

„An weiteren Hochhäusern besteht in Leipzig aus zwei Gründen grundsätzlich kein Bedarf. Erstens wäre es stadtentwicklungspolitisch äußerst unklug, punktuell hohe Dichten zuzulassen, wo es an anderer Stelle große Areale gibt, die dringend entwickelt werden müssen, und zweitens verschaffen Hochhäuser sehr selten einen städtebaulichen Gewinn für ihr Umfeld. Jedes Prinzip läßt eine Ausnahme zu, die unter bestimmten Voraussetzungen am Goerdeler-Ring mit dem Entwurf von Gregotti gegeben ist. Wenn der Planungsgewinn für öffentliche Zwecke nutzbar gemacht werden kann, könnte ein hohes Haus an diesem Ort die Leipziger Stadtsilhouette aufwerten, da die in der DDR mit dem Uni- und Wintergartenhochhaus begonnene Akzentuierung der Innenstadt vollendet und der grundsätzliche Respekt vor der historischen Traufhöhe nicht in Frage gestellt wird."[55]

Nachsatz

Der Befund über Hochhauskonzepte in Leipzig steht im Gegensatz zu den aktuellen Tendenzen in der Stadt Frankfurt/Main, die im deutschen

52 Hier wurde bereits in den achtziger Jahren ein städtebauliches Neuordnungskonzept zur Verbreiterung der Straße begonnen, das bereits Anfang 1992 in einen ersten rechtskräftigen Bebauungsplan mündete. Nach seinen Vorgaben sind häufig im Rahmen von steuerinduzierten Abschreibungsprojekten massive Bürokomplexe errichtet worden.

53 Angaben entnommen Jones Lang Wotton 1997

54 Der Münchner Unternehmer Manfred Rübesam hatte Anfang der neunziger Jahre von der Treuhandanstalt 15 Hektar ehemaliger Industrieareale im Stadtteil Plagwitz erworben, für die er das in der Leipziger Volkszeitung publizierte Modell vorgestellt hatte. vgl. LVZ

55 Lütke Daldrup, 1996, S. 671

Kontext eine Ausnahmeerscheinung hinsichtlich der Hochhausentwicklung darstellt. Mit dem Blick auf die Ausgangspositionen beider Städte zu Beginn des zwanzigsten Jahrhunderts könnte man die These wagen, dass Frankfurt/Main u.a. infolge der europäischen Spaltung und deutschen Teilung in einer Konkurrenz der Städte sowie in einer Internationalisierung und Globalisierung der Finanzmärkte einen Weg genommen hat, der auch für Leipzig offen gestanden hätte.

Ungedruckte Quellen und Periodika

Stadt Leipzig: Flächennutzungsplan Stadt Leipzig (Entwurf – November 1993)

Stadtplanungsamt Leipzig: „Hochhäuser in Leipzig" – Ergebnisse des Kolloquiums am 09. und 10. Oktober 1992. Entwurf zu einem Protokoll vom 01. 12. 1992

Leipziger Volkszeitung vom 23. 01. 1997

Literatur

Arbeitsgruppe „Hauptgebäude Augustusplatz" der Universität Leipzig (Hrsg.): Mit dem Blick auf 2009: Wie weiter am Augustusplatz? (Aufruf zur Diskussion). In: Universität Leipzig, Heft 5/1999

Beyme, Klaus von/Durth, Werner u.a. (Hrsg.): Neue Städte aus Ruinen. Deutscher Städtebau der Nachkriegszeit. München: Prestel-Verlag 1992

Böhme, Heinz-Jürgen/Riedel, Stefan: Wer den Turm hat, hat die Burg. In: Leipziger Blätter Nr. 22. Leipzig: Passage Verlag 1993

Deutsche Bauakademie (Hrsg.): Grundsätze der Planung und Gestaltung sozialistischer Stadtzentren. In: Deutsche Architektur, Sonderbeilage 8/1960, Berlin 1960

Doehler, Marta/Usbeck, Hartmut: Eine zerrissene Stadt? In: Stadtbauwelt 12/1996, Berlin, S. 690–694

Durth, Werner/Düwel, Jörn/Gutschow, Niels: Architektur und Städtebau der DDR Band 1. Ostkreuz – Personen, Pläne, Perspektiven. Frankfurt/New York: Campus Verlag 1998

Flierl, Bruno: Gebaute DDR. Über Stadtplaner, Architekten und die Macht. Berlin: Verlag für Bauwesen 1998

Fischer, Dietmar (Hrsg.): Ideen für das Stadtzentrum. Zum DDR-offenen Architekturwettbewerb 1988. In: Leipziger Blätter Nr. 15. Leipzig, 1989

Geißler, Wolfgang, Stadtbaudirektor (Hrsg.): 10 Jahre BCA (Büro des Chefarchitekten. d.V.) – Stadtplanung und Stadtentwicklung. Leipzig 1977

Gormsen, Niels: Hubert Ritters Konzepte in ihrer Bedeutung für die heutige Stadtplanung. In: Freistaat Sachsen, Staatsministerium der Inneren (Hg.): Hubert Ritter und die Baukunst der zwanziger Jahre in Leipzig, Schriftenreihe für Baukultur Band I. Dresden 1993

Henckel, Dietrich/Grabow. Bruno u.a. (Hrsg.): Entwicklungschancen deutscher Städte – Die Folgen der Vereinigung. Stuttgart: 1993

Initiativgruppe 1. Leipziger Volksbaukonferenz (Hrsg.): Tagungsergebnisse der 1. Volksbaukonferenz Leipzig 1990

Jones Lang Wotton: City Report Leipzig – Update Dezember 1997

Kopeljanski, Daniel: Verwaltungs- und Bürokomplexe in Großstädten der Sowjetunion. In: Deutsche Architektur 6/1969, Berlin. S. 371–373

Landeshauptstadt Magdeburg (Hrsg.): Städtebau in Magdeburg 1945–1990, Teil 1: Planungen und Dokumente/Iris Reuther und Monika Schulte. Schriftenreihe Heft 34, Magdeburg 1998

Lehmann, Pit/Topfstedt, Thomas (Hrsg.): Der Leipziger Augustusplatz, Funktion und Gestaltwandel eines Großstadtplatzes. Leipziger Universitätsverlag 1994

Leonhardt, Peter: „Das Alte und das Neue im Leipziger Stadtkörper" – Der Generalbebauungsplan von 1929. In: Freistaat Sachsen, Staatsministerium der Inneren (Hrsg.): Hubert Ritter und die Baukunst der zwanziger Jahre in Leipzig, Schriftenreihe für Baukultur Band I. Dresden 1993

Lucas, Walter/Ullmann. Helmut: Wiederaufbau und Umgestaltung des Stadtzentrums. In: Deutsche Architektur 8/1965, Berlin. S. 500 f.

Lütke Daldrup, Engelbert: Leipzig. Vorstellung des Dezernenten für Planung und Bau. In: Stadtbauwelt 12/1996, Berlin, S. 686–673

Lütke Daldrup, Engelbert (Hrsg.): Leipzig: Bauten 1989–1999/Ingeborg Flagge mit Anette Hellmuth. Basel, Berlin, Boston: Birkhäuser Verlag 1999

Müller International Immobilien GmbH (Hrsg.): Immobilien Report Leipzig. Düsseldorf 1993

Oberbürgermeister der Reichsmessestadt Leipzig Freyberg: Die Raumnot der Reichsmessestadt Leipzig. Leipzig 1941

Pro Leipzig (Hrsg.): Plagwitz: ein Leipziger Stadtteil im Wandel. Leipzig: Pro Leipzig 1999

Rosner, Clemens (Hrsg.): Die Universitätskirche zu Leipzig – Dokumente einer Zerstörung. Leipzig: Forum Verlag 1992

Schmiedel, Hans-Peter/Zumpe, Manfred: Wohnhochhäuser in Großplattenbauweise Studie 1967. In: Deutsche Architektur 3/1968. Berlin, S. 134–143

Siegel, Horst: Stadtzentrum Leipzig. In: Deutsche Architektur 10/1968. Berlin, S. 592–560

Siegel, Horst: Wettbewerb Karl-Liebknecht-Platz in Leipzig. In: Deutsche Architektur 8/1969. Berlin, S. 464–573

Siegel, Horst: Zur städtebaulichen Planung der Messestadt Leipzig. In: Deutsche Architektur 2/1972. Berlin, S. 70–75

Siegel, Horst: Komplexer Wohnungsbau in der Stadt Leipzig. In: Architektur der DDR 3/1981. Berlin, S. 144–151

Stadt Leipzig. Dezernat für Stadtentwicklung und Raumplanung (Hrsg.): Workshop City-Nord. Beiträge zur Stadtentwicklung Heft 1, Leipzig 1992

Stadt Leipzig. Dezernat für Stadtentwicklung und Raumplanung (Hrsg.): Workshop City-Süd. Beiträge zur Stadtentwicklung Heft 2, Leipzig 1992

Stadt Leipzig. Dezernat für Stadtentwicklung und Raumplanung (Hrsg.): Workshop Bayrischer Platz. Beiträge zur Stadtentwicklung Heft 7, Leipzig 1992

Stadt Leipzig. Dezernat für Stadtentwicklung und Raumplanung: Rahmenplanung Alte Messe. Beiträge zur Stadtentwicklung 11/1993, Leipzig 1993

Stadt Leipzig. Dezernat Planung und Bau (Hrsg.): Stadtentwicklungsplan Gewerbliche Bauflächen. Beiträge zur Stadtentwicklung Heft 25, Leipzig, 1999

Topfstedt, Thomas: Städtebau in der DDR 1955–1971. Leipzig: Seemann Verlag 1988

Topfstedt, Thomas: Die Anfänge des Leipziger Hochhauses – Projekte und Bauten 1919–1950. In: Freistaat Sachsen, Staatsministerium der Inneren (Hrsg.): Hubert Ritter und die Baukunst der zwanziger Jahre in Leipzig, Schriftenreihe für Baukultur Band I. Dresden 1993

Topfstedt, Thomas: Stadtplanung und Wiederaufbau nach 1945. In: Stadtgeschichtliches Museum Leipzig (Hrsg.), Verwundungen, 50 Jahre nach der Zerstörung von Leipzig. Ausstellungskatalog. Leipzig, 1993

Volk, Waltraud: Leipzig – Historische Straßen und Plätze heute. Berlin: Verlag für Bauwesen 1979

Winter, M: Welthandelspalast-Projekt für Leipzig. In: Deutsche Bauhütte 1922/Heft 11/12.

III Kirchen und Klima halten Hochhäuser in Schach

München: Hochhausdebatten im Banne der Kirchtürme

Lutz Hoffmann

Führt man sich in Gedanken die Stadtsilhouette Münchens vor Augen, so wird sich zu allererst das Bild einer mäßig bewegten Stadtlandschaft von Gebäuden mittlerer Höhe einstellen, überragt von zahlreichen Kirchtürmen – ein durchaus traditionelles Stadtbild, in dem, wie man sagen könnte, die Kirche noch im Dorf geblieben ist
Dass die Kirchen auch heute noch prägend sind für das Erscheinungsbild des die Identität Münchens stiftenden zentralen Bereichs der Stadt, entspricht nicht nur dem Verhältnis der Bürger zu ihrer Stadt, es ist auch erklärte politische Absicht: Innerhalb der historischen Altstadt und des breiten Ringes der gründerzeitlichen Innenstadtrandgebiete mit ihrer geschlossenen Blockbebauung sollen nach dem Willen des Stadtrats grundsätzlich keine Gebäude zulässig sein, die den Blick auf die Stadtsilhouette mit ihren vielfältigen Kirchtürmen beeinträchtigen könnten. Wenn München dafür gelegentlich als „Millionen-Dorf" bezeichnet wird, so nehmen die Münchner, die ihre Stadt gern als „Weltstadt mit Herz" sehen, das nicht krumm, werden sie dafür doch mehr beneidet als belächelt. In Verbindung mit der hohen Wirtschaftskraft Münchens stellt gerade dieses Charakteristikum ein wesentliches Element der attraktiven Münchner Mischung von High-Tech und heiler Welt dar, die mit dem Slogan „Laptop und Lederhose" durchaus treffend beschrieben ist. Hochhäuser als Symbol für Wirtschaftskraft und Dynamik haben vor diesem Hintergrund für München nicht die Bedeutung, die ihnen in anderen Großstädten beigemessen wird. Das ist um so bemerkenswerter, als in kaum einer Großstadt Deutschlands die Hochhausfrage häufiger und engagierter diskutiert worden ist als in München. Neben Berlin und Breslau gab es vor allem in München bereits zu Beginn der zwanziger Jahre in der Öffentlichkeit lebhaft und kontrovers erörterte Hochhausplanungen und Richtung weisende Entscheidungen des Stadtrats, die als Vorläufer der Hochhausstudien unserer Zeit angesehen werden können und in ihrem Kern auch heute noch aktuell sind.

Vorgeschichte

Die Wohnungsnot nach dem ersten Weltkrieg war Anlass, sich auch in München Gedanken zu machen, inwieweit Hochhäuser, wie man sie aus Amerika kannte, dazu beitragen können, in zentralen Lagen Raum für Arbeitsplätze zu schaffen, bestehenden Wohnraum zu erhalten und der Verdrängung von Wohnnutzung zu begegnen.

Den Anstoß gaben Hochhausplanungen von Otto Orlando Kurz aus den Jahren 1920/21, die dieser unter publizistischer Mitwirkung von Hermann Sörgel[1] in den folgenden Jahren in der Öffentlichkeit vertrat. Dabei handelte es sich in erster Linie um ein städtebauliches Konzept zur Klärung der Frage, ob, an welcher Stelle und in welcher Dimension Hochhäuser in München möglich oder gar wünschenswert sein können. Der Vorschlag sah einen „Hochhausring" um die Altstadt vor, in den zusätzlich zu den bereits bestehenden profilüberragenden Monumenten fünf Standorte für Hochhäuser integriert waren: am Sendlinger-Tor-Platz, am Viktualienmarkt, auf der Kohleninsel gegenüber dem Deutschen Museum, an der Hackerbrücke sowie an einem Standort nördlich des Hauptbahnhofs.[2]

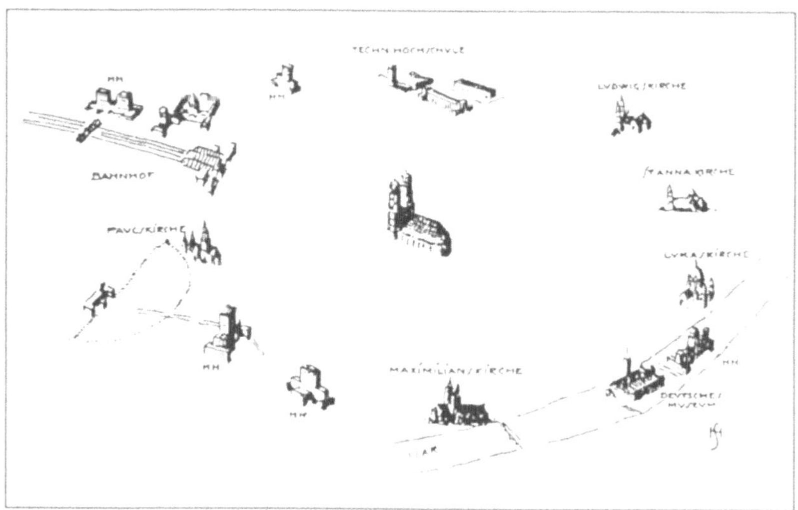

Abb. 1: Otto Orlando Kurz/Hermann Sörgel: Hochhausring München

Die Planungen, hinter denen offensichtlich weder konkrete Projekte noch Investoren standen, stießen bei der Genehmigungsbehörde, der Lokalbaukommission, auf Schwierigkeiten und wurden auch vom Stadtrat im Februar 1921 abgelehnt. Immerhin haben sie aber bewirkt, dass der Stadtrat sich veranlasst sah, die Voraussetzungen für die Genehmigung von Hochhäusern mit ausschließlicher Geschäfts- und Büronutzung festzulegen:[3]

1. Hochhäuser dürfen nur auf Grund und Boden öffentlichen Besitzes zugelassen werden.[4]
2. Es werden alle zum Schutz der Bewohner und Anwohner zu stellenden Maßnahmen hygienischer, bautechnischer, feuerpolizeilicher und verkehrstechnischer Art erfüllt.

1 Vgl. Bruderrek 1998, S. 10
2 Vgl. Voigt 1998, S. 23, auch Bruderreck 1998, S. 12
3 Bruderrek 1998, S. 11
4 Dahinter stand die erklärte Absicht, die Bevorzugung einzelner Grundstücke hinsichtlich zu erwartender Bodenwertsteigerungen auszuschließen.

3. Die Zulassung kann in vereinzelten Fällen, und zwar nur in Ausnahmefällen, auf dem Wege des Dispenses erfolgen. Die Baustaffelordnung bleibt hiervon unberührt.
4. Der architektonische Aufbau muss in Höhe und Form sowohl für die Fernwirkung wie im Straßenbild künstlerisch befriedigen.

An der Hochhausdiskussion in diesen Jahren hatte auch Theodor Fischer aktiv Anteil, nicht nur im Rahmen seiner theoretischen Arbeiten an der Technischen Hochschule zu Fragen des Städtebaus und der Stadtgestaltung, sondern auch konkret mit dem Entwurf von Hochhäusern für München, darunter für ein 15-geschossiges Hochhaus am Sendlinger-Tor-Platz. Um die Altstadt von dem mit der zunehmenden Tendenz zur Citybildung einher gehenden Veränderungsdruck zu entlasten, empfahl er das in städtischem Besitz befindliche Grundstück zwischen dem Sendlinger-Tor-Platz und dem südlich anschließenden Krankenhausareal als Standort für eine verdichtete Cityerweiterung. Aus Furcht vor einem finanziellen Risiko und der Sorge, an dieser städtebaulich bedeutenden Stelle mit seiner wertvollen Grünfläche möglicherweise eine Bauruine verantworten zu müssen, versagte der Stadtrat dem Projekt 1921 jedoch seine Zustimmung.
„Obwohl die Mitglieder des Stadtrats den Entwurf Fischers positiv beurteilten, erteilten sie keine Baugenehmigung. Die Mehrheit war der Ansicht, daß sich die sozialpolitische Situation stark gewandelt, die Arbeitslosigkeit bereits abgenommen, die Bauwirtschaft einen Aufschwung erfahren und die Bedürfnisse, aufgrund derer man zuvor für einen Hochhausentwurf gestimmt habe, nicht mehr gegeben seien. Aus diesem Grund würde die Stadt das Grundstück für ein Hochhaus nicht abtreten. Die Hochhausdiskussion war damit vorerst vom Tisch.“[5]
Parallel, aber in deutlicher Distanz zu der allgemeinen Hochhausdiskussion lief ein Planungsprozess ab, der schließlich in den Jahren 1927–1929 zu dem ersten und bis in die Nachkriegszeit einzigen Hochhaus in München führen sollte, dem Technischen Rathaus an der Blumenstraße.
Bereits im Jahr 1919 hatte die Stadt München für dieses Grundstück einen städtebaulichen Wettbewerb zur Erweiterung eines Komplexes städtischer Verwaltungseinrichtungen ausgeschrieben, aus dem der Entwurf von Hermann Leitensdorfer zur Ausführung ausgewählt wurde. Dieser sah als Abschluß horizontal ausgerichteter Bürotrakte einen schlanken vertikalen Baukörper von sieben Geschossen vor, der zugleich auch das Motiv des historischen Angertorturms aufgriff, der einst an dieser Stelle gestanden hatte. In den folgenden Jahren nahm der Raumbedarf der Stadtplanungsämter, die in dem Gebäude untergebracht werden sollten, so stark zu, dass der Bau entgegen den ursprünglichen Vorstellungen auf zwölf Geschosse erhöht werden musste und nun eine Höhe von knapp 46 Metern erreichte.
Das erste und lange Zeit einzige Hochhaus in München verdankt somit seine Entstehung und architektonische Ausprägung in erster Linie der Auseinandersetzung mit der örtlichen und historischen städtebaulichen Situa-

5 Bruderrek 1998, S. 21

Abb. 2: Technisches Rathaus an der Blumenstraße, heute Referat für Stadtplanung und Bauordnung

tion und ganz pragmatischen Gründen der Programmbewältigung. Von der allgemeinen Diskussion um Hochhäuser setzte sich der Erbauer ausdrücklich ab, wenn er in einer Begründung der Baugestaltung schrieb: „Der Turm ist nicht etwa eine Modesache, und es ist irr, zu sagen: Nun hat auch München sein Hochhaus, als sei Amerika oder sonst etwas das Ziel unseres Bauens. Der Turm entstand im Plan aus dem Ort, an dem er steht, und aus der Bauaufgabe, ehe in deutschen Städten Hochhausideen auftraten."[6]
Die Nationalsozialisten assoziierten Hochhäuser ebenfalls mit „Amerika" und lehnten sie zunächst ab. Die in der frühen Phase entstandenen Bauten, wie z.B. das Haus der Kunst, fügten sich in ihren Dimensionen dem allgemeinen Höhenprofil der Stadt ein. Mit dem Projekt, München zur Hauptstadt der Bewegung auszubauen, das ab 1938 unter dem Generalbaurat Hermann Giesler in Angriff genommen wurde, sollte der überkommene Maßstab dann aber völlig verlassen werden. In den überdimensionalen Planungen für die Ost-West-Achse, den Bereich zwischen dem westlichen Rand der Altstadt und Pasing, waren repräsentative Monumentalbauten vorgesehen, die, wie der neue Hauptbahnhof mit seiner ca. 140 Meter hohen Kuppel oder das 175 Meter hohe „Denkmal der Bewegung", alle bisherigen Bauwerke bei weitem in den Schatten stellen sollten. Lediglich zwei – ebenfalls der Repräsentation der Partei vorbehaltene – Gebäude im Vorfeld des neuen Hauptbahnhofs, das Kraft-durch-Freude-Hotel sowie, als nördliches Pendant, das Gebäude des Parteiverlags Eher, waren mit jeweils 93 Meter Höhe als echte Hochhäuser konzipiert.[7] Wie die gesamten Planungen für den Ausbau der Hauptstadt der Bewegung sind auch sie Projekt geblieben.

Die Hochhausentwicklung nach 1945

Die Phase des Wiederaufbaus

Am Ende des Zweiten Weltkrieges war München insgesamt zu ca. 45 %, die historische Innenstadt sogar zu über 70 % zerstört. Die Einwohnerzahl war von ca. 885.000 im Jahr 1942 auf ca. 479.000 im Jahr 1945 zurückgegangen. Vordringlich mussten nun die Kräfte auf die Beseitigung der Trümmer und auf Maßnahmen zur Linderung der krassen Wohnungsnot konzentriert werden. Aber auch schon sehr bald wurden unterschiedlichste Konzepte zur Neuordnung Münchens erarbeitet und zur Diskussion gestellt. Dabei kam es zu heftigen Kontroversen über die grundsätzliche Frage: Wiederaufbau oder Neubeginn; „Zurück zum Biedermeier" versus „Völlig weg vom Wiederaufbau", „Neubau statt Restauration".[8]
Trotz anhaltender Diskussionen und Proteste in der Fachöffentlichkeit fiel die Entscheidung sehr früh zugunsten des charakteristischen Münchner Wegs, einer pragmatischen Mischung aus Tradition und Fort-

6 Leitensdorfer 1930, S. 17
7 Vgl. Rasp 1981, S. 141 ff.
8 Vgl: Nerdinger 1984, S. 12 ff.

schritt. Schon im August 1945 stimmte der Stadtrat den Vorschlägen von Stadtbaurat Meitinger – der bereits von 1939–45 Stadtbaurat in München gewesen war und nach dem Krieg von 1945–46 diese Position erneut innehatte –, dem „Meitinger-Plan" für den Wiederaufbau der Stadt, zu. Mit dieser politischen Entscheidung knüpfte der Stadtrat bewußt an der bodenständigen bayerischen Tradition und nicht – wie die „Modernisten" gehofft und gefordert hatten – am „Neuen Bauen" der Vorkriegszeit an. Für den damaligen Oberbürgermeister Karl Scharnagl waren die Modernisten „streitbare Mitbürger, bei denen die Wurzel ihres kulturellen Fühlens und Wollens aus einem anderen Lebensboden heraus gewachsen ist, als wir ihn in München seit Generationen, ja seit Jahrhunderten gegeben wissen und gepflegt haben wollten".[9]

Doch auch unabhängig von der ideologischen Vorentscheidung hätte es für ein realistisches und unmittelbar umsetzbares Konzept kaum Alternativen gegeben. Der Handlungsspielraum war vor allem durch das Bodenrecht und die Grundbesitzverhältnisse bestimmt. Im Gegensatz zu den anderen Bundesländern gab es in Bayern kein Wiederaufbaugesetz. Damit waren Eingriffe in die bestehenden Eigentumsverhältnisse außerordentlich erschwert, nur über teuren Grunderwerb bzw. Baurechtsmehrungen durchsetzbar und vielfach mit langwierigen gerichtlichen Auseinandersetzungen verbunden. Eine grundlegende Neuplanung musste sich daher von Anfang an wegen des bestehenden Baurechts als aussichtslos erweisen.

Dieses beruhte zum weit überwiegenden Teil auf der Münchner Staffelbauordnung aus dem Jahr 1904, die nach wie vor als verbindliches Baurecht galt. Auf den Planungsspielraum wirkte sich das Staffelbaurecht in zwei Richtungen aus: Einmal bestimmte es die bei einer Überplanung zu berücksichtigenden und ggfs. zu entschädigenden privaten Rechtsansprüche und engte damit den Spielraum entscheidend ein; auf der anderen Seite bot es aber auch eine Handhabe, unerwünschte Hochhausentwicklungen zu verhindern, da über die nach Staffelbauordnung zulässigen Geschosszahlen[10] hinausgehende Gebäudehöhen nur durch entsprechende Baurechtsänderungen möglich waren.

Vorausschauend führte Meitinger zur Begründung seines Vorschlags für den Wiederaufbau schließlich auch die Bedeutung des Stadtbilds für den Fremdenverkehr an:

„Wir müssen uns klar sein, daß nur das Münchnerische als charakteristisches Lebenselement München eines Tages wieder zum Anziehungspunkt für den internationalen Fremdenverkehr machen kann. Darum soll die Stadt auch äußerlich wieder die symbolische Form für das Empfinden und Denken ihrer Bewohner werden."[11]

Worin sich Konservative und Moderne unterschieden, war nicht so sehr die Höhe der Gebäude als vielmehr die architektonische Auffassung. In seinem Wiederaufbauplan von 1945 schlug Meitinger zur Verkehrsent-

9 Karl Scharnagl (1947) 1984, S. 168

10 In der Innenstadt begrenzte die Staffelbauordnung die Höhenentwicklung je nach Staffel auf maximal fünf Geschosse und Dachgeschoss, was etwa einer Höhe von 22 Metern entsprach.

11 Karl Meitinger (1946) 1984, S. 160

lastung der Altstadt einen 50 bis 70 Meter breiten Straßen- und Parkring vor, an dem Geschäfts-, Büro-, und Kaufhäuser entstehen und auch Standorte für Hochhäuser möglich sein sollten. In einem 1947 ausgeschriebenen Wettbewerb für den Abschnitt Sonnenstraße des Altstadtringes wurden dann auch mehrere Hochhausentwürfe eingereicht, die alle in dem konservativen Münchner Architekturstil der zwanziger Jahre gehalten waren. Zur Ausführung kam allerdings keiner dieser Entwürfe. Erst 1951 nahm Theo Pabst mit dem Bau des Warenhauses Kaufhof am Karlsplatz diesen Gedanken wieder auf, nun allerdings mit einem Gebäude von sieben Geschossen in sorgfältig gegliederter funktionalistischer Formensprache.

Die Hochhausentwicklung 1950–1975

Die ersten Hochhäuser nach Kriegsende wurden in München erst zu Beginn der fünfziger Jahre errichtet. Es waren zunächst nicht Bürohochhäuser, sondern Wohnhochhäuser, und sie folgten auch nicht der Linie konservativen Münchner Architekturverständnisses. Sie gelten vielmehr auch heute noch als hervorragende Beispiele für Neues Bauen in München.
Nach der Verlagerung ihres Firmensitzes von Berlin nach München errichtete die Firma Siemens 1952 für ihre Betriebsangehörigen am südlichen Stadtrand eine Werkssiedlung „nach den modernsten Gesichtspunkten". Der Entwurf des Architekten Emil Freymuth, der sich bereits in den zwanziger Jahren mit Projekten im Stil des Neuen Bauens einen Namen gemacht hatte, sah im Rahmen einer aufgelockerten Bauweise als Dominanten auch drei Wohnhochhäuser mit 17 Geschossen vor, die aufgrund ihrer Entfernung zur Innenstadt ohne Schwierigkeiten genehmigt werden konnten.[12] Ein weiteres Wohnbauvorhaben mit Hochhäusern im näher an der Innenstadt gelegenen Stadtteil Bogenhausen löste dagegen heftige Auseinandersetzungen aus. Auch wenn dieses Projekt schließlich ebenfalls genehmigt wurde, so wirft die Diskussion, die sich daran entzündet hatte, ein aufschlussreiches Licht auf das Verständnis von Architektur und Städtebau weiter Kreise der Münchner Fachwelt, der Politik und der Öffentlichkeit:
„In der Nachfolge von Bürgermeister Karl Scharnagel und Stadtbaurat Hermann Leitensdorfer und ihrer gezielten Abwehr der Bauhaus-Moderne formierten sich im konservativen Lager jene Kräfte, deren gegenüber jedem Hochhausprojekt geäußerte Bedenken auf die populistische Diskriminierung einer zeitgemäßen Ästhetik setzten – eine Auffassung, die letztlich in der Polemik gegen sämtliche Münchner Dominanten kulminierte."[13]

12 Aus Kostengründen wurden bisher allerdings nur zwei gebaut. Als in jüngster Zeit das letzte ebenfalls zur Realisierung anstand, erhob sich heftiger Protest der Bewohner der Siedlung. Inzwischen ist das Projekt jedoch, nicht zuletzt um Entschädigungsansprüche abzuwenden, genehmigt und steht unmittelbar vor der Realisierung.

13 Florian Zimmermann 1998, S. 7

Trotz dieser Grundstimmung einer weit verbreiteten Hochhausfeindlichkeit konnte in den folgenden Jahren aber auch in München eine Phase lebhafter Hochhaus-Bautätigkeit einsetzen. Zunächst lag der Schwerpunkt weiterhin im Wohnungsbau. Am Stadtrand entstanden größere Wohnsiedlungen, die den damaligen städtebaulichen Leitvorstellungen modernen Siedlungswesens entsprechend als Dominanten Hochhäuser mit bis zu 19 Geschossen aufwiesen. Mitte der fünfziger Jahre begann dann auch eine Phase regerer Bautätigkeit für Verwaltungs- und Bürohochhäuser.

Im Zuge des stürmischen Wirtschaftswachstums in den fünfziger und sechziger Jahren bildete insbesondere der Bereich der „unternehmensorientierten Dienstleistungen“ einen Schwerpunkt der Entwicklung. Dieser stark expandierende Zweig des tertiären Sektors war nicht auf Hochhäuser fixiert. Er fand in der gründerzeitlichen Baustruktur der wieder aufgebauten Innenstadt attraktive Unterkunftsmöglichkeiten und nahm diese auch offensiv wahr. Der dadurch ausgelöste Umstrukturierungs- und Verdrängungsprozess wurde von der Stadtplanung und der politischen Führung der Stadt nicht nur als Bedrohung von „Originalität und Stadtgestalt“ wahrgenommen, sondern auch als politisch brisant eingeschätzt. Bereits Ende der sechziger Jahre wurden daher Überlegungen zur Entlastung der Innenstadt angestellt, die später als „polyzentrisches Konzept“ zu einem wesentlichen Bestandteil der Stadtentwicklungsplanung wurden. Dabei waren Bürohochhäuser nicht ausgeschlossen. Sie wurden als Dominanten an geeigneten Standorten, etwa zur Markierung von Stadtteilzentren, sogar begrüßt. Schlüssige Standortkonzepte für Hochhäuser gab es aber nicht, und so entstanden die in den nächsten Jahren errichteten Hochhäuser meist unkoordiniert auf im Besitz von Bauherren und Investoren befindlichen Grundstücken und nur in Ausnahmefällen, wie z.B. im Arabella-Park, in Übereinstimmung mit dem Zentrenkonzept.

Die ab Mitte der fünfziger Jahre einsetzende Phase der Bautätigkeit von Bürohochhäusern hielt bis etwa Anfang der achtziger Jahre an. Dabei handelte es sich um eine Generation von „maßvollen Hochhäusern“, die die Höhe der Frauenkirche nicht überschritten und mit ihren Standorten am bzw. außerhalb des Mittleren Ringes einen respektvollem Abstand zur Innenstadt wahrten: 1957 das AGFA-Haus in Giesing mit 14 Geschossen, 1961 das Siemens-Hochhaus in Solln mit 23 Geschossen, 1967 bis 1973 verschiedene Hochhäuser im Stadtteilzentrum Arabella-Park in Bogenhausen mit bis zu 24 Geschossen, 1970 bis 1972 das BMW-Hochhaus in Milbertshofen und schließlich 1975 bis 1981 das Hypohochhaus wiederum im Arabella-Park, um hier nur die wichtigsten zu nennen. Die beiden letztgenannten Hochhäuser erreichten mit 100 Metern bzw. überschritten mit 114 Metern die Höhe der Türme der Frauenkirche und verließen damit die zurückhaltenden Dimensionen der bisherigen Hochhäuser. Aufgrund ihrer Standorte sowie vor allem auch wegen ihrer herausragenden architektonischen Qualität waren sie aber nie ernsthaft umstritten. Neben den ebenfalls Anfang der siebziger Jahre entstandenen Olympia-Anlagen haben sie vielmehr als Wahrzeichen für die Identität Münchens eine hohe Bedeutung erlangt.

Abb. 3: BMW-Verwaltungszentrum am Petuelring, Architekt: Karl Schwanzer
Abb. 4: Hypo-Verwaltungszentrum, Arabella-Park, Architekten: Walter und Bea Betz

Diskussionen gab es dagegen Ende der fünfziger Jahre um ein Hochhausprojekt nördlich des Hauptbahnhofs in einem Bereich, der schon 1920 in dem Konzept von Kurz als Standort für Hochhäuser vorgeschlagen worden war. 1957 löste hier ein Wettbewerb für das Grundstück des ehemaligen Verkehrsministeriums eine Debatte aus, die damit endete, dass die aus dem Wettbewerb hervorgegangenen Hochhausentwürfe unter Hinweis auf die unerträgliche Konkurrenz zur Silhouette der Altstadt und insbesondere zu den Türmen der Frauenkirche abgelehnt wurden. Das hinderte aber nicht daran, dass in der Nachbarschaft 1958–1960 für das Hotel Deutscher Kaiser auf dessen angestammten Grundstück ein Neubau mit 16 Geschossen und etwas weiter westlich 1974–76 für den Bayerischen Rundfunk ein Hochhaus mit 20 Geschossen errichtet werden durfte.

Einmalig für den Umgang mit Hochhäusern in München war der Fall des Hertie-Hochhauses in Schwabing.[14] 1962 wurde als markanter südlicher Abschluss des städtebaulich unbefriedigenden Platzes der Münchner Freiheit ein 47 Meter hoher Turmbau mit 13 Geschossen genehmigt. Das Projekt des Kaufhauskonzerns Hertie wurde in der Presse noch als Gewinn für den hässlichen Platz gefeiert. Als es 1964 eröffnet wurde, stieß es dagegen vor allem wegen seiner Fassade aus dunklen Glaspaneelen auf Widerspruch in der Bevölkerung. Ende der siebziger Jahre formierte sich dann, wohl angeregt durch die Streitschrift „Die zweite Zerstörung Münchens" des Architekten Erwin Schleich, eine massive Front gegen den Bau und forderte seinen Abriss. Nachdem 1989 das Erbbaurecht für Hertie abgelaufen war, kam es tatsächlich zu dem geforderten Abriss und zu einem 1994 fertigstellten Neubau des Kaufhauses von nun nur noch sechs Geschossen. Inzwischen wird dieser einmalige Vorgang einer Stadtreparatur von vielen bedauert. Zunehmend setzt sich die Erkenntnis durch, dass mit dem Abriss des Hochhauses nicht nur ein Stück

14 Vgl. Ibach 1998, S. 71

qualitätvoller Architektur verloren gegangen ist. Auch der Platz der Münchner Freiheit hat seinen Halt verloren und bleibt weiterhin ein ungelöstes städtebauliches Problem.

Abb. 5a und b: Kaufhaus Hertie an der Münchner Freiheit in Schwabing
Linkes Bild:
vor dem Rückbau
Rechtes Bild:
heutiger Zustand

Die heftigsten Auseinandersetzungen lösten zu Beginn der siebziger Jahre die Planungen für das Europäische Patentamt aus. Diese Debatte hatte mehr als die vorausgegangenen Diskussionen grundsätzlichen Charakter, spaltete Gegner und Befürworter stärker und sollte auch weiter reichende Auswirkungen auf die Hochhauspolitik der Stadt haben.
Bereits 1964 hatte der Münchener Stadtrat beschlossen, der Bundesregierung zu empfehlen, bei ihrer Bewerbung um den Sitz des Europäischen Patentamts München vorzuschlagen. Als Standort hatte er ein unmittelbar an das Deutsche Patentamt anschließendes Grundstück benannt, das aufgrund seiner Lage an der Isar gegenüber dem Deutschen Museum für städtebaulich bedeutsame Einrichtungen als besonders geeignet erschien. Aus einem 1971 durchgeführten Wettbewerb ging die Hamburger Architektengemeinschaft von Gerkan, Marg und Partner als Sieger hervor. Ihr Entwurf wurde der Bewerbung der Bundesregierung zugrunde gelegt, die daraufhin 1972 den Zuschlag der europäischen Regierungen in Luxemburg erhielt.
In den darauf folgenden Planungsverfahren erhob sich zunehmender Widerstand gegen das Projekt, nicht nur unter der betroffenen Wohnbevölkerung der Umgebung, sondern auch innerhalb des Stadtrats. Mittlerweile hatte sich nämlich gezeigt, dass das Vorhaben mit einer Reihe wichtiger Ziele der Stadtentwicklung nur schwer vereinbar war. Das Grundstück lag in einem Bereich der Innenstadtrandgebiete, der besonders stark von Umstrukturierung und Verdrängung der Wohnbevölkerung bedroht war und für den der Stadtrat 1973 mit dem „Rosa-Zonen-Plan“ als vorrangiges Ziel den Erhalt der Wohnnutzung beschlossen hatte. Obwohl das Grundstück selbst als Untersuchungsgebiet von dieser Regelung ausgenommen war, musste doch zur Realisierung des Vorhabens eine Reihe von Wohnhäusern abgerissen werden. Die Neuansiedlung von 1.500 Arbeitsplätzen in diesem Bereich widersprach zudem dem Ziel der Entlastung der Innenstadt von weiterem Entwicklungsdruck tertiärer Arbeitsplätze, die stattdessen nach den Vorgaben des Zentrenkonzepts an dezentrale Standorte umgelenkt werden sollten. Städtebaulich bedeutete der elfgeschossige Bau schließlich einen empfindlichen Eingriff

in die bauliche Struktur des gut erhaltenen Stadtviertels. Hatte man den 1954–1959 errichteten zwölfgeschossigen Bau des Deutschen Patentamts noch hingenommen, so sah man jetzt in dem anschließenden Hochhauskomplex das unerwünschte Signal einer sich bedrohlich in die Innenstadtrandgebiete ausbreitenden Hochhausentwicklung.
Nachdem eine nachträgliche Untersuchung alternativer Standorte keine Ergebnisse erbracht hatte, setzten sich in der Abwägung die Argumente für das Europäische Patentamt durch. Entscheidend war hierbei, dass mit einer Ablehnung des Standorts ein nicht kalkulierbares Risiko für den Sitz des Europäischen Patentamtes in München und damit in Deutschland verbunden gewesen wäre. Wenn sich im nachhinein die negativen Auswirkungen auch nicht im befürchteten Ausmaß eingestellt haben, so bildet das 1975–1980 errichtete Hochhaus des Europäischen Patentamtes an dieser Stelle im Stadtgebiet doch in seiner Dimension und in seinem dunklen architektonischen Erscheinungsbild einen Fremdkorper, der in seiner Umgebung bisher zum Glück ein Einzelfall geblieben ist. Die vorausgegangenen Auseinandersetzungen um das Projekt waren schließlich insofern nicht vergebens gewesen, als sie der Hochhausdiskussion in München neue Impulse gegeben haben.

Abb. 6: Europäisches Patentamt an der Erhardtstraße, Architekten: v. Gerkan, Marg und Partner Während der Bauphase, im Vordergrund ein zum Abbruch bestimmtes Wohngebäude

Die Hochhausstudien von 1977 und 1995

1975 wurde nach ausführlicher Diskussion in der Öffentlichkeit vom Stadtrat ein neuer Stadtentwicklungsplan beschlossen, der sich kritisch mit den Auswirkungen des überhitzten Wachstums Münchens in den sechziger und frühen siebziger Jahren auseinandersetzte, für das der erste Stadtentwicklungsplan aus dem Jahr 1963 und der daraus abgeleitete Flächennutzungsplan die planerischen Voraussetzungen geschaffen hatten. Der Stadtentwicklungsplan 75 stand unter dem Leitbild „Stadt im Gleichgewicht" stark im Zeichen des Bewahrens von Umweltqualitäten, die man durch die Folgen des dynamischen Wachstums der vergangenen Jahre bedroht sah.
So wird im Kapitel „Originalität und Stadtgestalt" unter der Überschrift „Erhaltung nicht wiederherstellbarer Gestaltqualitäten" gesagt:
„Der Bestand an historischen Strukturen ist ein wesentliches und charakteristisches Element der baulichen und funktionalen Vielfalt Münchens. Die ‚typische' Gestalt der Stadt ist nicht nur aus kulturhistori-

schen Gründen zu erhalten, sondern auch im Interesse der unverwechselbaren Eigenart Münchens und vor allem als eine Grundlage und Voraussetzung für das Heimatgefühl der Bürger.(...) Die Qualität der historischen Stadtbereiche, insbesondere der Altstadt,(...) stellt einen Wert dar, der nicht ersetzbar ist und deshalb keinesfalls dem sogenannten Fortschritt geopfert werden darf."[15]
Wenn damit auch wieder eine Zurückhaltung im Hinblick auf Hochhäuser verbunden ist, so sollten diese doch nicht grundsätzlich ausgeschlossen werden. Vielmehr wurden sie unter der Überschrift: „Strukturierung des Stadtgebietes" explizit erwähnt:
„In Zukunft sollte die Höhenentwicklung bewußt als Mittel der Stadtgestaltung eingesetzt werden, wobei generell vom Prinzip beschränkter Bauhöhen auszugehen ist. Abweichungen von diesem Grundsatz sollten dazu benutzt werden, unter Berücksichtigung der naturräumlichen und topographischen Gegebenheiten die beabsichtigte polyzentrische Grundstruktur Münchens zu verdeutlichen; hochgezonte Bebauung sollte also in erster Linie dazu dienen, übergeordnete funktionale und gestalterische Ordnungsvorstellungen für die ganze Stadt zu veranschaulichen."[16]
Zur Konkretisierung der Ziele und Leitsätze zur Stadtgestaltung wurde vorgeschlagen, u.a. einen „Stadtsilhouetten- und Höhenentwicklungsplan als Grundlage für die Bauleitplanung und den Baurechtsvollzug" erarbeiten zu lassen.

Die Hochhausstudie von 1977

Mit der Erarbeitung eines solchen Planwerks wurde noch im Jahr 1975 der Architekt Detlev Schreiber beauftragt. Aufbauend auf Untersuchungen des Baureferates sollte er eine Hochhausstudie erarbeiten „zur Beurteilung stadtgestalterischer Fragen des Standortes von Hochhäusern bzw. von profilbestimmenden Bauwerken im Stadtgebiet im Hinblick auf ihre Auswirkungen auf das Stadtbild und die Stadtsilhouette".
Die Studie wurde 1977 vom Stadtrat beschlossen. Obwohl in der Zwischenzeit die Wachstumsphase in Stagnation umgeschlagen war, stand die Untersuchung Schreibers noch deutlich im Zeichen der Wachstumskritik des Stadtentwicklungsplanes von 1975. Auch für Schreiber ging es vor allem darum, die überkommene Umweltqualität zu bewahren: „Im Zweifelsfall muß der Stadtbilderhaltung der Vorrang vor den Anstrengungen zum Gestaltwandel der Stadt eingeräumt werden."[17] Dennoch sah er im Hinblick auf einen zu erwartenden neuen Konjunkturaufschwung die Notwendigkeit, sich konstruktiv mit der Hochhausfrage zu befassen, wofür er vor allem das Argument gelten ließ, dass profilüberragende Gebäude eine positive Funktion bei dem Bemühen, den Ganzheitscharakter des Stadtgefüges erfassbar zu machen, haben können.

15 Landeshauptstadt München, Stadtentwicklungsplan 1975, II-8
16 Ebd. II-7
17 Detlef Schreiber 1977, S. 9

Auf der Grundlage systematischer und methodisch differenzierter Untersuchungen unterscheidet die Studie Schutzzonen für Grün- und Freiflächen, Schutzzonen für schützenswerte Bauflächen und Untersuchungsgebiete, für die Auswirkungen veränderter Höhenentwicklungen noch zu prüfen sind. In den Bereichen „schutzwürdiger Baustrukturen", die in fünf Gruppen von absteigender Schutzwürdigkeit untergliedert sind, sollte eine Veränderung des Stadtprofils ausgeschlossen sein. Nach den Worten des Verfassers könnten „fast die gesamten Bauflächen des Stadtgebietes mit Kriterien abgedeckt werden, die eine zusätzliche oder neue Profilierung durch Hochhausbebauung ausschließen".[18] Dennoch wurden in den äußeren Stadtgebieten weite Untersuchungsbereiche ausgewiesen, die allerdings als Standorte für Hochhäuser nur zu einem sehr geringen Teil in Betracht kommen.
Eine Ausweisung und Abgrenzung von Zonen, in denen Hochhäuser grundsätzlich zugelassen werden können oder gar vorgeschrieben werden sollen, enthält die Hochhausstudie von 1977 ausdrücklich nicht: „Es soll (...) kein Anreiz für öffentliche und private Bauherren geschaffen werden, dort Hochhäuser zu errichten."[19] Insofern stellt die Hochhausstudie von 1977 noch nicht den im Stadtentwicklungsplan von 1975 geforderten Höhenentwicklungsplan dar, sondern zunächst nur eine systematische Grundlage für die Beurteilung von Standortfragen von Hochhäusern und profilbestimmenden Gebäuden.

Die Hochhausstudie von 1995

Eine neue Welle von Hochhausprojekten war Ende der 80er Jahre Anlass, im Zusammenhang mit der Neufassung des Stadtentwicklungsplanes, der seit Beginn der neunziger Jahre grundlegend überarbeitet wurde, auch die Hochhausstudie von 1977 wieder aufzugreifen, zu aktualisieren und weiterzuentwickeln. Zugleich wurde damit ein Antrag der Stadtratsfraktion der Grünen/ALM aufgegriffen, der die Fortschreibung der Hochhausstudie von 1977 unter städtebaulichen, ökologischen, gestalterischen, sozialen und verkehrlichen Gesichtspunkten forderte. Bearbeiter der neuen Hochhausstudie waren wiederum der Architekt Detlef Schreiber sowie als weiterer Gutachter das Institut für Städtebau und Raumplanung der TU München unter der Leitung von Ferdinand Stracke.
In der neuen Hochhausstudie wurde die Aktualisierung der Studie von 1977, die ihren Schwerpunkt auf die Ausweisung und Begründung von Schutzzonen gelegt hatte, ergänzt um einen „morphologischen Ansatz", der sich „vornehmlich auf die Deutung und Definition der morphologischen Eigenarten der Stadt konzentrierte und versuchte, über diesen Weg Bereiche heraus zu filtern, die sich aufgrund ihrer Raumstruktur und Lage mittel- und langfristig zu einer Nachverdichtung eignen".[20]
Auf der Grundlage dieser Untersuchungen wurde ein Konzept zur Strukturverdichtung von Teilbereichen der Stadt entwickelt, das vier

18 Ebd. S. 30
19 Ebd. S. 30
20 Stracke 1996, S. 9

Strukturtypen unterscheidet: Flächen, in denen Verdichtung möglich bzw. erwünscht ist, Flächen, für die eine Anhebung der Traufhöhe über das Maß der umgebenden Bebauung hinaus in Frage kommt, Flächen, die in Anlehnung an die Traufhöhe der Umgebung verdichtet werden sollten, und Flächen, für die eine Verbesserung der Freiraumqualitäten angestrebt werden sollte. Eine Ergebniskarte „zeigt die Bereiche im Stadtgebiet Münchens, in denen eine Verdichtung über das im sonstigen Bestand übliche Maß hinaus möglich erscheint".[21]

Wie bereits die Hochhausstudie von 1977 geht auch die neue Studie „bewußt nicht von der städtebaulichen Setzung von Hochhäusern aus, etwa

Abb. 7: Hochhäuser im Rahmen von Strukturverdichtung – Hochhausstudie für die Landeshauptstadt München

21 Ebd. S. 60

in dem Sinn, diese als Mittel zur räumlichen Gliederung oder Akzentuierung bestimmter Standorte einzusetzen. Vielmehr wird das Hochhaus als Sonderbautyp städtischer Entwicklung angesehen als eine Möglichkeit neben anderen, städtische Teilräume zu verdichten".[22]
Diese zurückhaltende und doch flexible programmatische Äußerung zur Hochhausfrage gibt die allgemeine Einstellung zu Hochhäusern in München wieder und kann sich auf einen weitgehenden Konsens in der Fachwelt, bei Bürgern und in den Gremien des Stadtrats abstützen. Mit diesem allgemeinen Konsens mag auch zu erklären sein, warum Fragen und Probleme der Umsetzung eines solchen Höhenentwicklungskonzepts in der Hochhausstudie nur allenfalls am Rande erwähnt wurden und auch in der Diskussion um die Hochhausstudie kaum eine Rolle spielten. Wenn es nicht im ausdrücklichen Interesse der Stadt liegt, an bestimmten Punkten der Stadt Hochhäuser anordnen und durchsetzen zu wollen, könnten die planungsrechtlichen Instrumente der kommunalen Planungshoheit zur Steuerung der Entwicklung ausreichen, da die Voraussetzungen für die Genehmigung und Errichtung von Hochhäusern i.d.R. nur über die Änderung oder Neuausweisung von entsprechendem Baurecht geschaffen werden können.
Mit Blick auf die Planungs- und Genehmigungspraxis stellt sich allerdings die Frage, inwieweit es sich eine Kommune unter dem Druck potenter Bauwerber leisten kann, von diesem ihrem Instrumentarium Gebrauch zu machen, ohne in kaum lösbare Zielkonflikte zu geraten. Auch in München gab es in der Vergangenheit eine Reihe von Hochhausprojekten, die nicht abgelehnt wurden, obwohl sie nicht nur bei den betroffenen Bürgern auf Widerstand trafen, sondern auch bei den politischen Entscheidungsträgern Unbehagen auslösten, weil sie gegen vom Stadtrat beschlossene wichtige städtebauliche oder stadtentwicklungspolitische Ziele verstießen.

Die Phase der Hochhaus-Projekte

Mit dem Hypo-Hochhaus im Stadtteilzentrum Arabella-Park ist 1982 das vorerst letzte bedeutende Hochhaus in München fertiggestellt worden. Zwischen 1980 und heute sind so gut wie keine echten Hochhäuser mehr hinzugekommen. Die wenigen profilüberragenden Gebäude, die seither entstanden sind, wurden aufgrund ihrer peripheren Lage im Stadtgebiet und ihrer „maßvollen" Dimension kaum als Hochhäuser wahrgenommen. Erst jetzt steht am Ostbahnhof mit dem ca. 65 Meter hohen Büroturm des städtischen Baureferates wieder ein echtes Hochhaus vor seiner Fertigstellung.
Der abrupte Einbruch der Hochhaus-Bautätigkeit, deren Dynamik zuvor noch als so bedrohlich angesehen worden war, dass sie den Anlass für die Hochhausstudie von 1977 geben hatte, wurde zunächst nicht erkannt, weil das Interesse an der Errichtung von Hochhäusern in München unvermindert anzuhalten schien. Jedenfalls sah sich das Planungsreferat weiterhin dem Druck von Vorhaben ausgesetzt, für die es Baurecht zu schaffen hatte und für die teilweise auch schon

22 Ebd. S. 9

Baugenehmigungen ausgereicht wurden. Dass bis heute nahezu keines dieser Projekte gebaut wurde, war seinerzeit nicht vorauszusehen gewesen.
Mit den Projekten der achtziger und neunziger Jahre ging allerdings auch eine neue Entwicklung einher: Die bis dahin errichteten Bürohochhäuser waren ausschließlich von den Eigentümern selbst genutzt. Bei den seither projektierten Hochhäusern ist das dagegen nur noch die Ausnahme. In der Regel handelt es sich um Mietobjekte. Viele dieser Projekte sind inzwischen aufgegeben worden, wie z.B. das „Pyramiden-Hochhaus“ am Georg-Brauchle-Ring, ferner ein von Günther Behnisch für die Landeszentralbank entworfener Hochhausturm von 84 Metern Höhe oder ein ca. 100 Meter hoher Büroturm auf dem Grundstück der Isar-Amper-Werke im Münchner Süden.
Andere Projekte ruhen z.T. schon seit vielen Jahren, darunter ein auf dem Werksgelände der Firma Knorr-Bremse geplantes 70 Meter hohes Gebäude oder ein weiteres Hochhaus von 65 Metern Höhe im Münchener Norden am Frankplatz. Auch für das erst in jüngerer Zeit gegen den erbitterten Widerstand der Bevölkerung und des Bezirksausschusses des betroffenen Stadtviertels genehmigte Projekt eines 84 Meter hohen „Campanile“ an der Donnersberger Brücke des Mittleren Ringes ist ein Baubeginn bisher nicht in Sicht.
In jüngster Zeit wurde eine Reihe von neuen Hochhausprojekten vorgelegt und in die städtischen Planungen eingebracht, bei denen man annehmen kann, dass sie in absehbarer Zeit realisiert werden. Dazu zählen vor allem ein 65 Meter hohes Gebäude der Mercedes-Benz-Niederlassung an der Nordseite der Donnersberger Brücke gegenüber dem Campanile-Projekt sowie ein ca. 60 Meter hohes Turmhaus der Fraunhofer Gesellschaft in der Nähe des Heimeranplatzes. Ob zu dieser Gruppe von Hochhausprojekten auch die aus neueren Wettbewerben hervorgegangenen Entwürfe für den Langenscheid-Verlag mit 95 Meter und für das „Münchner Tor“ der Münchner Rückversicherungs-Gesellschaft mit 85 Meter Höhe am Nordabschnitt des Mittleren Ringes gerechnet werden können, lässt sich noch nicht sagen.
Alle diese Projekte entsprechen in ihrer Lage im Stadtgebiet sowie in ihrer moderaten Höhe den Zielvorgaben der neuen Hochhausstudie und werden als Bereicherung des Münchner Stadtprofils angesehen. Einen neuen Maßstabsprung stellt dagegen das spektakuläre Projekt des „Garden-Tower“ am Georg-Brauchle-Ring dar. Auf dem Grundstück in der Nähe der Olympia-Anlagen und in Sichtbeziehung zum BMW-Hochhaus wird nach den Plänen des Düsseldorfer Büros Ingenhoven und Partner ein Hochhaus geplant, das alle bisherigen Dimensionen Münchner Hochhäuser bei weitem übertreffen soll. In seiner genehmigten Fassung soll es ein Turm von 146 Meter Höhe werden. Von den Architekten und Investoren – der HVB-Projekte, einer Tochter der HypoVereinsbank – wird allerdings aus architektonisch-ästhetischen Gründen eine Höhe von ca. 200 Metern angestrebt. Während der 146 Meter hohe Bau bei der Fachwelt sowie im Stadtrat und in der Verwaltung überwiegend auf Zustimmung gestoßen ist und gute Chancen hätte, verwirklicht zu werden, ist die Diskussion um die hohe Variante noch im Gange und ihr Ergebnis offen. Die Fundamente, die Statik und die Technik des

Gebäudes werden aber schon heute so ausgelegt, dass eine Aufstockung auf eine Höhe von rund 200 Metern jederzeit möglich ist.

Abb. 8: „Garden-Tower" am Georg-Brauchle-Ring, Architekten: Ingenhoven und Partner 200 m hohe Variante, im Vordergrund die Dachlandschaft der Olympia-Anlagen

Bürohochhäuser im Kontext der Münchner Stadtentwicklung

Der chronologische Überblick über die verschiedenen Phasen der Hochhausdiskussion wie auch der realen Errichtung von Hochhäusern in München zeigt ein Bild, das sich von dem anderer Großstädte unterscheidet. Besonders deutlich fällt der Unterschied ins Auge, wenn man die Entwicklung von Frankfurt am Main und München in den letzten zwanzig Jahren vergleicht. Während Frankfurt in dieser Zeit seinen bis heute anhaltenden gigantischen Hochhausboom erlebte, kam in München die Hochhausentwicklung nahezu zum Stillstand. Zahlreiche Projekte wurden entweder fallen gelassen oder in Wartestellung gehalten. Damit stellt sich die Frage, inwieweit diese Unterschiede auf Besonderheiten der Münchner Stadtentwicklung und ihrer Rahmenbedingungen zurückgeführt werden können.

Zunächst fällt die Diskrepanz zwischen den zahlreichen und lebhaft geführten Hochhausdebatten einerseits und der verhältnismäßig geringen Anzahl tatsächlich realisierter Bauten andererseits auf. Sie kann als ein Zeichen dafür verstanden werden, dass Hochhäuser seit jeher für die Münchner eine besondere Herausforderung darstellten. Bis in die siebziger Jahre zog sich als roter Faden durch alle Diskussionen und programmatischen Äußerungen zur Hochhauspolitik in München eine reservierte bis ablehnende Grundhaltung gegenüber dem Eindringen der Moderne in das vertraute und geliebte Stadtbild. Dieses galt es zu verteidigen und zu pflegen wie das auf kraftvoller bäuerlicher Tradition beruhende Brauchtum und seine Trachten, auch wenn diese Formen im Zuge der ehrgeizig betriebenen Modernisierung Bayerns und durch den damit einher gehenden gesellschaftlichen und kulturellen Wandel inzwischen

weitgehend ausgehöhlt sind. Gegenüber dieser konservativen Grundstimmung hatten die Vertreter einer konsequenten Moderne in der Vergangenheit wenig Chancen.
Im Laufe der Zeit hat sich allerdings über alle kontroversen architektonischen und städtebaulichen Positionen hinweg ein allgemeiner Konsens darüber herausgebildet, dass die Entscheidung für den historischen Wiederaufbau segensreich für München war. Zugleich wird moderne Architektur nicht mehr bekämpft, sondern gefordert und gefördert. Gegenwärtig erlebt München eine öffentliche Debatte, in der wieder einmal von Teilen der Architektenschaft, der Politik und der Medien die Provinzialität der Münchner Architektur beklagt wird. Der Planungsverwaltung wird vorgeworfen, durch zu enge städtebauliche Vorgaben und Bindungen die Entfaltungsmöglichkeiten für herausragende Architektur zu behindern. In diese Debatte ist auch die Hochhausfrage einbezogen mit der Tendenz, Hochhäusern in Zukunft eine größere Bedeutung für das moderne architektonische und städtebauliche Erscheinungsbild einzuräumen. Dabei soll jedoch der Rahmen nicht verlassen werden, der mit der Hochhausstudie 95 beschlossen worden ist. Es geht vielmehr um Interpretationsspielräume, die man glaubt stärker öffnen zu müssen, um München in der Standortkonkurrenz auch künftig als moderne Metropole präsentieren zu können.
Bisher ist München immerhin mit dem zurückhaltenden Kurs seiner Hochhauspolitik gut gefahren. Wenn sich dabei der Drang, die wirtschaftliche Potenz Münchens auch städtebaulich in Form von Hochhäusern zum Ausdruck zu bringen, bisher nur allenfalls am Rande hat durchsetzen können, ist zu fragen: Gab es hier nicht den massiven und unausweichlichen Nachfragedruck von Seiten der gewerblichen Wirtschaft, der Investoren oder der Bodenspekulation? Oder gab es hier andere Möglichkeiten, diesen Druck abzufangen und umzulenken?

Bedarf und Nachfrage nach Büroflächen

Seine hohe Wirtschaftskraft verdankt München in erster Linie einem günstigen Mix zukunftsfähiger Wachstumsbranchen. Anfangs war die Struktur der gewerblichen Wirtschaft vor allem durch Unternehmen der Branchen Optik, Feinmechanik und Fahrzeugindustrie geprägt. Nach dem Krieg entwickelte sich insbesondere der Bereich der Elektrotechnik und Mikroelektronik zu einem neuen bedeutenden Schwerpunkt. Heute expandieren vor allem Unternehmen der Informations- und Kommunikationstechnologie sowie der Medienbranche. Mit dem industriellen Wachstum sowie mit dem damit verbundenen Tertiärisierungsprozess ging eine starke Zunahme der „unternehmensorientierten Dienstleistungen" einher. München nimmt heute in Deutschland den ersten Platz bei Versicherungen und den zweiten Platz bei Banken ein. Neben den Verwaltungen von Industrieunternehmen sind es vor allem die Branchen Informations- und Kommunikationstechnologien, Banken und Finanzleistungen sowie Medien und Werbung, die die Nachfrage nach Büroflächen bzw. nach höherwertigen Gewerbeflächen mit Bürocharakter bestimmen.
Der Nachfragesituation auf dem Büroflächensektor stand seit jeher ein tendenziell zu knappes Flächenangebot und eine vergleichsweise zurückhaltende Bautätigkeit gegenüber. Als Indikatoren können der Flächen-

umsatz und der Leerstand die Situation auf dem Büroflächenmarkt verdeutlichen. Nach einer Phase reger Bautätigkeit kam es gegen Mitte der achtziger Jahre zu einem Büroflächenleerstand in der Größenordnung bis zum Fünffachen des jährlichen Flächenumsatzes von durchschnittlich ca. 100.000 Quadratmetern. Im Laufe der achtziger Jahre hatte sich dieser Leerstand jedoch wieder nahezu abgebaut und betrug am Ende nur noch ein Drittel des Flächenumsatzes von inzwischen bereits 180.000 Quadratmetern.[23] Bei einem durchschnittlichen jährlichen Neubauvolumen von ca. 200.000 Quadratmetern Bürofläche kam es Mitte der neunziger Jahre nochmals kurzfristig zu einem Angebotsüberhang von 838.000 Quadratmetern, der aber bereits im Jahr 1998 wieder auf 287.000 Quadratmeter gesunken ist.[24] Heute hat München mit 1,8 % einen der niedrigsten Leerstände europäischer Metropolen. Von einem Mangel an Nachfrage nach Büroflächen kann also nicht die Rede sein. Er kann daher als Erklärung für die besondere Hochhausentwicklung in München auch nicht herangezogen werden.

Flächenknappheit und Bodenpreise

Hohe Bodenpreise werden oft als Argument für Hochhäuser angeführt. Sie zwingen, so wird gesagt, zu höherer Ausnutzung des Grundstücks, um ein Projekt rentabel zu machen.
In München liegen die Bodenpreise im bundesrepublikanischen Vergleich zusammen mit Frankfurt an der Spitze. Das gilt vor allem für die Grundstücke in der Innenstadt und in den Innenstadtrandgebieten, auf die sich die Nachfrage nach Büroflächen konzentriert. Entsprechend hoch sind auch die Mietpreise. In dem hohen Preisniveau von Grundstücken und Mieten spiegelt sich zunächst die ungebrochen kräftige Nachfrage in Verbindung mit der Knappheit des Flächenangebots wider. Über lange Jahre hinweg war der Münchner Bodenmarkt durch eine extreme Flächenknappheit bestimmt. Damit hat sich auf der Grundlage eines anhaltenden Wachstums von Wirtschaft und Bevölkerung ein überhitztes Bodenpreisniveau entwickeln können, das auch dann nur kurzzeitig und unwesentlich zurückging, als nach 1993 in großem Umfang Umstrukturierungsflächen der Deutschen Bundesbahn, der Post und der gewerblichen Wirtschaft sowie Konversionsflächen der Bundeswehr in gut erschlossenen innerstädtischen Lagen auf den Markt kamen.
Vor dem Hintergrund der anhaltend starken Nachfrage sind die hohen Bodenpreise zugleich aber auch Ausdruck für die hohen Ausnutzungsziffern auf den Grundstücken, die das bestehende Baurecht erlaubt. Danach sind in der Innenstadt Dichten von einer Geschossflächenzahl (GFZ) von 3,0 und darüber nicht selten.
Obwohl angesichts des Bodenpreisniveaus auch in München die Begründungen für eine höhere Ausnutzung der teuren Grundstücke und damit für den Bau von Hochhäusern gegeben wären, weisen die bisher gebauten Bürohochhäuser nur eine niedrigere GFZ auf. Auch bei den großen

23 Vgl. Jones Lang Wootton 1989, S. 15
24 Vgl. Müller Büromarkt-Report 99, S. 54

derzeit in Planung befindlichen Hochhausprojekten sind die Ausnutzungsziffern nicht höher: selbst der „Garden-Tower" erreicht in seiner genehmigten Form von 146 Meter Höhe nur eine GFZ von knapp über 2,0. Für die Begründung von Hochhäusern haben damit die hohen Bodenpreise bisher keine entscheidende Rolle gespielt.

Repräsentation, Image, Corporate Identity

Als starkes Motiv für Hochhäuser gilt, auch dann, wenn Wirtschaftlichkeit und Funktionalität nicht gegeben sind, der Wunsch nach Repräsentation, Prestige, Image und Corporate Identity. Wie ist es in München – immerhin Sitz bedeutender und einflußreicher Firmen und Institutionen – gelungen, auch diesen Wunsch im Bereich der Innenstadt bisher so erfolgreich unter Kontrolle zu halten? Wohl in erster Linie deshalb, weil diese Firmen und ihre Verbände ebenso wie die wichtigen Institutionen die Ziele der Münchner Hochhauspolitik mit tragen. Das ist möglich, weil die zentralen Bereiche der Innenstadt mit ihrem erhaltenen bzw. wieder aufgebauten Stadtbild einer ehemaligen königlichen Haupt- und Residenzstadt attraktive Alternativen zu bieten haben, die allen Anforderungen an Büro- und Verwaltungsnutzungen, insbesondere auch denen an Repräsentation, Prestige und Image, gerecht werden.
Die Spitzen der wichtigen Firmen und Banken residieren heute nicht selten in den ehemaligen Adelspalais oder haben andere repräsentative Gebäude in der Innenstadt bezogen oder auch neu errichtet. So hat beispielsweise die Firma Siemens den Sitz ihrer Konzernspitze im ehemaligen Ludwig-Ferdinand-Palais am Wittelsbacher Platz. In unmittelbarer Nachbarschaft hat sie in jüngster Zeit im städtebaulichen Rahmen und Maßstab der Innenstadt von dem New Yorker Architekten Richard Meier einen repräsentativen Verwaltungsbau errichten lassen, der seinerseits wieder einen wichtigen Beitrag zur städtebaulichen Qualität und Attraktivität der Innenstadt leistet. Keine Seite hat ein Interesse daran, diese Qualität der Umgebung durch Hochhäuser zu gefährden.
Nach den Zielen der Hochhausstudie muss auf Hochhäuser als Symbolträger aber nicht verzichtet werden. Dass dafür nur Standorte außerhalb der Innenstadt in Betracht kommen, hat Eigennutzer nicht abgehalten, eine Reihe hervorragender Hochhäuser mit hohem Image- und Symbolwert zu errichten. Auf anspruchsvolle, auf angemessene Repräsentation bedachte Mieter scheinen die peripheren Standorte dagegen eher eine geringe Anziehungskraft auszuüben. Vor die Wahl gestellt, sich mit Mietverträgen in Hochhäusern an peripheren Standorten zu binden oder von dem Angebot attraktiver Büroflächen in interessanten Innenstadtlagen Gebrauch zu machen, scheinen sie i.d.R. letzteres vorzuziehen. Das mag die vorsichtige und abwartende Haltung der Investoren erklären, die mit ihren Hochhausprojekten auf Vermietung setzen. Auf der anderen Seite schafft die Stadt mit ihren umfangreichen Planungen für die innerstädtischen Umstrukturierungsflächen ein weit in die Zukunft reichendes Potential an interessanten Bürostandorten: Neue Büroflächen in bester Lage werden derzeit auf dem ehemaligen Messegelände auf der Theresienhöhe geschaffen, weitere umfangreiche Flächen in ebenfalls höchst attraktiver Lage werden auf den

Zentralen Bahnflächen in unmittelbarer Nähe zum Hauptbahnhof entwickelt, und auf längere Sicht wird hinter dem Ostbahnhof auf einem hervorragend gelegenen und bestens erschlossenen Areal ein weiteres sehr attraktives Büroviertel in verdichteter Bauweise entstehen. Für die beiden letzt genannten Entwicklungsgebiete weist die Hochhausstudie 95 nicht nur Potentiale für Strukturverdichtung, sondern auch für Hochhäuser aus.

Der „Münchner Konsens"

Die entscheidende Grundlage für die Hochhauspolitik in München und ihre erfolgreiche Umsetzung kann in dem weitgehenden Konsens von Stadtplanung, Politikern, Bürgern und Vertretern der Wirtschaft und ihrer Verbände sowie der örtlichen Medien gesehen werden im Hinblick auf die Erhaltung des Stadtbilds und auf die eingeschränkte Rolle, die Hochhäusern dabei zugestanden wird. Dazu hat zweifellos beigetragen, dass diese Politik sich auch ökonomisch als vorteilhaft und zukunftsfähig erwiesen hat. Eine nicht zu unterschätzende Rolle dürfte aber auch spielen, dass Fragen der Stadtentwicklung und der Stadtgestalt seit jeher in Fachgremien, wie der Stadtgestaltungskommission oder dem Arbeitskreis „attraktive Innenstadt" und in der Öffentlichkeit, hier vor allem im „Münchner Forum" – einem „Diskussionsforum für Stadtentwicklungsfragen" – intensiv diskutiert werden.
Bisher waren es nur wenige Entscheidungen, in denen dieser Konsens verlassen wurde. In diesen Fällen, wie z.B. bei dem Europäischen Patentamt oder bei dem „Campanile", gingen den politischen Entscheidungen auch regelmäßig heftige Kontroversen voraus. Insgesamt handelte es sich aber um Ausnahmen, die den Konsens nicht grundsätzlich in Frage stellen sollten. Vielmehr deutet derzeit nichts darauf hin, dass die Linie der Münchner Hochhauspolitik in absehbarer Zeit entscheidend geändert werden könnte, auch wenn sich in der aktuellen Architekturdebatte und in der Diskussion um neuere Bauvorhaben eine wohlwollendere Haltung gegenüber Hochhausprojekten anzukündigen scheint und dabei, wie im Falle des „Garden-Tower", auch schon kühnere Horizonte ins Auge gefasst werden. Die nach wie vor nicht wenigen Münchner, die Hochhäusern ablehnend gegenüberstehen, trösten sich indessen mit der Erwartung, dass mit einem Projekt wie dem „Garden-Tower" die Nachfrage nach Mietbüros in Hochhäusern auf lange Zeit erschöpft sein dürfte.

Literatur

Bruderrek, Ivonne: Otto Orlando Kurz/Hermann Sörgel – Hochhausdiskussion 1920–25. In: Hochhäuser in München, Katalog zur Ausstellung in der Fachhochschule München, München 1998

Bruderrek, Ivonne: Otto Orlando Kurz – Hochhausentwürfe 1921/22. In: Hochhäuser in München, Katalog zur Ausstellung in der FH München, München 1998

Bruderrek, Ivonne: Theodor Fischer – Entwurf für ein Hochhaus am Sendlinger-Tor-Platz 1920/21. In: Hochhäuser in München, Katalog zur Ausstellung in der FH München, München 1998

Ibach, Katharina: Hertie-Hochhaus an der Münchner Freiheit 1962/64. In: Hochhäuser in München, Katalog zur Ausstellung in der FH München, München 1998

Jones-Long-Wootton GmbH: Der Büroflächenmarkt in der Bundesrepublik Deutschland – City Report München 1989

Landeshauptstadt München – Referat für Stadtforschung und Stadtentwicklung: Stadtentwicklungsplan 1975

Landeshauptstadt München – Referat für Stadtplanung und Bauordnung (Hg.): Hochhausstudie – Leitlinien zur Raumstruktur und Stadtbild, München 1996

Leitensdorfer, Hermann: Das technische Rathaus in München – Baugestaltung. In: Monographien zur heutigen Baugestaltung, Band 1: das technische Rathaus in München, München 1930

Meitinger, Karl: Das neue München, Vorschläge zum Wiederaufbau, München 1946. Abgedruckt in: Nerdinger: Aufbauzeit – Planen und Bauen in München 1945–1950, München 1984

Müller International Immobilien GmbH: Büromarkt-Report Deutschland 1999

Nerdinger, Winfried: Wiederaufbau oder Neubau? In: Winfried Nerdinger (Hg.) Aufbauzeit – Planen und Bauen München 1945–1950, Katalog zum Architekturteil der Ausstellung „Trümmerzeit" im Münchner Stadtmuseum, München 1984

Rasp, Hans-Peter: Eine Stadt für tausend Jahre, München – Bauten und Projekte für die Hauptstadt der Bewegung, München 1981

Scharnagl, Karl: Kampf um München, Münchner Tagebuch vom 18. 1. 1947. Abgedruckt in: Nerdinger: Aufbauzeit – Planen und Bauen München 1945–1950, München 1984

Schreiber, Detlev: München – Untersuchung Hochhausstandorte. Landeshauptstadt München – Baureferat Stadtplanung (Hg.), München 1977

Schreiber, Detlev: Fortschreibung der Hochhausstudie 1995. In: Landeshauptstadt München (Hg.): Hochhausstudie, München 1996

Stracke, Ferdinand: Hochhäuser im Rahmen von Strukturverdichtung. In: Landeshauptstadt München (Hg.): Hochhausstudie, München 1996

Voigt, Wolfgang: Atlantropa – Weltbauen am Mittelmeer, ein Architektentraum der Moderne, München 1998

Zimmermann, Florian: Einführung. In: Hochhäuser in München, Katalog zur Ausstellung in der FH München, München 1998

Stuttgart: Kessel, Klima, kleine Türme – vom Einzelfall zur Hochhauspolitik

Wolf Reuter

Die Topographie des Stadtraumes prägt alle Debatten um Standorte und Dimension von Hochhäusern in Stuttgart. Die dichte Masse der Stadt lagert in einem amorphen Talkessel, an dessen aufsteigenden Wänden sich durchgrünte Wohnlagen mit Blick auf die gegenüberliegenden Hänge hochstaffeln. Über diesen Horizont, den Kesselrand, wuchs die Stadt, teils um eingemeindete Ortskerne, hinaus. Innerhalb der Verwaltungsgrenzen leben ca. 550.000 Einwohner, das Ballungsgebiet umfasst ca. 2,5 Millionen.
Interessant in der Hochhausdebatte sind hier nicht die peripheren Lagen, sondern diejenige, die das Erscheinungsbild Stuttgarts als kognitive Einheit „Stadt" bestimmt: der Kessel mit Boden, Wänden und Rändern.

Weichenstellungen in den zwanziger und vierziger Jahren: die Herausbildung Stuttgart-typischer Kriterien

In der Zeit des Wiederaufbaus wurden in Stuttgart wichtige Weichen gestellt. Dies gilt sowohl für neue Großordnungen und die Lenkung von Verkehrsströmen als auch für die Neukonzeption der Stadtidentität, die durch die Zerstörung des Krieges erst zur Diskussion stehen konnte; Stuttgarts Innenstadt lag zu 88 % in Trümmern. Als 1948 ein Investor Hochhäuser in Tallage vorschlug, wurde das Bild der Stadt unweigerlich zum Streitpunkt auf der lokalpolitischen Agenda.
Um die damals in Stuttgart einsetzende Hochhausdebatte verstehen zu können, ist ein Rekurs in die zwanziger Jahre aufschlussreich, da sich die wesentlichen Positionen und Argumente in dieser Zeit herausbildeten und ihr Gewicht über die Zeit des Nationalsozialismus hinweg bis in die Gegenwart nicht verloren. Sie stellen den Beginn einer – wie zu zeigen sein wird – Kontinuität stiftenden Tradition Stuttgarter Hochhausdiskurse und -politik dar.
Der dominierende Gesichtspunkt war Stuttgart-spezifisch. Es sind „die besonderen Bedingungen Stuttgarter Hochhäuser, die in der Hauptsache die Tallage des Stadtkerns mit sich bringt", in der es darum geht, „die gegenüberliegende Bergwand in ganzer Höhe sichtbar" werden zu lassen, so die erste Formulierung zu diesem Thema 1921.[1] Die Wahr-

1 Herre 1921, S. 375 ff.

nehmbarkeit der ins Tal gegossenen steinernen Masse von den Hängen aus wie auch umgekehrt der Hänge und Rundumhorizonte von jedem Ort der Stadt aus gehört zur Identität Stuttgarts. Welche Gründe können angesichts dieser Bedingungen für Hochhäuser, die solche Blicke verstellen, sprechen? Die Argumentation für Hochhäuser setzt darauf, Akzente in dieser gleichförmigen Masse zu setzen.
Schon Ernst Otto Osswald, nach dessen Entwurf 1928 der damals weltberühmte Tagblattturm mit einer Höhe von 61 Metern gebaut wurde, sah die stadtgestalterische Bedeutung seines Hochhauses auch in der Antwort auf ein „Häusermeer, dem jede wirkungsvolle Gestaltung beinahe vollständig abhanden gekommen ist."[2]

Abb. 1: Die Lage im Kessel: Hochhäuser sollten den Blick auf die Kesselwände nicht beeinträchtigen, Kirchtürme nicht überragen, den Luftraum über dem Häusermeer gliedern.

Acht Jahre zuvor hatten die Architekten Richard Döcker und Hugo Keuerleber ca. 15 Hochhäuser mit bis zu 60 Meter Höhe im Talkessel und auf einigen eingelagerten Kuppen vorgeschlagen. Richard Herre, der den Entwurf befürwortete, unterstellte poetisch, „daß man die heute bestehende Talstadt wie die Flut eines Sees ansieht, die wohl an den Hängen hinaufleckte, aber durch starre Wellenkämme nicht gestört werden darf, wie einige Zweifler meinen."[3]

2 Osswald, zitiert in Schulze 1928, S. 855
3 Herre 1921, S. 376

Abb. 2: Der Tagblattturm von Ernst Otto Osswald (1928), eine Orientierung in der Innenstadt, setzt Maßstäbe in Höhe, Proportion und für die Stadtgestaltung.

Allgemein anerkannt war die Forderung, dass Hochhäuser etwas für das Stadtbild leisten sollten.[4] An den Hauptstraßen der Stadt sollten „wirkungsvolle Abschlüsse" entstehen, die „Richtungs- und Orientierungspunkte bilden".[5] „Der zunehmenden Charakterlosigkeit des Stadtbildes glaubten die Verfasser durch das Herausheben von Baumassen aus dem Dächermeer des Stadtzentrums zu begegnen."[6]
Noch konkreter wurde Adolf Behne, der „das wundervolle in Deutschland einzige Stadtbild Stuttgarts in der Gefahr (sieht), an seinen Hängen gestaltlos zu zerfließen". „Was etwa bei einem (...) von keinem Punkt aus mehr überschaubaren Stadtbilde wie dem Berlins wirkungslos bleiben müßte, das kann hier in Stuttgart tatsächlich eine bestimmende Macht der Rhythmisierung (...) werden (...) nämlich die Einstellung einiger prägnant geformter, mit städtebaulichem Feingefühl eingeordneter Hochhäuser, die gerade hier unter den einzigen Bedingungen der Situation eine energische Gliederung des ganzen Luftraumes erzwingen könnten (...)."[7] Ein siebzig Jahre später erstelltes Hochhaus-Gutachten wird Stand und Kriterien dieser Argumentation nicht wesentlich überschreiten.

4 Ebd., S. 376
5 Ebd., S. 376
6 Ebd., S. 376
7 Behne, S. 377

Neben dem stadtgestalterischen klang ebenbürtig bereits das semantische Kriterium an, wenn Konrad Schulze zum Tagblattturm schrieb: „Es ist nicht das erste Mal, daß sich ein bedeutendes Presseunternehmen – als Sinnbild seiner Stärke – ein Gebäude errichtet, dessen repräsentativer Charakter zugleich ein Wahrzeichen des gesamten Stadtbildes werden soll".[8] Gleichzeitig setzte man sich schon 1921 von amerikanischen Vorläufern und Vorbildern, von deren „rein kapitalistisch-spekulativer Form", ab.[9] Zum festen Bestandteil lokaler Positionen wurde auch die Höhenbegrenzung. Die Hochhäuser Döckers und Keuerlebers übernahmen „mit Recht die ungefähre Höhe der Stiftskirche; ihre gute Wirkung für den Blick von den Höhen aus ist damit garantiert."[10] Doch diese Hochhauspläne wurden nicht realisiert.

Der Rückblick in die zwanziger Jahre zeigt, dass fast alle Aspekte, die nach 1945 Stuttgarter Hochhausentscheidungen beeinflussten, Stadtgestalt, Stadtcharakter, Orientierungshilfe, Akzentuierung, großräumliche Ordnung, der Blick vom Talgrund zum Rand und vice versa und die Rolle als Bedeutungsträger, bereits damals vorhanden waren und dann traditionsbildend als Diskursbestandteile erhalten blieben.[11]

Sie gingen nahtlos in die Debatte ein, die im Juni 1948 Herold, Siegler und Zeininger auslösten. Die drei, ein Unternehmer, ein Architekt und ein Vermessungsingenieur, zunächst in einer Hochhaus-Studiengesellschaft zusammengeschlossen, kurz darauf Gründer einer Hochhaus-Betriebs-Gesellschaft, entwickelten den Plan, an der Rote Straße (heute: Theodor-Heuss-Straße) sieben Hochhäuser mit 12–16 Geschossen im Abstand von ca. 45 m zu bauen. Die Stadt sollte sich an einer späteren Hochhaus AG mit 20 % beteiligen und die Grunderwerbsteuer erlassen. Es wurde von einer Rendite von 4 % ausgegangen.[12]

In diesem Plan des Architekten Siegler wurde „der neue breite Verkehrsstrom durch eine weite rhythmisch gegliederte Stadtlandschaft geleitet, die zu beiden Seiten stets wechselnde Durchblicke in durchgrünte freie Räume bietet"[13], die Vision der „Ville Contemporaine" Le Corbusiers von 1922. In dem als Gegenposition entwickelten Plan von Generalbaudirektor Walther Hoss, dem Leiter der Zentrale für den Aufbau der Stadt Stuttgart, „schiebt sich die City, dicht überbaut, an die Rote Straße heran."[14] Hier standen sich zwei Konzepte gegenüber, das der „Europäischen Stadt" und das der Corbusier'schen Stadt.

Im Rathaus war man sich der Tragweite einer solchen Investition wohl bewusst: Wegen „des spekulativen Charakters des Rote Straße-Projektes (und) wirtschaftlicher Rückwirkungen auf die Innenstadt (ist es) ein gemeindepolitisches Problem ersten Ranges"; es sei ein „revolutionärer

8 Schulze 1928, S. 850
9 Herre 1921, S. 375 und Berg, 1921, S. 101
10 Herre 1921, S. 376
11 Allerdings war der klimatische Aspekt noch nicht erkannt und der verkehrliche nicht aktuell.
12 Vermerk für den Oberbürgermeister der Stadt Stuttgart vom 15. 06. 1949 und Rechnung der Hochhaus-Studiengesellschaft
13 Hochhaus-Betriebs-Gesellschaft (HBG) 1949, S. 1
14 Ebd., S. 1

Eingriff in das Gefüge der Innenstadt nicht nur städtebaulich, sondern in allererster Linie in wirtschaftlicher Hinsicht."[15]
Die Technische Abteilung war in ihrer Sitzung am 31.07.1948 mit dem Projekt zunächst einverstanden. Doch die Reaktion der Öffentlichkeit war überwiegend kritisch. Beklagt wurde nicht nur pauschal die „Verschandelung unseres Stadtbildes", sondern darüber hinaus wurde kritisiert, die Hochhäuser seien „nicht geformt aus der Eigenart der Stadt heraus, sie könnten ebenso in einer Riesenstadt irgendwo in der Welt stehen" und passen „nicht in die topographisch einzigartig gelegene Stadt", so der Regierungsbaumeister W. Schrag.[16] G. Laub erinnerte unter dem Schlagwort „Stuttgart empor – zum zweiten Mal als Streitobjekt?" an die Debatte von 1929 um Hochhäuser an der Königstraße.[17] Die Tallage „verpflichtet zur Maßhaltung wie in keiner anderen Stadt", und „die Wahrzeichen Stuttgarts, zu denen die Türme des Alten Schlosses und der Stiftskirche gerechnet werden müssen, (würden) entthront."[18]
Hier klangen am Beginn der Entwicklung die wichtigsten Kriterien späterer Entscheidungen an: die ökonomische Bedeutung, das „andere" städtebauliche Konzept, die Bedrohung der Identität, sowohl als Überfremdung durch eine internationalistisch-neutrale Formensprache als auch durch die Verletzung stadtgestalterischer Prämissen, die die Tallage vorgibt; hinzu kam der Rückbezug auf ähnliche Debatten in den zwanziger Jahren. Ebenso charakteristisch wie der Inhalt der Debatte war ihr Ausgang; das Hochhaus-Projekt wurde nicht realisiert.
Der Hoss'sche Plan setzte sich durch, akzentuiert durch zwei höhere Häuser, die jedoch, obschon rechtlich mit 10 Geschossen Hochhäuser, weder gegenüber der umgebenden Bebauung noch durch ihre Proportion als solche in Erscheinung traten. Sie wurden später gebaut.[19]

Sechziger bis achziger Jahre: moderater Druck und Einzelfallentscheidungen

Die ersten Hochhäuser, die nach dem Krieg infolge der zu Beginn der fünfziger Jahre rasant steigenden Bodenpreise entstanden, waren Wohnhochhäuser, 1953 die Hochhäuser am Stitzenberg, 1953 das Max-Kade-Heim von Wilhelm Tiedje, 1956 Romeo und Julia von Hans Scharoun, 1956 vier Punkthäuser an der Friedhofstraße/Mönchstraße von Conradi. Die Hochhausgruppe auf dem als niedrige Ausstülpung des Hanges etwas vorgeschobenen Stitzenberg war bereits umstritten, weil sie das Stadtbild beeinträchtige.[20] Allerdings war dort schon 1921 in den Plänen Döckers und Keuerlebers eine Hochhausgruppe vorgesehen.

15 Vermerk Glockner 1948, S. 1
16 Stuttgarter Nachrichten, 05.01.1949
17 Stuttgarter Nachrichten, 08.01.1949
18 Stuttgarter Nachrichten, 08.01.1949
19 Deutsche Bank 1960, Viktoria-Hochhaus für die First National City Bank 1967.
20 Stadtplanungsamt Stuttgart, Prüfauftrag 2b, 1995, S. 3

Ab 1960 entstanden die ersten Hochhäuser des tertiären Sektors: Mit der Errichtung der zwei Scheibenhochhäuser, Kollegiengebäude I und II der Universität Stuttgart von Rolf Gutbier, Kurt Siegel und Günther Wilhelm, 1956–1960 (Höhe 54 Meter), wies die Stadt einer überregionalen Bildungseinrichtung bewusst Bedeutung zu. Die beiden Gebäude lagen zwar nahe zur zentralen Achse Stuttgarts, fußläufig wenige Minuten, waren aber, in zerbombter Umgebung, angrenzend an einen Park, nicht explizit Gegenstand städtebaulichen Streits. „In der Enge der Großstadt müsse man auf die traditionelle Bauweise verzichten", so der Städtebauer Rolf Gutbier.[21] Während des Baus – 1959 – noch etwas verängstigt als „Hochhaus-Gigant" und „Hochbauriese"[22] apostrophiert, waren sie 1961 schon positiv konnotiert, als „Denkmal unserer Zeit" und „Türme der Wissenschaft". Sie wurden, so Gutbier, bewusst untergeordnet unter das „Primat der städtebaulichen Bezüge"[23]; damit war u.a die Referenz an die Höhe des nahen Bahnhofsturmes von 54 Meter gemeint, die nicht überschritten wurde.
Wenige Jahre später, 1963 geplant, 1966 eingeweiht, löste das Schwabenbräu-Hochhaus am Charlottenplatz (Höhe 41 Meter) wenn auch moderate Diskussionen aus. Es lag in unmittelbarer Nachbarschaft eines Teils der Altstadt bzw. dessen, was die Bomben gelassen hatten. Dieses angrenzende „Bohnenviertel" war kleinmaßstäblich gebaut, mit schmalen Straßen, die Häuser wiesen niedrige Standards auf; dort zu wohnen war billig. Das Viertel war bekannt für seine intakte Nachbarschaftlichkeit und seine vielfältige Infrastruktur, einschließlich eines reichhaltigen Angebots an Kneipen, die Publikum aus der ganzen Stadt anzogen. Die Bürger des Viertels sahen durch das Hochhaus die Maßstäblichkeit gesprengt, ihre Lebensart und -umgebung gestört. „Die bauliche Umgestaltung erfolgt in einem so schnellen Tempo, daß wir kaum noch mitkommen." „Nützlich und praktisch mag das neue Gebäude werden, von der alten Poesie ist nichts mehr geblieben ...".[24] Der Schriftsteller Hermann Lenz sah „dieses enorme Schwabenbräu-Hochhaus mit seiner amorphen Massigkeit (...) wie ein Zyklopenbauwerk (...), als ob es alles zudecken oder gar zerstampfen wolle (...), eine Zeit, die Hässliches auftürmt, das praktisch ist."[25] Mit seiner einen Schmalseite lag das Hochhaus an einem großen Verkehrsknoten, dem Charlottenplatz, der zweigeschossig mit Fußgänger-Unterführung und ausgedehnten unterirdischen Umsteigeanlagen des Öffentlichen Personennahverkehrs unterbaut war und von zwei vierspurigen Autostraßen gekreuzt wurde, so dass zum Platz hin der Maßstab angemessen, und in der Abfolge von Plätzen entlang einer Achse eine städtebauliche Dominante an dieser Stelle gerechtfertigt erschien.[26] Auch hatte der Investor, der Brauerei-Besitzer Robert Leicht, in den drei Geschossen unterhalb des Straßen-

21 Stuttgarter Zeitung, 25.04.1961
22 Stuttgarter Zeitung, 14.11.1959
23 Stuttgarter Zeitung, 25.04.1961
24 Deutsches Volksblatt, 09.04.1964
25 Ebd.
26 Stuttgarter Zeitung, 11.06.1966

niveaus drei Restaurants vorgesehen, darüber Wohnungen und dann erst Büros. Dies alles erleichterte letztlich die Akzeptanz. Die Mehrheit stand weder den enormen Verkehrsbauten noch dem Hochhaus, das Fortschritt und Modernität verkörperte, kritisch gegenüber.
Von Rolf Gutbrod geplant entstand 1964 das 50 Meter hohe Hahn-Hochhaus, teils durch den Bauherrn, den Autohändler Hahn genutzt, teils durch die nahe gelegene Universität. Hier waren nur fünf Geschosse vorgesehen. Mit Mühe erreichten die Antragsteller eine Ausnahmeerlaubnis für den 16 Geschosse hohen Bau.[27]
In den siebziger und achtziger Jahren gab es in Stuttgart keine nennenswerte Nachfrage nach Hochhäusern. Das Denkmalschutzjahr 1975 markierte eine restaurativ dominierte Einstellung zur Gestaltung der Innenstädte. Einige wenige Hochhäuser entstanden am Rande des Kessels. 1969/72 wurde das Geno-Haus (Höhe 52 Meter) gebaut, dessen Architekten Hans Kammerer und Walter Belz den Versuch unternahmen, einen vorgeschobenen Posten aus dem Hang heraus zu entwickeln. 1971/72 baute die Allianz (Höhe 50 Meter) am Fuß der Uhlandshöhe, 1974 der Süddeutsche Rundfunk (Höhe 50 Meter) am Ausgang des Talkessels Richtung Neckar. Ein 16-geschossiges Terrassenhochhaus für das Schwabenzentrum an der Hauptstätter Straße wurde abgelehnt. Von den Kollegiengebäuden der Universität 1956/60 angefangen, wahrten alle diese Bauten den sogenannten „Stuttgarter Maßstab". Auch hier standen die zwanziger Jahre Pate, und die Bauten aus dieser Zeit bestimmten diese Größenordnung. Der Tagblattturm von 1928 respektierte bereits die Höhen von Stiftskirche (56 Meter) und Bahnhofsturm (54 Meter), wollte gleichzeitig die Blickmöglichkeiten auf die Hänge nicht beschneiden, sollte aber „das umliegende Häusermeer klar und bestimmt überragen"[28] und trug damit seinerseits zur Bildung des „Stuttgarter Maßstabs" bei. Der Begriff erschien 1995 in den Untersuchungen des Stadtplanungsamtes über Hochhäuser in Stuttgart[29], ohne dass er bis dahin eindeutig festgelegt war. Er bedeutet Schlankheit und eine Höhe von durchschnittlich 50 Meter; das Maximum liegt bei etwa 60 Meter.
Die Hochhäuser der siebziger und achziger Jahre entstanden als Einzelentscheidungen, ohne Anlehnung an eine formulierte Politik. Die Entscheidungen orientierten sich jedoch an Kriterien, die sich in den zwanziger und vierziger Jahren herausgebildet hatten, insbesondere an der sensiblen Lage der Stadt im Kessel und den durch historische Bauten vorgegebenen Höhen.

Die Wende von 1989: Aufbruch aus der reaktiven Einzelfallentscheidung …

1989 flammte in Stuttgart die Hochhaus-Debatte auf. Das Hochhaus, „vor wenigen Jahren (…) noch ein Symbol für Fehlleistungen", gilt

27 Wörner, Lupfer 1991, S. 23
28 Schulze 1928, S. 850
29 Stadtplanungsamt, FNP 2005/1995, S. 4, 5

„wieder als akzeptabler Bautypus."[30] Die „Epoche des bewahrenden Umgangs mit der Stadt (sei) im Ausklingen." „In der Konkurrenz der Städte spielen nicht mehr nur herausgeputzte Stadtmitten und Museen von Weltstars eine Rolle, sondern Stadtkörper im größeren Zusammenhang."[31] So bereitete der Leiter des Städtebaulichen Instituts der Universität Stuttgart, Klaus Humpert, auf Anregung aus der Verwaltung, den Boden für eine Präsentation von Studentenentwürfen für Hochhäuser in Stuttgart und stimulierte so im April 1989 die öffentliche Diskussion. Hochhäuser sollten als gestalterisch einsetzbare Renommierobjekte der Stadt, nicht vorrangig einzelner privatwirtschaftlicher Akteure, Bedeutung gewinnen.

Im Hintergrund standen handfeste Anlässe. Über 50 % der Stuttgarter Markung waren zugebaut oder mit Beton versiegelt.[32] „Die verfügbare Fläche wird immer geringer. Die Sogkraft des Zentrums nimmt zu. Wenn Europa kommt, braucht Stuttgart Spielraum. Die Stadt muß einen eigenen Weg zwischen München und Frankfurt finden".[33]

Auf einer denkwürdigen Podiumsdiskussion vor einer Öffentlichkeit von über 600 Zuhörern am 27.06.1989 kamen die kontroversen Positionen zur Sprache. Regierungspräsident Manfred Bulling sprach von mehreren 200 Meter-Hochhäusern im Zentrum, um einen „Hauch von Zukunft und Modernität" spüren zu lassen, um „der Welt ein Signal ihres Zukunftswillens zu geben".[34] Baubürgermeister Bruckmann sah Spielraum für 60 bis 90 Meter Höhe, aber außerhalb der Innenstadt, „sonst drohe Gefahr, daß man die Stadt (...) zu Tode verdichte". Der SPD-Bundestagsabgeordnete Conradi konnte sich im Außenbereich max. 15 Geschosse vorstellen. Das Wiederaufflammen der Hochhausdebatte habe mehr mit Minderwertigkeitsgefühl und Großmannssucht zu tun. Er wies auf die sozialen Folgen, die Auswirkungen auf Verkehr und Mikroklima hin.

Vordergründig wurde das Hochhaus als eine Möglichkeit der Verdichtung in der Innenstadt proklamiert. Im Hintergrund spielten Motive der privaten und öffentlichen Repräsentanz eine Rolle, der Aufwertung des Images gegen den Ruf, eine verschlafene schwäbische Provinzstadt zu sein, der Städtekonkurrenz z.B. mit Frankfurt.

Auch der Städtebau-Ausschuss der Stadt Stuttgart bezog in seiner Sitzung am 13.06.1989 Stellung. Er empfahl nicht Standorte, sondern Kriterien, nach denen Standorte als Bauplätze für Hochhäuser in Betracht kommen könnten. Unabdingbar sei die Nähe zu Haltepunkten des öffentlichen Personen-Nahverkehrs und die Nachbarschaft größerer unbebauter Freiflächen. Bereiche mit historischer und kleinräumiger Bebauung sollten als Hochhausstandorte ausscheiden.

Da im Hinblick auf Bau- und Betriebskosten Hochhäuser weniger wirtschaftlich seien als Normalbauten, solle man nicht von unbegrenzter

---

30 Humpert 1989, Vorwort
31 Ebd.
32 Stuttgarter Nachrichten, 19.05.1989
33 Humpert, Stuttgarter Zeitung, 25.04.1989
34 Stuttgarter Nachrichten, 29.06.1989

Nachfrage ausgehen. Insgesamt empfahl er, dass die Innenstadt und ihre Hanglagen nur in wenigen Ausnahmen Standort sein könnten, um so eher jedoch die jenseits des Kesselrandes gelegenen Areale des Stadtgebietes. Er regte die Vergabe eines Gutachtens an.
Parallel zu dieser Debatte kamen innerstädtische Hochhausprojekte auf die lokalpolitische Agenda. Die Landesgirokasse präsentierte im Juni 1989 den Entwurf des Star-Architekten Günter Behnisch, die Landesentwicklungsgesellschaft im August 1989 einen Entwurf des US-Architekten Helmut Jahn für ein neues Regierungspräsidium, beide im Talkessel plaziert und nahe der Innenstadt. Sie lagen mit 85 und 145 Metern deutlich über der bis dahin unangetasteten stillen Stuttgarter Konvention von ca. 60 Metern. In ersterem Fall stand ein privater Investor, die Landesgirokasse, Pate, den anderen Fall betrieb die Landesentwicklungsgesellschaft für das Regierungspräsidium als eine öffentliche Einrichtung.

Abb. 3: Der Stuttgarter Maßstab – eine Konvention seit den zwanziger Jahren. Als Helmut Jahns Projekt ihn zu sprengen drohte, begann eine bewußte Hochhauspolitik.

Beide Entwürfe wurden nicht realisiert. Behnischs Entwurf wäre genehmigt worden, so Vertreter der Stadt, wohl wegen der umwerfenden Kraft als Zeichen und in der Ahnung, einem Entwurf hohen künstlerischen Ranges eine Chance geben zu müssen. Er blieb jedoch in der Wirtschaftlichkeitsprüfung der Landesgirokasse hängen. Sie realisierte später einen niedrigeren Entwurf von Behnisch an anderer Stelle. Jahns Entwurf wurde abgelehnt, weil ihn eine Gruppe von Politikern, Beamten und Sachverständigen angesichts eines Modells und von Fotomontagen als maßstabsprengend empfand und weil Klimauntersuchungen und Windkanal-Prüfungen Nachteile zutage förderten, die in Stuttgart schwer wogen.
Außerhalb der Innenstadt wurden in dieser Zeit einige Hochhäuser gebaut, 1991 der Bülowturm (60 Meter) an einer nördlichen Einfallstraße, 1989 das Häussler Bürozentrum (64 Meter) in Möhringen, 1991 das Hochhaus Industriestraße (79 Meter) in Vaihingen. 1990 endete ein Wettbewerb am Pragsattel mit dem Vorschlag für eine Gruppe von Hochhäusern von 85 Meter Höhe; ein anderer Preisträger hatte 110 Meter hohe Torhausscheiben vorgesehen. Dieses Areal, das außerhalb des Kessels, aber nahe dem Zentrum liegt, war von der Stadt für Hochhäuser vorgesehen, mit der expliziten Absicht, Hochhausinteressenten einen Ersatzstandort anzubieten. Hier zeigte sich bereits die Position der Stadt, in der Innenstadt mit Hochhausanträgen restriktiv zu verfahren, in dezentralen Lagen jenseits des Kesselrandes jedoch offen zu sein.
Ablehnung oder Genehmigung im Einzelfall verdeckte nicht die Entscheidungsunsicherheit. Eine Politik, die diesen Namen nicht verdient, weil sie projekt- und grundstücksbezogen reaktiv von der Hand in den Mund

lebt, war für keinen Akteur befriedigend. In dieser Situation stellte die SPD-Gemeinderatsfraktion am 27.03.1990 den Antrag, einen „Bauhöhenbegrenzungsplan" zu erarbeiten, bereits mit Hinweis auf „Bereiche unterschiedlicher Schutzwürdigkeit": der Kessel mit „im Regelfall" 5–7 Geschossen, „Bereiche, in denen im Einzelfall eine Neuprofilierung möglich ist, und (...) Bereiche, in denen eine Neuprofilierung im Interesse der Stadtgestaltung und Stadtentwicklung wünschenswert ist."[35]
„Um Frustrationen weiterer Bauherren zu vermeiden, die Stuttgart und sich selbst zu einem weltläufigen Image verhelfen wollen, sollten Gemeinderat und Verwaltung sich aufgrund eines zu vergebenden Gutachtens auf Bereiche verständigen, in denen derartige Entwicklungen von Flächenbedarf notwendig sind und von der Stadtgestaltung her unschädlich oder sogar erwünscht sind."[36] Am 05.02.1991 beschloss der Gemeinderat die Vergabe eines Gutachtens, das Ferdinand Stracke von der Technischen Universität München 1992 vorlegte.
Dieser Vorgang, ausgelöst von der Debatte um Verdichtung und Stadtimage und schließlich konkret von dem Antrag für das Jahn-Hochhaus, das die Schmerzgrenze Stuttgarts attackierte, markierte den Beginn einer bewußten, begründeten, transparenten Hochhauspolitik in Stuttgart, die im wesentlichen den SPD-Antrag umsetzt.
Strackes Gutachten stellte den stadtgestalterischen, stadtbaukünstlerischen Aspekt in den Vordergrund. Stuttgart beziehe – so der bereits traditionelle Ausgangspunkt der Argumentationslinie – Identität aus der im Talkessel lagernden Masse der City. Dies „sollte eher gesichert als verändert werden". Insofern sei „Stuttgart nicht darauf angewiesen, etwa in Konkurrenz zu anderen europäischen Großstädten, sein Image durch übersteigerte bauliche Gesten zu verändern."[37] Daher seien „in der Kernstadt (Talkessel) maßstabsprengende Überformungen durch Hochhäuser, die die heute gegebenen Hochpunkte übersteigen, unbedingt auszuschließen."[38]
Im Rahmen seiner stadtgestalterischen Argumentation räumte Stracke Hochhäusern ganz im Sinne der zwanziger Jahre die Funktion ein, „durch gezielte Ergänzung (...) dort, wo wichtige Bezüge im Laufe einer alles nivellierenden Bautätigkeit verschüttet wurden, räumliche Ordnung zu schaffen."[39] Dazu gehörten die Fixierung von Stadteinfahrten, Identitätsstiftung für die „Nicht-Orte" der großen Verkehrsknotenpunkte, Besetzung von Verkehrsschnittstellen, Ausdruck von Nutzungsunterschieden (Wohnen, Büro), Verdeutlichung topographischer Besonderheiten, Zeichensetzung, Schaffung räumlicher Bezüge als zweite, das Stadtbild überlagernde Schicht im großräumigen Wahrnehmungsbereich. Stracke bevorzugte Gruppen oder Reihen von Hochhäusern, um den überhöhten Solitär als fragwürdigen Symbolträger, der sich in den Augen der Öffentlichkeit nicht legitimieren kann, zu vermeiden.[40]

35 SPD-Gemeinderatsfraktion, Antrag Nr. 292/1990
36 Ebd.
37 Stracke 1992, S. 57
38 Ebd., S. 57
39 Ebd., S. 42
40 Ebd., S. 7

Für Stuttgart empfahl er in der Innenstadt „eine zeichenhafte Verbindung zwischen City und dem Neckarraum" durch eine „Nutzungs-Schwerlinie" mit Hochhäusern, „gewissermaßen als dreidimensionales Pendant zu dem ‚Korridor'."[41] Die Linie beschrieb den Hangfuß des Killesberges, begann mit bereits vorhandenen Hochpunkten und setzte sich über den Bahnhof entlang der Parkkante Richtung Neckar fort. Gemäß einer Luftbildmontage[42] könnten auf dieser Linie ca. 20 neue Hochhäuser als „Türme", nicht „Scheiben", entstehen, zwischen 75 und 90 Meter hoch. Eine weitere „Hochhaus-Schwerlinie" schlug er entlang des Neckars vor; sie wäre allerdings im Talkessel nicht mehr wahrnehmbar. Es sollten Gestaltungsmaximen gelten, „mit dem Ziel, einen ‚Stuttgarter Hochhaustypus' zu formulieren, der Integration statt Gestaltegoismus sucht."[43] So schien bei Stracke auch bei der Gestaltung ein übergeordnetes öffentliches Interesse durch.
Allerdings war die gestaltungslastige Einseitigkeit seines Gutachtens u.a. Anlaß kritischer Stellungnahmen, die in ihrer Gesamtheit ein gutes Bild der Stuttgarter Debatte zur Hochhauspolitik der neunziger Jahre vermitteln. Gewichtig war insbesondere die Kritik des Amtes für Umweltschutz. Die Massierung von Hochhäusern verlangsame die Windgeschwindigkeit und verdränge bodennahe Windströmungen in größere Höhen und könne damit für den Stuttgarter Kessel wichtige Entlüftungsvorgänge stören, die über Kaltluftschneisen und lokale Windsysteme laufen. Daher seien „Hochhäuser an den Hauptbelüftungsachsen der Stadt (Nesenbachtal, Neckartal) in besonderem Maße abzulehnen."[44] Auch die von Stracke errichteten „Schwerlinien", an denen Hochhäuser anzuordnen seien, berücksichtigten die Kaltluftschneisen zu wenig. Hinzu kämen Zugigkeit in den benachbarten Fußgängerbereichen, Windgeräusche, Störung von Schadstoffausbreitung, Verschattung, Spiegelung. Hochhäuser seien zudem Energieverschwender. Sie wirkten wie Kühlrippen. Ihr Verhältnis von Außenfläche zu Volumen sei ungünstig. In großen Höhen verzehre schneller Wind mehr Heizenergie.[45]
Die Verkehrsverbände stützten die Nähe zu Knoten des Öffentlichen Nahverkehrs. Der Landesnaturschutzverband Baden-Württemberg lehnte Hochhäuser mit dem Argument ab, sie würden die Pendlerströme erhöhen, zumal der mittlere Arbeitsweg Stuttgarter Pendler mit 47,7 Kilometer ohnehin im Bundesdurchschnitt an der Spitze stünde.[46] Der Verschönerungsverein der Stadt Stuttgart wollte Blickverbindungen gewahrt wissen und die Höhe der bereits vorhandenen Hochpunkte nicht überschritten sehen. Ähnlich votierte die Architektenkammer Baden-Württemberg. In der Innenstadt sollten hohe Dichten ohne Hochhäuser erreicht werden. Übersteigerte bauliche Gesten hält sie in Stuttgart für unangemessen. Auch die Stracke'schen Hochhausketten seien gestalterisch bedenklich.

41 Ebd., S. 59
42 Ebd., S. 1
43 Ebd., S. 59
44 Amt für Umweltschutz 1995, S. 11
45 ebd., S. 9
46 Stadtplanungsamt 1995, S. 14

... zur aktiven Hochhauspolitik: restriktiv im Kessel, offen jenseits des Randes

Unter Würdigung dieser Erörterungen schlug das Stadtplanungsamt als Grundlage für den Flächennutzungsplan 2005 ein Gesamtkonzept für Hochhaus-Standorte in Stuttgart vor. Es stellte eine Leitlinie für die Bauhöhenentwicklung im Stadtgebiet dar. Gesichtspunkte waren neben „der besonderen topographischen Lage Stuttgarts sowie dem historischen Baubestand" die als problematisch gesehene Eignung des Hochhauses als Verdichtungstyp, seine Wirtschaftlichkeit, spezielle Standortbedingungen wie Verkehr und Freiräume sowie klimatische Auswirkungen. Auch auf den historisch gewachsenen „Stuttgarter Maßstab" wird Bezug genommen.[47] Der Vorschlag sieht drei Standortzonen vor:

1 Die innerstädtische „Tabufläche", in der eine Neuprofilierung des Stadtbildes „ausgeschlossen" wird. Dazu gehören wegen der „einzigartigen topographischen Situation der Talkessel und Teile des Neckartals", „alte Stadtbereiche mit historisch gewachsener, kleinteiliger Baustruktur", solche „ohne ausreichenden ÖV-Anschluß" und diejenigen, „die eine wesentliche Funktion für das Stadtklima haben";[48]
2 „Untersuchungsbereiche", in denen eine Neuprofilierung „für möglich" angesehen wird, im Einzelfall abhängig von Stadtklima, ÖV-Anschluß, von Stadtbild und Umfeld;
3 denkbare Hochhaus-Standorte, in denen eine Neuprofilierung der Stadtsilhouette „für wünschenswert" angesehen wird, weil die Stadtstruktur wenig gegliedert ist, Ergänzungen sinnvoll sind und allgemeine Standort-Kriterien erfüllt sind.

Im endgültigen Flächennutzungsplan FNP 2010, für den am 18.07.96 der Aufstellungsbeschluss und im Juli 1999 der Feststellungsbeschluss gefasst wurde, werden Zone 2 und 3 zusammengefasst, weil es bedingungslos „wünschenswerte" Standorte nicht gibt, und die Einzelfallprüfung hinsichtlich Umwelt- und Sozialverträglichkeit sowie städtebaulich und klimatologisch erforderlich ist.[49] Damit verschärfte die Stadt nochmals den Filter, insbesondere den stadtklimatischen, den sie bei der Genehmigung von Hochhäusern anzulegen gedenkt.
Für einige Gebiete, z.B. Stuttgart 21, gab es gesonderte Aussagen im Prüfbericht des Stadtplanungsamtes. Wegen seiner innenstädtischen Lage und der intensiven projektbegleitenden, auch öffentlichen Diskussion, in die auch die jüngste Hochhaus-Debatte von 1996–99 eingelagert war, spielte das Gebiet eine besondere Rolle.
Stuttgart 21 bezeichnet ein Projekt der inneren Stadterweiterung auf den freiwerdenden Gleisflächen der Deutschen Bahn, die den Kopfbahnhof zugunsten eines tiefgelegten Durchgangsbahnhofs mit Tunnelzu- und -abfahrt aufgeben will. Das Interesse der Stadt an einer Innenentwick-

47 Ebd., S. 14
48 Ebd., S. 17
49 Landeshauptstadt Stuttgart 1999, S. 23

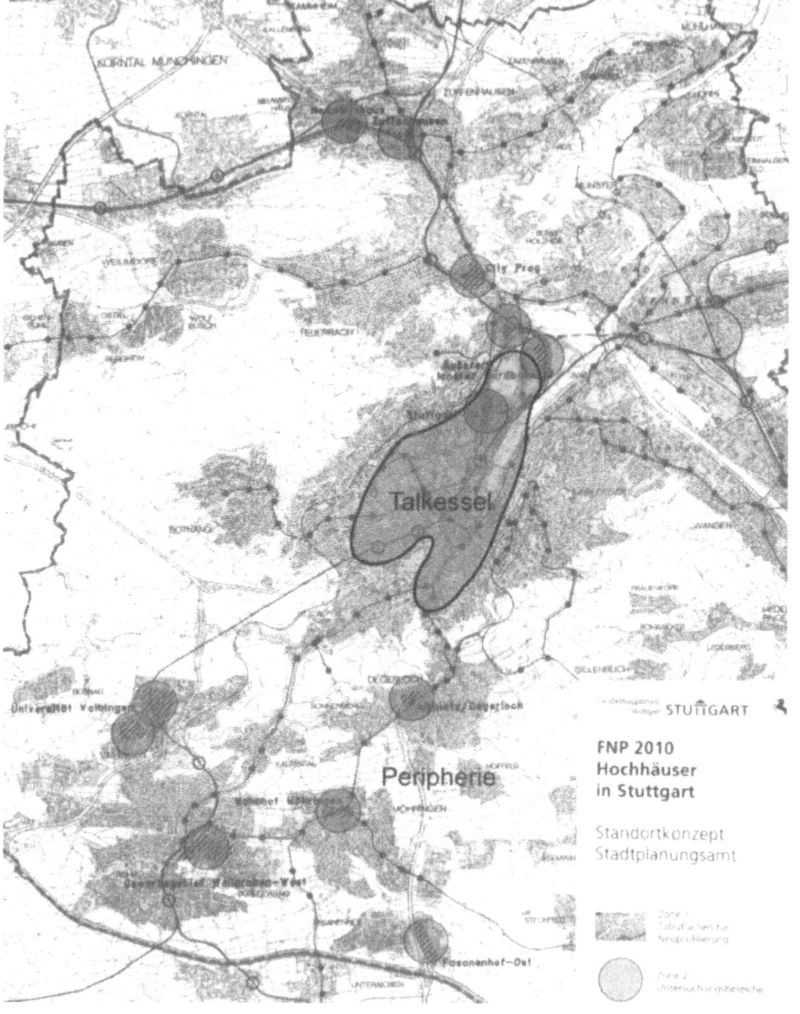

Abb. 4: Erstmalig enthält der Flächennutzungsplan ein Konzept für Hochhäuser: Sie sind tabu im Talkessel, möglich jedoch in den peripheren Lagen jenseits des Randes an ausgewählten Orten.

lung mit hohen Dichten, an Nutzungsmischung (11.000 Einwohner, 24.000 Arbeitsplätze) und an einer Aufwertung ÖPNV-günstig gelegener Standorte traf sich – und das war eine Besonderheit des Projektes – mit dem Interesse der Deutschen Bahn AG als privatem Eigner, die Tunnelbauten durch den Verkauf der oberirdischen Gleisflächen zu finanzieren. Dieses Interesse signalisierte auch die Konfliktzone: Die Stadt wollte Urbanität durch Dichte und Mischung, die Deutsche Bahn AG bevorzugte renditeträchtige Nutzungen, die Investoren locken und teuer verkäuflich sind.

Bei der Vermarktung durch die DB-Immobilien spielte die Möglichkeit, Hochhaus-Standorte anzubieten, eine Rolle, da sie die Gewinnchancen erhöhte. Die Stadt ihrerseits schränkte Zahl und Größe der Orte ein, an denen sie Hochhäuser aus stadtgestalterischen und stadtklimatischen

Gründen für sinnvoll hielt bzw. ablehnte. Sie sah drei Flächen als Zone 2 (Untersuchungsbereiche) vor, in denen Hochhäuser möglich wären: entlang der Heilbronner Straße als Landmarken, in Ergänzung einer bestehenden Gruppe von Wohnhochhäusern an der Mönchstraße und im Bereich einer S-Bahn-Haltestelle.
Sie lehnte Standorte in der Talachse und im Rosensteinpark ab, wie sie von Teilnehmern eines Gutachterverfahrens im Rahmen der Machbarkeitsstudie für Stuttgart 21 vorgeschlagen wurden.
Die Planung von 1999 für das Teilgebiet A1, eine unabhängig von der Gleisverlegung sofort bebaubare Fläche des Stuttgart 21-Areals direkt neben dem Hauptbahnhof, sah an der Heilbronner Straße drei Hochhäuser vor. Interessant waren hier zwei Details: zum einen die Sorgfalt,

Abb. 5: Auch in Zukunft wird es in Stuttgart Hochhäuser geben. Direkt hinter dem Hauptbahnhof beginnt das Gelände von Stuttgart 21, auf dem drei Hochhäuser vorgesehen sind. Der Stuttgarter Maßstab wird bleiben.

mit der in Stuttgart mit der Höhe der Häuser im Verhältnis zum Bestand und zu den Hangkanten umgegangen wurde. Die möglichen Höhen wurden mit Ballons markiert, durch Politiker, Verwaltung und Presse in Augenschein genommen, photographiert, ihre Wirkung von verschiedenen Standorten aus im Computer simuliert. Neben der Höhenbegrenzung auf max. 60 Meter spielte auch die schlanke Proportionierung, der Turmcharakter, eine Rolle. Schlankheit bedeutet wenig Nutzfläche pro Geschoss, d.h. geringe Rentabilität. Die Stadt ging von ca. 300 Quadratmeter pro Geschoss aus, die DB-Immobilien von 1100 Quadratmeter: Man traf sich bei 600 Quadratmeter. Der Beschluss fiel allerdings gegen den Einspruch der Klimatologen.
Zum zweiten ist der Fall der Südwestdeutschen Landesbank bemerkenswert. Unmittelbar südlich angrenzend an das Teilgebiet A1 mit den drei vorgesehenen Hochhausstandorten liegt die Südwestdeutsche Landesbank (SWLB), erbaut 1992. Das ausführende Büro hatte nach dem Gewinn des Wettbewerbes in 6-geschossiger Bauweise einen Hochhausentwurf nachgeschoben. Die Stadt lehnte ab. Die Bank ließ die Fundamente für

das Hochhaus dennoch betonieren. Zwei weitere Hochhausentwürfe, jetzt von dem Stararchitekten Ingenhoven, wurden eingereicht, beide Male abgelehnt. 1999 beschloss der Gemeinderat, grundsätzlich südlich des A1-Gebietes, d.h. in der gesamten inneren Kessellage, keine weiteren Hochhäuser zuzulassen.[50] Damit war das Hochhaus der Südwest LB trotz starken Drucks endgültig gescheitert.
Mit diesem Verhalten zeigte die Stadt eine kompromißlose und konsequente Linie, insbesondere wenn man bedenkt, daß die Standorte für das abgelehnte Hochhaus und der Standort für das erste der drei vorgesehenen Hochhäuser im Areal von Stuttgart 21 nur ca. 100 m auseinanderliegen.
Um so unverständlicher erschien die Genehmigung des Herold-Hochhauses am Wilhelmsplatz (1995, 50 Meter). Es war allenfalls stadtgestalterisch, keinesfalls jedoch klimatisch vertretbar. Pikant war, daß die Stadt Eigentümerin des Grundstücks war. Die Geschichte warf eher ein Licht auf die kommunale Finanzlage und aktuelle Mehrheitsverhältnisse als auf eine stadtplanerische Position. Die Stadt brauchte Geld für den Neubau des Jugendamtes, das sich in einem veralteten Altbau auf diesem Grundstück befand, sowie zur Finanzierung weiterer Projekte und wollte aus dem Verkauf des Grundstücks maximalen Gewinn erzielen. Ausschließlich dieses finanzielle Kalkül schraubte die Stockwerkszahl nach oben (um ca. 3 Millionen DM), so ein Vertreter des Stadtplanungsamtes. Der damalige Oberbürgermeister Rommel, flankiert von der Wirtschaftsförderung und mit dem Rückhalt der konservativen Mehrheit, setzte seine Befürwortung im Gemeinderat durch.
In den achtziger und neunziger Jahren wurden ca. zehn weitere Hochhäuser gebaut, alle in den peripheren Lagen jenseits des Kesselrandes. Wirksam für die Innenstadt war nur das Hochhaus der Stuttgarter Straßenbahnen AG von 1995 mit 40 Meter Höhe am Albplatz in Degerloch, das durch seine Lage unmittelbar auf dem Kesselrand als leichter Akzent in der Silhouette vom Zentrum aus sichtbar ist. Dies war bereits Vollzug einer Politik, die die Innenstadt von weiteren Hochhäusern freihalten will, sich für Standorte hinter dem Horizont des Kessels jedoch bewußt offenhält. Obgleich der Flächennutzungsplan mit den erstmalig enthaltenen Höhenbegrenzungen und der Tabuzone im Kessel erst im Juli 1999 verabschiedet wurde, stießen die vereinzelten Versuche von Hochhausinteressenten an Innenstadtlagen schon in dem Jahrzehnt davor auf diese relativ klare Position, selbst wenn politische Entscheidungen zu Hochhäusern immer knapp ausfielen. So entschied sich der Gemeinderat gegen das Hochhaus der Südwest LB mit nur knapp drei Stimmen Mehrheit.
Die Positionen der Akteure ordneten sich weniger nach privatem Investor und öffentlicher Hand, sondern die Trennlinien verliefen quer durch das politische Lager. Am Rotebühlplatz wollte der Investor Bülow 1997 einen Wettbewerbsentwurf mit Hochhaus realisieren. CDU und FDP waren dafür. Jürgen Haug (CDU): „Zeigen wir uns nicht als Investorenverhinderer." SPD und Grüne waren dagegen. Baubürgermeister

50 Beschluß des Ausschuss für Umwelt und Technik vom 16.06.1998 und Feststellungsbeschluß des Gemeinderates vom 01.07.1999

Hahn (SPD): „Der Weg aus der Provinz führt sicher nicht über die Frage, wie hoch die Häuser sind.“[51]
Insofern kann nicht behauptet werden, das Hochhausthema sei in Stuttgart endgültig vom Tisch. Es kommt immer wieder auf die Agenda, und die Mehrheiten können sich ändern. Dennoch hat sich, ausgelöst durch die Hochhaus-Projekte von 1989, seitdem eine Hochhauspolitik herausgeschält, die ihre Bedingungen klar darlegt. Sie ist in dem im Juli 1999 beschlossenen Flächennutzungsplan 2010 rechtlich fixiert. Sie erklärt den Innenstadt-Kessel zur Tabuzone und läßt Hochhäuser jenseits des Kesselrandes zu, wenn sie einer Überprüfung standhalten. In den Hochhausdiskursen der zwanziger Jahre und der Nachkriegszeit standen stadtgestalterische Erwägungen an vorderster Stelle: Maßstäblichkeit, Höhenbegrenzung, Orientierungsfunktion, Blickbeziehungen, Erlebnisdramaturgie, Akzentuierung von Topographie und Stadtgefüge. Die Debatte hat sich seitdem um den ökologischen Gesichtspunkt erweitert. Es gilt, die lufthygienische Qualität im Talkessel nicht nachhaltig zu verschlechtern. Sensibler Umgang mit Mikroklima, Kaltluftschneisen für die Entlüftung und die Entlastung bei Inversionslagen sind gefordert. Der ökologische Aspekt beschränkt sich allerdings auf das Klima. Der Energieverzehr und die Flächenversiegelung werden in Kauf genommen. Ersteres unterliegt dem Schaden-/Nutzenkalkül des Besitzers, letzteres geschieht auch bei anderen Verdichtungsformen.
Die Rolle der Hochhäuser als Träger positiver Imagewerte der Stadt wie Dynamik, Wirtschaftskraft und Zukunftsorientierung, 1989 vom Regierungspräsidenten Bulling noch vehement vertreten, wird deutlich anders gesehen. Zehn Jahre später formuliert der Baubürgermeister Matthias Hahn die entscheidende Prämisse Stuttgarter Hochhauspolitik: „Image läßt sich für die Innenstadt Stuttgart nicht durch Hochhäuser steigern, allenfalls verschlechtern. Ihre Identität zeigt sie als Kesselstadt mit dem ungestörten Blick auf die Hanglagen, mit einigen Turmbauten von stadtgestalterischem und historischem Gewicht, wie z.B. dem Tagblattturm und dem alles überragenden Fernsehturm. Diese Stadtlandschaft ist der höhere Wert.“[52]
Stuttgart scheint zudem nicht mit einem hohen Druck zur Kapitalplazierung konfrontiert zu sein, der sich insbesondere in Hochhausbauten realisieren will. Stuttgart ist als mittlere Metropole bislang offensichtlich kein Ort, an dem sich Verwaltungen ortsfremder Weltkonzerne oder Banken niederlassen wollen; gleichzeitig schränkt die aus guten Gründen eingeschlagene restriktive Hochhauspolitik der Stadt in der für prestigebedingte Symbolbauten attraktiven Citylage, auch die Fixierung auf den Stuttgarter Maßstab mit seinen schlanken 60 Metern, das potentielle Interesse ein.

51 Stuttgarter Nachrichten, 27.06.97
52 Hahn, Matthias (Baubürgermeister), Interview mit Autor, Stuttgart 06.12.1999

Ungedruckte Quellen

Stadtplanungsamt Stuttgart: Untersuchungen zum Flächennutzungsplan 2005, Prüfauftrag 2b: Hochhäuser in Stuttgart, 1995

Landeshauptstadt Stuttgart, Stadtplanungsamt (Hrsg.), Flächennutzungsplan 2010 Landeshauptstadt Stuttgart, Anlage 4 zur Gemeinderatsdrucksache Nr. 200/1999, Stuttgart, April 1999

Humpert, Klaus; Frowein, Jo: Hohe Häuser für Stuttgart, Studentische Konzepte zu einem aktuellen Thema. Städtebauliches Institut, Universität Stuttgart 1989

Stracke, Ferdinand; Neuberger, Roland; Hiller, Herrmann; Zurmöhle, Eckart: Standortuntersuchung „Archhäuser in Stuttgart", Institut für Städtebau und Raumplanung der Technischen Universität München, 1991/92

SPD-Gemeinderatsfraktion (Unterzeichner: Helga Ulmer, Matthias Hahn, Rainer Kußmaul): Antrag Nr. 292/1990, Betreff: Bauhöhenbegrenzungsplan/Höhenprofil für Stuttgart, 27.03.1990

Interview mit Matthias Hahn, Baubürgermeister der Stadt Stuttgart, durch den Autor, 06.12.1999

Amt für Umweltschutz GZ: 36-4.10: Hochhäuser in Stuttgart, Untersuchungen zum Flächennutzungsplan 2005 (Prüfauftrag 2b), Stellungnahme zu stadtklimatischen Gesichtspunkten, 08.05.1995

Hochhaus-Betriebs-Gesellschaft (HBG): Stellungnahme zu dem Plan der Zentrale für den Aufbau der Stadt Stuttgart (ZAS), Prof. Walther Hoss, 28.02.1949, Hauptaktei der Stadt Stuttgart Nr. 6116

Direktor Glockner: Vermerk für den Oberbürgermeister vom 12.08.1948, Hauptaktei der Stadt Stuttgart Nr. 6116

Periodika

Stuttgarter Zeitung vom 14.11.1959, 25.04.1961, 11.06.1966, 25.04.1989

Stuttgarter Nachrichten vom 05.01.1949, 08.01.1949, 19.05.1989, 27.06.1989, 27.06.1997

Deutsches Volksblatt vom 09.04.1964

Literatur

Herre, Richard: Hochhäuser für Stuttgart. In: Wasmuths Monatshefte für Baukunst, Berlin 1921/22, S. 375–390

Schulze, Konrad Werner: Das Tagblatt-Turmhaus in Stuttgart. In: Stein Holz Eisen 1928, Woche 48, S. 850–856

Berg, Max: Hochhäuser im Stadtbild. In: Wasmuther Monatshefte für Baukunst, Berlin 1921/22, S. 101–105

Wörner, Martin; Lupfer, Gilbert: Stuttgart ein Architekturführer, Berlin: Dietrich Reimer Verlag 1991

Markelin, Antero; Müller, Rainer: Stadtbaugeschichte Stuttgart, Stuttgart: Karl Krämer Verlag 1991

Behne, Adolf: Kommentar zu den Arbeiten von Döcker und Keuerleber, in: Wasmuths Monatshefte für Baukunst, Berlin 1921/22, S. 377

Stommer, Raisser (Text); Mayer-Gürr, Dieter (Foto): Hochhaus. Der Beginn in Deutschland, Marburg: Jonas Verlag 1990

Städtische Sparkasse und Städtische Girokasse Stuttgart (Hrsg.): 75 Jahre Stuttgart, Stuttgart 1959

Hochhäuser in Hamburg – (noch) kein Thema? Geschichte, Gegenwart und Zukunft eines ambivalenten Verhältnisses

Dirk Schubert

Hochhäuser spielen im stadtentwicklungspolitischen Diskurs in Hamburg (noch) keine Rolle. Für die Innenstadt[1] gilt das Primat, dass die Hauptkirchen die Stadtsilhouette prägen und nicht bzw. nur ausnahmsweise von Hochhäusern überragt werden sollen. Hamburg hat sich damit ein Stück Unverwechselbarkeit des Stadtbildes erhalten und versucht sich als „Grüne Metropole" zu profilieren: „Die städtebauliche, landschaftliche und architektonische Identität wird zunehmend zu einem hochrangigen Standortfaktor."[2] Die Leitorientierung für die Stadtsilhouette liest sich dabei wie folgt: „Hamburg ist keine Stadt der Hochhäuser geworden, vielmehr hat die moderate Höhenentwicklung im Zusammenhang mit dem Erhalten von „Nischen" für ungeplante und spontane Nutzungen entscheidenden Anteil daran, daß Hamburg oft als eine der schönsten Städte Europas bezeichnet wird. (...) Dieses einprägsame Identitätsmerkmal soll nicht durch massierte Hochhäuser verstellt werden. Dies gilt insbesondere auch für den nördlichen Hafenrand, ein weiteres Stadtbild-Charakteristikum. Hochhäuser sind in Hamburg nur ausgeprägt dezentral verträglich."[3]
Während in anderen deutschen Großstädten wie Frankfurt[4] Hochhäuser zum Alltag städtebaulicher Planungen gehören, sind sie in Hamburg immer noch ein heißes Eisen und wirken in der stadtentwicklungspolitischen Debatte stark polarisierend. Hier soll die Untersuchung vorwiegend auf Bürohochhäuser – in Hamburg „Kontorhäuser" –, ihre stadträumliche Bedeutung und stadtentwicklungspolitische Konsequenzen fokussiert werden.[5] Die Definition von Hochhäusern ist baurechtlich eindeutig (> 22 Meter), allerdings für den stadtentwicklungspolitischen Diskurs kaum hilfreich. In diesem Kontext ist häufig von profilüberra-

1 Das Areal innerhalb der Umwallung wird üblicherweise als Innenstadt oder auch Innere Stadt bezeichnet.
2 Freie und Hansestadt Hamburg, Stadtentwicklungsbehörde, Stadtentwicklungskonzept. Leitbild, Orientierungsrahmen und räumliche Schwerpunkte. Stand: Dezember 1996, S. 17.
3 Stadtentwicklungskonzept 1996, a.a.O., S. 43.
4 Vgl. Jonak 1991 und Niethammer/Wang (Hrsg.) 1998.
5 Eine Typologie von Hochhäusern und Hochhausgruppen unterscheidet: „Normale Hochhäuser", „Großwohnsiedlungen", „Wolkenkratzer" und „Großorganisationen". Vgl. Landeshauptstadt München 1995, S. 18. Bezüglich der Nutzungen können Wohn-, Geschäfts- und Bürohochhäuser unterschieden werden, bezogen auf die Gestaltung werden Stern-, Punkt- und Zeilen (Scheiben)Hochhäuser unterschieden.

genden Gebäuden die Rede, die als städtebauliche Dominanten gewertet werden. Als Vorteile von Hochhäusern werden üblicherweise geringer Flächenverbrauch durch Verdichtung, Schaffung bzw. Ermöglichung von Freiflächen sowie Optimierung von Ver- und Entsorgungssystemen angesehen. Eindeutig positive oder negative[6] Befunde für oder gegen Hochhäuser sind jedoch kaum vorhanden, vielmehr sind ökologische und soziale Folgen unzureichend erforscht. In der Literatur dominieren zudem die baukonstruktiven, architektur- und stilgeschichtlichen Fragen,[7] während es über städtebauliche und stadtentwicklungspolitische Anlässe des Baues von Hochhäusern, Implementierung und Evaluierung kaum Untersuchungen gibt.

(Büro-)Hochhäuser in Hamburg – Ein Rückblick

In Hamburg hatte sich schon vor dem Ersten Weltkrieg der Bautypus des Kontorhauses als eigenständige, spezialisierte Baugattung herausgebildet.[8] Dieser Typ sah flexibel aufteilbare Raumsysteme vor, die vertikal gestapelt werden konnten. Der sogenannte (inzwischen abgerissene) Dovenhof, 1885/86 vom Hamburger Architekten Martin Haller erbaut, bildete den Ausgangspunkt dieser Gattung. Er war als reines Büro- bzw. Geschäftshaus errichtet worden und löste die bis dahin gegebene bauliche Einheit von Speicher, Wohnen und Kontor im historischen Hamburger Kaufmannshaus ab. Die Kontorhäuser entsprachen den damaligen Raumbedürfnissen der Handelsgeschäfte, der Im- und Exportfirmen, der Makler und der Versicherungen und enthielten ausschließlich Mietkontore, Lager und Ladengeschäfte. Die Festlegungen im Grundriss wurden auf das Konstruktionssystem (Paternoster, Aufzüge, Treppenhäuser) und die Nasszellenbereiche beschränkt. Die Geschossebenen wurden dann von den späteren Mietern nach deren Bedürfnissen aufgeteilt.

Der Architekt Hermann Distel beschrieb 1926 die Kontorhäuser wie folgt: „Stockwerkshäuser mit äußerster Ausnutzungsfähigkeit in Grundfläche und Höhe, untereinander möglichst benachbahrt und nicht zu weit von der Börse gelegen. Innen freie Räume von Außenwand zu Außenwand. Eine Grundrissgestaltung, die jede gewünschte Unterteilung ohne Schwierigkeiten und Umstände herstellen lässt. Konzentration der Nebenräume auf einen Punkt. Vermeidung unnützer Gänge. Schnellste Verbindung in der Lotrechten. Überall gute Beleuchtung mit vielen, nicht zu breit dimensionierten Fenstern. Wohnungen soll das Kontorhaus im Gegensatz zum alten Hamburger Kaufmannshaus außer einer Hauswartswohnung nicht enthalten, nur vermietbare Geschäftsräume."[9] Bautechnologische und statische Probleme bewirkten, dass

6 Vgl. Herlyn 1970 und Weeber/Weeber 1995.
7 Vgl. Daniels 1993; D'Eramo 1996; Goldberger 1984; Huxtable 1986; Neumann 1995 und Schmidt 1991.
8 Vgl. Hipp/Meyer-Veden 1988.
9 Distel 1926, S. 485.

derartige Gebäude damals kaum höher als acht Geschosse gebaut werden konnten. In der Zeit nach dem Ersten Weltkrieg wurden unter dem Motto „Germanisierung des Wolkenkratzers“[10] dann ernsthafte Versuche unternommen, eine typisch deutsche Form des Hochhauses zu finden.
Neue Technologien und das Überschwappen der Hochhausdebatte aus Amerika beförderten auch in Hamburg in den zwanziger Jahren eine Diskussion um Hochhäuser. Es wurde ein „Ventil“ für die Cityerweiterung gesucht, und ein Plan der Architekten Hans und Oskar Gerson sah den Abriss des an die Innenstadt angrenzenden Karolinenviertels und eine Randbebauung mit 14-geschossigen Hochhäusern vor. Die Planverfasser hegten einen „Glauben an eine große Zukunft Hamburgs“ und befürchteten, dass „Großes versäumt werden kann“. „Weil Hamburg auch der Verbindungssteg zu Übersee ist, darum muss es mehr als jeder andere Platz darauf bedacht sein, Großes zu planen, wenn es seinen Teil an der Entwicklung haben will. (...) Viele, besonders amerikanische Beispiele zeigen uns, dass die großen Verkehrsnotwendigkeiten sich doch eines Tages – oft verspätet – dann mit ungeheuren Kosten durchsetzen.“[11]
Im Rahmen der Sanierung der Hamburger Südlichen Altstadt entstand südlich der Steinstraße in den zwanziger Jahren das „Kontorhausviertel“, ein Gebiet mit einer Konzentration von Bürogebäuden. Das 42 Meter hohe Chile(hoch)haus (Architekt: Fritz Höger) bildet mit dem Motiv der einprägsamen, Schiffen nachempfundenen Spitze das spektakulärste Kontorhaus in Hamburg.[12] Neben dem schon erwähnten Typus des Kontorhauses wurden zwischen Chilehaus und Hauptbahnhof ab 1924 Messehochhäuser geplant. 1925 wurde ein Wettbewerb ausgeschrieben, an dem sich viele prominente Architekten wie Hans Poelzig, Fritz Höger und Karl Bonatz beteiligten. „Neu ist (an der Bauaufgabe, der Verf.) nun nicht, dass hier ein Hochhaus inmitten einer Großstadt gebaut wird, sondern ungewöhnlich ist der gewaltige Umfang, den man diesem Hochhaus geben will, und der alles weit übertrifft, was an ähnlichen Bauten in Deutschland und auch im Auslande, sogar einschließlich Amerikas, gebaut worden ist, oder geplant wird.“[13] Der Investor des Messehausprojektes, der das Grundstück günstig von der Stadt erworben hatte, ging in Konkurs. 1927 erwarb die Stadt das Grundstück mit Verlusten zurück. Erst nach dem Zweiten Weltkrieg wurde das Areal 1956 mit vier 42 Meter hohen Hochhäusern (City-Hof), in denen neben Büros auch das Bezirksamt Hamburg-Mitte untergebracht ist, bebaut.
In den dreißiger Jahren lehnte Adolf Hitler Wolkenkratzer zunächst als „nicht mit dem deutschen Wesen vereinbar“ ab. In Hamburg sollte dennoch der einzige Wolkenkratzer in Deutschland entstehen, da Hamburg, nach Hitler, „etwas Amerikanisches“ habe.[14] Zwischen Innenstadt und Gauhochhaus sollte eine Front niedrigerer Hochhäuser entlang der Elbe („Häuser der privaten Wirtschaft“) aufgereiht werden, die bestimmten Ordnungskriterien („Afrikahaus“, „Asienhaus“ etc.) folgen sollten. Im

10 Vgl. Stommer 1982, vgl. auch Stommer 1990.
11 Goetz 1925, S. 122 und 132.
12 Vgl. Fischer 1999.
13 De Boer/Ranck 1925, S. 15.
14 Vgl. Schubert 1986, S. 16 ff.

neuen Gauhochhaus an der Elbe sollten alle Gliederungen der Partei untergebracht werden. Dieses Gebäude, so Hitler, „müsse in Form eines Wolkenkratzers gebaut werden, und zwar solle dieser Wolkenkratzer der einzige sein, den er in Deutschland gestatten würde".[15] Vorbild war das Empire State Building und Chrysler Building in New York sowie das Field Building in Chicago. Das Gebäude sollte ca. 250 Meter hoch sein, und in 40 Geschossen sollten 10.000 Menschen arbeiten. Die Hamburger Presse war begeistert von den Plänen, und in einem Beitrag im Hamburger Fremdenblatt hieß es: „Hamburg muss sich einen besonderen Baustil für seine großartigen Bauten am Hafen schaffen, der seiner Bedeutung als Deutschlands Welthafen entspricht, und kann dabei auch die großartige Wirkung amerikanischer Wolkenkratzer benutzen."[16] Hitler erklärte 1939: „Was heißt Amerika mit seinen Brücken? Wir können genau das gleiche. Deshalb lasse ich dort Wolkenkratzer hinstellen von der gleichen Gewalt der größten amerikanischen."[17]
Der Architekt Konstanty Gutschow, der den Wettbewerb für die Führerstadtplanung am Elbufer gewonnen hatte, war 1937 in den USA und hatte in New York, Chicago und Detroit Hochhäuser studiert. Er erklärte 1939: „Ich bin nach Amerika gefahren und dort in den Straßen zwischen Wolkenkratzern herumgelaufen. (...) (Damit bin ich) zu der inneren Überzeugung gekommen, dass für Hamburg kein bauliches Mittel geeigneter ist, letzte Manifestation des Geistes dieser Stadt, letzte städtebauliche Form zu sein als gerade ein Hochhaus. Und ebenso bin ich zu der Überzeugung gekommen, dass das vom Führer genannte Maß aus reiner Intuition heraus zu greifen und zu bestimmen vermag, ein Geheimnis, das uns nur mit scheuer Bewunderung erfüllen kann. (...) Mein Leben wird dieser Aufgabe gehören."[18] Lage und Architektur der Hochhäuser wurden in der Zeit des Nationalsozialismus konsequent von Staat und Partei bestimmt. Das Hamburger Gauhochhaus (und die mit der Führerstadtplanung integrierte Elbhochbrücke) bildeten dabei den spektakulärsten Amerikanismus in Deutschland in den dreißiger Jahren, von dem allerdings nichts realisiert wurde.

Ein Neuanfang: Die Grindelhochhäuser – „Manhattan in Hamburg"

Anhand der Grindelhochhäuser entzündeten sich für hamburgische Verhältnisse hitzige Kontroversen über das Für und Wider von Wohnhochhäusern, die noch Jahrzehnte nachwirken sollten. Seit Ende der vierziger Jahren wurde an dem „Manhattan in Hamburg" geplant. Am Grindelberg in Hamburg entstand eine der bedeutendsten bundesdeutschen Wohnhochhaussiedlungen: die Grindelhochhäuser. Zwölf parallel in Nord-Süd-Richtung angeordnete, sechs 10-geschossige und sechs 15-ge-

15 Krogmann 1976, S. 320.
16 Hamburger Fremdenblatt 10. 6. 1937.
17 zit. nach Dülffer/Thies/Henke 1978, S. 297.
18 Staatsarchiv Hamburg, Bestand Architekt Konstanty Gutschow 322-3, A 35.

schossige Hochhausscheiben, mit überwiegend Wohnungen, waren von dem Architektenteam nach Le Corbusier'schen Ideen vorgesehen. Das Vorhaben war zunächst als Büro- und Wohnstandort für die britische Besatzungsmacht („Hamburg project") geplant. Hamburg sollte auf unbestimmte Zeit das Hauptquartier der britischen Zone werden. Eine Architektengemeinschaft mit Rudolf Jäger, Hermann Zess, Albrecht Sander, Rudolf Lodders, Bernhard Hermkes, Fritz Trautwein und Ferdinand Streb zeichnete für die Planung verantwortlich. Axel Schildt hat in seiner Studie über die Grindelhochhäuser aufgedeckt, dass in England kurioserweise das Projekt als wenig beachtetes Werk von Le Corbusier „entdeckt" wurde („Corbusier designs flats for Hamburg").[19] Später wurde die englische Berichterstattung korrigiert, nun aber nur britische Überwachungsoffiziere als Urheber erwähnt.[20] Während der britischen Besatzungszeit von 1946–1947 wurde das Projekt zügig vorangetrieben. Baumaterialknappheit behinderte den Fortgang der Bauarbeiten allerdings erheblich. Als 1947 die britische und die amerikanische Zone zur Bizone zusammengelegt wurden und Frankfurt als Hauptquartier vorgesehen war, schien das Ende des Vorhabens gekommen.

Die Architekten suchten 1948 irreversible Fakten für den Weiterbau zu schaffen. Für viele Hamburger schien die von Briten übernommene Baustelle und die Stahlskelette als ein Danaergeschenk. „Für ihn (den Hamburger Bürger) sind zwölf große Betongruben, welche die Fundamente des Hamburger Projektes enthalten, der Begräbnisplatz des britischen Ansehens, und unsere großen Stahltürme werden als Denkmäler der Launenhaftigkeit des Eroberers bleiben, bis sie abgebaut werden."[21] Es wurde erwogen, die Gebäude nur fünfgeschossig fertigzustellen. Gutachten wurden vorgelegt, ob ein fünfgeschossiger Weiterbau nicht preisgünstiger als die Hochhausvariante wäre. Obwohl der Hochhausbau im Normalfall ca. 20 % teurer wäre, machten ihn die bereits vorhandenen Fundamente und die (bereits begonnene) Stahlkonstruktion billiger. Langwierige Konferenzen fanden statt, bis die Fundamente von zwölf Hochhäusern, 10.000 Tonnen Baustahl, Bauzaun und Baracken in den Besitz der Hansestadt übergehen konnten.

Fanatische Ablehnung und euphorische Begeisterung prallten 1949 in der bürgerschaftlichen Debatte aufeinander. „Als Gegner des Hochhausprojekts bekannte sich eindeutig die CDU; Senat, Baubehörde und Koalitionsparteien votierten unentschlossen und uneinheitlich, Architekten, SAGA und die Neubauabteilung bzw. das Baudezernat für Bauaufträge der Besatzungsmacht zeigten sich als Befürworter."[22] Kritisiert

19 „With an astonishing lack of publicity this and similar blocks designed by Le Corbusier have been built in Hamburg. The block includes flats for single people as well as for families, children's playrooms, roof gardens and covered shopping-arcade with restaurants for residents". Architects Journal, 27.3. 1952, S. 386.

20 Verwundert wurde in der deutschen „Baurundschau" gefragt, was denn „nun eigentlich die deutschen Architekten, die schon 1949 an diesem Projekt arbeiten, getan haben?". Baurundschau Jg. 42, 1952, S. 331.

21 zit. in: Hänsel/Scholz/Bürkle 1980, S. 126.

22 Schildt 1988, S. 74.

wurde vor allem, dass das Projekt nicht aus eigenem Antrieb entwickelt worden sei, sondern ein keinesfalls erfreuliches Geschenk der Engländer darstelle. Kritiker sahen im Hochhausbau allgemein die Gefahr der Vermassung und Proletarisierung und verknüpften das Hochhausprojekt aus der Nazizeit (Gauhochhaus), das aus reinem Sensationsbedürfnis hatte gebaut werden sollen, mit der Sensationsidee am Grindelberg. So machte der Architekt Paul Frank allein den Ehrgeiz einiger jüngerer Architekten für das Projekt verantwortlich. Er formulierte: „Die Militärregierung ist an diesen Hochhäusern völlig unschuldig und hat sie nicht gewollt. Daß Hochhäuser daraus geworden sind, war der Erfolg einiger jüngerer strebsamer Architekten, denen ich es an sich nicht verdenke, daß sie gern Hochhäuser bauen wollten." Paul Frank warnte weiter vor den Risiken. „Man kann Frauen und Kinder diese Fahrstühle selbstverständlich nicht allein benutzen lassen. Es muß unbedingt ständig ein besoldeter Fahrstuhlführer zur Beaufsichtigung und Bedienung dabei sein."[23]

Abb. 1: Grindelhochhäuser – „Manhattan in Hamburg" (1953)

Die Befürworter strichen heraus, dass die Hochhäuser am Grindelberg zum Symbol des Wiederaufbaus[24] geworden waren. Schließlich überwog eine insgesamt positive Wertschätzung des Projektes, das in den unteren Etagen der Hochhäuser Geschäfte und Behörden beherbergte. Von „unserer Grindelstadt", von „der neuen Stadt nach dem Kriege", von „einem aus dem Stadtbild nicht mehr fortzudenkendem Element" war die Rede, und auch die Bezeichnungen „Wolkenkratzer" und „Manhattan" waren anerkennend gemeint. Sie standen für ein „neues Lebensgefühl": „Bei diesem Anblick muß man etwas Amerikanisches trinken. Und dann soll es ein Manhattan sein, zweistöckig, bitte, und nicht so sparsam mit den Zutaten, damit das scharfe Zeug mich beflügelt und schwindelfrei hält bei diesem Anblick. (...) Und nun haben wir Manhattan sozusagen in Hamburg. Das kostet keine Flugkarte und auch keine Kinokarte, das kriegt man jetzt sozusagen gratis zu sehen in unserer

23 zit. nach Schildt, a.a.O., S. 87. Vgl. auch Hänsel/Scholz/Bürkle, 1980.
24 Die Grindelhäuser wurden vom Denkmalrat 1976 als denkmalwürdig eingestuft.

eigenen Hochhausstadt am Grindel."[25] Als „typische Hochhausbewohner" galten Berufstätige, Alleinerziehende oder kinderlose Ehepaare.
Die Architekten betonten den Vorbildcharakter des Wohnhausexperiments für Deutschland. Der beteiligte Architekt Rudolf Lodders resümierte: „Es war aber doch außerordentlich begrüßenswert, dass nun endlich in Deutschland dieser Gedanke (Hochhauslösung) verwirklicht wurde, der nun schon seit dem ersten Kriege in der Fachwelt erörtert wird. Die Vorzüge der Schaffung weiträumiger Gebäudeabstände zugunsten von Erholungsflächen und alle weiteren Theorien über die Vorzüge und Nachteile solcher Bebauung konnten endlich auch für den Wohnungsbau nunmehr praktisch erprobt werden und (die Grindelhochhäuser) haben zumindest den Vorwurf eines unverantwortlichen Experiments entkräftet."[26]

Hochhäuser in der Inneren Stadt

Im Bereich der Inneren Stadt sollten – so seit den fünfziger Jahren das Leitbild der Stadtgestaltung – die Stadtkirchen die Silhouette Hamburgs dominieren. Höhere Gebäude wurden nur ausnahmsweise zugelassen.
Am Beispiel der Planung und des Baus des Unilever-Hochhauses lassen sich die folgenden Konflikte um maßstabssprengende Hochhausbürokomplexe exemplarisch nachzeichnen. Die Margarine-Union (Unilever-Konzern) beabsichtigte in Hamburg ein Kontorhochhaus zu errichten. In einem Schreiben des Maklers M. Walburg an Bürgermeister Kurt Sieveking von 1957 heißt es: „Die M-U (Margarine-Union, der Verf.) benötigt insgesamt ca. 16.000 qm an Büroflächen für ihre 1.000 Angestellten und hat den begreiflichen Wunsch, ihre Zentralverwaltung für das Bundesgebiet in einem monumentalen Hochhaus unterzubringen. Dazu sind 20 bis 25 Geschosse mit je 800 qm für Räume und Flure erforderlich."[27] 1962 erklärte Bürgermeister Paul Nevermann vertraulich zum Unilever-Neubau: „Unilever ist für die Wirtschaftskraft Hamburgs von erheblicher Bedeutung. Seine Entwicklung hier und die weitere Entfaltung von Betriebsstätten in Hamburg sind im hamburgischen Interesse geboten und lassen eine angemessene Berücksichtigung der Wünsche von Unilever angebracht erscheinen."[28]
Das in Aussicht genommene Areal lag am Wallring, in der Nähe der Musikhalle und sollte schon seit Jahrzehnten saniert werden. Die Nationalsozialisten hatten die südlichen Teil des sogenannten Gängeviertels unmittelbar nach der Machtübernahme 1933 „saniert". Der Fortgang der Sanierung stockte dann jedoch, da andere Projekte wie die Elbuferplanungen den Machthabern damals wichtiger erschienen. So wies dieser Bereich des nördlichen Gängeviertels noch eine enge Überbauung

25 Zit. nach Hänsel/Scholz/Bürkle, a.a.O., S. 154.
26 Lodders/Siebert 1953, S. 183.
27 Staatsarchiv Hamburg, Bestand Baubehörde 321-3 I, I D 412.
28 Staatsarchiv Hamburg, Bestand Senatskanzlei 131-1 II Gesamtregistratur II 3212 Bd. 1

aus und eine abgeschlossene, durch Tore abgetrennte Straße (Ulricusstraße), wohin die Prostitution verbannt war. 1959 wurde in der Presse vermeldet: „In Kürze müssen auch die letzten Bewohnerinnen das Feld verlassen und die eisernen Tore, die sie von der Außenwelt trennten, verschwinden für immer."[29] Während in der Presse die Einschätzung überwog, dass es sich um eine erforderliche Sanierungsmaßnahme handeln würde, beklagte die Bild-Zeitung: „Alt-Hamburg stirbt am Valentinskamp".

Pläne, die Reste des Gängeviertels abzureißen, kamen also nicht überraschend. „Die treibende Kraft für das Sanierungsprogramm ist die Polizei. Dem Dezernat Sitte ist die Ulricusstraße, die mitten in dieser Fläche (des Bauprojektes von Unilever, der Verf.) liegt, ein Dorn im Auge. Der schlechte Ruf dieser Straße hat die gesamte Umgebung in Mitleidenschaft gezogen". Gesundheitssenator Schmedemann erklärte: „Wir lassen nicht zu, dass dieses Gewerbe ein Ausweichquartier bekommt. In Hamburg gibt es keinen neuen Platz für kasernierte Frauen!"[30] Der Käufer beabsichtigte nach Räumung das Gelände neu zu bebauen. „Er beabsichtigt, ein besonders repräsentatives Gebäude für seine Hauptverwaltung zu errichten, das für die hamburgische Wirtschaft von erheblicher Bedeutung wäre und den gesamten sanierungsbedürftigen Teil der westlichen Innenstadt neu gestalten und beleben würde. (...) Die Pläne sind alt, daher kommt der jetzige Entschluss der Behörde für viele Einwohner etwas plötzlich."[31]

Weiterhin war in der Presse im Januar 1959 zu lesen: „An einem noch geheimgehaltenen Tage X wird mit dem Abbruch der bis dahin geräumten Häuser begonnen. (...) Das gilt vor allem für die Bewohnerinnen der Ulricusstraße, die vermutlich erst ausziehen, wenn die Spitzhacken der Abbrucharbeiter an ihre Wände klopfen. (...) Im übrigen wird in der Ulricusstraße nur ein Anfang gemacht. In den Schubladen der Baubehörde liegen Pläne, bei deren Verwirklichung auch der Unsittlichkeit in anderen geschlossenen Straßen der Hansestadt ein Ende bereitet wird."[32]

Da die Stadt schon in den dreißiger Jahren einen Großteil der Gebäude und Grundstücke erworben hatte, befanden sich 1958 ca. 80 % im städtischen Besitz. „Das Ziel der Sanierung ist also, ein verkommenes, abbruchreifes Viertel in ein modernes umzugestalten (...)."[33] Die Planungsbetroffenen schlossen sich im ‚Bund der Planungsgeschädigten' zusammen. Der Bund forderte vor allem angemessene Entschädigungen. „Die Baubehörde Hamburg plant und Ihr sollt weichen! Die Planung liegt im allgemeinen Interesse, dafür soll nicht die Allgemeinheit, sondern Ihr zahlen. (...) Man mutet Euch im öffentlichen Interesse ein Sonderopfer zu, das nach dem Recht entschädigt werden muss."[34]

29 Staatsarchiv Hamburg, Bestand Finanzbehörde 321-3 I, 445-2409/30.
30 a.a.O.
31 Staatsarchiv Hamburg, Bestand Baubehörde 321-3 I, I D 412.
32 Staatsarchiv Hamburg, Bestand Finanzbehörde 311-3 I, 445-2409/30.
33 Staatsarchiv Hamburg, Bestand Baubehörde 321-3 I, I D 412.
34 Staatsarchiv Hamburg, Bestand Senatskanzlei 131-1 II Gesamtregistratur II 3212 Bd. 1.

120 Gewerbebetriebe und 600 Wohnungsmieter mussten umgesetzt werden. Die Stadt verkaufte ein Areal von 12.340 Quadratmeter zu einem „Anerkennungspreis" von DM 240,– pro Quadratmeter an Unilever mit der Auflage einer GFZ von 2,17. Als Unilever das Bauvolumen von 27.000 auf 32.000 Quadratmeter erweitern wollte, wurde weiterer Grunderwerb erforderlich. Die Margarine-Union (später Unilever) beabsichtigte schließlich statt der genehmigten 20 nun 22 Geschosse zu bauen und begründete dies mit ästhetischen Argumenten. In einer vertraulichen Drucksache wurde dazu ausgeführt: „Aufstockung und der Grundsatz zur Gleichbehandlung. Es ist keine leichte Aufgabe für die Bauordnungs-, Bodenordnungs- und Liegenschaftsdienststellen bei Fachbehörden und Bezirksverwaltung, den Bürger zur Beachtung von Geschoßflächenzahl und baupolizeilichen Vorschriften, z.B. Abstandsregeln, anzuhalten. Nur Festigkeit und gleichmäßige Behandlung aller Antragsteller kann auf die Dauer die Verwirklichung der gesetzlichen Normen gewährleisten. Hierbei ist nicht nur an ihre Durchsetzung etwa mit Hilfe von Polizei und Gerichten zu denken, es liegt vielmehr im Interesse von Regierung und Verwaltung, dass den vom Gesetzgeber erlassenen Bestimmungen freiwillig, aus eigener Einsicht des Bürgers, entsprochen wird. Der Staat darf sich daher nicht dem Verdacht aussetzen, von ihm selbst gesetzte Normen dann weniger Ernst zu nehmen, wenn es fiskalische oder die Rücksicht auf ein Großunternehmen zweckmäßig erscheinen lassen."[35] Mit diesem Verweis auf hanseatische Korrektheit wurde das Ansinnen der Unilever zunächst zurückgewiesen. 1964 wurde dann allerdings doch die Aufstockung um zwei weitere Geschosse vorgenommen.

Abb. 2: Unilever-Hochhaus 1966 – „Neue Dominante"

Im Frühjahr 1958 erfolgte die öffentliche Auslegung des Bebauungsplanes. Das Unilever-Hochhaus entstand 1959 nach einem Wettbewerb von der Architektengemeinschaft Hentrich und Petschnigg mit dreistrahligem Grundriss. Von einem Erschließungskern ausgehend sind Y-förmig die Großraumbüros angeordnet. In der Festschrift hieß es: „Dort entsteht ein stolzes Verwaltungsgebäude auf einem Gelände, wo früher der Mief Gemüt hatte und die Sünde in traulichen Fachwerkhäusern wohnte."[36]

Im Bürohausbau setzten sich in dieser Zeit in Deutschland die amerikanischen Vorbilder durch. Spezialisten für Bau- und Bürotechnik waren erforderlich, Vorhangfassade und Klimatisierung wurden zur Regel. Die vollklimatisierten Gebäude hatten einen doppelt so hohen Energiebedarf wie konventionell beheizte und belüftete Gebäude. Mit dem Organisationsmodell des Großraumbüros schien schließlich eine Lösung

35 a.a.O.
36 Unilever-Haus Hamburg, S. 9.

gefunden, die größtmögliche Flexibilität beinhaltete. Die Konzeptionspräferenzen der Unternehmen hingen dabei eng mit den Betriebsbedürfnissen und der Unternehmensphilosophie zusammen.
Mit den vereinzelten Hochhausprojekten im Bereich der Inneren Stadt stellte sich in Hamburg die Frage, wie zukünftig mit derartigen maßstabssprengenden Vorhaben umgegangen werden sollte. Mitte der sechziger Jahre arbeiteten in der Innenstadt ca. 200.000 Menschen, während noch 20.000 dort wohnten. Im Aufbauplan von 1950 war von einer Einwohnerzahl von 1,8 Millionen ausgegangen worden. Diese Grenze wurde 1958 überschritten. Der Aufbauplan von 1960 schließlich ging von einer maximalen Einwohnerzahl von 2,2 Millionen aus. Die Ausdehnung des tertiären Sektors war bis dahin meist im Bestand „aufgefangen" worden. Schleichend war der tertiäre Sektor inzwischen in die innenstadtnahen Wohngebiete wie Harvestehude eingesickert. Dieses Phänomen des Auswucherns war bekannt unter dem Begriff „Kommerzialisierung" und auch bereits empirisch untersucht worden. Elisabeth Pfeil definierte Kommerzialisierung „als Eindringen von Büros und Geschäftshäusern in ein Wohnviertel. Der Vorgang der Kommerzialisierung spiegelt sich statistisch wieder in einem Zurückgehen der Einwohnerzahlen und einer Zunahme der Beschäftigtenzahlen."[37]
Die Expansionskraft des tertiären Sektors war in Hamburg ungebrochen. Große Konzernverwaltungen konnten aber nicht in gründerzeitlichen Stadtvillen untergebracht werden. Es stellte sich also die Frage der Konzentration oder der Dispersion derartiger Verwaltungen.[38] In Hamburg entschied man sich für eine Konzentration und für den Bau einer gesonderten „Geschäftsstadt Hamburg-Nord".

City-Nord – „Schreibtisch im Grünen"

Die Idee einer Auslagerung von Konzernverwaltungen aus der City lässt sich in Hamburg bis in die zwanziger Jahre zurückverfolgen. Ca. sechs Kilometer vom Stadtzentrum entfernt, am Stadtpark, gab es ein ausreichend großes und verkehrsgünstig gelegenes Areal, das „nur" mit Behelfsheimen bebaut war und sich bereits im Besitz der Stadt befand. Das Gelände war für eine große Sportanlage freigehalten worden, die dann aber im Westen der Stadt in Bahrenfeld entstand. Die Nähe zum Flughafen Fuhlsbüttel und U- und S-Bahnlinien waren bereits vorhanden. Die Ausweisung erfolgte 1958/59 im Zusammenhang mit der Aufstellung des Aufbauplanes. Die Grundgedanken des Aufbauplanes, Durchgrünung und Auflockerung, sollten beibehalten werden. Die Grundkonzeption entstand nach einer Idee des damaligen Oberbaudirektors Werner Hebebrand.[39] Von einem Besuch in New York brachte Hebebrand

37 Pfeil und Mitarbeiter 1964, S. 259.
38 Ähnliche Überlegungen wurden auch in Frankfurt angestellt. Vgl. Schembs, in: Bartetzko (Hrsg.) 1994.
39 Neben Hebebrand waren vor allem die Mitarbeiter Gerhard Dreier, Christian Farenholtz und H. D. Luckhard von der Baubehörde für die Planung verantwortlich.

die Idee mit: „Es gilt demnach, nachdem die Innenstadt „voll“ ist, überlastet ist, ein Gelände zu finden, das sich für den Bau gleichsam einer „inneren Trabantenstadt“ eignet. (...) Keine andere europäische Stadt dürfte eine solche Möglichkeit haben, wie sie vergleichbar etwa in New York nach der restlichen Verbauung von Lower Manhattan durch das neue, in den letzten Jahren entstandene Geschäftsviertel am Zentralpark sich entwickelt hat.“[40] Hebebrand verwies auf das IG-Haus in Frankfurt, mit dem eine Dezentralisierung der Bürostandorte eingeleitet worden sei. „Keine andere Stadt kann ein solch attraktives Gelände – in ihrem Besitz befindlich – anbieten. Damit entfallen die „Wegzugsdrohungen“ („dann gehen wir eben nach Düsseldorf oder Frankfurt oder“) (...).“[41]
Das in Aussicht genommene Gelände umfasste ca. 120 Hektar und sollte Raum für 30 bis 40 Büro- und Geschäftshäuser und 35.000 Arbeitsplätze bieten. Auf der Fläche lebten damals etwa 4.300 Menschen in Behelfsbauten und Lauben mit einer Wohndichte von 35 Einwohner pro Hektar, das entsprach einer Geschossflächenzahl von unter 0,1. Die Verwirklichung des Projektes erforderte ca. 1.300 Ersatzwohnungen.
Viele der Konzerne hatten nur geringen Publikumsverkehr und waren nicht auf einen citynahen Standort angewiesen. So wurde die Idee einer „Geschäftsstadt im Grünen“ geboren, die die Innenstadt vom Tertiärisierungsdruck entlasten sollte. Die Neuschöpfung wurde zunächst als City-Nord bezeichnet, später als Geschäftsstadt Nord, da eine Konkurrenzsituation mit der bestehenden City heruntergespielt werden sollte. „Die Lage am Stadtpark ist vor allem für solche Unternehmen geeignet, die ihren Standort nicht unbedingt in der City, in der Nähe von Hafen und Börse haben müssen. Selbstverständlich soll am Stadtpark keine „zweite City“ entstehen. (...) Das neue Geschäftsgebiet am Stadtpark soll die zu eng gewordene Innenstadt, in der heute über 220.000 Menschen arbeiten, entlasten.“[42] Für die Verkehrsmittel und Straßenanbindungen wurde durch den erwarteten „Gegenstrom“ eine gleichmäßigere Auslastung erwartet. Visionär wurde erträumt: „Das neue Geschäftsgebiet liegt zwischen Innenstadt und Flughafen, etwa 2,5 Kilometer vom Flughafen Fuhlsbüttel entfernt. Die Lage zu den Einflugschneisen erlaubt Gebäudehöhen bis zu etwa 50 Metern. Ein Hubschrauber-Dienst könnte später das Geschäftsgebiet zusätzlich mit der City, dem Hafen und dem geplanten Groß-Flughafen Kaltenkirchen verbinden. In Steilshoop, 1,5 Kilometer östlich gelegen, steht eine größere Fläche für den Wohnungsbau zur Verfügung. Dieses Wohnviertel wird durch Verkehrsstraßen mit dem Geschäftsgebiet unmittelbar verbunden werden.“[43]
Ca. 792.000 Quadratmeter, davon 387.000 Quadratmeter Büroflächen und eine GFZ von 1,5 mit der Auflage ca. 35 % der Grundstücke für Grünanlagen herzurichten, waren vorgegeben, um die Vision der „Geschäftsstadt im Grünen“ umzusetzen. 1961 wurde der Durchführungsplan D 100 für das

40 Hebebrand 1969, S. 90.
41 a.a.O., S. 90.
42 Senat der Freien und Hansestadt Hamburg 1962, S. 11.
43 a.a.O., S. 14 .

Abb. 3: City-Nord (1974) „Schreibtisch im Grünen"

Gebiet verabschiedet, und auf einer Fläche von 117 Hektar sollten 30 bis 40 Verwaltungen mit 30.000 Beschäftigten untergebracht werden.[44] In den Verkaufsverträgen war festgelegt worden, dass jeder Bauherr für die Bebauung einen Architektenwettbewerb auszuschreiben hatte. Hebebrand hatte vorgeschlagen, die (im städtischen Besitz befindlichen) Grundstücke nicht zu verkaufen, sondern nur zu verpachten. Dies scheiterte am Widerstand der Finanzverwaltung sowie der Firmen.

In der Presse war 1967 zu lesen: „Ein kühner Plan und geniale Ausführung locken die Wirtschaft an neue Standorte. (...) Das große städtebauliche Experiment Hamburgs, der Wirtschaft zur Entlastung der alten City Raum für eine zweite Geschäftsstadt anzubieten, ist nach anfänglichen heißen Debatten und etlichen Schwierigkeiten schließlich besser gelungen, als selbst die Optimisten es erwartet hatten. (...) Hamburg hat zu einer Zeit der Dienstleistungsexplosion die City-Nord konzipiert und angefaßt – den Unternehmen damit Spielraum verschafft und tödliche Unterwanderungsprozesse in den citynahen Wohngebieten verhindert. (...) Hamburgs Schreibtisch steht im Grünen."[45] 1962 wurde der erste Architekturwettbewerb ausgelobt, den der dänische Architekt Arne Jacobson gewann.

1977 arbeiteten ca. 22.000 Beschäftigte in der City-Nord. Der Senat erklärte auf eine politische Anfrage hin: „Die mit der Planung der City Nord verfolgten Zielsetzungen sind erreicht worden. Das läßt allein schon die Tatsache erkennen, daß anderenfalls ein Neubauvolumen von etwa 580.000 qm Bruttogeschoßfläche in den für Bürobauten bevorzugten und geeigneten Stadtteilen mit unerwünschten Folgen für Struktur, Stadtbild und Grundstücksmarkt aufgetreten wäre oder die Unternehmen Hamburg verlassen hätten. Das auf dem Markt befindliche Büroraumangebot in der Innenstadt läßt eine Entlastungswirkung durch die City Nord und entsprechenden Einfluß auf die Mietpreisgestaltung gewerblicher Flächen erkennen. (...)".[46] Hervorgehoben wurde, dass es

44 Vgl. Hein 1991, S. 200 ff.
45 Die Welt, 1. 3. 1977.
46 Große Anfrage der SPD Betr. City Nord, Drucksache 8/2738, vom 14. 7. 1977.

Hamburg gelungen war, mit Hilfe dieses Projektes im inneren Stadtbereich Stadtstruktur und Stadtsilhouette zu erhalten.
In der City Nord wurden ausschließlich Bürogebäude für Selbstnutzer gebaut, für Unternehmensverwaltungen, die damals zusätzliche Büroflächen benötigten. Von den Nutzern wurden über 73.000 Quadratmeter Nutzflächen in der Innenstadt aufgegeben und über 150.000 Quadratmeter neue Nutzflächen in der City-Nord gebaut. Das Verwaltungsgebäude der Hamburgischen Elektrizitätswerke (44 Meter hoch), die Hauptverwaltung der ESSO AG (13 Geschosse), das Verwaltungsgebäude der Landesversicherungsanstalt, die Hauptverwaltung der Deutschen BP Aktiengesellschaft (sieben Geschosse) und die Hauptverwaltungen der Hamburg-Mannheimer Versicherungs-AG und der Deutschen Shell AG (elf Geschosse) bilden die architektonisch markantesten Gebäude.
Schon 1971 kritisierte Manfred Sack die Monofunktionalität: „Die „City-Nord“ ist eine Arbeitsstadt, ein einziger Schreibtisch, und sie wird von Menschen nur aufgesucht, weil sie dort arbeiten“. Die schöne Lage am Stadtpark, so Sack weiter, „hat in Wirklichkeit nur eine Funktion für die „City-Nord“: man kann damit bluffen; er ist hilfreich bei der Umschreibung der Lage (das hört sich gut an Stadtpark-Nähe) und dient dem Plazierungs-Image bei Firmen (...).“[47] Bürostadt-Mitplaner Gerhard Dreier betonte dagegen: „Der Wunsch der Verwaltungen nach schöner Lage, schönem Ausblick, nach Erholungsmöglichkeiten für die Beschäftigten sowie nach Repräsentation wird durch den Stadtpark und die zentrale Grünfläche erfüllt.“[48] Sack kritisierte weiter die geringe Dichte: „Die niedrige Geschossflächenzahl von 1,5 verhindert zudem von vornherein Atmosphäre und die Chance der Dichte.“[49] Mitplaner Christian Farenholtz erklärte demgegenüber: „Insoweit ist der Name „Geschäftsstadt am Stadtpark“ nicht Schmuckwort oder Werbegag, sondern Lage und Struktur des Gebietes definierend (industrial-park, administration-park). (...) Die Lage an der Peripherie erlaubte und erforderte wohl auch einen anderen Maßstab in der räumlichen und baukörperlichen Struktur als den einer primär fußgängerbezogenen Innenstadt (vielleicht ein auf schnellere Fortbewegung bezogener Maßstab?).“[50] Wegen des in der Nähe liegenden Flughafens Fuhlsbüttel musste aus Luftsicherheitsgründen die zulässige Gebäudehöhe in der City Nord am Nordrand auf etwa 40 Meter und am Südrand auf 50 Meter beschränkt werden.
Die City-Nord bildet hinsichtlich der Monofunktionalität, der aufgelockerten, solitärhaften Bebauung und der konsequenten Entflechtung der Verkehrsarten ein getreues Abbild des städtebaulichen Leitbildes der „Charta von Athen“. Die Kritik an der „gigantischen Bürostadt“, der „erlösenden Sensation“, der „imponierenden Silhouette“, einer Lösung, die in „ähnlicher Kühnheit nur in New York anzutreffen ist“, wurde be-

47 Zwei Meinungen zur ‚City-Nord‘, Sack, 1. Probleme der Geschäftsstadt, in: Baumeister 4/1971, S. 401.
48 Dreier 1966, S. 255.
49 Sack, a.a.O., S. 402.
50 Zwei Meinungen zur ‚City-Nord‘, Farenholtz, 2. Die notwendige Sachinformation zur ‚City-Nord‘, in: Baumeister/1971, S. 404.

reits kurz nach Fertigstellung deutlicher artikuliert: „So gut sie auch propagiert wurde, städtebaulich ist sie ein Misserfolg. Eine schlechte Sache, gut verkauft: Hamburgs „City Nord.“[51] Die City Nord sei zum Industriegebiet für Schreibtischarbeiter geworden, und nach dem typischen Hamburger Industrie-Stadtteil war von Schreibmaschinen-Hammerbrook die Rede. „Alle Bauten sind aus Architekturwettbewerben hervorgegangen, aus dem Wettstreit der Besten. Wenn das fertig ist, sollten sich mal alle ernsthaft zusammensetzen, um anhand der Exponate zu diskutieren, was mit diesem Beruf und dieser Gesellschaft eigentlich los ist. Ein Psychoanalytiker sollte sie begleiten.“[52]
Schon damals, besonders aber aus heutiger Sicht wird vor allem die fehlende Nutzungsdurchmischung kritisiert. Die Büropaläste sind bauliche Einzelstücke, ohne städtebauliche Integration geblieben, bei denen die damals namhaftesten Architekten ihre Handschrift hinterlassen haben. Die „indirekte Sanierung der Innenstadt“, wie es Planer Christian Farenholtz formulierte, gelang durchaus. Gestalterisch hohe Maßstäbe für Einzelbauten, „lauter erste Preise“, die „Kathedralen der Mineralölindustrie“, in einer autogerechten Umgebung korrespondierten stringent mit der damaligen Städtebauphilosophie. Die damals zeitgemäßen Monostrukturen erfordern heute einen erheblichen Handlungs- und Nachbesserungsbedarf. Derzeit gibt es erheblichen Büroflächenleerstand, Vermietungsprobleme und Überlegungen, einige der (abgeschriebenen) Gebäude abzubrechen und die Strukturen durch neue Wohnbebauungen stärker zu durchmischen. Große Betriebe (BP, Shell, Telekom und die LVA) sind inzwischen abgewandert. Vollklimatisierte Großraumbüros sind kaum noch gefragt. Die Gebäude haben unzeitgemäß große Raumtiefen, Klimaanlagen und teilweise Asbestprobleme. Die Vermietung von kleineren Einheiten ist bei Gebäuden, die für selbstnutzende Unternehmensverwaltungen geplant wurden, kaum möglich. Viele Konzerne verkaufen inzwischen ihre Bürogebäude, um sich nicht mit „totem Kapital“ zu belasten und um flexibel auf wechselnde Personalstärken reagieren zu können.

Hochhäuser in der inneren Stadt

Das Planungsziel „keine Maßstabssprünge“ und „keine Anhebung über das stadtmorphologische Sockelniveau“ im Bereich der Inneren Stadt wurde nur vereinzelt durch höhere Gebäude angetastet. Im Zusammenhang mit der Anlage der Ost-West-Straße entstanden seit Ende der sechziger Jahre als Straßenrandbebauung etliche solitäre Hochhäuser. Die Notwendigkeit einer besseren Straßenverbindung durch die südliche Innenstadt wurde bereits seit den zwanziger Jahren erörtert. 1948 wurde in Hamburg ein erster städtebaulicher „Ideenwettbewerb für die Gestaltung der Hamburger Innenstadt“ ausgeschrieben, dessen Kernstück nicht die Neugestaltung der Inneren Stadt war, sondern vielmehr die Anlage einer Ost-West-Trasse durch die zerstörten Innenstadtgebiete.[53] Die (spätere) Ost-West-Durchbruchstraße war für den inner-

51 Funke, Der Spiegel 1970, Heft 48.
52 a.a.O.
53 Vgl. Wawoczny 1996.

städtischen Autoverkehr gedacht und diente von Anfang an auch als Durchgangsstraße für den Fernverkehr. Sie trennt seitdem den Stadtkern vom Hafen.
Die Bebauung nach Anlage der Ost-West-Straße erfolgte erst in den sechziger Jahren, letzte „Baulücken“ wurden erst in den neunziger Jahren geschlossen. Gegenüber der St. Michaelis Kirche wurde das Hochhaus des Deutschen Rings (60 Meter) und an der Deichstraße der Komplex der Landeszentralbank, der mit einer Straßenbrücke über die Ost-West-Straße (jetzt Ludwig Erhard Straße) an die Innenstadt angebunden ist, gebaut, und weiter südlich gegenüber dem Kontorhausviertel sind die Hochhäuser der Hamburg-Süd Reederei (15 Geschosse), des Spiegels und das IBM-Hochhaus (17 Geschosse) entstanden. Letztere Punkthochhäuser bilden ein markantes Ensemble aus flachen und aufstrebenden Baukörpern. Ein übergeordnetes Gestaltungsleitbild gab es für die Ost-West-Straße nicht. Die Einzelinteressen der Bauherren dominierten und setzten sich bei den Bürogebäuden durch.
Auch an den Wallanlagen, am Rande der Inneren Stadt, entstanden solitäre Hochhäuser. Das Congress Centrum Hamburg (105 Meter – heute Radison Hotel) bildet am Bahnhof Dammtor eine städtebauliche Dominante. Die Esplanade entstand im 19. Jahrhundert auf einem planierten Wallabschnitt, den klassizistische und neoklassizistische Stadt- und Geschäftshäuser bis in die Zeit nach dem Zweiten Weltkrieg prägten. Die nicht kriegszerstörten Reste der Bebauung wurden – nach einer skandalösen Entscheidung 1958 – zwei Hochhäusern geopfert, dem BAT-Hochhaus und dem Finnlandhaus (13 Geschosse) mit einer spektakulären Pilzkopfkonstruktion und Stahlhängesäulen[54], die 1959 bzw. 1966 fertiggestellt wurden. Am Millerntor – am westlichen Bereich der Wallanlagen, am Eingang zur Reeperbahn – wurde das Iduna-Hochhaus (23 Geschosse) als erstes Hochhaus in Hamburg gesprengt und inzwischen durch einen neuen, „nur“ 12-geschossigen Komplex ersetzt.

City-Süd – „Viertel der Kaufleute und Kreativen?“

Während die City-Nord derzeit als Negativbeispiel und städtebauliche Fehlplanung einer Bürostadt diskutiert wird, gilt die City-Süd – zwischen Hauptbahnhof und Elbbrücken citynah gelegen – inzwischen als positives Beispiel für eine gemischtere Nutzung. Dieser Stadtteil Hammerbrook, vor dem Zweiten Weltkrieg auch „Jammerbrook“ genannt, war ein Arbeiterwohngebiet mit eingestreuten Gewerbebetrieben. Im Zweiten Weltkrieg wurde das Gebiet weitgehend zerstört und danach unterschiedliche Entwicklungsoptionen erörtert. Viele Kanäle wurden mit Trümmerschutt verfüllt und der LKW-Verkehr ersetzte den Schiffsverkehr. Im Aufbauplan von 1950 war Hammerbrook als reines Gewerbe- und Verkehrsgebiet ausgewiesen. Mehrere Verkehrsschneisen durchtrennen das Gebiet und lange waren große Areale im Gebiet suboptimal genutzt.

54 Hipp 1989, S. 193.

Die City-Süd, so der später eingeführte Namen für den damit weitgehend deckungsgleichen Stadtteil Hammerbrook, ist ein monostrukturierter Bürostandort in innenstadtnaher Lage. Erst in den achtziger Jahren wurde das Areal zum Cityentlastungsstandort mit Büronutzungen entwickelt, und es sind in der Hamburger Backsteintradition neue Kontorhäuser entstanden. Nur wenige alte Gebäude wie der Industriehof in der Hammerbrookstraße und die Schokoladen-, Kakao- und Zuckerwarenfabrik der Fa. Reese & Wichmann haben den Krieg überstanden und sind inzwischen zu Büros umgenutzt worden.
Vor allem entlang des Heidenkampweges, der Amsinckstraße, des Nagelswegs und an der Wendenstraße entstanden zu Beginn der neunziger Jahre neue, in der Regel sechs bis achtgeschossige Kontorhäuser wie das Hanse-Carree, Poseidon-Haus und das VTG-Haus. Die neueste Bürohausschöpfung ist das „Doppel-XX-Bürohochhaus", das mit einer gläsernen Hülle für Deutschlands größten Versicherungsmakler Jauch & Hübener gebaut wurde. In dem 70 Millionen Mark teuren Bauvorhaben (Architekten: Bothe, Richter, Teherani) sollen auf elf Geschossen die bisher verstreuten Büros unter einem Dach konzentriert werden.
In Hammerbrook waren Wohnungen zunächst nicht vorgesehen. Überdurchschnittlich hohe Büroleerstände ließen die Investoren nach neuen Wegen der Vermarktung, Imagebildung und Belebung des Stadtteils suchen. Erst durch eine Änderung des Bebauungsplanes 1996 wurden auch Wohnnutzungen zugelassen. Neben Nischennutzungen mit Ateliers und Loftwohnungen sind durch diese Nachbesserung „Business-Apartments" und auch einige Wohnungen gebaut worden. Allerdings sind derzeit noch mehr als tausend Wohnungen, auch Sozialwohnungen, geplant. Durch diese Nachbesserungen soll eine stärkere Nutzungsmischung erzielt werden. Die fehlende soziale Infrastruktur erschwert den Bau von familiengerechten Wohnungen. Die Interessengemeinschaft City-Süd – ein Zusammenschluss von 36 ansässigen Betrieben und Unternehmen – sucht durch Eigeninitiative die Attraktivität und das Image des Bürostandortes zu fördern. Ob das Viertel damit zum „Trendviertel Hamburgs" wird, bleibt allerdings abzuwarten.
In der City-Süd wurden neue Büroorganisationskonzepte aufgegriffen, die die Vermarktung erleichtern. Inzwischen ist wieder eine Umorientierung vom Großraum- zum Einzel- bzw. (Klein-)Gruppenbüro erfolgt. Flexible Strukturen in Intelligent Buildings und nutzungsgemischte Strukturen als Büroumfeld werden inzwischen verstärkt nachgefragt.

Hochhäuser außerhalb der Inneren Stadt

Außerhalb der Inneren Stadt, entlang des Steindammes – einer Ausfallstraße vom Hauptbahnhof in nord-östlicher Richtung – entstanden in den sechziger Jahren solitäre Bürohochhäuser. Den Endpunkt bilden die Hochhäuser der Fachhochschule und der ehemaligen Neue-Heimat-Zentrale, die inzwischen als vermietetes Bürohochhaus genutzt wird. Weiter stadtauswärts ist der Mundsburg-Hochhauskomplex eine weithin sichtbare städtebauliche Dominante. Die drei Hochhäuser an der Hamburger Straße sind Bestandteil einer „Komplexbebauung“ mit weiteren Hochhäusern und Geschäfts-, Büro- und Wohnnutzungen. Die Hamburger Straße hatte schon in der Vorkriegszeit die Funktion einer Geschäftsstraße. Während des Zweiten Weltkriegs wurden große Teile zerstört. Anfang der fünfziger Jahre waren die Trümmerflächen geräumt, und die Voraussetzungen für eine zusammenhängende Neubebauung waren gegeben. Aber erst in den sechziger Jahren zeigte sich wirtschaftliches Interesse an einer Bebauung, und die Investoren drängten auf eine intensive Grundstücksnutzung. Ende 1966 wurde der Bebauungsplan festgestellt und 1968 nach fünfjähriger Planungsarbeit der Grundstein gelegt.[55] Nach nur 22 Monaten Bauzeit konnte das „150 Millionen-Projekt“ im Mai 1970 eröffnet werden.

Abb. 4: Einkaufszentrum Hamburger Strasse – Mundsberg-Center 1970

Die 560 Meter lange Bebauung besteht aus einem dreigeschossigen 60–85 Meter breiten Sockel mit Ladennutzungen, über dem sich acht Scheibenhochhäuser mit Büronutzungen erheben. Zwei große Warenhäuser bilden die Eckpunkte der Anlage, dazwischen liegen Läden und kleinere Kaufhäuser. Die zwei Parkhäuser mit 2.000 Stellplätzen bilden eine Barriere zwischen dem Einkaufszentrum und der angrenzenden Wohnbebauung. Erst als 1968 der Grundstein für das Projekt gelegt wurde, fanden sich zwei Investoren, die den bis dahin noch nicht überplanten (und noch mit Altbauten besetzten) Bereich an der Ecke Winterhuder Weg/Hamburger Straße bebauen wollten. Eigentlich wäre es aus städtebaulicher Sicht ohnehin das Sinnvollste gewesen, „den Anfang des Zentrums von vornherein an die Kreuzung Mundsburg zu legen.“[56]
Am südwestlichen Ende der Bebauung sind drei Hochhäuser mit quadratischem Grundriss entstanden, zwei mit Wohn- und eines mit Büro-

55 Ramme 1984, S. 459.
56 Ramme, a.a.O., S. 460.

nutzungen. Die über Fußgängerbrücken erschlossenen Einkaufsdecks verbinden das ‚alte' Zentrum und die Ladenpassage. Umbauten und ein „facelifting" in den achtziger Jahren brachten eher marginale Verbesserungen. Das Kernstück des derzeitigen Umbaus in diesem Bereich ist ein Multiplex-Kino mit 2.100 Plätzen. 45 Mio. DM wurden für einen „wahren Erlebnispark" mit Bars, Cafes, Restaurants und Geschäften investiert. Zukünftig werden das Mundsburg-Center und das Einkaufszentrum Hamburger Straße vom Center-Management geführt. Die architektonische Aufwertung und Erweiterung haben das Zentrum zum flächen- und umsatzmäßig größten Einkaufszentrum in der Region Hamburg werden lassen. Das Zentrum ist mit zwei U-Bahn- und Bushaltestationen hervorragend erschlossen.
Die bis zu 26 Geschosse hohen Punkthochhäuser sind die höchsten Wohnhochhäuser in Hamburg. Die drei Hochhäuser bestimmen nicht nur das Bild der unmittelbaren Umgebung, sondern stellen städtebauliche Fixpunkte im gesamten Stadtgebiet dar. Für den Stadtteil Barmbek sind sie zu einem Identifikationspunkt geworden, entfalten eine wichtige Fernwirkung im Stadtbild und prägen die Skyline des Hamburger Ostens nachhaltig.
Weitere markante Hochhäuser außerhalb der inneren Stadt wirken ähnlich prägnant für die Silhouette Hamburgs. Hier ist das City Center in Bergedorf (12 Geschosse) zu nennen, wie auch drei Wohnhochhäuser an der Dorotheenstraße, das Geomatikum an der Bundesstraße und das Wohnhochhaus am Doormannweg, die eine ähnliche Wirkung entfalten. Auch der Komplex der Alster-City in Barmbek-Süd (22 Geschosse) ist von weit her sichtbar. Entlang der Elbe sind das Hauptverwaltungsgebäude der Bavaria- und St. Pauli Brauerei (12 Geschosse) am Elbhang und das Hochhaus der Hermes Kreditversicherungs AG als stadtbildprägende solitäre Hochhäuser entstanden. Schließlich ist auch mit dem Einkaufszentrum Neu-Altona (EZNA) ein Sub- und „Hochhauszentrum", östlich an den Altonaer Bahnhof angrenzend, entstanden. Gegenüber dem Bahnhof und entlang der Fußgängerzone Große Bergstraße wurden in den sechziger Jahren Bürohochhäuser gebaut. An der Breiten Straße/Palmaille in Altona entstanden schließlich zwei solitäre Hochhäuser, die von Gutschows Elbuferplanungen übrig blieben.

(Unrealisierte) Hochhausträume

1966 legte die Neue Heimat Vorschläge zur „Sanierung" des Stadtteils St. Georg und zum Bau eines Alsterzentrums mit 30–60 Geschossen vor. Der Abriss der vorhandenen Bebauung sollte mit einer Neubebauung von einer Kette von Hochhaustürmen einhergehen. Über 7.000 Bewohner wären aus dem Gebiet verdrängt worden, alle Gebäude in dem vorgesehenen Areal wären abgerissen worden. Der damalige Bundesbauminister Ewald Bucher (FDP) kommentierte den Vorschlag: „Hamburg wird von einem Ersten Bürgermeister verwaltet, der sich durch langjährigen Aufenthalt in New York an Wolkenkratzer-Silhouetten gewöhnt hat. Gleichzeitig beheimatet Hamburg eine der größten gemeinnützigen Wohnungs- und Siedlungsgesellschaften, und so ist es kein

Zufall, dass gerade in Hamburg ein so interessantes Sanierungsprogramm wie das „Alsterzentrum" entwickelt wurde. Ein modernes Zentrum wird in den Stadtkern so eingefügt, dass sich Tradition und Fortschritt im Stadtbild vereinen."[57]

Abb. 5: Modell des Alsterzentrums 1966 – Hochhausplanung der Neuen Heimat für St. Georg

Bei der Planung ging die Neue Heimat von einer GFZ von 5,1 aus. Wohnungen für 20.000 Einwohner, 470.000 Quadratmeter Gewerbefläche, 138.000 Quadratmeter Fläche für Bildungseinrichtungen und 16.000 unterirdische Stellplätze sollten entstehen. Der Entwurf des Architekten Hans Konwiarz sah eine im Halbrund mit dem Rücken zur Alster plazierte Kette von sich nach oben verjüngenden Hochhaustürmen vor.[58] Eine geschlossene Überbauung des Plangebietes zwischen Hauptbahnhof, Lohmühlenstraße, Außenalster und Rostocker Straße war intendiert. Fünf Hochhäuser sollten mit einem Kranz den „Talkessel" mit einem Einkaufszentrum umschließen. Das Projekt hätte eine Verdoppelung der Gewerbeflächen in der Innenstadt bedeutet, und dieser Umstand rief den Widerstand der Citygrundeigentümer und Einzelhändler hervor. Aus der Super-Sanierung der Neuen Heimat entwickelte sich das Gegenteil: Der Stadtteil wurde in den nächsten Jahrzehnten behutsam erneuert.
Vier Jahre nach den Plänen für das Alsterzentrum wurden Pläne für ein Hanse-Centrum vorgestellt. Das Implantat war als „Stadt in der Stadt" geplant und sollte auf einem innenstadtnahen, suboptimal genutzten Areal in Hammerbrook entstehen. 300.000 Quadratmeter Büroflächen, eine GFZ von 3,0 und insgesamt 16 Hochhäuser mit bis zu 40 Geschossen waren entlang einer quer zum Mittelkanal verlaufenden Achse geplant. Das Hansezentrum sollte eine Ergänzung zur City mit eigener Identität und „unübersehbarem Akzent" bilden. Der Architekturjournalist Paulhans Peters schrieb: „Man kann nur hoffen, daß nicht mehr jenes spektakuläre Super-Ding der Neuen Heimat realisiert wird, sondern etwas unterkühlt-hamburgisches wie das Hanse-Center, das aller Voraussicht nach schon bald „Klein-Manhattan" wird."[59] Auch das Hanse-Cen-

57 Buber 1966, S. 1. (Bundesbauminister Ewald Bucher (1965-65 FDP), fälschlicherweise zitiert in der Zeitschrift der Neuen Heimat als Buber).
58 Vgl. Baues 1991.
59 Illies 1991, S. 213.

ter wurde nicht gebaut, es „rechnete sich nicht“ und entsprach nicht der damaligen Büroflächennachfrage. An der Stelle entstand sachlich-hanseatisch die „City-Süd“, eine Blockrandbebauung mit sechs- bis achtgeschossigen (Hoch-)Häusern, Büronutzungen und Backsteinarchitektur.

Hochhaus-Zukünfte

Hamburg hat ein eher ambivalentes Verhältnis zu Hochhäusern und bisher weitgehend auf innenstädtische Wolkenkratzer als Image der Internationalität verzichtet. Auf dem Büroflächenmarkt haben sich die jahrelangen Leerstandsquoten um 6 % (690.000 Quadratmeter) auf inzwischen ca. 4 % reduziert. Vor allem ältere Bürogebäude, deren Ausstattung nicht mehr aktuellen Ansprüchen genügte, standen leer. Die optimistischen Schätzungen nach der Vereinigung und die Hoffnungen auf einen Büromarktboom erwiesen sich als Fehleinschätzung. Die Ausdifferenzierung zwischen Front- und Back-offices hatte zudem die Nachfrage nach (teuren) innerstädtischen Büros nicht nur in Hamburg deutlich zurückgehen lassen. 1998 wurden in Hamburg 200.000 Quadratmeter Flächen fertiggestellt, 1999 werden es ca. 150.000 Quadratmeter und im Jahr 2000 ca. eine Viertelmillion Quadratmeter sein. Die Spitzenmieten liegen derzeit noch unter DM 50,– pro Quadratmeter.
Mangelnde Anpassungsfähigkeit von Bürogebäuden und Büroflächenstandorten wie der City-Nord und am Steindamm haben dort zu einer sinkenden Akzeptanz und zu Leerständen geführt. Abgeschriebene

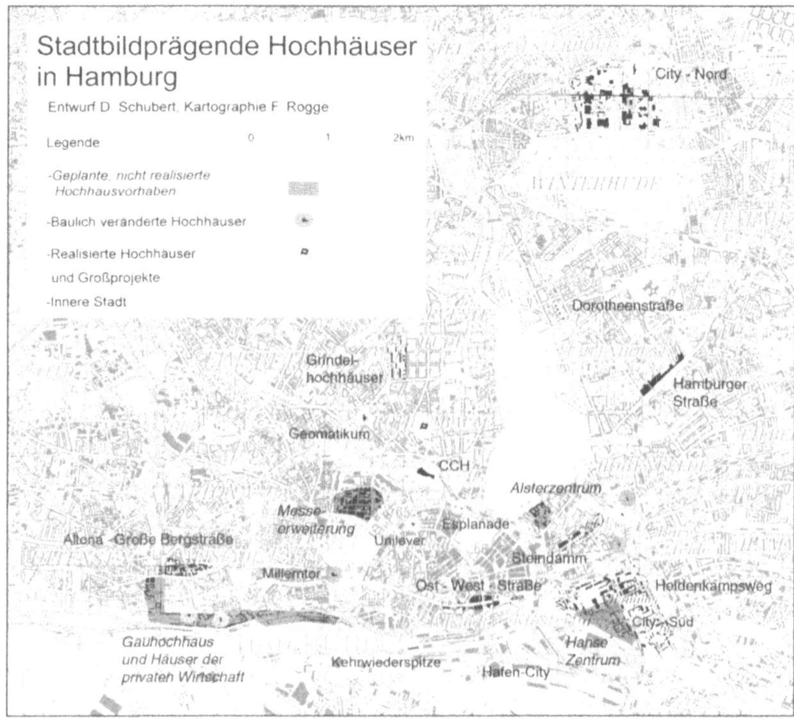

Abb. 6: Übersichtsplan: Stadtbildprägende Hochhäuser in Hamburg

Gebäude, veraltete Büroorganisationskonzepte und städtebauliche Monostrukturen bedingen dort einen Attraktivitätsverlust. Diese Hochhäuser und Büroflächenstandorte lassen sich mit veränderter Nachfrage schwer zu Deckung bringen. Das Polizeihochhaus am Berliner Tor – mit der Le Corbusierschen Fassade – wird z.B. grundsaniert. Das Polizeipräsidium ist nach Alsterdorf verlagert worden, das Polizeihochhaus wird als Bürohochhaus nach der Sanierung weiter genutzt werden.
Die Vorgabe des Verzichts auf Hochhäuser in Hamburg in der Inneren Stadt bedeutet umgekehrt, dass Hochhäuser außerhalb dieses „Tabubereiches" grundsätzlich zulässig sind. „Hochhäuser sind in Hamburg nur ausgeprägt dezentral verträglich. So liefern die weithin sichtbaren Mundsburg-Türme wie Kirchenbauten räumliche Orientierungshilfen in einer sonst höhengleichen Stadtagglomeration. Entsprechende Vertikalen können in einzelnen Fällen auch außerhalb der City städtische Sondersituationen akzentuieren, ihre Vereinbarkeit mit der jeweiligen engeren Stadtteilnachbarschaft bedarf indes in jedem Einzelfall der sorgfältigen Prüfung."[60] Dieser planerische Konsens wird nicht durch spektakuläre Wolkenkratzerprojekte, sondern eher durch eine schleichende, kaum wahrzunehmende, sukzessive Anhebung der Geschossigkeit bei vielen Neubauten in der Inneren Stadt konterkariert. So verstellt das Hanseatic Trade Center (14 Geschosse) auf der Kehrwiederspitze den Blick von der Elbe auf die Speicherstadt, und im Bereich der Inneren Stadt sind mit dem Axel Springer Verlagsgebäude – dem größten geschlossenen Gebäudekomplex in der Hamburger Innenstadt – und dem 12-geschossigen ABC-Bogen (Architekten: Bothe, Richter, Therani) – ein neuer Blickfang in der Hamburger Skyline – Hochhäuser entstanden, die die Dominanz der Stadtkirchen zunehmend in Frage stellen.
Eine nüchterne Auseinandersetzung über Vor- und Nachteile von Hochhäusern wird (nicht nur in Hamburg) durch emotionale Vorurteile und polarisierende Einschätzungen erschwert. Investoren drängen auf neue Büro-Hochhausprojekte mit besonderen Lagequalitäten. So gibt es derzeit Planungen in Eppendorf (Falkenried), ein Hochhaus in der Höhe der benachbarten Grindelhochhäuser zu genehmigen. Auch für das bedeutendste Hamburger Stadtentwicklungsprojekt des neuen Milleniums, die HafenCity, werden einzelne Hochhäuser erwogen. Nach den derzeitigen Planungen sollen sie allerdings nicht an die Speicherstadt und die Innere Stadt angrenzend entstehen, sondern am Rande des Planungsgebietes an den Elbbrücken. Hier könnte im Umfeld einer möglichen S-Bahnstation eine Hochhaustorsituation gebaut werden, die als städtebauliche Dominante den „Eintritt in die Stadt" sowohl für die HafenCity als auch für die City-Süd konturiert und die „Lesbarkeit" der Stadt erhöht. Die Akzentuierung des polyzentrischen Stadtkonzeptes durch Hochhäuser in Stadtteilzentren und an U- und S-Bahnkreuzungen ist bisher kaum als Strategie erwogen worden.
Hamburgs Oberbaudirektor Jörn Walter postuliert Hamburgs eigene „architektonische Melodie" und eine „wohltuende Kontinuität" trotz

60 Freie und Hansestadt Hamburg, Stadtentwicklungskonzept, a.a.O., S. 43.

verschiedener Baustile im Stadtbild.[61] Ob im Zeitalter der Globalisierung und zunehmender interkommunaler Konkurrenz das ‚Jein' zu Hochhäusern durchzuhalten sein wird, erscheint zunehmend unwahrscheinlich. Die Verhinderung bzw. ausnahmsweise Zulassung von Hochhäusern mit „moderaten Höhen" erscheint als anachronistisches Beharren. Investoren sollen nicht verschreckt werden, gleichwohl sind Zugeständnisse hinsichtlich der Ausnutzbarkeit zu machen. Die von der Stadt angestrebte und von Investoren nachgefragte Verdichtung (Innenentwicklung) korrespondiert mit dem Profilierungsziel der Bauherren (und Architekten). Es wird daher noch mehr als bisher darauf ankommen, gezielt stadtbildprägende Areale zu identifizieren und von der Höhenentwicklung her zu schützen.

Quellen:

Staatsarchiv Hamburg: Bestände
Architekt Konstanty Gutschow 322-3, A 35
Senatskanzlei 131-1 II, Gesamtregistratur II 3212 Bd. 2
Finanzbehörde 311-3 I, 445-2409/30
Baubehörde 321-3 I, Baubehörde I D 412
Amt für Wohnungswesen 353-4, II 4.04.123 Lag. Nr. 696

Periodika und Graue Literatur:
Hamburger Fremdenblatt 10. 6. 1937
Die Welt 1. 3. 1977
Hamburger Abendblatt 31. 12. 1999
Große Anfrage der SPD Betr. City Nord, Drucksache 8/2738, vom 14. 7. 1977
Dreier, Gerhard, Die City Nord in Hamburg, Ein Erfahrungsbericht, o.O., o.J.
The Architects' Journal March 27, 1952, S. 386
The Architects' Journal April 17, 1952, S. 477
Senat der Freien und Hansestadt Hamburg, Staatliche Pressestelle: Hamburgs neue Geschäftsstadt am Stadtpark, Hamburg 1962
Freie und Hansestadt Hamburg, Stadtentwicklungsbehörde, Stadtentwicklungskonzept. Leitbild, Orientierungsrahmen und räumliche Schwerpunkte. Stand: Dezember 1996
Freie und Hansestadt Hamburg, Stadtentwicklungsbehörde, Stadtbild Hamburg. Stadtbild-Konzept. Entwurf 11/1996
Funke, Hermann, „Bürowiesen treiben seltene Blüten". Hamburgs Bürostadt ‚City Nord', Der Spiegel 1970, Heft 48.

Literatur:

Baus, Norbert: Konkrete Stadtutopie – Alsterzentrum St. Georg, in: Höhns, Ulrich (Hrsg.): Das ungebaute Hamburg, Visionen einer anderen Stadt in architektonischen Entwürfen der letzten hundertfünfzig Jahre (Schriftenreihe des Hamburgischen Architekturarchivs), Hamburg 1991
Bucher, Ewald: Kommentar, in: Neue Heimat Monatshefte 1966, S. 1.
Daniels, Klaus (Hrsg.): Hohe Häuser. Kontroverse Beiträge zu einem umstrittenen Bautypus. Stuttgart: Hatje 1993
DeBoer, C./Ranck, Chr.: Der Messehauswettbewerb in Hamburg, Berlin 1925

61 zit. nach Hamburger Abendblatt 31. 12. 1999.

D'Eramo, Marco: Das Schwein und der Wolkenkratzer. Chicago: Eine Geschichte unserer Zukunft. München: Kunstmann 1996
Distel, Hermann: Das hamburgische Kontorhaus, in: Deutsche Bauzeitung 60/1926, S. 485–488.
Dreier, Gerhard: Geschäftsstadt Nord, in: Architekten- und Ingenieurverein Hamburg e.V. (Hrsg.), Hamburg und seine Bauten 1954–1968, Hamburg: Hammonia-Verlag 1969
Dreier, Gerhard: Die Planung für Hamburgs Geschäftsstadt Nord, in: Raumforschung und Raumordnung 24 Jg., 1966, S. 249–257
Dülffer, Jost/Thies, Jochen/Henke, Josef (Hrsg.): Hitlers Städte, Baupolitik im Dritten Reich, eine Dokumentation, Köln/Wien 1978

Eckstein, Hans: Sollen wir Hochhäuser bauen? In: Bauen und Wohnen, 5. Jg., 1950, S. 554–558.

Farenholtz, Christian/Dreier, Gerhard/Jakobi, Peter: Die Geschäftsstadt Hamburg-Nord – ein Zwischenbericht, in: Stadtbauwelt 4, 1964, S. 275–278
Farenholtz, Christian: 2. Die notwendige Sachinformation zur „City-Nord", in: Baumeister/1971, S. 404.
Fischer, Manfred: Das Chilehaus in Hamburg. Architektur und Vision. Berlin: Gebr. Mann, 1999

Goetz, Adolf: Die Erweiterung der Hamburgischen City und das Messhausprojekt (Architekten Gerson), in: Der Städtebau 1925, S. 121–132.
Goldberger, Paul: Wolkenkratzer. Das Hochhaus in Geschichte und Gegenwart. Stuttgart: Deutsche Verlags-Anstalt 1984.

Hänsel, Sylvaine/Scholz, Michael/Bürkle, Christoph: Die Grindelhochhäuser als erste Wohnhochhäuser in Deutschland, in: Zeitschrift des Vereins für Hamburgische Geschichte Bd. 66, 1980, S. 117–177.
Hebebrand, Werner: Neue Stadt an der Elbe II (1959), in: Werner Hebebrand, Zur neuen Stadt, Ausgewählte Aufsätze und Vorträge, Berlin: Gebr. Mann 1969.
Hein, Carola: City-Nord – Eine Geschäftsstadt im Grünen, in: Höhns, Ulrich (Hrsg.): Das ungebaute Hamburg, Visionen einer anderen Stadt in architektonischen Entwürfen der letzten hundertfünfzig Jahre (Schriftenreihe des Hamburgischen Architekturarchivs) Hamburg 1991, S. 200 ff.
Herlyn, Ulfert: Wohnen im Hochhaus, Stuttgart/Berlin: Krämer 1970
Hipp, Hermann/Meyer-Veden, Hans: Hamburger Kontorhäuser, Berlin: Ernst & Sohn 1988
Hipp, Hermann: Freie und Hansestadt Hamburg, Geschichte, Kultur und Stadtbaukunst an Elbe und Alster, Köln: DuMont 1989
Hoffmann, Kurt/Lodders, Rudolf/Sander, Albrecht (Hrsg.): Die Hochhäuser am Grindelberg der Architektengemeinschaft Grindelberg Hamburg, Stuttgart 1959
Huxtable, Ada Louise: Zeit für Wolkenkratzer oder die Kunst, Hochhäuser zu bauen. Berlin: Archibook 1986

Illies, Peter: Hanse-Centrum, 1970, in: Höhns, Ulrich (Hrsg.), Das ungebaute Hamburg. Visionen einer anderen Stadt in architektonischen Entwürfen der letzten hundertfünfzig Jahre (Schriftenreihe des Hamburgischen Architekturarchivs), Hamburg 1991

Janik, Detlev (Hrsg.): Hochhäuser in Frankfurt. Wettlauf zu den Wolken. Frankfurt am Main: Societäts-Verlag 1995
Jonak, Ulf: Die Frankfurter Skyline. Eine Stadt gerät aus den Fugen und gewinnt an Gestalt. Frankfurt am Main: Fischer 1991

Krogmann, K. V.: Es ging um Deutschlands Zukunft 1932–1939, Landsberg: Druffel-Verlag 1976

Kühne, Georg: Von Mensch und Motor, Farm und Wolkenkratzer. Leipzig: Hinrichs 1926

Landeshauptstadt München, Umweltschutzreferat (Auftraggeber): Ökologische Auswirkung von Hochhäusern; Reihe Bauforschung für die Praxis, Band 9. Stuttgart 1995

Lange, Ralf: Architekturführer Hamburg, Stuttgart: Menges 1995

Lodders, Rudolf/Siebert, Bernhard: Die Hochhäuser am Grindelberg, in: Architekten- und Ingenieur-Verein zu Hamburg e.V. (Hrsg.), Hamburg und seine Bauten 1929–1953, Hamburg: Hoffmann und Campe 1953

Neumann, Dietrich: „Die Wolkenkratzer kommen!" Deutsche Hochhäuser der zwanziger Jahre. Braunschweig / Wiesbaden: Vieweg & Sohn 1995

Niethammer, Christian/Wang, Wilfried (Hrsg.): Maßstabssprung. Die Zukunft von Frankfurt am Main. Berlin: Tübingen 1998

Pfeil, Elisabeth (und Mitarbeiter): Die Kommerzialisierung von Harvestehude, Zur Wandlung eines citynahen Stadtteils, in: Hamburger Jahrbuch für Wirtschafts- und Gesellschaftspolitik, Hamburg 1964

Ramme, Hartwig: Einkaufszentrum Hamburger Straße, in: Architektën und Ingenieurverein Hamburg e.V. (Hrsg.): Hamburg und seine Bauten 1969–1984, Hamburg: Hammonia 1984

Sack, Manfred: Zwei Meinungen zur „City-Nord", in: Baumeister 4/1971, S. 401–404

Schembs, Hans-Otto: Das Werden der Bürostadt Niederrad. Die monofunktionale Stadt II, in: Bartetzko, Dieter (Hrsg.): Sprung in die Moderne. Frankfurt am Main, die Stadt der 50er Jahre, Frankfurt/New York: Campus 1994

Schildt, Axel: Die Grindelhochhäuser. Eine Sozialgeschichte der ersten deutschen Wohnhochhausanlage Hamburg Grindelberg 1945 bis 1956 (Schriftenreihe des Hamburgischen Architekturarchivs), Hamburg 1988

Schmidt, Johann N.: Wolken-Kratzer. Ästhetik & Konstruktion. Köln: DuMont 1991

Schubert, Dirk: Führerstadtplanungen in Hamburg, in: Bose, Michael; Holtmann, Michael; Machule, Dittmar; Pahl-Weber, Elke; Schubert, Dirk: „... ein neues Hamburg entsteht ...". Planen und Bauen von 1933–1945, Hamburg: VSA 1986

Stommer, Rainer: „Germanisierung des Wolkenkratzers" – Die Hochhausdebatte in Deutschland bis 1921, in: Kritische Berichte 1982, Heft 3, S. 36–52.

Stommer, Rainer/Mayer-Gürr, Dieter: Hochhaus. Der Beginn in Deutschland. Marburg: Jonas 1990

Unilever-Haus Hamburg (Redaktion: Otto Jungnickel, Fritz Rafeiner), München: Callway 1966

Wawoczny, Michael: Der Schnitt durch die Stadt. Planungs- und Baugeschichte der Hamburger Ost-West-Straße von 1911 bis heute. Hamburg: Dölling und Galitz 1996

Weeber, Hannes/Weeber, Rotraud: Wohnhochhäuser heute, bearb. von Weeber und Partner, Büro für Stadtplanung und Sozialforschung (Stuttgart); Reihe Bauforschung für die Praxis, Band 7. Stutgart 1995

IV Eine Typologie der Architektur von Hochhäusern

La Tour sans Fin oder Basis–Schaft–Kapitell Versuch einer Typologie des Hochhauses

Ulf Jonak

Häuptling wird, wer die anderen um Haupteslänge überragt. Der Triumph allerdings ist nicht dauerhaft. Rekorde werden gebrochen, Rangfolgen umgeworfen. Fast jährlich müsste die Liste der hundert höchsten Wolkenkratzer neu geschrieben werden: ein Sisyphus-Unterfangen. Da weder geografische noch chronologische Reihenfolgen brauchbar erscheinen, erweist Höhenentwicklung sich als schlüssigste, aber auch schlichteste Möglichkeit des systematischen Ordnens. Bebauungsvorschriften, konstruktive Neuerungen oder Veränderungen der Büro- und Kommunikationsstrukturen wären vielleicht im einzelnen aufschlussreichere Ansätze, eine Überschau zu entwickeln. Im Ganzen aber ergäben sich verwirrende Widersprüche oder erneute Unordnungen. Das irrationale Verlangen, den auffälligsten, den weltgrössten oder wenigstens europahöchsten Wolkenkratzer sein eigen zu nennen, wischt jene halbsachlichen Argumente beiseite, mit denen die Hochhausschwemme nur notdürftig zu erklären wäre. Aus Raumnot wird kein Hochhaus gebaut. Prestigedenken, verborgenes Begehren und vage Bilder in den Köpfen bestimmen die Bauvorhaben offenbar ebenso gravierend wie funktionale oder betriebswirtschaftliche Vorgaben. So soll hier der Versuch unternommen werden, jene treibenden Kräfte, jene bewussten oder unbewussten Bilder der Hochhausarchitekten und Hochhausinvestoren zum Anlass eines Gliederungssystems zu nehmen.
Wer in einem Hochhaus residiert, mag zumeist nicht wahrhaben, dass es einer versteinerten Machtgebärde gleicht. Wohnhäuser verraten viel über das Innenleben ihrer Bewohner, Hochhäuser einiges über den gesellschaftlichen Anspruch ihrer Erbauer. Mag der Anspruch öffentlich nie artikuliert sein, so verrät er sich doch durch gestalterische Gemeinplätze. Aus dem Unterbewusstsein treten Figuren ans Tageslicht, Mythen gleich, deren Artikulation sie bewusst und damit auch kritisierbar machen.
Das Haus mit Innenraum und Aussenhaut, mit Skelett und Masse, mit seinen elektrischen und wasserführenden Adern, mit seinen pulsierenden Uhrwerken und medialen Erweiterungen, mit seinen Nahrung verarbeitenden Küchen und seinen Ausscheidungsorten, mit Herz und Gehirn verführt dazu, es als Abbild des menschlichen Körpers zu interpretieren. Deshalb erscheint das populäre Bild vom Haus als „dritter Haut des Menschen“ (nach Epidermis und Kleidung als erster und zweiter Haut) ungenügend und schief, weil es eine dem Körper sich anschmiegende Oberfläche suggeriert, weil es nicht den gemeinschaftsbildenden Ort oder das ausgebreitete Umfeld menschlichen Tuns mit

einbezieht, sondern weil es lediglich die Textur, vielleicht noch die Anmutung einer schützenden Hülle beschreibt. Dennoch scheinen, von aussen betrachtet, Häuser ihre Bewohner zu entlarven. Bewusst erzählen sie von Prestige und Macht, unbewusst von Obsessionen und Träumen, immer von Selbsteinschätzung oder Überschätzung. Die Identifikation von Haus und Hülle verleitet zu Körperanalogien: die Tür als Schlund, das Fenster als Auge usw. Häuser werden von mehreren oder vielen bewohnt: Insofern sind sie selten individualisierte, sondern meistens idealisierte Körperbilder, in die sich nicht jeder, doch derjenige, der sich zugehörig empfindet, hineinfinden kann. Gilt dies für das individuelle Wohnhaus, gilt es noch mehr für Gemeinschaftsbauten, erst recht für Konzernburgen: Herbergen formloser Heerscharen von Angestellten und darum notwendigerweise Manifestationen des Prinzips „Corporate Identity".
Gemeinschaften verlangen kräftigende Massnahmen des Zusammenhalts, fordern Identität stiftendes Verhalten, folglich zeichenhafte Formen. Von Hochhäusern als Schaltzentralen der Macht, aber auch Produktionsstätten von Gruppenprojekten, in denen das dienliche Gefühl des „unverbrüchlichen Miteinanders" vermittelt werden soll, wird der monumentale, gestenreiche Ausdruck erwartet. Ein Verlangen allerdings, dessen Ausformung selten überzeugt, ja nicht selten nur zu überreden versucht.
Wie nun die Form gewinnen? Sprechen soll die Architektur, Prestige vermitteln. Das Repertoire ist nicht sehr gross. Die Zahl der schlüssigen Figuren ist überschaubar: Babylonischer Turm, Obelisk, Säule, Kiste, Gewächs, Zwilling, Urhütte.

Babylonischer Turm

Heilige Bäume, Felsen, Fetische, Götterbilder, Feuerstätten und künstliche Monumente: magische Zeichen menschlicher Verunsicherung. Entgegen aller Überlieferung ist der ‚Babylonische Turm' kein Zeichen menschlicher Hybris, sondern neben den Pyramiden eine frühe architektonische Grossmanifestation staatlicher Einheit.
„Wohlauf, lasset uns eine Stadt und Turm bauen, dessen Spitze bis an den Himmel reiche, dass wir uns einen Namen machen; denn wir werden vielleicht in alle Länder zerstreut (...) Also zerstreute der Herr sie von dannen in alle Länder, dass sie mussten aufhören, die Stadt zu bauen."[1]
Sich einen Namen machen, indem man sich dem Göttlichen nähert und von dessen Glanz profitiert: So lautet die Botschaft. Insofern hat die Legende vom Babylonischen Turm zwar einen konkreten Tatbestand als Ursprung, ist zugleich aber auch Ausdruck eines Missverständnisses der wüstenbewohnenden Nomaden, die in dem gigantischen Steingebilde eine Gott herausfordernde, grössenwahnsinnige Tat sahen. Das Missverständnis hat die Jahrtausende überdauert. Nach unserer Interpreta-

1 Altes Testament, Mose 1, 11. Kapitel

tion scheint der Babylonische Turm, die grösste der Zikkurats im Zweistromland, Götterstiege, Stufenbau, Angebot an Gott *Marduk* gewesen zu sein, aus dem Himmel hinab zu den Menschen zu steigen, ein kosmisches Band zwischen Himmel und Erde zu knüpfen[2]. Die endgültige Richtung des Baus war also abwärts gerichtet, nicht aufwärts, eine eher demütige als hochmütige Tat. „Treppenweise steigt der Himmlische nieder", weiß auch Hölderlin.[3]
Wir aber sehen im Babylonischen Turm ein Zeichen menschlicher Hybris statt Demut. Wer unsere zeitgenössischen Hochhäuser als Babylonische Türme bezeichnet, mag das negativ oder zivilisationskritisch meinen. Sie sind zugleich aber auch als Sinnbild des Fortschritts zu lesen, Aufbruch ins Unbekannte und Unheimliche. Das Verschwinden des Gebäudes im Blau des Himmels hat immer fasziniert: Symbol der Erreichbarkeit des Unerreichbaren. Der Architekt als Weltenbaumeister. Von Piranesi, dem Zeichner der unendlichen „Carceri", ist der Satz überliefert: „(...) und wenn man bei mir den Plan eines neuen Weltalls bestellte, ich glaube, ich wäre verrückt genug, ans Entwerfen zu gehen."[4]
Sachlicher, aber nicht weniger selbstbewusst bestand Raymond Hood, der Erbauer des Mc-Graw-Hill-Wolkenkratzers in New York (1929–31), darauf, seinen Turm mit einem dunklen Farbton beginnen zu lassen, der nach oben zunehmend heller werde, „bis er schliesslich mit dem Azurblau des Himmels verschmilzt". Ein Mitarbeiter Hoods musste von einem gegenüber liegenden Gebäude die Errichtung der Fassade beobachten und von dort den Farbton jeder einzelnen Fliese auf seine Helligkeit hin überprüfen.[5]
Das Leistungsvermögen unserer Augen ist begrenzt, die Vorstellungskraft aber unbegrenzt. Wahrnehmung stützt sich auf beides. Auf unsere Phantasie baut der Architekt, der sein Gebäude scheinbar in himmlischen Sphären sich auflösen lässt. Er baut mit Licht und nicht mit Materie. Toyo Itos *Turm der Winde* endet in einem durchscheinenden, leuchtenden Zylinder, nachts in einem Tanz von Lichtpünktchen. Jean Nouvel war offenbar davon inspiriert, als er 1989 für Paris den *Tour sans Fin* entwarf, ein 420 Meter hohes Hochhaus, dessen Substanz mit ansteigender Höhe transparenter und luftiger wird, bis sie sich scheinbar im Unendlichen verliert: steinerner Sockel, transluzente Bürogeschosse und ein gläserner, funktionsloser Kopf. Dem rauhen Granit der Basisgeschosse folgt nach oben polierter Granit, dann mit silbernen Motiven bedrucktes Glas, die sich spiegelnd nach oben verdichten, bis sie schliesslich in ätherischer Durchsichtigkeit sich auflösen.
Nicht nur der Turm, auch die Täuschung ist durchsichtig. Der Turm ein Denkmal für einen Menschheitstraum: mehr nicht. Täuschung ist kein Skandal mehr. Realität und Virtualität nähern sich, werden immer ähnlicher und überlagern sich. Das Prinzip Wahrheit, das bis in die sech-

2 Siegfried Giedion 1965, S. 175
3 in seinem Gedicht „Der Einzige", zitiert nach Friedrich Hölderlin, Werke 1978, S. 1070
4 J. C. Legrand (1799) zitiert nach: Inventionen 1982, S. 164
5 Rem Koolhaas 1999, S. 175

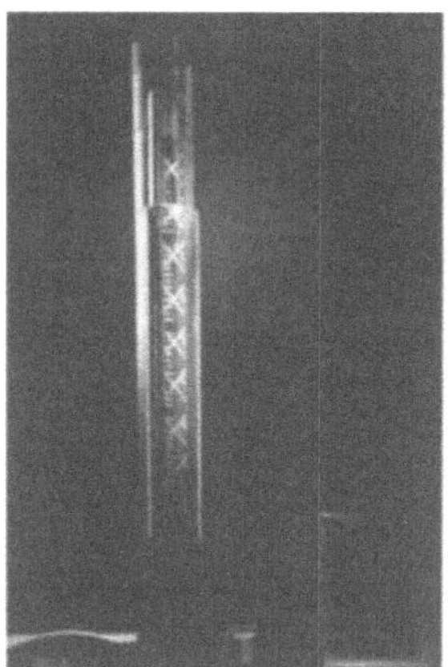

Abb. 1: J. Nouvel, Tour sans Fin, Paris

ziger Jahre in der Architektur noch eine entscheidende Rolle spielte, wird von Mal zu Mal obsoleter.
Wohlweislich schlug Vilém Flusser vor, den Begriff Wahrheit durch den des „Möglichkeitsfeldes“[6] zu ersetzen. Im Sog der neuen Medien lassen wir uns gern von Fiktionen wie dem *Tour sans Fin* täuschen, denn an den Fortschritt der Technik glaubend, erwägen wir selbst die Möglichkeit von Unmöglichkeiten. Fiktionen waren schon immer lebensprägend, nun aber verliert das Interesse an ihrer Aufklärung zunehmend an Boden.
Architektur wird illustrativ: Die neuen Wolkenkratzer zeigen es. Die alttestamentarische Legende vom Babylonischen Turm, der fragmentarisch blieb, Ausdruck eines Missverständnisses, hat Lebbeus Woods in seinem Wettbewerbsbeitrag zum *Chicago Tribune Tower* (Late Entry 1980) mystifizierend nachempfunden. Woods projektierte ein scheinbar nie fertiggestelltes, sich in Gerüste auflösendes Bauwerk, das die Zentrale eines Zeitungskonzerns einerseits mit Historie befrachtet und so ihre auf Aktualitäten beruhende Medienmacht tarnt, andererseits eine andere ‚Wirklichkeit‘ verkündet, nämlich die, dass Äther und Volumen sich miteinander verhaken: eine der Grundwahrheiten skulpturalen Denkens.
So wie sich der Frankfurter Hauptgeschäftssitz der *Commerzbank* von Norman Foster nach oben schraubt, wie er in unterschiedlich hohen Vertikalen ohne eindeutig definierten Abschluss endet, ist er aus dem gleichen babylonischen und skulpturalen Denken entstanden. Wie ein Koloss steht er da mit hoch erhobenem, die Wolken kratzenden Speer, der rotweiss gestreiften Antenne. Ein Häuptling, das höchste Bürohaus Europas (258,7 Meter), streckt sich wie zur Illustration eines Machtanspruchs. Dabei versprach er auf dem Papier, leicht, schlank und luftig auszusehen, ein graziös scheinendes Bündel von Nadeln und Stäben, die lediglich die geometrische Mitte der Stadt markierten. Was die publizierten Bilder locker versprachen, ist als schwerfällige Wirklichkeit anders eingetroffen. In den Spitzen eines Dreiecks erheben sich breite Versorgungskerne, gigantische Pfeiler, zwischen die die Decks der Geschosse gehängt sind, gestaffelt von viergeschossigen, dazwischen geschobenen Wintergärten. Doch diese Gärten sind ebenfalls verglast, sodass sich nicht der Eindruck von Luftigkeit, sondern bestenfalls von ästhetischer Rhythmisierung einstellt. Um die Illusion des „Unaufhörlichen“ zu erreichen, verzichtet Foster bewusst auf einen Turmkopf. Statt dessen schraubt er die Glaskuben in die Höhe und lässt die Drehachse als Antenne noch ein Stück weit über das Ziel hinausschiessen, als sei die fiktive Bewegung, bevor sie sich im All verliert, nur vorübergehend unterbrochen.

Abb. 2: L. Woods, Chicago Tribune Tower

Obelisk

Wie in anderen Lebensumständen auch braucht man zur Orientierung in der steinernen Umwelt gewisse Erkennungsrichtlinien. Der Babylonische Turm ist eine der archetypischen Gestalten, deren Sequenz die

6 Vilém Flusser 1991, S. 147 ff.

Abb. 3: N. Foster, Commerzbank Frankfurt

anonyme Schar der Hausgiganten erkennbar ordnen hilft. Mit dem Bild des Babylonischen Turms verwandt, aber nicht verwechselbar ist der Typus ‚Obelisk', der zeichenhafte Monolith. Der ägyptische Obelisk hat seinen Ursprung in einem Holzpfahl, dessen Spitze in einem Fetisch endigte und der bei Prozessionen voran getragen wurde.

Dieser Fetisch war zumeist ein Vogel, ein Falke oder der Vogel Phönix, ein Wesen demnach, das mit dem Götterhimmel zu tun hatte[7]. Der später versteinerte Pfahl, dessen pyramidale Spitze als Wohnsitz eines Gottes galt, war auch als Verknüpfung zwischen Himmel und Erde, als kosmische Achse gedacht. Ob es den Erbauern des *Empire State Building* oder der *Lomossonow*-Universität oder ob es gar Josef Paul Kleihues, dem Architekten des geflügelten Hochhauses am Berliner *Kant-Dreieck* (1992), bewusst war, dass ihre obeliskenhaften Hochhäuser an archaische Götterwohnsitze erinnern?

Die in den Äther ragende Felsnadel findet sich als beseelter Stein in vielen Kulturen. Von den bretonischen Menhiren glaubt man im Volke, dass sie energiegeladen und sprachbegabt seien und in besonderen Nächten zu heiligen Quellen wanderten. In Norwegen gibt es Seelensteine, unseren Grabsteinen verwandt, die an Stelle des Körpers eines Gestorbenen tre-

Abb. 4: J. P. Kleihues, Kant-Dreieck, Berlin

7 Vgl. Siegfried Giedion 1965, S. 304 f.

ten. Diese Steine leben: ihr „Atem ist die Gravitation. (…) Auch sie verwittern. Die Körner ihrer Kristalle werden zu Sand. Und so zerstäubt die ewige Seele mit ihnen“[8]. Der Obelisk ist heilig. Zugleich aber ist er auch die Konkretion der abstrakten Vertikalen. Er ist Standpunkt, Mittelpunkt, Zeichen der Besitznahme eines Ortes und Weltachse. Das macht ihn so brauchbar zum Zeichen, zum Denkmal und zum herrschaftsbetonenden Bauwerk.

Abb. 5: H. Jahn, Messeturm, Frankfurt

Der Frankfurter Hochhausobelisk des *Messeturms* (Architekt Helmut Jahn) ist – anfangs randständig – tatsächlich zum Zentrum geworden, zum Blickpunkt und zur Achse eines neuen Stadtmittelpunkts. Dessen Gestalt wirkt wie das Ergebnis eines teleskopartigen Geschiebes: Aus einem massiven, nur von notwendigen Öffnungen durchbrochenen Natursteinsockel heraus, zwischen den steinernen Fassaden von vier im Karree gegeneinander gestellten, treppengiebelbekrönten Hochhauspartien drängt ein gläserner Zylinder hervor, in den wie bei einem Fernrohr weitere Zylinder hineingedreht sind. Das Ganze beschliesst obeliskenartig eine in der Horizontalen zweifach eingeschnürte Pyramide. Während der Turm in seinen Hauptpartien mit traditionellen Hausformen (Treppengiebel) spielt, wird er in Wolkennähe abstrakter (Zylinder und Glaspyramide) und nachts, wenn die Spitze des Obelisks an ihren Kanten magisch leuchtet, geradezu immateriell. Die schlichte Stapelung der Etagen wird mit feierlichem „Überbau“ verkleidet: Der Bau entmaterialisiert sich zunehmend vom erdverbundenen Steinsockel bis zur ätherisch transparenten Spitze. Dieser von allen Seiten sichtbare Pfahl, ein krafterfüllter Menhir und Seelenstein, teilt seine Energie der Umgebung mit und wertet sie auf. Folgerichtig wird die nächstgelegene Stadtbrache zur Spekulationsfläche: Die Baustelle für das sogenannte *Europaviertel* neben dem Frankfurter Messegelände ist eröffnet.

Säule

Lassen sich Obelisken oder Seelensteine als Statthalter menschlicher Körper interpretieren, so trifft dies erst recht auf den Hochhaustypus ‚Säule‘ zu. Seit Vitruv die dorische Säule zum männlichen und die ionische Säule zum weiblichen Körper in Analogie setzte, sind bis in die Gegen-

8 Hans Henny Jahnn, Fluss ohne Ufer, Bd. II, Hamburg 1986, S. 494

wart Körper und Säule aufeinander bezogen worden. Es lag nahe, die Säule, die ja vorrangig Stütze ist, vom Baugefüge zu isolieren und zum Denkmal zu verwandeln. Jede gestaltete Vertikale, auch das Hochhaus, kann dann als Säule gedeutet werden.

1896 formulierte Louis Sullivan für das Hochhaus seine einflussreiche Säulentheorie:

„Gewisse Kritiker (...) haben die Theorie aufgestellt, dass der echte Prototyp des großen Bürogebäudes die klassische Säule, bestehend aus Basis, Schaft und Kapitell, sei. Demnach wäre also die geformte Basis typisch für die unteren Stockwerke unseres Gebäudes, der glatte oder kannelierte Schaft stellte die monotone, durchgehende Reihe der Büroetagen und das Kapitell die vollendete Kraft und die Üppigkeit des obersten Geschosses dar.

Andere Theoretiker, die einen mystischen Symbolismus vertreten, führen die vielen Dreiheiten in Natur und Kunst sowie die Schönheit und Endgültigkeit einer solchen Dreiheit in der Einheit an. Sie berufen sich auf die Schönheit der Primzahlen, auf das Geheimnisvolle der Zahl Drei, die Schönheit überhaupt aller Dinge, die in drei Stufen unterteilt sind - zum Beispiel die des Tages, der aus Morgen, Mittag und Abend besteht, und des Körpers, der sich aus Gliedern, Rumpf und Kopf zusammensetzt. So, sagen sie, sollte auch das Gebäude vertikal in drei Teile unterteilt sein - wie die zuvor angeführten Dinge (...)“[9].

Wird das Hochhaus als Säule gedacht, dann schwingt untergründig der mythologische Gedanke mit, dass es Teil einer Megastruktur sei, dass es die Himmelskuppel unterstütze. Statisch gesehen ist das unsinnig: Eine Kuppel muss an den Rändern und darf nicht mittig getragen werden.

Dennoch hat sich das Gestaltungsprinzip ‚Säulen‘-Hochhaus durchgesetzt, besonders seit die Postmoderne der *l'architecture parlante* wieder Raum gab.

Viel publiziert, doch eher als Kuriosität diskutiert, ist Adolf Loos' Entwurf für den *Chicago Tribune Tower* (1922), eine gigantische dorische Säule. Loos selbst interpretierte sie, schon in Kategorien der ‚Corporate Identity‘ denkend, ehe es den Begriff gab, als ein dem Auftraggeber auf den Leib geschnittenes Bild einer Zeitungskolumne (columna = Säule). Eine ähnlich zweifelhafte Bedeutungsschwere erhält die Frankfurter *DG-Bank* der Architekten Kohn, Pedersen und Fox (1993) nicht nur durch ihren schlanken Schaft mit skulptural geschichtetem Sockel und durchbrochener Krone oder Kapitell, sondern zusätzlich durch die Farbe der Makellosigkeit, die Farbe des alles Überstrahlenden, ‚Weiss‘ mit all seinen Konnotationen. *Die DG-Bank*, auch Kronenhochhaus genannt, führt beispielhaft vor, wie horizontale und vertikale Stadt zu verknüpfen sind. Unterschiedlich voluminöse Baukuben stapeln und verschachteln sich zu einem grossstädtischen Gefüge von überschaubarer Höhe, den Baublöcken des benachbarten Bahnhofsviertels angemessen. Ihm entsteigen zwei eine mittlere „Schiene“ umklammernde, ebenmässige Schäfte. Aus dem ungleichmässigen Stapel, dem spannungsvoll komponierten Geschiebe der Bauvolumen an der Basis wächst umso reiner das Turmgebilde hervor: ein blanker Körper, der den Mythos des 20. Jahr-

Abb. 6: A. Loos, Chicago Tribune Tower

9 Louis Sullivan zitiert nach Ada Louise Huxtable 1986, S. 9 f.

hunderts reflektiert, dass geometrische Klarheit und Makellosigkeit, gleichsam dorische Strenge und zugleich jungfräuliches Weiss mit Unzerstörbarkeit, ja, Unsterblichkeit gleichzusetzen sei. Der Kopf des Baus verbreitert sich zur Krone oder Kapitell, als sei die Himmelskuppel zu tragen oder als wollten die New Yorker Architekten uns in „Mainhattan“ an Manhattans Freiheitsstatue erinnern.

Abb. 7: Kohn, Pedersen und Fox, DG-Bank, Frankfurt

Häuptling wird, wer die anderen um Haupteslänge überragt. Er hat den Weitblick. So ist auch die Höhenkonkurrenz der Banken anthropomorph deutbar. Anthropomorphe Deutung und Säulentheorie überlagern sich in der Ausführung oft ununterscheidbar. Turm und Körper, Turmschaft und Körperschaft scheinen sich gegenseitig zu kopieren. Der Kopf als Navigationszentrale des Körpers wird gleichgesetzt mit der Zentrale des Unternehmens, dem Vorstand. Folglich hat die Unternehmensführung das Bestreben, falls Höhenängste und Fluchtinstinkt dem nicht entgegen laufen, in der Spitze zu residieren, während die ausführenden Organe im Schaft und Treffpunkte und andere bodenhaftende Funktionen aber im Fuß des Bauwerks angesiedelt werden.

Gewächs

Abb. 8: K. Tange, Shizuoka Press Building, Tokio

Der als Spirale nach oben sich drehende Babylonische Turm und das Haus als Körperbild ergeben zusammen, sich überlagernd (metaphorisch gedacht), das allgemeinere Bild eines kreatürlichen Vorgangs. Die Vorstellung vom Rankpfosten, um den sich die Hausebenen wie ein Gewächs emporwinden, dessen Endzustand der Reife noch längst nicht erreicht scheint, ist als Typ für manche Hochhäuser kennzeichnend. Ein positiv besetztes Bild, dessen sich Unternehmen gern bedienen. Louis Sullivan sagt in seinem bereits zitierten Text:

„Noch andere, die ihre Beispiele und Beweise im Reich der Natur suchen, behaupten, daß ein solcher Entwurf vor allem organisch sein müsse. Sie führen eine geeignete Pflanze an, deren Blätter sich gebündelt auf den Boden breiten und deren langer, anmutiger Stengel die prächtige einzelne Blüte trägt. Sie weisen besonders auf die Föhre hin, auf ihre mächtigen Wurzeln, ihren geschmeidigen und durchgehenden Stamm und die büschelige Krone hoch oben in der Luft. So, sagen sie, soll das große Bürogebäude entworfen sein: wieder vertikal in drei Teile geteilt.“[10]

10 Ebenda S. 10

Die Gewächsmetapher hat ihre Berechtigung, wenn auch Sullivan sie allzu statisch formulierte. Wachstum als Vorgang passte nicht in sein Konzept der dreigeteilten Gestalt. Ein in die Höhe strebender Stamm mit Ästen, die sich um einen Stamm windende parasitäre Pflanze oder der Schachtelhalm sind womöglich die angemesseneren Bilder, angemessen sogar Claude Bragdons Verallgemeinerung (1932): „Der Wolkenkratzer ist ein natürliches Gewächs und ein Symbol des amerikanischen Geistes."[11]

Abb. 9: A. Isozaki, Metabolistisches Projekt für Tokio

Im Land der Technikeuphorie und des Amerikanismus, Japan, übersetzte Arata Isozaki die Gewächsmetapher in seine Stadtutopie *Cluster City* (1962), eine waldartig in der Höhe sich verzweigende Hochhausagglomeration, und ebenso Kenzo Tange in seinem ausgeführten Verwaltungsgebäude der *Shizuoka Press* (1970). Anklänge daran finden sich auch im alten Hochhaus der *Hessischen Landesbank* in Frankfurt (Architekten Novotny & Mähner, 1976): Zwischen den monolithischen Schäften der Aufzugs- und Installationsschächte klettern hier die Bürogeschosse empor. Der niedrigere Rankpfosten ist bereits überwuchert, der höhere scheinbar noch nicht erreicht.[12]

Kiste

Verallgemeinerungen verlieren ihren Sinn, wenn sie für allzu vieles gelten. So lassen sich die meisten Hochhäuser unter dem Prinzip Dreiteilung abhandeln. Selbst die Kistenmetapher hat als Archetypus noch diesen Bezug: Gott befiehlt Noah, er solle einen „Kasten von Tannenholz" bauen, und dieser solle „drei Böden haben, einen unten, den anderen in der Mitte, den dritten in der Höhe"[13]. Weniger die Dreiteilung als der Begriff Kasten ist hier bedeutungsvoll, die in der modernen Architektur so häufig diskriminierte ‚Kiste'. Die architektonische Kiste stellt sich als eindeutiger Funktionskörper dar. Sie hat weder Fuß noch Kopf, sie scheint die Reduktion des kybernetischen Netzwerks des Gehirns zu

11 Johann N. Schmidt 1991, S. 67
12 Ulf Jonak 1997, S. 85 f.
13 Altes Testament, Mose 1, 6. Kapitel

sein. Angemessenere Metaphern wären die Begriffe Regal, Archiv oder Informationsmaschine. Der Vergleich des Gehirns mit einer Maschine oder heute mit dem Computer ist längst zum Klischee geworden. So ist das Bild vom Hochhaus als Kiste und diese wiederum verglichen mit dem Gehirn nicht aus der Luft gegriffen, sondern hat abendländische Tradition. Zentralen eines Unternehmens werden gerne von ihren Betreibern zu Denkfabriken erklärt oder zu Gehirnen stilisiert. So hat auch der Verwaltungsbau als ‚Kiste', die wie ein Kunsthirn voller Informationen, Adern, Röhren, Knoten, Weichen steckt, anthropomorphen Bezug.

Julien Offray de la Mettrie veröffentlichte 1784 die Schrift „L'homme machine", der Mensch als Maschine, die selbst ihr Triebwerk aufzieht. In einem Umkehrschluss wird das Haus heute maschinell aufgerüstet und wird damit zum intelligenten Apparat, der ebenso selbst sein Triebwerk aufzieht. Den Prototypen des „intelligenten Hauses", das unaufgefordert unsere Alltagsbedürfnisse erfüllt und uns das hauswirtschaftliche Denken abnimmt, gibt es bereits. Den Alptraum des Hochhauses, das seine Entscheidungen selbständig trifft, das den Menschen nur mehr als Parasiten behandelt, der gegebenenfalls vernichtet werden muss, hat Philipp Kerr in seinem Thriller „Game over" beschrieben.

Abb. 10: L. Mies van der Rohe, Seagram Building, New York

Man bewundert die Giganten, aber zugleich um des eigenen Selbstgefühls willen möchte man sie etwas ‚niedermachen', sich ein wenig lustig machen, sich dem David-Goliath-Gefühl überlassen. So ist der Begriff des *Wolkenkratzers* oder *skyscrapers* zwar von der menschlichen Statur abgeleitet, doch er war wohl eher freundlich-spöttisch gemeint. Es ist eine Übersetzung aus dem Italienischen, wo ursprünglich „grattacielo" einen riesig gewachsenen Menschen meinte. Da scheint es zulässig, Hochhäuser ebenso liebevoll-poetisch als Wolkenkratzer zu bezeichnen und nicht nur in ihrer unterschiedlichen Metaphorik als Körperbilder lesen.

Zwilling

Abb. 11: Architekten ABB, Deutsche Bank, Frankfurt

Häuptling wird, wer die anderen um Haupteslänge überragt. Im Doppel sind sie noch schlagkräftiger: das Brudermotiv, von dem ein Grossteil der Wildwestfilme lebt. Verwandte Bilder liegen auch dem Wolkenkratzer-Zwilling zugrunde, der sich zwar als überdimensionierte Eingangsfigur in die Stadt (meistens allerdings steht er fehl am Platze) oder Wächterfigur interpretieren lässt, der sich aber richtiger als Ausdruck eines verdoppelten Machtanspruchs oder als Verdoppelung gesicherten Herrschaftswissens darstellt.

Das trifft sowohl auf das *World Trade Center* in New York (Minoru Yamasaki) oder die Doppeltürme der *Deutschen Bank* in Frankfurt (Architektengemeinschaft ABB) als auch die *Petronas Twin Towers* in Kuala Lumpur (Cesar Pelli) zu. Dass die Verdoppelung der Türme dem Funktionsablauf innerhalb einer hierarchisch gegliederten Organisation zuwiderläuft, wird billigend in Kauf genommen, da der ‚Zwilling' von aussen umso bedeutungsvoller wirkt. Die zwischen den Türmen aufragende Luftsäule steht scheinbar im Spannungsfeld zwischen Anziehung und Abstossung. Imaginäre, fluide Kräfte werden visualisiert und zugleich der Anspruch erhoben, einen der Brennpunkte städtischen Geschehens zu verkörpern. Brennpunkte sind die Doppeltürme auch im wörtlichen Sinne: Ihre kristallinen Körper haben Aussenhäute als seien sie verspiegelte Prismen, Blitze schleudernd bei niedrigem Sonnenstand, dem Eindruck nach eisig, funktionslos und unbewohnt, ebenso geheimnisvoll und unerklärlich wie der rätselhafte Kubus in Kubricks Sciencefictionfilm *2001: Odyssee im Weltraum*.

All diese Türme sind nicht nur Schaltzentralen der Macht, sondern zugleich petrifizierte Gehirne von weitverzweigten Gesellschaften. Die ‚Zwillinge' erscheinen wie konkrete Abbilder der beiden Gehirnhälften. Folgerichtig sind die *Petronas Twin Towers* mit einer Brücke verbunden, vergleichbar jener Verbindungsbrücke zwischen den Gehirnhemisphären, die anatomisch *Balken* genannt wird. So sind die *Petronas Twin Towers* alles zugleich: Obelisken oder Seelensteine, doppelte Weltachse, Säulen, Körperbilder oder Wächter und Sinnbild des Gehirns. In der symbolischen Überfrachtung liegt auch ihre gestalterische Schwäche, ein Vorwurf, der auch dem häufig verwendeten Kritikerwort vom ‚Phallussymbol' zu machen ist. Als Erektion lassen sich alle Vertikalen bezeichnen und werden damit ununterscheidbar.

Abb. 12: C. Pelli, Petronas Twin Towers, Kuala Lumpur

Eine Typologie aber will auf Unterschiede hinaus.

Urhütte

Ein Thema der Architekturtheorie war lange Zeit die Spekulation über die sogenannte „Urhütte" oder das „Erste Haus". Häufigstes Ergebnis war die Vorstellung: geometrischer Quader, ob aus Stein oder Holz, mit Satteldach. Diese schlichte, kinderbildartige Gestalt hat wenige Hochhäuser geprägt, vermutlich weil sie als Selbstzitat nicht die Kraft eines über sich hinausweisenden „Als ob" hat. Das deutlichste Beispiel für ein derartiges ‚Stretchhaus' [14], das *AT&T-Building* in New York mit seinem eklektizistischen Sprenggiebel stammt von Philip Johnson, geschaffen in seiner manieristischen Altersphase.

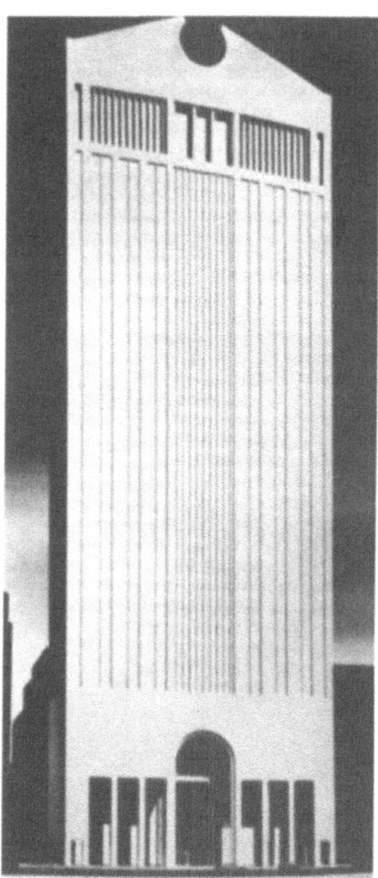

Abb. 13: P. Johnson, AT & T Building, New York

Babylonischer Turm, Obelisk, Säule, Kiste, Gewächs, Zwilling, Urhütte:

Vorsatz dieses Versuchs war, in die Vielfalt der zeitgenössischen Hochhausgestalten ein wenig Ordnung zu bringen. Eine Systematik nach Höhen, Inhalten, Standorten (dominante Solitäre, Pulks, ‚Eingangstore' usw.) war nicht beabsichtigt, da Gestaltmotive sich mit diesen Kategorien nicht vereinen lassen, sondern ihnen im Gegenteil zuwider laufen. Hingegen schien es notwendig, der unbewussten Sehnsucht vieler Menschen, einen panoramahaften Überblick von weit oben zu gewinnen (die Frankfurter Hochhaus-Festivals beweisen es), einen sinngebenden Hintergrund zu geben.

Am poetischsten hat John Ruskin diese Sehnsucht ausgedrückt:

„Da unser Leben im besten Falle nur ein Nebel sein kann, der eine Zeit lang erscheint und dann verschwindet, so lasst ihn wenigstens als weiße Wolke in Himmelshöhen erscheinen, nicht als dicke Dunkelheit." [15]

Literatur

Dupré, Judith: Wolkenkratzer. Die Geschichte der berühmtesten und wichtigsten Wolkenkratzer der Welt, Köln 1996

Flusser, Vilém: Digitaler Schein. In: Florian Rötzer (Hg.): Digitaler Schein. Ästhetik der elektronischen Medien. Frankfurt 1991

Giedion, Siegfried: Ewige Gegenwart. Der Beginn der Architektur, Köln 1965

Hölderlin, Friedrich: Werke hrsg. von G. Mieth, München 1978

Huxtable, Ada Louise: Zeit für Wolkenkratzer oder die Kunst, Hochhäuser zu bauen, Berlin 1986

14 den Begriff verdanke ich einer Bemerkung von Dieter von Lüpke

15 John Ruskin, 1994, S. 329

Jahnn, Hans Henny: Fluß ohne Ufer. Hamburg 1986

Jonak, Ulf: Die Frankfurter Skyline. Eine Stadt gerät aus den Fugen und gewinnt an Gestalt, Frankfurt 1991, veränderte und erweiterte Ausgabe, Frankfurt 1997

Koolhaas, Rem: Delirious New York. Ein retroaktives Manifest für Manhattan, Aachen 1999

Legrand, J. C.: Historische Anmerkungen über Leben und Werke des G. B. Pranesi (1799). In: Inventionen, Ausstellungskatalog Hannover 1982

Mierop, Caroline: Skyscrapers – Higher and higher, Paris 1995

Ruskin, John: Die siebten Leuchter der Baukunst. Dresden 1900, Faksimile: Dortmund 1994

Schmidt, Johann N.: Wolken-Kratzer. Ästhetik und Konstruktion, Köln 1991

V Resümee

Die gesellschaftliche Konstruktion der Hochhäuser

Marianne Rodenstein

Das Resultat der Beiträge über den Hochhausbau in ausgewählten Städten ist eindeutig. Alle hier untersuchten Städte lehnen den Hochhausbau nicht grundsätzlich ab; sie unterscheiden sich aber darin, welche Gruppen in der Stadt sich jeweils für Hochhäuser stark machen, ob Investoren vorhanden sind oder nicht und ob die politisch-planerische Seite den Hochhausbau gegenüber den Investoren nach städtebaulichen Gesichtspunkten, z.B. hinsichtlich des Standortes innerhalb der Stadt und der Höhe des Gebäudes, steuern kann.
Diese Unterschiede zeigen bereits, dass der Hochhausbau in deutschen Städten von vielen Voraussetzungen abhängt. In den Bauordnungen sind Hochhäuser nicht regulär vorgesehen. Deshalb und wegen des immer noch Un-Gewöhnlichen, das sie für viele Menschen darstellen, geschieht im Vorfeld eines intendierten Hochhausbaus vieles anders als bei normalen Bauvorhaben. Die Aushandlungsprozesse des Investors mit Politikern, dem Planungsamt, den Nachbarn, mit Bürgerinitiativen, seine Werbefeldzüge im Vorfeld des Vorhaben können, wie nicht nur das Beispiel Frankfurt zeigt, äußerst komplex und langwierig sein, bis schließlich über Bau oder Nichtbau entschieden wird. Wenn ein Hochhaus endlich baulich in Erscheinung tritt, dann ist es bereits vorher im lokalen Kräftefeld gesellschaftlich konstruiert worden. Es sind zahlreiche formelle und informelle soziale Prozesse abgelaufen, in denen die Vielzahl von gesellschaftlichen Kräften zum Ausdruck kommt, die dafür verantwortlich sind, dass ein Hochhausvorhaben realisiert wird oder scheitert. Als Schubkräfte oder Hemmnisse im Prozess der gesellschaftlichen Konstruktion des Hochhauses treten uns entgegen: Investoren, Politiker, Stadtplaner, Architekten, Denkmalpfleger, Bürgerinitiativen und die Öffentlichkeit. Wie haben wir diese Akteure und ihre Handlungsstrategien in den verschiedenen Städten kennengelernt? Nicht als einheitlich agierende Gruppen, sondern mit einer erheblichen Bandbreite von Handlungsmöglichkeiten und Verhandlungsmacht – je nach dem lokalen Kontext.
Am bedeutensten sind die Investoren, wenn man von den politisch gewollten und gebauten Hochhäusern in den Städten der ehemaligen DDR absieht. Von den Investoren allein hängt es ab, ob sich die Hochhausträume oder -albträume von Politikern, Architekten und Stadtplanern und Bürgern realisieren. Das haben Städte wie Berlin und Leipzig nach der Vereinigung, aber auch München erfahren, wo die Politik Möglichkeiten bot, Hochhäuser zu bauen, die jedoch nicht von Investoren genutzt wurden. Das hohe finanzielle Risiko können viele Bauherren

häufig nicht über einen Zeitraum von fünf, sechs oder mehr Jahren tragen, so dass manche Hochhausprojekte nicht über das Planungsstadium hinaus kamen. Oder die Investoren gaben angesichts einer mangelnden Büroraum-Nachfrage auf. In Frankfurt wechselten bekannte Hochhausbauten schon während der Planungs- und Bauphase z.T. mehrfach den Besitzer wie die Zwillingstürme der Deutschen Bank, das Trianon der Deutschen Bank, das Kronenhochhaus der Deutschen Genossenschaftsbank und der Messeturm. Erfolgreiche Investoren haben demgegenüber ausreichend finanziellen Spielraum für den langen Weg zwischen Planung und Realisierung, und sie haben letztendlich die Nachfrage richtig eingeschätzt. Sie haben obendrein auch keine für die jeweilige Zeit zu gigantischen Projekte geplant, wie z.B. die abgelehnten Mammut-Hochhäuser in Frankfurt 1949 und in Hamburg 1966. Der bekannteste Fall einer missratenen Hochhausinvestition ist sicherlich der Steglitzer Kreisel in Westberlin. Als reines Bürovermietungsgeschäft ist der Hochhausbau selbst in Frankfurt, wenn es sich nicht um die 1a Lage im Bankenviertel handelt, ein Risikogeschäft. Ähnliches wird heute auch für München angenommen, wo außerhalb des mittleren Ringes noch viele Flächen für eine attraktive Büronutzung in Bauten von moderaten Höhe zur Verfügung stehen.

Die ersten Hochhäuser nach dem Zweiten Weltkrieg in den fünfziger, sechziger und siebziger Jahren sind denn auch überall meistens von den Bauherren zur eigenen Nutzung errichtet worden. Dabei waren es jeweils Nutzer aus den typischen großen Wachstumsbranchen ihrer Zeit, die sich die in Relation zu niedrigeren Bauten kostenintensiven Hochhäuser leisten konnten. Im damaligen Hochhausbau traten überwiegend bedeutende Industriefirmen hervor wie u.a. Thyssen in Düsseldorf, Degussa in Frankfurt, BMW in München, mit deren ausgeweiteter Produktion auch das Wachstum der Verwaltung des Unternehmens einherging. Frankfurt zeigte dabei eine Sonderentwicklung, indem hier schon seit den siebziger Jahren der Finanzdienstleistungssektor zahlreiche Hochhäuser für sich baute. Das erste Bankhochhaus in Deutschland finden wir allerdings bereits 1928 in Leipzig.

Nicht nur an den Hochhausbauten der Privaten, sondern auch an denen der öffentlichen Hand kann man die Wirtschafts-, aber auch die gesellschaftliche Entwicklung in der Bundesrepublik ablesen. In den fünfziger Jahren baute die öffentliche Hand in verschiedenen Städten Hochhäuser. Das letzte Abenteuer in dieser Richtung unternahm das Land Hessen 1970–1972 mit dem Bau des „Turms" für die Erziehungswissenschaften der Universität Frankfurt, der als Symbol für die große gesellschaftliche Bedeutung der Bildung von der sozialdemokratischen Landesregierung errichtet wurde. Seitdem aber fehlen die Mittel für die Sanierung. Ist es ein Zufall, dass von der DDR zwischen 1968 und 1973 das Universitätshochhaus in Leipzig gebaut wurde? Dies ist bereits verkauft, weil die Sanierungskosten von der öffentlichen Hand nicht zu tragen waren. In Frankfurt warten die im Turm Arbeitenden und Studierenden immer noch auf Sanierung oder Verkauf.

In Düsseldorf wurde das 164 Meter hohe Rathausprojekt von 1960 in den siebziger Jahren ad acta gelegt. In dieser Stadt hätte der Planungsdezernent auch gern die Bauten für die Landesregierung als Hochhausbauten konzentriert gesehen. Diese Anregungen griff die nordrhein-westfälische Landesregierung nur zum Teil auf. Auch der Bundestag und die Bundesregierung in Berlin verzichten auf repräsentative Hochhäuser. Anders dagegen die Bonner Regierung, die noch auf Hochhäuser setzte, wohl nicht zuletzt um die Provinzstadt Bonn zur Bundeshauptstadt aufzuwerten.

Nicht immer geht die Initiative zu Hochhausplanungen von Investoren aus. Gelegentlich sind es auch städtebauliche Gesichtspunkte, die von Planern ins Spiel gebracht werden. Die verantwortlichen Planer selbst sind es dann, die – nicht immer unterstützt von der Politik – zur Verbesserung ihres Stadtbildes Dominanten, Hochhausketten oder -ringe schaffen möchten oder zur Betonung von Plätzen mit kleinen Clustern von Hochhäusern sich besonders markante Orientierungen erhoffen. Nach dem Zweiten Weltkrieg finden wir diese Art der städtebaulichen Initiative für Hochhäuser zunächst in Düsseldorf, dann in Köln und vor allem in Berlin nach der Vereinigung.

Hier in Berlin spielen die Architekten als „pressuregroup", die versucht, über Hochhausentwürfe der Politik Hochhauslösungen schmackhaft zu machen, offenbar eine größere Rolle als in anderen Städten. In Köln tritt ein Teil der Architektenschaft eher als Bewahrer des linksrheinischen Stadtbildes auf. Im Bemühen, ihre Auftragslage zu verbessern, kommen aber auch gelegentlich Vorschläge von den Architekturbüros in die Planungsämter. Dass bei dieser Berufsgruppe das Interesse an Hochhäusern steigt, könnte strukturelle Gründe haben. Es ist nicht nur das größere Renommee, sondern auch die günstigere Honorierung im Vergleich zum Aufwand, die Hochhausentwürfe für große, auf Auslastung bedachte Architekturbüros attraktiv machen. Die Architektenleistung wird nach umbautem Raum bezahlt, der Entwurfsaufwand für ein Hochhaus ist relativ geringer als bei Gebäude mit weniger Stockwerken wegen der vielen gleichgestalteten, aufeinandergestapelten Räume. Hinzu kommt, dass aus den großen Hochhauswerkstätten der bekannten Architekten keineswegs nur Originale, sondern auch Kopien der Originale hervorgehen. Deshalb finden wir in Hongkong, New York, Shanghai einige Hochhäuser, denen wir auch in Frankfurt begegnen. Wie Ulf Jonak in seinem Beitrag zeigt, gibt es zudem nur wenige Grundformen des Hochhauses, die sich immer wiederholen. Auch darin wird ein Grund zu suchen sein, dass Hochhäuser nicht als die ästhetisch interessanteste, wohl aber ökonomisch ertragreichste Bauaufgabe angesehen werden. Vereinfacht gesagt: es könnte sein, dass die Tendenz zur Rationalisierung auch in den Architekturbüros eher zur Massenproduktion von Raum z.B. in Form des Hochhauses drängt.

Allerdings ist der Architekt auf die Kooperation mit Ingenieuren angewiesen. Zu Unrecht stehen deren Leistungen, die das Funktionieren des Baus gewährleisten, in der Öffentlichkeit hinter den Gestaltungsleistungen der Architekten zurück. Denn die neueren Hochhäuser sind nicht selten ingenieurwissenschaftliche Innovationen z.B. hinsichtlich der Gründung des Hochhauses, des Baumaterials, der Bauorganisation, des Übergangs von dem gegenüber der Umwelt abgeschlossenen System Hochhaus zu einem offenen System (u.a. Fenster) und den damit verbundenen energetischen Problemlösungen. Hier her gehören auch die

Bemühungen, den Energieaufwand in Hochhäusern zu senken. Demgegenüber hat der Gedanke der nachhaltigen Stadtentwicklung die Hochhausplanung und den Hochhausbau zumindest in Frankfurt noch nicht erreicht. Selbst in den Frankfurter Leitlinien zur Agenda 21 – Wege zur Nachhaltigkeit – von 1999 werden weder die Büronutzung noch die Hochhausbauten angesprochen; auch ist die Bauwirtschaft am Agenda 21-Prozess in Frankfurt bisher nicht beteiligt.

Die ökologischen Aspekte, die beim Bau eines Hochhauses zu beachten wären, sind vielfältig. Noch aber fehlen z.B. Untersuchungen zur Frage der Ökobilanz. Am besten untersucht sind bisher die Veränderungen des Stadtklimas, wie der Beitrag von Uwe Wahl zeigt. Die Ergebnisse solcher Untersuchungen haben in Stuttgart wesentlich Beschlüsse beeinflusst, den Talkessel von weiteren Hochhäusern freizuhalten. In Frankfurt zeigt sich, dass mit zunehmender Höhe der Hochhäuser in ihrem Umfeld unangenehmer Wind entsteht – Frankfurter kennen diese windigen Orte in ihrer Stadt sehr genau. Aber wie auch immer die Auswirkungen auf das Stadtklima in Frankfurt waren – bislang wurde dadurch kein einziges der neueren Hochhausprojekte gestoppt.

Damit kommen wir zu der Gruppe, die entscheidenden Einfluss auf den Hochhausbau einer Stadt hat: den Politikern und Politikerinnen. Hier sind zwei kommunale Situationen zu unterscheiden: entweder es gibt keine Investoren, aber man möchte sie anlocken, oder es gibt Investoren, und man hat über reale Vorhaben zu entscheiden.

Den ersten Fall stellt Berlin dar. Harald Bodenschatz beschreibt, dass in Berlin Hochhäuser in erster Linie von den Stadt- bzw. Landes-Politikern gewollt wurden – früher als Machtgestus gegenüber dem Ostteil der Stadt, heute um wirtschaftlich und städtebaulich mit anderen europäischen Hauptstädten mithalten zu können. Dass dafür Hochhausplanungen nicht das geeignete Mittel sind, für diese Einsicht müsste eigentlich das Fehlen entsprechender Investoren sorgen. In Leipzig hat genau dies, nämlich das Desinteresse von Investoren, nach anfänglicher Wendeeuphorie zu einer kommunalpolitischen Ernüchterung weiteren Hochhausplanungen gegenüber geführt, wie Iris Reuther in ihrem Beitrag zeigt.

Bei der zweiten Gruppe der Politiker, die über reale Hochhausprojekte zu entscheiden haben, gibt es drei unterscheidbare Profile. Zunächst diejenigen, die ihr Stadtbild mehrheitlich vor Hochhäusern schützen wollen, wie dies Lutz Hoffmann von München und Wolf Reuter von Stuttgart berichten. Auf speziellen Hochhausstudien aufbauend herrscht heute in München sogar zwischen Investoren und Politikern Konsens, das Stadtbild innerhalb des mittleren Ringes zu schützen, während man in Stuttgart ein Hochhausstandortkonzept mit Tabuflächen entwickelt, das Hochhäuser im Prinzip nur an Stellen außerhalb der Kesseltopografie zulässt. Auch in Hamburg haben sich, wie Dirk Schubert berichtet, bisher diejenigen durchgesetzt, die das Bild der inneren Stadt vor weiteren Hochhäusern schützen wollen. Allerdings ist es noch nicht zu einem Schutzzonenplan gekommen.

Ein solcher Plan der Bauhöhenbeschränkung in der Innenstadt mit Hochhausbauzonen liegt hingegen, wie Kurt Schmidt zeigt, in Düsseldorf seit 1994 vor, ohne dass sich die Politiker offenbar durch diesen

Plan binden lassen wollen. Stadtplanerische Gründe für Hochhausstandorte sind eine Sache, die Standortwünsche von Hochhausinvestoren eine andere. In Düsseldorf sieht es so aus, als ob sich die Stadtpolitik eher an Investorenwünschen ausrichten will. Auch den Kölner Politikern scheint nicht einmal der Dom mehr heilig zu sein, wie aus der Darstellung von Barbara Precht von Taboritzki hervorgeht. Auch hier hat die Stadtplanung schon 1994 einen das Stadtbild mit dem Dom schonenden Hochhausplan entwickelt. Dennoch möchten manche Politiker gern Hochhäuser – auch linksrheinisch in direkter Höhenkonkurrenz zum Dom. Ob es dazu kommt oder ob die Warnungen von Denkmalpflegern und Teilen der Architektenschaft Gehör finden, ist noch offen.
Einen Schritt weiter als Düsseldorf und Köln, wo sich die Politiker den Investoren zuliebe nicht an Pläne binden wollen, sind die Politiker in Frankfurt, die sich ebenfalls an den Investoren ausrichten, dies aber in Form eines Planes tun. Hier segnete man 1999 einen Hochhausentwicklungsplan ab, der sich bereits genauestens an die Standortwünsche von Hochhausinvestoren hält, nur zwei der Investoren kamen wegen problematischer Standorte (z.B. wieder im Westend) bisher im Plan nicht zum Zuge. Gleichzeitig wurden jedoch an anderen Stellen der Stadt außerhalb des Plans auch weitere Hochhäuser zugelassen, wie Dieter von Lüpke beschreibt.
Wir sehen, dass Hochhauspläne in den verschiedenen Städten sehr unterschiedliche Funktionen haben. In Stuttgart soll der Plan Innenstadtbereiche schützen und andere für Hochhäuser öffnen, falls sich dafür Investoren finden, die unbedingt Hochhäuser bauen wollen. In Frankfurt hingegen entspricht der Plan nicht nur den Wünschen, sondern auch bereits getätigten Investitionen von potentiellen Hochhausbauherren. Der Hochhausentwicklungsplan wurde nach einem bekannten Bedarf für bestimmte Standorte entwickelt. Hier – so denkt man – kann, wenn alle Investoren bei der Stange bleiben, nicht mehr viel Überraschendes passieren. Der Versuch der Frankfurter Politik, mit dem Hochhausentwicklungsplan 2000 weg von Einzelfallentscheidungen entsprechend den Investorenwünschen zu kommen und auch faktisch die Planungshoheit wiederzugewinnen, wird wohl kaum gelingen. Schon das erste nach diesem Plan zu realisierende Hochhausprojekt „Max“ der Deutschen Bank soll die im Plan vorgesehene Höhe von 200 Metern gleich um 51 Meter überschreiten.[1]
Eine weitere – jetzt durch den Wechsel an der Spitze des Planungsdezernats von der SPD zur CDU in Erinnerung gerufene – altbekannte Dynamik der Frankfurter Hochhausplanung besteht darin, dass Verabredungen zwischen Planungsdezernenten, d.h. den Stadträten, die die politische Verantwortung für die Stadtplanung haben, und den Investoren, wenn überhaupt, gerade so lange halten, bis die politisch Verantwortlichen durch Wahlen oder sonstiges politisches Ungemach abgelöst werden. Die jeweils andere politische Partei möchte auch Hochhauspolitik betreiben und entwickelt einen neuen Plan. Die CDU gewährte bisher den Investoren noch mehr Freiheit, während SPD und Grüne Standorte und

1 Frankfurter Rundschau vom 2. 3. 2000, S. 23: „‚Max‘ sprengt den Hochhaus-Rahmenplan“ sowie Frankfurter Rundschau vom 21. 3. 2000, S. 25

Höhen zu steuern versuchten. Der Wechsel in der Führung des Magistrats bzw. Dezernats führt daher jeweils dazu, dass Verabredungen zwischen früheren Dezernenten und Investoren regelmäßig in Frage gestellt wurden und jeder Spekulant hoffen konnte, auch einmal mit einer Hochhausinvestition zum Zuge zu kommen. Diese parteipolitisch schwankende Hochhauspolitik wie auch die wachsenden und anlagesuchenden Geldmittel der Bankkonzerne und dadurch ausgelöste Steigerungen der Bodenwerte, auf die Stefan Böhm-Ott aufmerksam macht, haben am Finanzplatz Frankfurt dazu geführt, dass nicht alle, aber zahlreiche Investoren ihren Hochhauswunsch realisieren konnten und ein Hochhaus das andere nach sich zog.

Dieser Überblick über einige der die Hochhauspolitik vorantreibenden oder hemmenden Kräfte und Interessengruppen zeigt deren verwirrende Bandbreite, die sich jedoch, wenn wir die einzelnen Städte betrachten, zu einem typischen Planungsstil bündeln.

Den ersten Typus bildet Frankfurt mit einem seit 1949 hochhausfreundlichen Planungsstil. Die jeweils wichtigsten Wirtschaftzweige, zunächst die Industrie, dann die Banken, wollten Hochhäuser und die Stadt wollte diese auch. Bis heute geben die Investoren den Ton an, dem die Planungspolitik folgt. Entsprechend hart gestalten sich die Auseinandersetzungen mit der betroffenen Bevölkerung.

Den zweiten Typus könnte man als Möchte-gern-Hochhäuser-Politik bezeichnen. Politik nach diesem Typus wird, wenn auch in unterschiedlicher Ausprägung, in Berlin, Düsseldorf, Köln sowie Leipzig betrieben. In Leipzig ist man jedoch heute soweit, Hochhäuser von der kommunalpolitischen Wunschliste zu streichen, da keine Investoren in Sicht sind.

Den dritten Typus bildet eine Politik, die sich dem Schutz des Stadtbildes vor Hochhäusern verpflichtet hat. Diese Politik finden wir in München und Hamburg, wo die Kirchentürme die Stadtsilhoutte weiter bestimmen sollen. In Stuttgart sind es die Probleme des Klimas im Kessel, die hier das Stadtbild planerisch abgesichert schützen.

Viele Städte haben inzwischen einen eigenen Stil im Umgang mit Hochhäusern entwickelt, andere wie Düsseldorf, Köln oder Berlin schwanken noch in ihrer Einstellung zu Hochhäusern. Auch die Hamburger Position scheint noch nicht gefestigt zu sein. Was könnten diese Städte von der Hochhausstadt Frankfurt lernen? Am ehesten wohl, dass man mit Hochhausinvestitionen keine Parteipolitik treiben sollte, wenn man nicht die planerische Steuerungsmöglichkeit hinsichtlich der Standorte und Höhen von Hochhäusern gegenüber Investoren verlieren will. Die Gleichbehandlung von Hochhausinvestoren ist am ehesten möglich, wenn ein verbindlicher Plan für Tabuzonen sowie mögliche Hochhausstandorte vorhanden ist, wie in Stuttgart, oder ein Konsens über Tabuzonen bei allen Parteien besteht, wie in München. Ob die Kenntnis der Fehler und erfolgreichen Strategien der einen Stadt aber der anderen helfen kann, ihr Ziel – sei es Hochhausinvestoren anzuziehen, sei es sie aus der inneren Stadt herauszuhalten – zu erreichen, ist nicht gewiss, denn die oben beschriebenen drei typischen Planungsstile und der daraus resultierende Umgang mit Hochhausplanungen haben jeweils eine lange Geschichte in ihrer Stadt und sie berühren die Identität der Menschen.

An den beiden Extremen in der Hochhausfrage, an München, das sein traditionelles Stadtbild zu bewahren wusste, und Frankfurt, das mit der Skyline die Kirchturmsilhouette übertrumpfte, wird ein weiterer Faktor deutlich, der die gesellschaftliche Konstruktion der Hochhäuser in deutschen Städten beeinflusst. Das ist die lokale Einstellung zu sozialem Wandel und zur baulichen Tradition.

Abb. 1: Stadtsilhouette Frankfurts …

Abb. 2: … und Münchens

Das in allen Städten erwünschte ökonomische Wachstum ist fast immer mit baulich-räumlichen Veränderungen verbunden. Dafür, d.h. in welcher Form sich die ökonomischen Prozesse baulich-räumlich niederschlagen sollen, gibt es prinzipiell zwei Lösungsmodelle: man ersetzt das Alte durch das Neue, oder man setzt das Neue neben das Alte. Der Hochhausbau in Frankfurt erfolgte nach dem ersten Modell, der Mün-

chens nach dem zweiten. Diese Differenz im Umgang mit dem traditionellen Stadtbild – so ist zu vermuten – hat viele historische Wurzeln, die hier nur angedeutet werden können.
Frankfurt war Bürgerstadt, die sich immer rühren musste. Sie lebte vom Handel und Verkehr, erst im 20. Jahrhundert auch von der Industrie. Sie hat eine Vergangenheit als evangelische Stadt, mit starkem Zuzug von Fremden nach dem Zweiten Weltkrieg, mit ortsfremden Bürgermeistern. Es ist eine Stadt, die in den sechziger und siebziger Jahren ihre Bürgerpalais' dem Neuen, dem Wirtschaftswachstum, den Hochhäusern, opferte.
München hingegen war Residenzstadt mit katholischer Vergangenheit; eine Stadt der schönen Künste, in der Blickachsen gepflegt wurden, so dass noch heute denjenigen, die sich von Starnberg auf der Autobahn (erbaut um 1963) München nähern, die beiden Türme der Frauenkirche schon kilometerweit ins Auge fallen.
München und Frankfurt stehen für zwei grundsätzlich unterschiedliche Umgangsformen mit dem Stadtbild, zwei grundsätzlich unterschiedliche Arten der räumlichen Modernisierung.[2] Die lokalen kulturellen Hintergründe mögen die Unterschiedlichkeit in der Hochhauspolitik erklären. Aber sind die Hochhauspolitiken auch gleichwertig? Leisten diese unterschiedlichen Strategien auch das, was sie sollten? Sicherlich kann man über Bewertungsmaßstäbe streiten. Ein Maßstab könnte z.B. sein, ob und wie sich die Hochhauspolitik mit der ökonomischen Modernisierung, die die erwerbstätige Stadtbevölkerung in ihrem Arbeitsleben zu bewältigen hat, verträgt. Die These wäre, dass Umwälzungen im Erwerbsleben zahlreiche Unsicherheiten mit sich bringen, die einerseits Karrieren ermöglichen, andererseits aber auch destabilisierend wirken.[3] Um in der ganzen Welt zu Hause zu sein, muss man wissen, wo man hingehört. Wenn nun die vertrauten konkreten Räume verschwinden, innerhalb derer sich die für die Identität der Menschen wichtigen sozialen Beziehungen und Kommunikationen entwickeln, verliert man nicht nur diese, sondern auch den Anteil, den man damit an der kulturellen Bedeutung des Raumes hatte.[4] Insbesondere in ökonomischen Umbruchzeiten, in denen die Modernisierung den Menschen bereits viel an Umstellungsbereitschaft und Anpassungsfähigkeit an Neues abverlangt, würde deshalb die gleichzeitige Veränderung der baulich-räumlichen Umwelt, zu der auch das Stadtbild und die Stadtsilhouette gehören, solche möglichen Identitätsprobleme verschärfen. Eine gesichtslose städtische Umwelt oder eine, deren Bauten auf die Probleme der Gegenwart verwei-

---

2 Detlev Ipsen diskutiert in diesem Zusammenhang die Bedeutung von Raumbildern. Vgl. Detlev Ipsen: Raumbilder. Kultur und Ökonomie räumlicher Entwicklung. Pfaffenweiler: Centaurus 1997

3 Vgl. dazu Richard Sennett: Der flexible Mensch. Die Kultur des neuen Kapitalismus. Berlin: Berlin Verlag 1998

4 Vgl. Detlev Ipsen: Was trägt der Raum zur Entwicklung der Identität bei? Und wie wirkt sich diese auf die Entwicklung des Raumes aus? In: Sabine Thabe (Hg.): Räume der Identität – Identität der Räume. Dortmunder Beiträge zur Raumplanung, Band 98, Dortmund 1999

sen und Spiegel des modernen Berufslebens sind wie die Frankfurter Skyline, bieten für Einheimische und Fremde weniger Identifikations- und Bindungsmöglichkeiten.
Nachdem Bürgerinitiativen jahrelang in Frankfurt gegen die Beseitigung des Alten durch das Neue gekämpft hatten, hat man auch in Frankfurt erkannt, dass diese Politik der radikalen baulichen Modernisierung einer Ergänzung durch neue Sinnbezüge auf die Stadt selbst bedurfte.
Die Frankfurter Hochhauspolitik wurde seit Mitte der siebziger Jahre ergänzt durch eine Baupolitik, die die Geschichte der Stadt bzw. der Heimat mit „alten" Gebäuden und Plätzen der Stadt neu entstehen ließ. Es war deutlich geworden, dass auch eine Stadt wie Frankfurt sich des Alten bzw. ihrer Vergangenheit versichern musste. Dies geschah dann u.a. durch die postmoderne historische Rekonstruktion der Ostzeile des Römerbergs. Sie ist ein Spiegelbild[5] des Wunsches nach Repräsentation einer imaginären Vergangenheit wie das Bankenhochhausviertel ein Spiegelbild der gegenwärtigen Modernisierungsbemühungen ist.
Zwar sind auch in anderen Städten in dieser Zeit zahlreiche historische Bauten und Plätze wieder rekonstruiert worden, doch ist diese späte Rekonstruktion in Frankfurt auch im Hinblick auf die Hochhausstadt zu sehen. Die scheinbar gegenwartsfremde historisierende Gestaltung eines Teils der Stadt, des Römerbergs, ist insofern zeitgemäß, als sie ein verständliches Gegenbild zur modernen Hochhausstadt setzte. Dies kann man als Angebot sehen, das die Modernisierungsanforderungen, die an die Frankfurter im Erwerbsleben wie durch die Westendumgestaltung gestellt wurden, mildern oder kompensieren sollte. Frankfurt holte nach, was München gleich nach dem Krieg bis in die sechziger Jahre hinein besorgt hatte, den Aufbau eines Restes eines scheinbar vertrauten Stadtbildes, das es jedoch in Frankfurt schon über zwanzig Jahre nicht mehr gab. Insofern gehören hier die forsche Hochhauspolitik der fünfziger, sechziger und siebziger Jahre und die anschließende nachholende Historisierung des Stadtbildes zusammen.
Der Münchner Weg der Modernisierung konnte sich in einer wieder aufgebauten Stadt mit zahlreichen identitätsstiftenden Orten, in einer vertrauten und wenig gewandelten Umwelt vollziehen. Auch hier wurden in den sechziger Jahren Fehler gemacht wie z.B. der des Ausbau des Altstadtringes. Doch als Bürgerinitiativen auftraten, begriff man bald, dass für die Anforderungen des Verkehrs und der Tertiärisierung die alte Stadt nicht weiter zerstört werden durften. Deshalb könnte der Münchner Weg der Modernisierung für viele Menschen leichter gewesen sein als der Frankfurter Weg.
Gehen wir davon aus, dass unsere Gesellschaft erst am Anfang der ökonomischen Umwälzungen durch neue Informations- und Kommunikationsmedien sowie durch Globalisierung steht, die sich wiederum baulich-räumlich niederschlagen werden, die aber auch die Arbeit, wie wir

5 Zum Begriff des Spiegelbildes in der Stadtentwicklung vgl. Marianne Rodenstein: Städtebaukonzepte – Bilder für den baulich-räumlichen Wandel der Stadt. In: Hartmut Häußermann, Detlev Ipsen, Thomas Krämer-Badoni, Dieter Läpple, Marianne Rodenstein, Walter Siebel: Stadt und Raum. Soziologische Analysen. Pfaffenweiler: Centaurus 1991

sie kennen, als Sinnstruktur in den Hintergrund drängen, und von den Menschen in allen Bereichen eine bisher nicht gekannte Flexibilität verlangen wird, so wäre eine Stadtpolitik wohl gut beraten, soviel als möglich vom alten Gesicht der Stadt, von ihrer sichtbaren Geschichte, zu der auch die vertraute Silhouette gehört, zu bewahren und in diesem Sinne „behutsame Stadterneuerung" zu betreiben: nicht nur um die „europäische Stadt" zu bewahren oder um der Touristen oder der Standortwünsche global agierender Unternehmen willen, sondern um der Menschen willen, die mit den Umwälzungen im Erwerbsleben, einer erhöhten Mobilität und Flexibilität wohl besser zurecht kommen, wenn sie bekannte soziale und kulturelle Bezugspunkte in der Stadt finden. Für die aktuelle Hochhauspolitik hieße das, dass man eher Neues neben Altes setzen und nicht das Alte durch Neues vernichten sollte. Deshalb – so scheint mir – sollten sich Städte im 21. Jahrhundert eher am Münchner als am Frankfurter Weg der Hochhauspolitik orientieren.

Verzeichnis der Autorinnen und Autoren

Bodenschatz, Harald: Prof. Dr. Soziologe. Professor für Architektursoziologie am Soziologischen Institut der Technischen Universität Berlin.

Böhm-Ott, Stefan: Dipl.-Soziologe. Bis 1999 wissenschaftlicher Mitarbeiter im Bereich Stadtforschung des Fachbereichs Gesellschaftswissenschaften der Johann Wolfgang Goethe-Universität Frankfurt am Main. Zur Zeit freiberuflich tätig

Hoffmann, Lutz: Dipl.-Ing. Stadtplaner. Bis 1999 Leiter der Abteilung Räumliche Entwicklungsplanung und Flächennutzungsplanung im Referat für Stadtplanung und Bauordnung der Landeshauptstadt München.

Jonak, Ulf: Architekt. Professor für Grundlagen der Gestaltung und Architekturtheorie an der Universität Siegen.

von Lüpke, Dieter: Dipl.-Ing. Stadtplaner. Leiter des Fachbereichs Stadtplanung im Amt für kommunale Gesamtentwicklung und Stadtplanung der Stadt Frankfurt am Main.

Precht von Taboritzki, Barbara: Dr.-Ing. Architektin und Stadtplanerin. Städtebaudezernentin und Leiterin der Oberen Denkmalbehörde beim Regierungspräsidenten in Köln bis 1992. Zur Zeit Vorsitzende des Ortsverbandes Köln beim Rheinischen Verein für Denkmalpflege und Landschaftsschutz.

Reuter, Wolf: Prof. Dr. Ing.-Habil. Architekt und Stadtplaner am Institut Wohnen und Entwerfen an der Fakultät für Architektur der Universität Stuttgart.

Reuther, Iris: Dr. Freie Architektin für Stadtplanung in Leipzig.

Rodenstein, Marianne: Prof. Dr. Soziologin. Professorin für Soziologie mit dem Schwerpunkt Stadt-, Regional- und Gemeindeforschung am Fachbereich Gesellschaftswissenschaften der Johann Wolfgang Goethe-Universität Frankfurt am Main.

Schmidt, Kurt: Dipl.-Ing. Architekt und Stadtplaner. Von 1975 bis 1995 Leiter des Stadtplanungsamtes in Düsseldorf.

Schubert, Dirk: Pd. Dr.-Pol. Stadtplaner und Soziologe. Akademischer Oberrat im Bereich Städteplanung, Stadtökologie und Wohnungswesen an der Technischen Universität Hamburg-Harburg.

Wahl, Uwe: Dipl.-Geograph. Mitarbeiter im Amt für kommunale Gesamtentwicklung und Stadtplanung der Stadt Frankfurt am Main.

Wang, Wilfried: Prof., Dipl.-Arch. Bis Mitte 2000 Direktor des Deutschen Architektur-Museums in Frankfurt am Main; seitdem freier Architekt in Berlin und Professor für Architektur und Design an der Harvard-University.

Abbildungsnachweis

Marianne Rodenstein: Von der „Hochhausseuche“ zur „Skyline als Markenzeichen“ – die steile Karriere der Hochhäuser in Franfurt am Main

Abb. 1: Historisches Museum der Stadt Frankfurt. Aus: Ulf Jonak: Die Frankfurter Skyline. Eine Stadt gerät aus den Fugen und gewinnt Gestalt. Frankfurt, New York 1997, Seite 10, Campus Verlag

Abb. 2: Marianne Rodenstein

Abb. 3: Hans-Reiner Müller-Raemisch, Frankfurt am Main. Stadtentwicklung und Planungsgeschichte seit 1945. Frankfurt/New York 1996, Seite 46, Campus Verlag (Aufnahme: Geist)

Abb. 4: Institut für Stadtgeschichte (Stadtarchiv) Magistratsakten 3006 b Bd. 1

Abb. 5: Hans-Reiner Müller-Raemisch, Frankfurt am Main. Stadtentwicklung und Planungsgeschichte seit 1945. Frankfurt/New York 1996, Seite 51, Campus Verlag

Abb. 6: Detlev Janik (Hrsg.): Hochhäuser in Frankfurt. Wettlauf zu den Wolken. Frankfurt/Main 1995, S. 25, Societätsverlag (Foto: Ines Baier)

Abb. 7: Marianne Rodenstein

Abb. 8: Hans-Reiner Müller-Raemisch, Frankfurt am Main. Stadtentwicklung und Planungsgeschichte seit 1945. Frankfurt/New York 1996, S. 179, Campus Verlag (Stadtplanungsamt Frankfurt am Main)

Abb. 9: Frolinde Balser: Aus Trümmern zu einem europäischen Zentrum. Geschichte der Stadt Frankfurt am Main 1945–1989, Sigmaringen 1995, S. 282 Thorbecke (Institut für Stadtgeschichte, Stadtarchiv)

Abb. 10: Hans-Reiner Müller-Raemisch, Frankfurt am Main. Stadtentwicklung und Planungsgeschichte seit 1945. Frankfurt/New York 1996, S. 212, Campus Verlag (Stadtplanungsamt Frankfurt am Main)

Abb. 11: Frolinde Balser: Aus Trümmern zu einem europäischen Zentrum. Geschichte der Stadt Frankfurt am Main 1945–1989, Sigmaringen 1995, S. 402 Thorbecke (Institut für Stadtgeschichte, Stadtarchiv)

Abb. 12: Hans-Reiner Müller-Raemisch: Frankfurt am Main. Stadtentwicklung und Planungsgeschichte seit 1945. Frankfurt/New York 1996, Seite 212, Campus Verlag

Abb. 13: Marianne Rodenstein

Abb. 14a: 100 Jahre Commerzbank, Düsseldorf 1970, S. 101

Abb. 14b: Marianne Rodenstein

Abb. 15: Christian Niethammer/Wilfried Wang (Hrsg): Maßstabssprung. Die Zukunft der Stadt Frankfurt (Ausstellungskatalog). Tübingen, Berlin 1998, S. 42. (Hochhausgutachten von Jochem Jourdan und Bernhard Müller)

Abb. 16: Marianne Rodenstein

Kurt Schmidt: Zwischen planerischem Willen und Investorenwünschen. Hochhausentwicklung in Düseldorf

Abb. 1–Abb. 7: Stadtplanungsamt Düsseldorf

Barbara Precht von Taboritzki: Bleibt der Dom der Kölner Hochhauskomplex par par excellence?

Abb. 1: Dietrich Neumann: Die Wolkenkratzer kommen. Deutsche Hochhäuser der zwanziger Jahre. Braunschweig, Wiesbaden 1995, S. 100

Abb. 2: Kölner Stadtanzeiger vom 21. Januar 1999, Grafik: Böhne

Abb. 3: Rheinischer Verein für Denkmalpflege und Landschaftsschutz

Abb. 4–Abb. 7: Stadtplanungsamt Köln. Fotos: Dorothea Heiermann

Abb. 6: Stuttgarter Luftbild Elsässer GmbH

Iris Reuther: Prototyp und Sonderfall. Über Hochhäuser in Leipzg

Abb. 1: Sächsisches Staatsministerium des Innern (Hrsg): Hubert Ritter und die Baukunst der zwanziger Jahre in Leipzig. Leipzig 1993, S. 124

Abb. 2: Sächsisches Staatsministerium des Innern (Hrsg): Hubert Ritter und die Baukunst der zwanziger Jahre in Leipzig. Leipzig 1993, S. 124

Abb. 3: Sächsisches Staatsministerium des Innern (Hrsg): Hubert Ritter und die Baukunst der zwanziger Jahre in Leipzig. Leipzig 1993, S. 125

Abb. 4: Sächsisches Staatsministerium des Innern (Hrsg): Hubert Ritter und die Baukunst der zwanziger Jahre in Leipzig. Leipzig 1993, S. 128

Abb. 5: deutsche architektur, XVIII. Jahrgang, Heft 8, August 1969, S. 464

Abb. 6: deutsche architektur 10/1968

Abb. 7: deutsche architektur 10/1968

Abb. 8: Architektur der DDR 3/1981, S. 151

Abb.9: Stadt Leipzig, Dezernat für Stadtentwicklung und Raumplanung (Hrsg.): Rahmenplanung alte Messe (= Beiträge zur Stadtentwicklung 11/93

Lutz Hoffmann: München: Hochhausdebatten im Banne der Kirchtürme

Abb. 1: aus Baukunst 1925; entnommen aus Wolfgang Voigt: Atlantropa – Weltbauten am Mittelmeer, ein Architektentraum der Moderne. München 1998

Abb. 2–Abb. 6: Landeshauptstadt München, Planungsreferat – Bildstelle

Abb. 7: Ferdinand Stracke: Hochhäuser im Rahmen von Strukturverdichtung. In: Landeshauptstadt München (Hrsg.): Hochhausstudie. München 1996, S. 60

Abb. 8: Werbeprospekt der HVBProjekt

Wolf Reuter: Stuttgart: Kessel, Klima, kleine Türme - vom Einzelfall zur Hochhauspolitik

Abb. 1: Städtische Sparkasse (Hrsg.): 75 Jahre Stuttgart. Stuttgart 1959, S. 88

Abb. 2: Rainer Strommer; Dieter Mayer-Gürr: Hochhaus. Der Beginn in Deutschland, Marburg. 1990, S. 215, Jonas Verlag

Abb. 3: Eigene Darstellung in Anlehnung an eine Abbildung aus dem Büro Stirling, Wilford & Associates vom April 1990, verwendet in: Stadtplanungsamt Stuttgart: Untersuchungen zum Flächennutzungsplan 2005, Prüfantrag 2 b: Hochhäuser in Stuttgart, Stuttgart 1995, Titelbild und S. 4

Abb. 4: Landeshauptstadt Stuttgart, Stadtplanungsamt: Flächennutzungsplan 2010,Test und Er...bericht, Anhang 4 zur Gemeinderatsdrucksache Nr. 200/1999, Stuttgart 1999

Abb. 5: nextedit Stuttgart GmbH, Film- und Fernsehproduktion Stuttgart im Auftrag des Stadtplanungsamtes der Landeshauptstadt Stuttgart

Dirk Schubert: Hochhäuser in Hamburg – (noch) kein Thema? Geschichte, Gegenwart und Zukunft eines ambivalenten Verhältnisses

Abb. 1: aus: Axel Schildt: Die Grindelhochhäuser. Eine Sozialgeschichte der ersten deutschen Wohnhochhausanlage Hamburg Grindelberg 1945 bis 1956 (Schriftenreihe des Hamburgischen Architekturarchivs), Hamburg 1988, S. 164

Abb. 2: Unilever

Abb. 3: Joachim Paschen (Hrsg.): Das neue Hamburg 1988, S. 88, Medien Verlag Schubert

Abb. 4: Joachim Paschen (Hrsg.): Das neue Hamburg 1988, S. 88, Medien Verlag Schubert